"十二五"普通高等教育本科国家级规划教材
"十二五"江苏省高等学校重点教材

机械原理与设计

（上　册）

第 2 版

主　编	马履中　谢　俊　尹小琴
副主编	鲍培德　朱长顺　杨启志
参　编	陈瑞芳　杨德勇　陈修祥　吴伟光
	孙建荣　杜艳平　杨建伟
主　审	杨廷力　沈守范

机 械 工 业 出 版 社

本教材在教学改革的基础上按照教育部制订的教学基本要求编写，既考虑了传统经典内容，又考虑到近年来的教学改革成果及学科发展的新动向，适当地扩充了内容。各章除有基本教学内容外，还包含知识拓展、文献阅读指南、学习指导、思考题、习题及习题参考答案。适合于高等学校机械类专业本科机械原理和机械设计两门课程的教学。

本教材分上、下两册，共三篇，各篇独立设章。

上册由第一篇构成，为机械原理课程的主要内容，包括机构分析与运动设计、机械动力设计两部分。其中带 * 号的部分引入了我国学者在拓扑结构设计中的一些新成果。下册由第二、三篇构成。第二篇为机械设计课程的主要内容，分联接、传动、轴系零部件和其他零部件等，主要介绍通用零部件的工作能力设计和结构设计；第三篇为机械产品的方案设计与分析，可结合课程设计来讲授，使学生对产品设计有一个全面的了解，也有助于课程设计、课外创新设计及教学改革。

本教材也可供机械工程领域的科研、设计人员及研究生参考。

图书在版编目（CIP）数据

机械原理与设计. 上册/马履中，谢俊，尹小琴主编.—2 版.—北京：机械工业出版社，2015.6（2025.8重印）

"十二五"普通高等教育本科国家级规划教材 "十二五"江苏省高等学校重点教材

ISBN 978-7-111-50188-6

Ⅰ.①机… Ⅱ.①马…②谢…③尹… Ⅲ.①机构学—高等学校—教材②机械设计—高等学校—教材 Ⅳ.①TH111②TH122

中国版本图书馆 CIP 数据核字（2015）第 094849 号

机械工业出版社（北京市百万庄大街 22 号 邮政编码 100037）
策划编辑：刘小慧 责任编辑：刘小慧 安桂芳 赵亚敏
版式设计：霍永明 责任校对：张 征
封面设计：张 静 责任印制：张 博
固安县铭成印刷有限公司印刷
2025 年 8 月第 2 版第 12 次印刷
184mm×260mm · 20.25 印张 · 501 千字
标准书号：ISBN 978-7-111-50188-6
定价：49.00 元

电话服务 网络服务
客服电话：010-88361066 机 工 官 网：www.cmpbook.com
010-88379833 机 工 官 博：weibo.com/cmp1952
010-68326294 金 书 网：www.golden-book.com
封底无防伪标均为盗版 机工教育服务网：www.cmpedu.com

第2版序言

本教材自2009年1月第1版第1次印刷以来，以其鲜明的特色得到同行及专家们的关注，先后被列入普通高等教育"十一五"国家级规划教材和"十二五"普通高等教育本科国家级规划教材。第1版教材在2009—2013年期间连续印刷了4次，被众多高等学校选作教学用书，受到广大师生的一致好评，并于2013年列为"十二五"江苏省高等学校重点教材（编号2013-1-088）。

本教材第2版是在第1版的基础上修订而成的。修订时，以教育部高等学校机械基础课程教学指导分委员会最新制定的《机械原理及机械设计课程教学基本要求》为依据，参考了课程教学指导分委员会提出的课程教学改革建议，并吸取了近几年来教学改革的经验，根据学科发展的新动向及同行专家和读者的意见，以激发学生自觉的学习兴趣、培养学生自主获取知识的能力和正确的思维方法作为教学理念，适用于普通高等学校机械类（含非机类）专业本科的机械原理和机械设计两门技术基础必修课的教学。教材中的相关内容也可作为机械类专业课、机械设计创新设计选修课、毕业设计等教学环节的参考资料。

第2版在保持第1版基本框架不变的前提下，主要作了以下修订：

1）各章在原有学习指导、思考题和习题的基础上，增加了知识拓展、文献阅读指南及习题参考答案等内容。"知识拓展"重点在于拓宽学生的知识面，介绍教学基本要求中没有涉及的内容，诸如相关内容的研究历史，近年来的研究现状及其未来的发展趋势，常用机构的特殊工程应用等。"文献阅读指南"是为有兴趣的读者或学有余力的学生进行深入学习指明方向，便于读者自学提高。"习题参考答案"有助于学生正确运用所学知识，自我检查对基本内容的掌握程度，并及时发现学习中存在的问题，便于进一步学习研究。

2）更正或改进了第1版文字、插图与计算中的一些疏漏和错误。

由于有关编者的工作调动等原因，经编者同意，对有关章节的编者作了局部调整。参加第2版修订工作的有：马履中（绪论，第一篇前言、第一章、第三章、第八章），尹小琴（第一篇第二章、第四章，第三篇前言、第一章、第二章和第五章部分内容），杨启志（第一篇第五章、第九章、第十章），陈瑞芳（第一篇第六章），杨德勇（第一篇第七章），谢俊（第二篇前言、第一章、第八章、第十二章、第四章部分内容和第五章部分内容，第三篇第五章部分内容），陈修祥（第二篇第二章、第四章部分内容和第五章部分内容），鲍培德（第二篇第三章、第十章、第十一章、第四章部分内容和第五章部分内容），朱长顺（第二篇第六章、第七章、第九章、第四章部分内容和第五章部分内容），吴伟光（第二篇第十三章），孙建荣（第二篇第十四章），北京印刷学院杜艳平（第二篇第四章部分内容和第五章部分内容，第三篇第三章、第四章部分内容），北京建筑大学杨建伟（第三篇第四章部分内容）。

本教材第2版由马履中、谢俊和尹小琴任主编，鲍培德、朱长顺和杨启志任副主编，由金陵石化公司、东南大学兼职教授、博士生导师杨廷力教授和南京理工大学沈守范教授担任主审，他们对教材修订提出了许多宝贵的意见，在此表示衷心的感谢。

限于时间与水平，本教材难免存在欠妥之处，敬请各位学者、老师和广大读者批评指正。

编　者
于江苏大学

第1版序言

本教材是普通高等教育"十一五"国家级规划教材，也是"十二五"普通高等教育本科国家级规划教材，适用于普通高等学校机械类（含非机类）专业本科的机械原理和机械设计两门技术基础必修课的教学。教材中的相关内容也可作为机械类专业课、机械设计创新设计选修课、毕业设计等教学环节的参考资料。

本教材以教育部制订的机械原理和机械设计两门课程的"教学基本要求"为依据编写，同时，也吸收了近几年来教学改革成果及学科发展的新动向，适当地扩充了相关内容。

江苏大学在近几年教学实践中对机械类专业的"机械原理"及"机械设计"两门课程的设置进行了改革，以一门课程的形式分两个学期进行讲授。第一学期讲授本教材上册内容，称为"机械原理与设计Ⅰ"，主要以机械原理课程为主；第二学期讲授本教材下册内容，称为"机械原理与设计Ⅱ"，主要以机械设计课程为主。将两门课程的课程设计统一放在第二学期进行，以便于学生在课程设计时能综合运用两门课程所学内容，如综合运用机构学及带传动、链传动等内容进行方案设计，对其进行运动及动力性能分析，并对传动部件强度及具体结构进行设计。本教材在编写过程中充分考虑了这一情况，特别是第三篇，以产品实现全过程作为主线，使学生对产品设计有一个较全面的了解。对于该内容，教师可结合课程设计进行讲解或学生在课程设计前有选择性地自学。它将有利于巩固课程设计的改革成果，为学生下一步专业课学习及今后毕业设计打下较好的基础。

本教材分为上、下两册，共三篇，各篇独立设章。第一篇包含10章，第二篇包含14章，第三篇包含5章。每章末都有各章的主要内容与学习指导，思考题与习题。全书以产品实现全过程（市场调研—任务提出—方案设计—创新思想引入—运动学、动力学性能分析—考虑强度、环保等工作能力设计—结构设计—产品投放市场—用户—产品报废、回收）为依据来考虑教材内容的取舍。

上册由第一篇构成，以机械原理课程为主要内容，包括平面机构组成原理及其自由度分析，平面机构的运动分析，平面连杆机构运动学分析与设计，凸轮机构及其设计，齿轮机构及其设计，轮系及其传动比计算，其他常用机构及组合机构，机器人机构，机械的摩擦与自锁，机械动力学与机械平衡。考虑到现代机构学发展的重要方向之一是以机器人机构为背景的可控、多输入机构，对它进行研究，促进了发明新机构的理论与方法的发展。因此，本篇在内容中扩充了与发明新机构有关的拓扑结构学的基本理论。该篇第一、二章引入了我国学者杨廷力教授在拓扑结构设计中的一些新成果（教材中以标"*"号的小节出现），主要以平面机构作为研究对象，阐述与分析其理论，使学生对该理论的实质有所了解，为平面机构的性能分析和机构创新、发明提供理论基础。同时，也有利于读者进一步学习空间串联和并联机器人机构创新设计的有关理论。第三章在平面连杆机构中引入了二自由度的平面五连杆机构，它是最基本的多自由度机构之一。对它进行分析研究，可为其他多自由度机构的学习打下基础。

下册由第二篇和第三篇构成。第二篇以机械设计课程为主要内容，包括机械设计概论，机械零件的强度，摩擦、磨损及润滑概述，螺纹联接和螺旋传动，键、花键联接及其他联接，带传动，链传动，齿轮传动，蜗杆传动，轴，滚动轴承，滑动轴承，联轴器和离合器，弹簧。在该篇第一章的零部件设计准则中，除了要考虑常规的强度准则外，还应注意产品使用过程中的环保，即必须考虑产品的生命全过程，引入绿色设计，以及现代化设计，如有限元、优化、可靠性设计等内容。下册第三篇以机械产品的方案设计与分析为主要内容，该篇共有5章，结合全书前两篇的内容，以产品实现过程为主线，阐述从产品构思到产品实现全过程的相关设计方法，并举例加以说明。内容包括：机械产品设计过程简介、机械产品的运动方案设计与分析、机械传动系统与控制系统设计简介、机械创新设计、机械产品设计实例。考虑到近年来各高校的课外机械创新设计大赛，该篇还引入了机械创新设计及有关设计方面的应用举例。这些内容符合"创新设计"的要求，可作为学生自由阅读的材料。

本教材内容适用于高校"机械原理"与"机械设计"两门课分离或合并的不同情况，具有下述几方面特色：

1) 整本教材以"机械产品实现过程"（PRP）作为编写的主导思想，并贯穿于教材的始终。从绪论开始直到第三篇都围绕该思想组织教材内容。比如"绪论"中除了讲述本课程的研究对象、内容方法、研究目的、地位、作用、发展动向外，还提到机械产品设计全过程概述，以及初期产品规划、总体方案设计、结构设计、产品施工设计等内容。

第一篇机械原理。该篇基于"机械产品实现过程"，从机械产品初期规划设计入手，介绍了市场调研、销售预测、技术调研、同行调研、国内外现状调研、专利情况调研、可行性论证，直到设计任务确定。在按设计任务进行机械的机构运动学拓扑结构设计时，力求在机构拓扑结构上有所创新。这是高层次的创新，属源头创新。由此拟订方案，再对方案进行评价。机构学的任务即在于机构拓扑结构的创新，并进一步进行机构尺度创新，然后引入各种常用连杆、凸轮、齿轮、轮系、其他常用机构及组合机构，从运动学、动力学角度进行分析与设计，最终进行方案决策。

该篇对某些章节内容作了调整，如在连杆机构中引入了多自由度五连杆机构设计等内容。此外，还简要介绍了一部分串联机器人及并联机器人有关最新科研成果的新内容。

第二篇不仅从强度及结构入手，介绍机器和机械常用零件设计时应满足的基本要求和一般程序，以及机械零件的主要失效形式和设计准则，还将可靠性设计、绿色设计、虚拟设计等现代设计方法引入到机械设计课程中，使产品设计综合考虑产品的可靠性、可拆卸性等因素，以适应产品的全寿命设计。

该篇引入了常用现代设计方法，如计算机辅助设计、优化设计、可靠性设计、反求设计、绿色设计、虚拟设计等，以求学生能了解现代设计方法的概要，并能对产品全过程实现原则有所了解，以期能较全面地、完整地了解或掌握产品设计应考虑的准则。

第三篇介绍从产品构思到产品实现全过程的设计方法，并举例说明其应用的方法。

2) 教材附有主要符号表及重要名词术语的中英文对照。各章有学习指导，介绍本章主要内容及学习要求，便于学生进行复习及自学。相关章节将介绍学生自己动手制作的简单机构模型，如连杆机构、凸轮机构等，以增加学生的感性认识及对教材内容的深入理解，同时培养学生的动手能力及创新能力。

3) 配合课程教材内容改革，还对课程设计进行系统改革，将机构方案设计及多自由度机电控制一体化思想、可靠性设计及绿色设计思想贯穿到课程设计中，以增强学生的实践知识，提高学生的基本素质和创新能力。

教材中标有"＊"的章节为选学内容。

本教材编写人员及分工是：马履中编写了绪论及第一篇的第一章、第三章、第八章，尹建军和尹小琴合编了第二章，尹小琴编写了第四章，胡建平编写了第五章，陈瑞芳编写了第六章，刘继展编写了第七章，杨启志编写了第九章、第十章。第二篇由谢俊编写了第一章、第八章和第十二章，陈修祥编写了第二章，鲍培德编写了第三章、第十章和第十一章，杨超君编写了第四章和第五章，朱长顺编写了第六章、第七章和第九章，杨德勇和吴伟光合编了第十三章，孙建荣编写了第十四章。第三篇由尹小琴编写了第一章和第二章，北京印刷学院的杜艳平编写了第三章，杜艳平和北京建筑大学的杨建伟编写了第四章，尹小琴和谢俊合编了第五章。本教材由马履中任主编，谢俊和尹小琴任副主编，马履中、谢俊、尹小琴、鲍培德、杨启志、朱长顺、陈修祥和吴伟光参加了内部审稿工作。

本教材在编写过程中得到了金陵石化公司、东南大学兼职教授、博士生导师杨廷力教授的大力支持与指导，特别对第一章、第二章有关内容提供了详细资料，并和南京理工大学的沈守范教授仔细审阅了全书，提出了许多宝贵的修改意见，在此表示衷心的感谢。江苏大学博士生王劲松，硕士生仲栋华、郁玉峰、刘剑敏、郭洪铳等参加了本书部分绘图和修改等工作，对他们的辛勤劳动，在此一并深表谢意。

限于时间与水平，本教材难免存在错误和欠妥之处，敬请各位学者、老师和广大读者批评指正。

主　编　马履中
副主编　谢俊　尹小琴
于江苏大学

目 录

上 册

绪　　论

本章介绍本课程的研究对象、研究内容、研究方法、研究目的及发展动向；介绍机构、机器、机械的基本概念；介绍机械产品设计过程及本课程在产品设计中的地位和作用。

一、本课程研究的对象、内容、性质和方法

（一）本课程研究的对象

机械原理及设计课程研究的对象是机械。机械是人类进行劳动生产的主要工具。人们在长期的劳动生产实践中不断地总结经验，在此基础上提出了一系列用于代替人们劳动的各种需求，并找到了解决这些需求的各种方法，在这些方法中，"机械"往往是作为首选的装置而被采用。

机械是机构和机器的总称。作为机器，它具有如下特征：①它是由构件及运动副组成的人为的实物组合体；②各运动单元之间具有确定的相对运动；③能完成有用的机械功或转换机械能。机构只具有前面两个特征。现代机器的定义是：机器是执行机械运动的装置，它用来变换或传递能量、物料与信息。上述物料是指被加工的对象、被搬运的重物。按此定义，可将机器分为动力机器、工作机器和信息机器。动力机器是能量变换装置，如内燃发动机、电动机、涡轮机、压气机、发电机等。它们用于将某种形式的能量转换为机械能，或将机械能转换成其他形式的能量。工作机器是完成有用的机械功的装置，如金属切削机床、轧钢机、插秧机、联合收割机、缝纫机、拖拉机、汽车、飞机、起重机、输送装置等。信息机器是用来获得和变换信息的机器，如机械式计算机、打印机、打字机、绘图仪等。机器与其他设备或装置的主要区别是：机器必须能作机械运动，并由机械运动来实现能量、物料或信息的变换。

在常用的各式机器中，作为一部完整的机器，按其功能来区分，它应该由动力系统、主体执行机构系统、传动系统、机架、操纵控制系统及其他辅助系统等组成。本教材第三篇将介绍操纵控制系统及其他辅助系统。第一、二篇只介绍各系统中的机构及通用零部件。

（二）本课程研究的内容

本教材的特点是基于"将产品实现过程汇集到本科教程中去"的这一思想，结合我国国情组织教学内容。课程内容体现了产品实现过程（Product Realization Process，PRP），即从新产品构思，拓扑结构设计，运动学设计，动力学设计，零件结构设计，零件强度设计，优化设计，可靠性设计，计算机辅助设计（CAD），机械零部件图样绘制，工艺路线制订，产品生产制造，到进入市场，用户使用、维修，直至报废、回收等的全部过程（图0-1）。它包括：确定用户需要和产品性能要求；在现行设计基础上进行产品改进设计或创新设计；并行工程；全面考虑整个产品生命周期需要的产品设计和制造过程（包括产品供应，打开市场，用户使用保障，维修、回收处理等），创新意识和创业精神的培养等。这些措施是改进机械工程设计、制造、测控、机电一体化以及提高产品竞争力的重要手段，也是工科机械类专业系列课程深入教改的依据。

由于本课程的教学课时所限，也由于本课程在教学环节中所处的地位及所起的作用的限制，本教材的内容应是"产品实现过程"中的初级阶段所需的基本知识。本教材的主要内容将分三篇予以介绍。第一篇以"机械原理"为主要内容，包括机械产品的初期规划设计，方案设计，研究机构的组成原理，研究机构的运动学、动力学特性及其分析方法、设计方法与评判方法。该篇主要研究对象为"机构"。第二篇主要介绍"机械设计"内容。研究螺纹联接、轴毂联接、螺旋传动、带传动、链传动、齿轮传动、蜗杆传动、轴、轴承、联轴器、离合器、弹簧等通用零部件的基本设计理论和设计方法；研究机械中的结构、密封与润滑等。该篇主要研究对象是机械中的通用零、部件。第三篇介绍机械产品设计的全过程，即从产品构思到产品实现全过程的设计方法。

机器所作的机械运动，是由机器中的机构运动来实现的。不同的机器有不同的构造与用途，但它们都是由一些机构所组成。如图0-2所示，单缸四冲程内燃机是由一系列机构组成的，它包括：气缸体1、活塞2、连杆3和曲轴4组成的连杆机构；气缸体1、凸轮7和气阀杆8组成的凸轮机构；气缸体1、齿轮5、6组成的齿轮机构。有些机器中还可能用到其他类型的机构，如间歇运动机构、万向联轴器、螺旋机构，以及各种形式的组合机构等。

机械中的零件可分为两类。一类称为通用零件，在各种机械中能经常碰见，如轴、轴承、齿轮、螺钉、键、花键、弹簧等；另一类为专用零件，只出现在一些专用机械中，如汽轮机叶片、内燃机活塞、农机犁铧等。机械类型很多，用途不同，各有特色，需按其特殊要求进行设计。对专用机械中的专用零件的设计方法，将由专业课讲述，不在本课程中讨论。

（三）本课程的性质、地位、作用

本课程是研究机械中常用机构的性能、组成原理、运动特性、动力特性及机构设计的基本理论和方法，研究常用尺寸和参数下的通用零部件的工作原理、类型、结构特点、应用场合、基本设计理论和设计方法，研究产品从任务提出到产品生产、实现的全过程常用方法的一门技术基础课程。在学习本课程之前，应已掌握工程力学、机械制图、公差、工程材料及热处理等的基本知识。通过本课程的学习，使学生能够掌握常用的主要机构的一些运动特

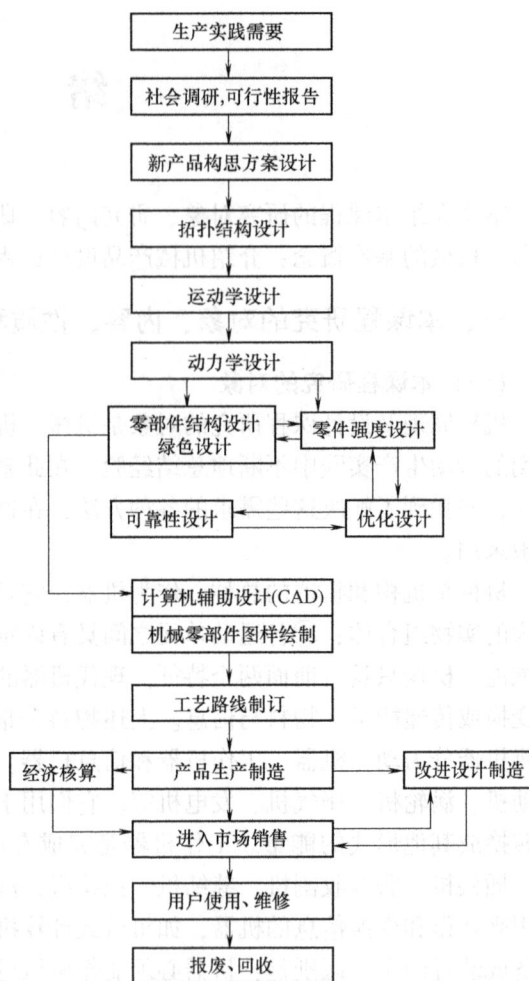

图0-1 产品实现过程（PRP）全过程框图

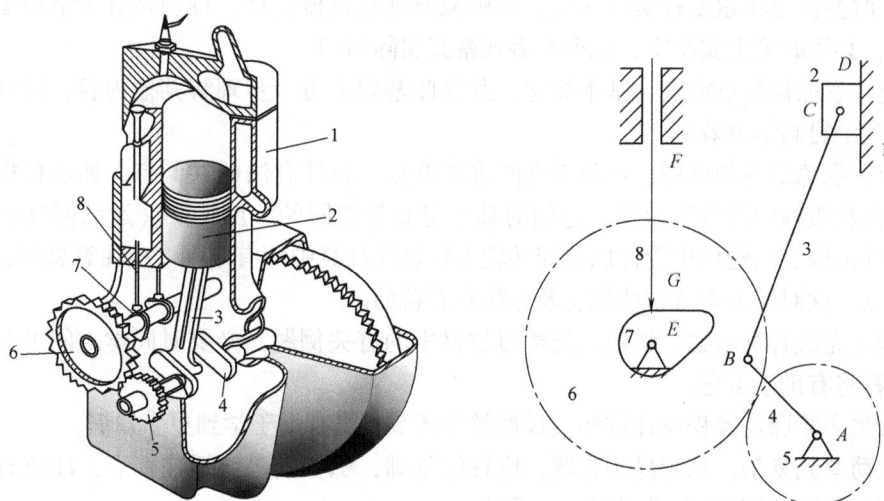

图 0-2　单缸四冲程内燃机
1—气缸体　2—活塞　3—连杆　4—曲轴　5、6—齿轮　7—凸轮　8—气阀杆

性，对其结构和动力学特性具有初步知识；掌握简单机构的设计方法；掌握通用零部件的设计方法；培养学生查阅有关标准、手册、图册、规范及网络资料的能力；初步掌握机械实验的技能；初步具备设计简单机械的能力，为专业课程学习打下坚实基础。因此，本课程是一门在基础课与专业课之间起承上启下作用的课程。

在工程实践中，按任务要求，创新设计、制造一部性能优秀的新机械，必须掌握机器的工作原理、设计思想、设计原理及设计方法，并且了解其制造过程及工艺路线。这需要全方位综合运用多门学科知识。本课程是其中一门最基本的技术基础课，对培养机械设计及机械制造领域的工程技术人才将起到重要作用。掌握了本课程内容，还可增强今后对各种机械设计的适应性，对培养学生创新设计的意识与能力、增强其素质方面，具有重要的作用。

（四）本课程的学习方法

本课程是实践性很强的课程，要学好本课程，既要有一定的理论分析知识，又要有一定的实践知识，特别需要有一定的与机械有关的感性知识。因此，必须注意掌握好学习方法，以提高学习效率。

1) 应注意回顾已学过的有关课程。第一篇机械原理与理论力学关系最密切，如点的复合运动和刚体平面平行运动，相对运动原理，速度瞬心，力的分解、合成、平衡，示力图分析、惯性力、惯性力矩，动能计算、动静法、虚位移原理，点的微分运动等。第二篇与材料力学关系十分密切，如强度分析计算等。此外还与公差、配合及所学数学内容有关，如三角、代数、几何、微积分、复数、矢量、矩阵、坐标变换等。

2) 机构分析设计时，图解法与解析法各有优缺点，两者是相辅相成的，学习时应尽量从其相互联系、相互借鉴的角度去理解，才能更深入透彻地理解其内在关系。如凸轮一章图解法与解析法的设计方法就是明显一例。

3) 对有关公式，应尽量从其工程意义上来记忆，有时记住图形就能帮助记住有关公式，这一点也十分重要。如齿轮一章即如此。

4）平时要注意积累工程实践知识，对机械原理及机械设计，特别是有关结构知识是十分有用的，必要时可去实验室、陈列室多观察其实际结构。

5）应注意抓住各章重点与基本概念，并在此基础上进一步理解其他内容，这种学习方法，将有利于提高学习效率。

6）应注意总结各种机构、各类零件的重要参数、设计方法的共同点。如连杆机构、凸轮机构、齿轮机构中均有压力角，它们的基本定义是相同的。反转法（运动倒置法）设计思想在连杆机构、凸轮机构设计以及周转轮系传动比计算中均有用到。应注意总结，并比较各自的特点，这对深入理解这些概念及方法是有益的。

7）独立完成各章习题。解题前先学习教材中的有关例题，必要时同学之间可开展相互讨论，这样将有助于解题。

8）重视实验课及课程设计这些实践性教学环节，将有助于学到更多知识。

9）从简单到复杂，从容易到难题，应打好基础，稳步前进，抓住要点，注意有关常用代号及表示方法，这些都对学习有很大帮助。

二、本课程相关学科的发展动向

（一）传统机械的设计方法

传统的机械设计方法是运用力学、数学、实验等知识加上经验，运用机械原理及机械设计的公式、图表或者通过类比等方法进行设计，所设计产品经过用户长期使用，不断发现问题，改进设计，不断完善。这种设计方法存在很多局限性，表现在：①从任务提出到产品定型，设计周期长，很难适应市场快速多变的节奏；②设计产品性能好坏，主要取决于设计者的经验，很难实现优化设计；③以手工设计为主，很难与现代加工设备（如数控机床）、柔性制造系统相适应、相匹配。

（二）现代机械设计方法

随着科学技术的进步，特别是计算机、网络、信息技术的飞速发展，给现代机械设计提供了强有力的手段，同时也对机械产品设计、制造提出了更高的要求。由于市场经济的需要，希望产品设计周期短，并希望产品后期所能预计的问题尽量在产品设计初期得到解决，使产品从设计到制造一次性完成，实现无返工的产品设计要求。所设计的产品，不仅要满足所需要的功能及强度、刚度要求，还要考虑产品生产的全过程，包括使用、维修、产品报废及回收等环节，提出节能型、环保型的绿色设计等要求。现代机械设计将综合运用机械、计算机、信息、传感、电气、液压、气动等自然科学以及美学等学科知识，形成一些新的学科分支并将其应用到机械设计中。

（1）从源头上给予创新 现代机械设计十分强调创新的产品，即具有独立自主知识产权设计的产品，具有自主品牌的产品。在创新的产品中，从设计源头开始创新是最基本的创新。机械原理的结构分析、机构组成等内容的学习最终是要求学生具有机构拓扑结构创新的思想及能力。源头创新是现代机械设计的重要内容，也是现代设计方法的核心内容，要求学生自觉地向这一方向努力。

（2）现代机械设计的理论和方法 现代机械设计的理论和方法正从硬件及软件两方面予以不断更新。

1）现代机械设计方法中有限元法、模态分析、专家系统有关理论及相应的优秀软件不断出现，为高质量的产品设计提供了必要手段。此外，机械优化设计、可靠性设计、绿色产品设计、产品造型设计、人机工程学、计算机辅助设计等一系列与现代机械设计相关的理论不断发展，使产品设计水平提高到一个新的高度。

2）计算机及其他多媒体技术的不断发展，使设计手段不断更新。如虚拟现实的虚拟方法、智能计算机辅助设计专家系统、计算机辅助设计（CAD）与计算机辅助制造（CAM）的集成系统、基于并行工程的面向制造的设计技术（DFM）、基于信息技术的分布式网络CAD系统等。

思 考 题

1）本课程研究的对象是什么？机构的特征是什么？机器与机构有何区别及联系？

2）本课程主要研究的内容有哪些？它在机械类教学中的作用、地位是什么？

3）本课程学习方法应注意哪些？

4）本课程相关学科的发展方向有哪些？现代机械设计的发展方向有哪些？

机械原理

前　言

机械产品实现过程是一个十分复杂的过程，对此本教材绪论中已有了一个比较全面的描述。在机械产品实现过程中，机械产品设计又是该过程中极其重要的一个环节。机械产品设计又分为初期规划设计、机构拓扑设计、总体方案设计、机构尺度设计、结构技术设计、生产施工设计等阶段。其设计过程大致可分为下述四个环节：

1) 在产品初期规划设计阶段需要进行产品市场调研，产品销售预测，产品技术可行性调研，同类型同行产品在技术水平上的分析及预测，国内外现状水平调研，专利情况调研。在此基础上作出产品可行性论证与分析，明确产品设计任务、设计目的、目标，并提出合理的所需要实现的功能与性能指标，最终提出合理的设计任务书。

2) 当初期规划设计任务明确后，将进入机构拓扑设计阶段及总体方案设计阶段。这一阶段是机械设计十分重要的环节，也是极具创造性的环节，更是决定着产品经济效益的关键一步。在此基础上还需对产品的机构尺度进行设计计算，从运动学、动力学角度对产品中各有关机构或机器进行分析比较，优化确定其总体方案，绘制系统运动简图，编写总体方案设计计算说明书。

3) 在结构技术设计阶段，将完成每个零件的具体结构、外形尺寸、材料选择及强度设计，最终完成全套工程施工图及设计计算说明书。到此产品设计告一段落。

4) 进入生产工艺、工装、施工设计阶段，完成工艺流程设计、工装设计、装配设计；完成有关技术文件、生产加工、使用说明书。这一阶段已属于产品加工制造阶段，本教材不作介绍。

上述第一个环节是十分重要的，它决定了企业是否具有生命力、能否盈利。

本教材第一篇主要是解决上述第二个环节。第二篇主要是研究第三个环节。第三篇内容是教材全过程内容的一个总结及应用举例。

本篇是依据产品设计任务书完成设计任务的一个首要环节。它包括机构拓扑设计、总体方案设计及机构尺度设计，由机构结构分析综合、机构运动学分析及设计、机构动力学分析及设计等组成。

第一篇主要符号表

F——平面机构的自由度

P_L——机构中的低副（转动副、移动副）数

P_H——机构中的高副数

ν——机构的独立回路数

BKC——基本运动链

SOC——单开链

K——行程速比系数

θ——极位夹角

α——压力角

γ——传动角

Φ——推程运动角

Φ'——回程运动角

Φ_s——远休止角

Φ'_s——近休止角

e——偏距

r_b——基圆半径

r_T——滚子半径

a'——实际中心距

a——标准中心距

α'——啮合角

m——齿轮模数

z——齿轮齿数

h_a^*——齿顶高系数

c^*——顶隙系数

d——分度圆直径

r'——节圆半径

d_a——齿顶圆直径

d_f——齿根圆直径

h_a——齿顶高

h_f——齿根高

d_b——基圆直径

p——齿距

p_n——法向齿距

s——齿厚

e——齿槽宽

ε_α——齿轮传动重合度

x——齿轮径向变位系数

β——斜齿轮分度圆柱面上的螺旋角

z_v——当量齿数

δ——锥齿轮分度圆锥角或速度不均匀系数

R——锥距

θ_a——齿顶角

θ_f——齿根角

δ_a——顶锥角

δ_f——根锥角

J_F——飞轮转动惯量

$[W]$——最大盈亏功

第一章

平面机构组成原理及其自由度分析

第一节　机构的组成及运动简图

一、机构的组成

按设计任务要求设计机器时，在选定了工作原理后，接着就进行机器运动设计，以保证所设计的机器能满足设计任务提出的运动要求。通常机器的主要部分由一个或几个机构组合而成。因此，设计机器的第一步工作，需把机构运动设计放在第一位。为此，需先对"机构"有所了解。

"机构"是一种具有确定运动的人为实物组合体。机构的组成要素是构件和运动副。

（一）零件与构件

任何机器都是由"零件"组成的。平常所指的"零件"，是指机器中每个独立加工的单元体。从研究机器运动的观点来看，人们关心的不是加工单元——"零件"，而是运动单元——"构件"。"构件"是由一个或几个零件刚性地联接在一起所组成的刚性系统，在同一构件中各零件之间无相对运动。在机构中，各个独立运动的最基本单元体即为"构件"。图1-1-1所示内燃机连杆这个"构件"，它由连杆体1、连杆大头盖2、连杆小头轴承套3、螺栓4及螺母5等零件刚性联接而成。当然，构件也有可能由一个零件组成。总之，零件与构件是有区别的，零件是加工单元体，而构件是运动单元体。在研究机构运动时，必须严格加以区分，否则会得出错误的结论。

根据构件在机构中所起的作用不同，构件可分为：

1）机架——机构中相对于定参考系是固定的构件，它相对于地面可以是固定的，也可以是运动的。

2）活动构件——机构中的非机架构件，即相对于机架是活动的构件。

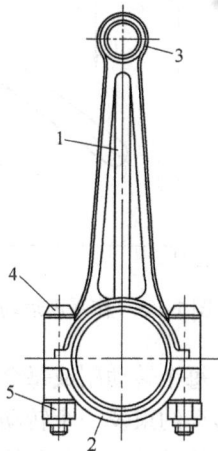

图1-1-1　内燃机连杆构件

（二）运动副及其分类

机构中每个构件不可能孤立地存在。构件与构件之间直接接触的可动联接称为运动副。例如：轴与轴承的联接（图1-1-2）；滑块与导轨的联接（图1-1-3）；以及两齿轮的轮齿与轮齿的联接，即两者相啮合（图1-1-4）等，都构成运动副。

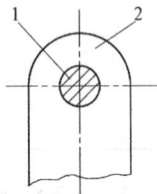

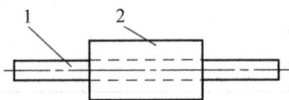

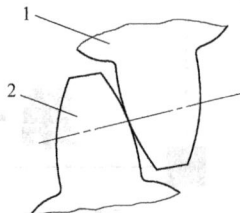

图1-1-2　轴与轴承的联接　　　图1-1-3　滑块与导轨的联接　　　图1-1-4　轮齿与轮齿的联接

机构中的构件都是用运动副彼此相联接的，因而机构间的运动与力都是通过运动副来传递的。对于作空间运动的构件，在联接前有六个独立运动（又称自由度），即绕 x、y、z 三个坐标轴的转动及沿 x、y、z 三个坐标轴方向的移动。对于作平面运动的构件，在联接前只有三个独立运动（又称三个自由度），如图 1-1-5 所示，即为沿 x、y 两个坐标轴的移动，绕垂直于 Oxy 平面的轴（即 z 轴）的转动。根据组成运动副构件间作相对运动是平面运动还是空间运动，可将运动副分为平面运动副与空间运动副。本章只讨论平面机构，因此构件只能作平面运动，其运动副也只能是平面运动副。在平面机构中，若将两构件用一运动副相联，则两构件相对运动将受到一定的约束。根据运动副对被联接的两构件相对运动约束数的不同，可将运动副分为低副和高副两类。若从运动副中构件接触部位的几何形状来分类，有点接触、线接触及面接触三种形式。常称点、线、面为运动副元素。面接触的运动副称为低副，点或线接触的运动副称为高副。根据组成平面低副的两构件之间的相对运动性质不同，又可将其分为转动副（图 1-1-6）和移动副（图 1-1-7）。通常，转动副的运动副元素为圆柱面，移动副的运动副元素为平面或矩形柱面等。

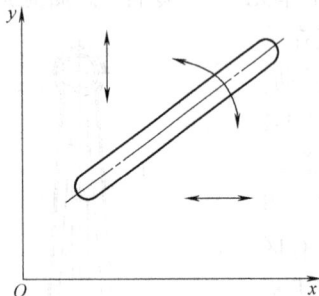

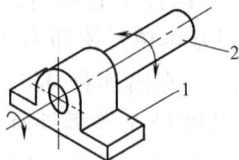

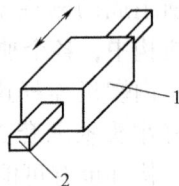

图 1-1-5　作平面运动构件的自由度　　　图 1-1-6　转动副　　　图 1-1-7　移动副

每个转动副或每个移动副两者都引入了两个约束。转动副为两个移动约束，移动副为一个移动约束及一个转动约束。常见的平面高副有齿轮齿廓接触组成的齿轮副（图 1-1-8）；凸轮从动件端部与凸轮轮廓之间的点、线接触所组成的凸轮副（图 1-1-9）等。每个高副都引入了一个约束，即沿接触点轮廓公法线方向 n-n 移动约束。

根据运动副在机构中所起的作用不同，运动副可分为：

1）驱动副——机构中运动副两构件的相对运动规律为已知的运动副，即其两构件之间作用有驱动力矩或驱动力的运动副。

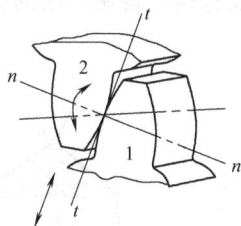

图 1-1-8 齿轮副

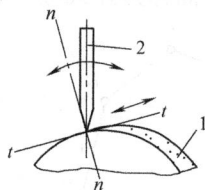

图 1-1-9 凸轮副

2）从动副——机构中的非驱动副。

驱动副在机构中的位置可分为：

1）驱动副在机架上。当驱动源的机座安装在机架上时，称安装驱动副机座的那个构件为机架，将另一与驱动源主轴相连的构件称为原动件或主动构件。显然，主动构件就是作用有驱动力矩或驱动力的活动构件，而输出动力或运动的从动构件称为输出构件。输出构件仅为从动构件的一部分。

例如，图 1-1-10 所示平面机构的驱动副联接在机架 4 上。A 为驱动副，1 为主动构件，2、3 为从动构件，其中 3 为输出构件。

2）驱动副不在机架上。将与驱动源的主轴相连或相啮合的构件称为主动构件，驱动副的两构件之间存在相对运动，并在主动构件上作用有驱动力矩或驱动力。输出动力或运动的构件仍称为输出构件。

例如，图 1-1-11a 所示平面机构的驱动副不联接在机架 4 上。B 为驱动副，2 为主动构件，1、3 为从动构件，其中 3 为输出构件。

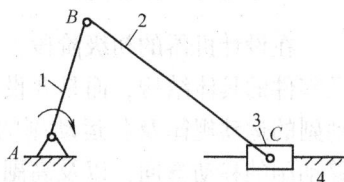

图 1-1-10 驱动副在机架上的平面机构

图 1-1-11b 所示的平面并联机器人机构的三个移动副 B_1、B_2、B_3 为驱动副，它们都不联接在机架 7 上，2、4、6 为主动构件，1、3、5、8 为从动构件，其中 8 为输出构件。

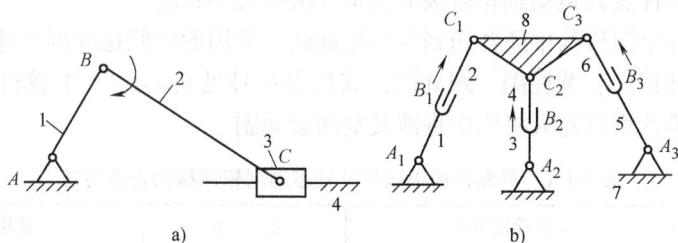

a)

b)

图 1-1-11 驱动副不在机架上的平面机构

（三）运动链

构件用运动副联接而成的相对可动的系统称为运动链（图 1-1-12）。运动链可分为闭式链与开式链两大类。如果运动链中的每个构件上至少有两个或两个以上运动副相互联接所组成的运动链，称为闭环运动链或闭式运动链，简称为闭式链。图 1-1-12 a、b 均为闭式链。其中图 1-1-12a 为单闭环链（一个封闭环路），图 1-1-12b 为双闭环链（两个独立封闭环路），依此类推，还有多闭环链等情形。如果运动链中各构件没有构成首尾封闭的构件系统，则称为开式运动链，简称为开式链，如图 1-1-12c 所示。

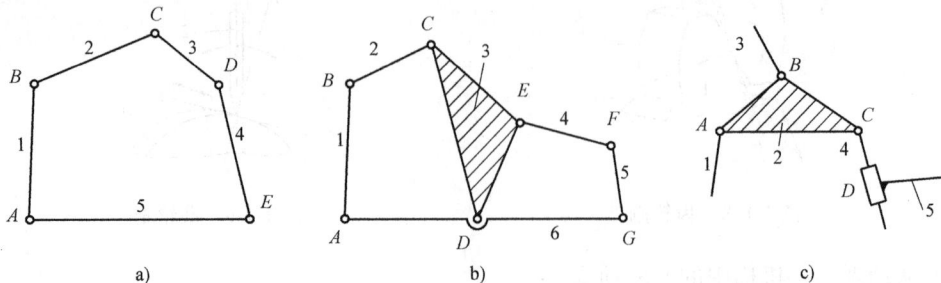

a)   b)   c)

图 1-1-12   运动链

（四）机构

机构是用来传递运动和力的。机构可由运动链演化而来。将运动链中一个构件作为机架，将其中一个或几个运动副作为驱动副并给定运动输入时，则所有构件均相对于机架作确定运动的系统称为机构。

二、机构运动简图

在设计机器的初级阶段，主要是按设计要求对机构进行运动及动力分析，该阶段还未涉及零件的具体结构，而是要设计绘制出与机构运动有关的尺寸。机构中各构件的运动是由驱动副的运动规律及各运动副的类型和机构的运动学尺寸（即各转动副间的相对位置尺寸，移动副的移动方向，以及高副接触部位轮廓外形）来决定的，而与构件及运动副的具体结构、外形（高副的轮廓外形除外）、断面尺寸、组成构件的零件数目及固联方式等无关。因此，可用国家标准规定的简单符号和线条代表运动副和构件，并按一定的比例尺表示机构的运动学尺寸，绘制出机构的简明图形，这种图形称为机构运动简图。

若只是为了进行初步的结构组成分析，了解动作原理，表明机构的组成状况等，则可仅以构件和运动副组成的符号表示机构的草图，不考虑机构的比例尺，这种简图称为机构运动示意图。

平面机构中构件及其运动副相联接的表示方法见表 1-1-1。

应该指出，在空间机构中还常用到空间运动副。常用的空间运动副有球面高副、柱面高副、球面低副、球销副、圆柱副、螺旋副，其代表符号见表 1-1-2。本教材多数内容只涉及平面运动副。在第八章机器人机构中将涉及空间运动副。

表 1-1-1   平面机构中构件及其运动副相联接的表示方法

名　　称	常用简图符号	名　　称	常用简图符号
机架		构件与轴的固定联接	
构件的永久联接		两活动构件以转动副相联接	

（续）

名　称	常用简图符号	名　称	常用简图符号
活动构件与机架以转动副相联接	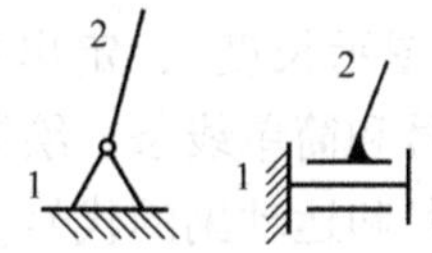	蜗轮蜗杆啮合	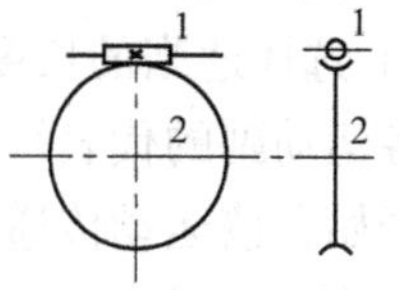
两活动构件以移动副相联接	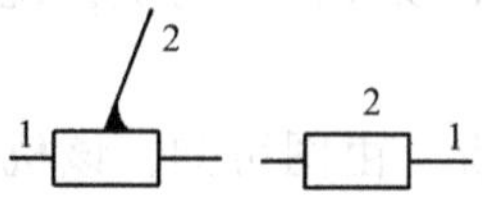	齿轮齿条啮合	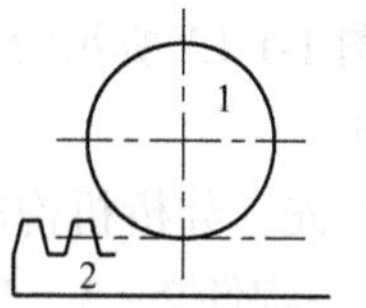
活动构件与机架以移动副相联接	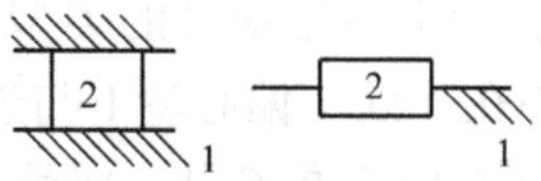	凸轮副	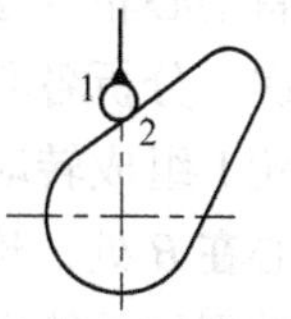
圆柱齿轮机构外啮合与内啮合	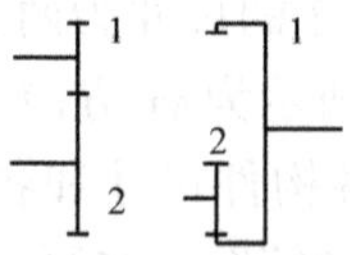	两活动构件以平面高副相联接	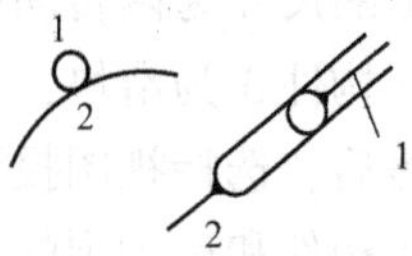
锥齿轮啮合	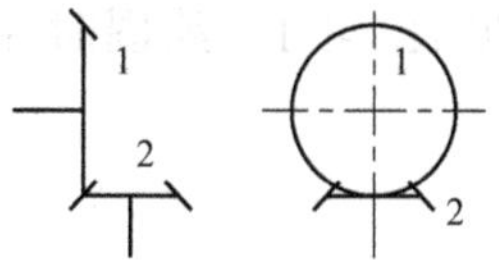	原动机（电动机）	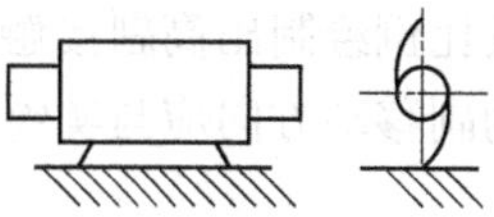

表 1-1-2　空间机构中常用空间运动副表示的简图符号

名　称	球面高副	柱面高副	球面低副	球销副	圆柱副	螺旋副
常用简图符号	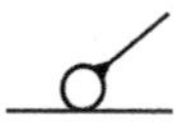	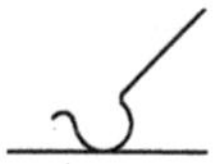			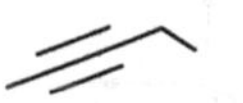	

　　为描述方便，上述各种常用运动副，常用相应的代号来表示，如转动副用 R，移动副用 P，圆柱副用 C，螺旋副用 H，球面低副用 S，球销副用 S' 等。

　　机构运动简图的绘制步骤如下：

　　1）对照实物或实物图，分析机构的动作原理、组成情况和运动情况，确定其组成的各构件，哪些构件为原动件，哪一构件为机架和哪些构件为从动件。或确定其组成的各运动副，哪些运动副为驱动副，哪些为从动副。

　　2）沿着运动传递路线，从原动件开始，逐一分析每两个构件间相对运动的性质（相对转动、相对移动还是相对高副接触作既转又移运动），并确定运动副的类型和数目。

3）选择合理的运动简图的视图平面。一般可选择机械中多数构件的运动平面作为视图平面，若有必要也可选择两个或两个以上的视图平面，然后将其置于同一图面上，加以相互补充说明。

4）选择适当的长度比例尺 μ_1（μ_1 = 实际尺寸/图示长度），定出各运动副的相对位置，并用各运动副的代表符号、常用机构的运动简图符号和简单线条，绘制机构运动简图。从原动件开始，按运动传递路线，顺序标出各构件的编号和运动副的代号。在原动件上标明箭头方向（即其运动方向）。

图 1-1-13 所示为一偏心轮曲柄滑块机构。下面以此机构为例，说明机构运动简图的绘制方法。

首先，分析机构的组成、动作原理和运动情况。由图可知，该机构由原动件（即偏心轮）1，构件 2、3、4 所组成。运动由偏心轮 1 输入，经连杆 2 传至滑块 3 将运动输出。该机构可将偏心轮（也即曲柄）的转动转化为滑块的往复移动。其中构件 4 为机架。

其次，分析各联接构件之间的相对运动性质，确定各运动副的类型。由图可见，机架 4 和偏心轮 1 组成转动副（即驱动副）A，转动中心在 A 处。偏心轮 1 与连杆 2 组成转动副 B，转动中心在 B 处。连杆 2 与滑块 3 组成转动副，转动中心在 C 处。滑块 3 与机架 4 组成移动副，移动副的导路即为机架 4，导路的移动方向图示为沿坐标 yy 方向。由以上分析可知，构件 1 的尺寸为两转动中心 A 与 B 之间的长度，构件 2 的尺寸为两转动中心 B 与 C 之间的长度，构件 3 为滑块，主要要测出其移动方向，图中所示为 yy 方向。

最后，选择视图投影面和长度比例尺 μ_1，测量各构件尺寸和各运动副间的相对位置，用表达构件和运动副的规定简图符号，绘制出机构运动简图。在原动件 1 上标出箭头以表示其转动方向，如图 1-1-14 所示。图中若有凸轮运动副及齿轮运动副，即为高副出现时，则需按比例绘制出高副接触点处的轮廓几何外形，见表 1-1-1。绘图时注意转动副相对位置，移动副移动方向应与实物一致。

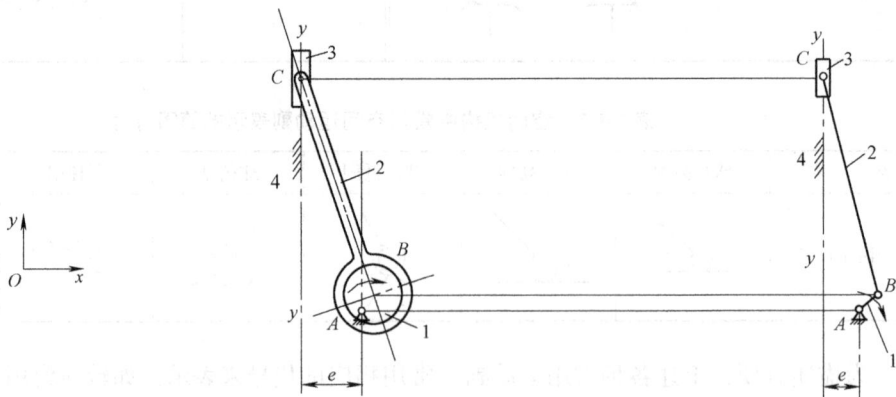

图 1-1-13　偏心轮曲柄滑块机构　　　　图 1-1-14　对应的机构运动简图

必须指出，近年来，计算机绘制机构运动简图已趋成熟，用计算机绘出机构运动简图后，还可以通过动态仿真来观察机构的运动情况。

例 1-1-1　绘制图 1-1-15 所示颚式破碎机的机构运动简图。

解　该机构由机架 1，原动件（偏心轮）2 及从动件 3、5、6 组成，共六个构件，故可称为平面六杆机构。其中构件1、2，构件2、3，构件3、4，构件4、6，构件6、1，构件3、5，构件5、1分别构成转动副 O_1、A、C、D、O_3、B、O_2，其中 A 为驱动副；该机构中无移动副，也无高副。

测定该机构的几何尺寸，并选择比例尺 μ_1，取 μ_1 = 实际尺寸（m）/ 图上长度（mm）= 0.001m/mm。该机构中有三个固定转动副 O_1、O_2、O_3。先按比例尺计算出图长，画出固定转动副的相对位置后，选定原动件长 O_1A 的某一位置，分别以点 A 和 O_2 为圆心，AB 和 BO_2 为半径作两条圆弧，其交点即为 B 点。继而作出构件3上 C 点，以 C 点及 O_3 点为圆心，CD 和 O_3D 为半径作两条圆弧，其交点即为 D 点。按此绘制的机构运动简图如图 1-1-16 所示，曲柄 O_1A 为原动件，在其上标记出回转方向。

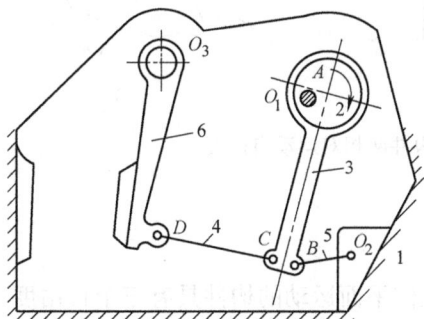

图 1-1-15 颚式破碎机构   图 1-1-16 对应的机构运动简图

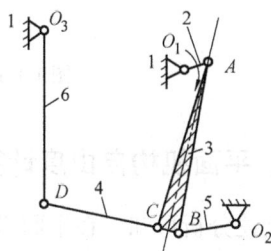

第二节 平面机构自由度分析及应用举例

一、运动副的自由度和约束

如前所述，两构件直接接触的可动联接组成运动副。两构件组成运动副之后，它们之间还能实现哪些相对运动，与该运动副对这两构件的相对运动所加的限制有关。运动副对该两构件独立运动所加的限制称为约束。约束数目等于被其限制的自由度数。组成运动副两构件间约束的特点和数目取决于该运动副的形式。

（一）转动副

如前所述，图 1-1-17 为构件2未组成运动副前具有三个自由度：x 方向移动，y 方向移动，绕垂直于 Oxy 平面的轴的 ω 转动。图 1-1-18a 所示为转动副，在构件1上固接坐标系 Oxy，构件2沿 x 轴和 y 轴方向的两个相对移动受到该运动副的约束，使其只能绕垂直于 Oxy 平面的轴的相对转动 ω。

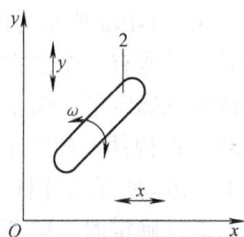

（二）移动副

图 1-1-18b 所示为移动副，在构件1上固接坐标系 Oxy，构件2相对于构件1沿 y 轴方向的移动和绕垂直于 Oxy 平面的轴的转动 ω 受到该运动副的约束，使其只能沿 x 轴方向移动。

图 1-1-17 平面构件未组成运动副前三个自由度

（三）高副

图 1-1-18c 所示是以两平面曲线为轮廓构成的高副，过两曲线的接触点 K 分别作公切线 t-t 与公法线 n-n，此时构件 2 相对于构件 1 沿 n-n 方向的移动受到约束，剩下可沿 t-t 方向独立移动和绕过 K 点垂直于运动平面的轴的独立转动 ω。这两个自由度也可表现为组成运动副元素之间存在着滚动兼滑动。凸轮副及齿轮副都属于这种运动副。

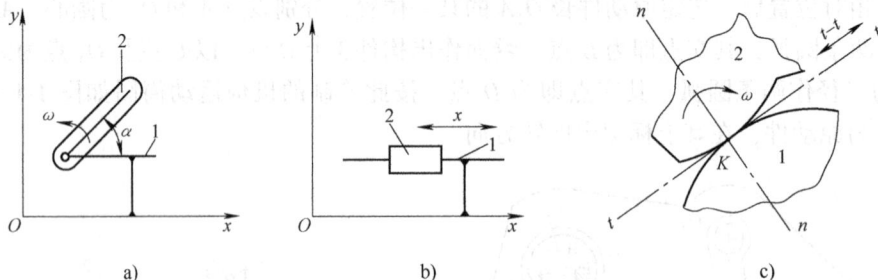

图 1-1-18 组成运动副后构件两相对运动自由度

二、平面机构自由度计算公式

从上述分析可知，在平面机构中，一个独立作平面运动的构件具有三个自由度。某平面机构中，设 n 为该机构的总构件数（包括机架），$n-1$ 则为机构的活动构件数。每个活动构件在未用运动副联接之前，各具有三个自由度，$n-1$ 个活动构件共有 $3(n-1)$ 个自由度。当用运动副将各构件联接起来组成机构时，便给它们之间的相对运动加上一定数目的约束。每一个平面低副（转动副或移动副）引入两个约束，使机构失去两个自由度；每一个平面高副引入一个约束，使机构丧失一个自由度。设平面机构中有 P_L 个低副和 P_H 个高副，则运动副共引入 $2P_L + P_H$ 个约束，也即使机构减少了 $2P_L + P_H$ 个自由度。基于上述分析，平面机构的自由度计算式为

$$F = 3(n-1) - 2P_L - P_H \tag{1-1-1}$$

式中　F——平面机构的自由度；

n——该机构的总构件数（包括机架），$n-1$ 则为机构的活动构件数；

P_L——该机构中的低副（转动副、移动副）数；

P_H——该机构中的高副数。

三、机构可能运动条件及机构具有确定运动条件

图 1-1-19a 所示为四连杆机构，现可求得该机构的自由度 $F=1$，它表明在以机架为参考系时，只能有一个独立运动。当 φ_1 一定时，则所有活动构件（构件 1、2、3）相对于机架的位置就确定了。而 φ_1 的值取决于构件 1 相对于机架的转动，因而，该机构只要输入一个运动（即构件 1 相对于机架的转动），则整个机构各活动构件的相对运动就被确定。同理，图 1-1-19b 所示五连杆机构的自由度 $F=2$，即只要 φ_1 和 φ_4 确定时，也即当构件 1 和 4 的两个运动已确定时，则所有活动构件相对于机架的位置就确定了。如图 1-1-19c 所示，按式（1-1-1）计算可知其自由度 $F=0$；如图 1-1-19d 所示，其 $F=-1$，可见图 1-1-19c、d 所示的系统不是机构，而是静定（$F=0$）或超静定（$F<0$）的桁架结构。

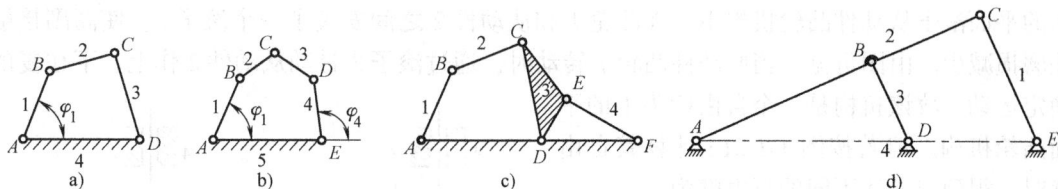

图 1-1-19　机构自由度与确定运动

由此可得出结论：

1）机构可能运动的条件为：机构自由度数大于 0，即 $F>0$。

2）机构具有确定运动的条件为：机构输入的独立运动数目等于机构的自由度数。

由于平面机构的每个驱动副一般只有一个自由度，因此机构具有确定运动的条件又可表述为：机构驱动副数应等于机构的自由度数。对驱动副位于机架的机构，与驱动力相连的构件为主动构件，或称为原动件，故这时该类机构具有确定运动的条件又可表述为：机构原动件数应等于机构的自由度数，且机构自由度数大于 0。

四、计算机构自由度时应注意的问题

在利用式（1-1-1）计算机构自由度时，还需注意下面三个方面的问题。

（一）复合铰链

两个以上构件在同一处以转动副相联接，所构成的运动副称为复合铰链。在图 1-1-20a 所示的六杆机构中，构件 2、3、4 同在 C 处组成转动副，从图 1-1-20b 所示俯视图可见，3 个构件在 C 处组成了 C_1、C_2 两个转动副。同理，若有 k 个构件在同一处组成复合转动副（又称复合铰链），则其转动副数目应为 $k-1$ 个。在机构自由度计算时，应注意机构中是否有复合铰链存在，以免错记了运动副数。

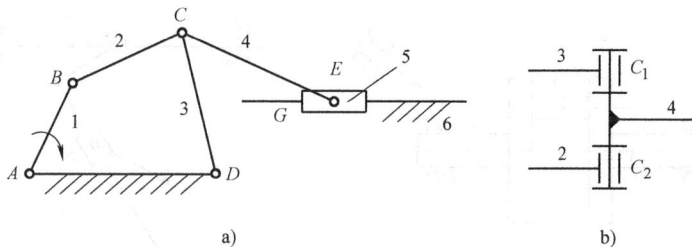

图 1-1-20　复合铰链

例 1-1-2　计算图 1-1-20a 所示六杆机构的自由度。

解　该机构的各构件均在同一平面内运动，为平面机构，故可用式（1-1-1）计算其自由度。由图可知，机构中共有 5 个活动构件；A、B、D、E 处各有 1 个转动副；C 处由 3 个构件组成复合铰链，其转动副数为 2；E 处滑块 5 与机架组成移动副 G，无平面高副。由以上分析可知，该机构 $n=6$，$P_L=7$，$P_H=0$。故由式（1-1-1）可计算得

$$F=3(n-1)-2P_L-P_H=3\times5-2\times7-0=1$$

（二）局部自由度

机构中有些构件所具有的自由度只与该构件自身的局部运动有关，不影响其他构件的运动，即对整个机构的运动输出无关，则称这种自由度为局部自由度。例如，在图 1-1-21 所

示的平面滚子从动件凸轮机构中，在凸轮1和从动件2之间安装了一个滚子3，使高副接触处磨损减少。由图可见，当原动件凸轮1转动时，通过滚子3带动从动件2作上、下往复的确定运动，故该机构是一个自由度为1的平面凸轮机构。但若按图1-1-21a计算其自由度时，得到与上述不同的自由度为

$$F = 3(n-1) - 2P_L - P_H$$
$$= 3 \times 3 - 2 \times 3 - 1 = 2$$

这是因滚子3绕其自身几何中心的转动，引入了一个局部自由度，该局部自由度即为滚子局部转动。滚子滚动快慢并不影响从动件2的输出运动规律，故在计算机构自由度时，应去除该局部自由度，即将滚子3与从动件2固联，视为一个构件，如图1-1-21b所示，这时再计算机构自由度即可得出正确结论，即

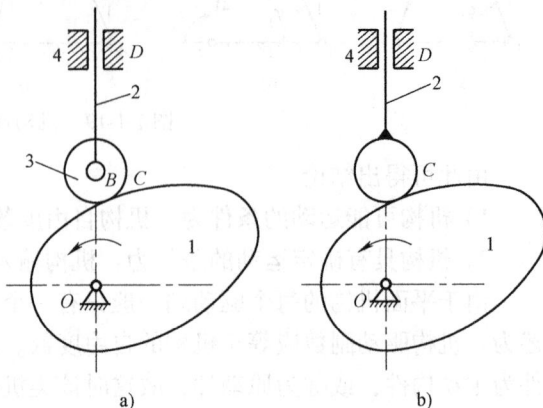

图1-1-21 局部自由度

$$F = 3(n-1) - 2P_L - P_H = 3 \times 2 - 2 \times 2 - 1 = 1$$

平面机构中的局部自由度，常见的为滚子的转动。

（三）虚约束

在机构自由度计算时，还需注意，在某些特定的几何条件或结构条件下，某些运动副所引入的约束可能与其他运动副引入的约束是重复的，这种不起独立约束作用的重复约束称为虚约束。在计算机构自由度时，应将虚约束除去不计。常见的虚约束发生在以下场合：

1）两构件间构成多个运动副。两构件组成若干个转动副，但其轴线互相重合，如图1-1-22a中A、A'所示；两构件组成移动副，其导路互相平行或重合，如图1-1-22b中F、

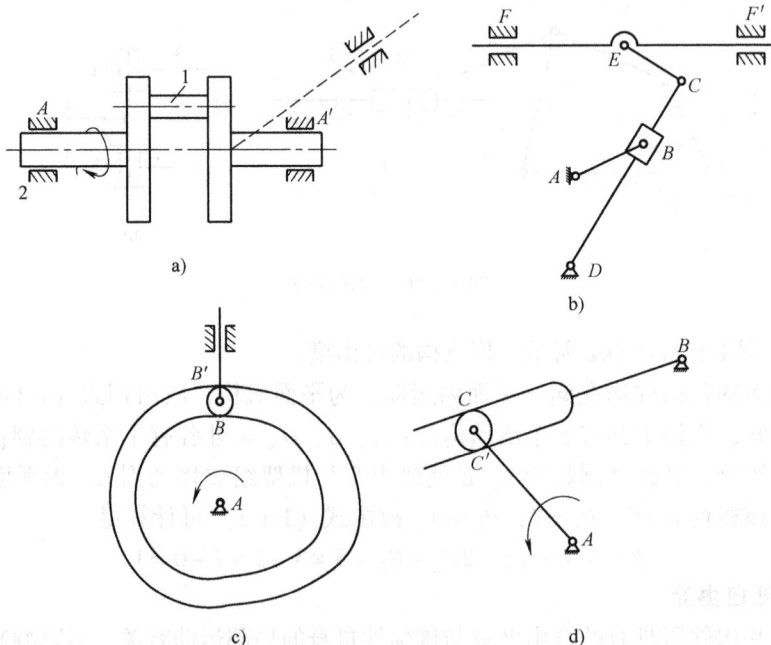

图1-1-22 两构件或多个运动副满足特定几何条件时形成虚约束

F' 所示；两构件组成若干个平面高副，但接触点之间的距离为常数，如图 1-1-22c、d 中 B、B' 和 C、C' 所示。在上述情况下，各只有一个运动副起约束作用，其余运动副所起的约束作用均为虚约束。图 1-1-22 中运动副 A'、F'、B'、C' 均为虚约束，在机构自由度计算时均应将其去除，然后再计算机构自由度。图 1-1-22 中机构的自由度均应为 1，读者可自行计算。此处虚约束可改善受力情况，或形成高副的几何封闭。

2）联接构件与被联接构件上联接点的轨迹重合。图 1-1-23 所示为由 5 杆组成的平面连杆机构，常被用在机车车轮联动机构中。由于构件 AB、CD、EF 相互平行且相等，BC 与 AD 也平行且相等，可以证明构件 5 与构件 2 的联接点 E_5 与被联接点 E_2 点的轨迹均为以 F 点为圆心 l_{EF} 为半径所画的圆，两者轨迹重合。这时用构件 5 将转动副 E、F 相联，将提供 $F = 3 \times 1 - 2 \times 2 = -1$ 的自由度，即增加了一个约束。但由于 E_2 点与 E_5 点轨迹重合，该约束对机构运动不起实际约束作用，故为虚约束。此处增加虚约束可防止当构件 1、2、3 成一直线位置时，原平行四边形可能形成为反接平行四边形机构，也可能为平行四边形机构，出现运动不确定的危险情况。详细内容可见第三章中图 1-3-13 论述。

3）在机构整个运动过程中两构件上某两点之间的距离始终不变。图 1-1-24 所示的平面连杆机构中，由于 AB 与 CD、AE 与 DF 分别平行且相等，故当机构运动时，构件 1 上的 E 点与构件 3 上的 F 点之间的距离 EF 将始终保持不变。此时，若将 E、F 点用构件 5 及转动副将其联接起来，则附加的构件 5 和两端的转动副 E、F 将引入 $F = 3 \times 1 - 2 \times 2 = -1$ 的自由度，即将引入一个约束。该约束对机构运动不起实际约束作用，故为虚约束。此处虚约束也可起到防止运动不确定的作用。

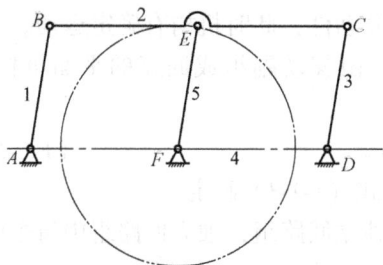

图 1-1-23　轨迹重合形成虚约束

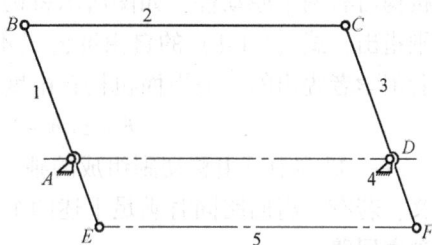

图 1-1-24　两构件上某两点距离不变形成虚约束

4）机构中对运动不起作用的对称部分。图 1-1-25 所示的行星轮系机构，从传递运动需要看，只需一个行星轮 2 就行了。这时，该机构 $n = 4$，$P_L = 3$，$P_H = 2$，机构自由度 $F = 3 \times 3 - 2 \times 3 - 2 = 1$。注意：$A$ 处有三个构件，即齿轮 3，杆 H 和机架，是复合铰链，其转动副数为 2。但为了使机构受力均衡，并能传递较大功率，图中增加了对称均布的行星轮 $2'$ 及 $2''$，同时分别又引入了一个转动副和两个高副，共引入了两个转动副和四个高副，即引入了两个约束。由于增加的行星轮 $2'$ 和 $2''$ 与行星轮 2 完全相同，不影响机构的运动，故引入的这两个约束均为虚约束。

机构中引入的虚约束，在计算机构自由度时，应注意会判断，并将虚约束去除后，再计算机构自由度，这

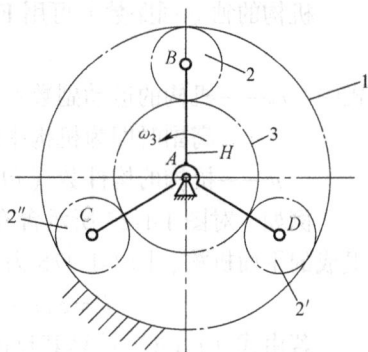

图 1-1-25　对运动不起作用的
对称部分形成虚约束

样的结果才是正确的。

综上所述，虚约束都是在特定的几何条件或结构条件下出现的，如这些条件不满足，则虚约束将变为有效约束，使机构不能运动。如图 1-1-22a 所示转动副 A、A' 轴线如不重合，如图中虚线所示，则原虚约束 A' 将成为真正约束。在机械设计中，虚约束的引入都是有一定目的的，是因某种需要而增加的。这时，必须严格保证设计、加工、装配精度，以满足虚约束所必需的特定条件。

例1-1-3 试计算图 1-1-26 所示大筛机构的自由度。

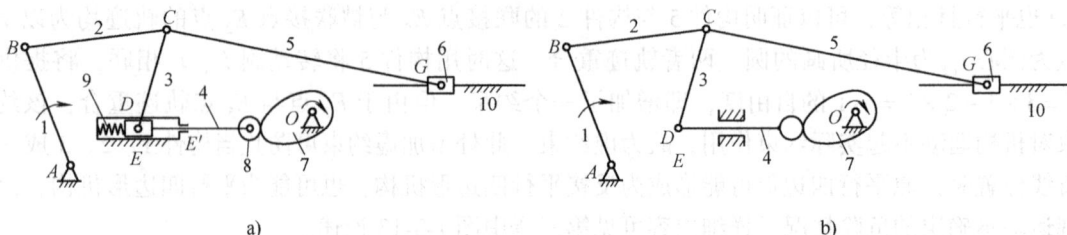

图 1-1-26 大筛机构

解 图 1-1-26a 中滚子 8 为局部自由度。E 和 E' 为两构件组成导路平行的两个移动副，其中之一为虚约束。弹簧 9 对运动不起限制作用，可以略去不计。复合铰链 C 包含两个转动副。将局部自由度消去，虚约束 E' 除去，弹簧 9 拆除后，得图 1-1-26b。由图 1-1-26b 可知 $n = 8$，$P_L = 9$，$P_H = 1$，故由式（1-1-1）可得

$$F = 3(n-1) - 2P_L - P_H = 3 \times 7 - 2 \times 9 - 1 = 2$$

该机构需有两个原动件，如图所示将构件 1 和 7 作为原动件，此时机构有确定运动。

特别指出：式（1-1-1）的自由度公式不能用于含有只由移动副组成回路的平面机构。为此，我国学者提出的一般平面机构自由度公式为

$$F = 3(n-1) - 2P_L - P_H + \nu_P \qquad (1-1-2)$$

式中 ν_P——机构中只由移动副组成的独立回路数，可由式（1-1-3）确定。

定义：若有一组回路同时满足下述两个条件时则称为独立回路组，独立回路组中每个回路皆为独立回路：

1) 每一回路至少有一个运动副是其他回路所未包含的。

2) 独立回路数 ν 满足式（1-1-3）。

机构的独立回路数 ν 可用 Euler 公式计算，即

$$\nu = m - n + 1 \qquad (1-1-3)$$

式中 m——机构的运动副数目，它等于机构中高副与低副数目之和，即 $m = P_L + P_H$，若无高副时即为机构中低副数，即 $m = P_L$；

$\qquad n$——机构的构件数（包括机架）。

例如，对图 1-1-27 所示含有只由移动副组成回路的平面机构，图 1-1-27a 为三个移动副组成的平面机构，图 1-1-27b 为三个移动副组成的平面回路，由式（1-1-2）计算其自由度为

$$F = 3(n-1) - 2P_L - P_H + \nu_P = 3 \times 2 - 2 \times 3 + 1 = 1$$

若由式（1-1-1）计算其自由度，则 $F = 3(n-1) - 2P_L - P_H = 3 \times 2 - 2 \times 3 = 0$。但该机构的自由度是 1，不是 0。因三个移动副组成回路的几何约束是任意两移动副的夹角为常量，若一个移动副输入移动，另两个移动副在夹角为常量的约束下必然产生相应的移动。

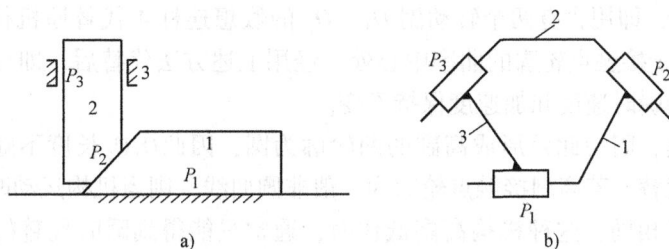

图 1-1-27 由三个移动副组成的平面机构及其回路

第三节 平面机构组成原理

一、平面机构中的高副低代

为使平面低副机构的结构分析和运动分析的方法适用于一切平面机构，可以按一定条件将机构中的高副用低副来代替。这种以低副来代替高副的做法称为高副低代。

高副低代须满足的条件为：

（一）代替前后机构的自由度数保持不变

为保证代替前后机构自由度数不变，可用假想的一构件二低副（图 1-1-28）来代替一个高副，这是因为两者均引入一个约束。

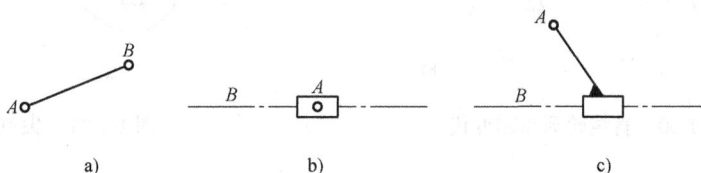

图 1-1-28 一构件二低副

（二）代替前后机构的瞬时速度和瞬时加速度不变

如图 1-1-29a 所示，构件 1 和 2 分别为绕点 A 和点 B 转动的两个圆盘。高副轮廓为两圆，其几何中心分别为 O_1 及 O_2，两者在 C 点接触构成高副。由图可见，当机构运动时，距离 AO_1、O_2B 及形成高副接触点轮廓的公法线长度 $O_1O_2 = r_1 + r_2$，均保持不变。其中 r_1、r_2 分别为接触点轮廓的曲率半径。因此，图 1-1-29a 含高副的机构可用图 1-1-29b 所示的全低副机

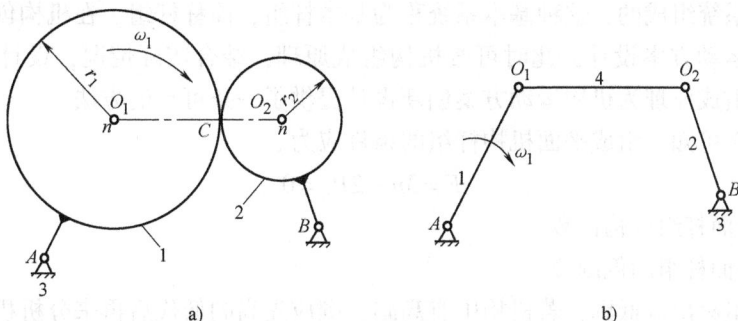

图 1-1-29 高副低代

构 AO_1O_2B 来代替,即用含有两个转动副 O_1、O_2 的假想连杆4代替原机构中的高副 C,其中 O_1、O_2 分别位于接触点轮廓的曲率中心处。经用上述方法代替后,即可保证代替前后机构自由度及机构的瞬时速度和加速度保持不变。

值得注意的是,因为此处形成高副的两轮廓为圆,因此 O_1O_2 长度不随运动而改变,这种代替可作永久代替。若高副接触点轮廓为一般非圆曲线,则当机构运动时,接触点处两轮廓的曲率半径均不相同,这种机构高副低代时,通常只能得到瞬时代替的全低副机构。当然,如果 r_1、r_2 虽有变化,但若能使 r_1+r_2 之和不变(如渐开线直齿圆柱齿轮机构),这时也能作永久代替。

如图1-1-30a所示,如果组成高副的两接触轮廓之一为直线,如图中接触点 C 处构件2为直线,因直线轮廓的曲率中心趋于无穷远,所以该处转动副转化成移动副,其代替机构如图1-1-30b所示。如两接触轮廓之一为一点(图1-1-31a),因点的曲率半径为零,所以曲率中心与该点重合,其代替机构如图1-1-31b所示。

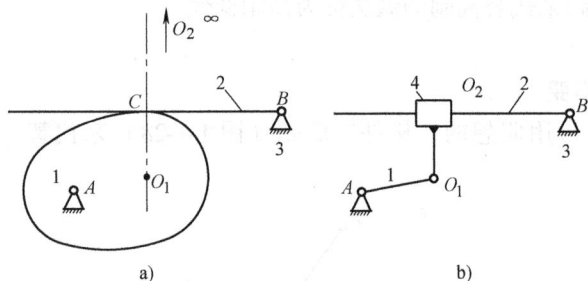

图1-1-30 直线轮廓高副低代   图1-1-31 尖点轮廓高副低代

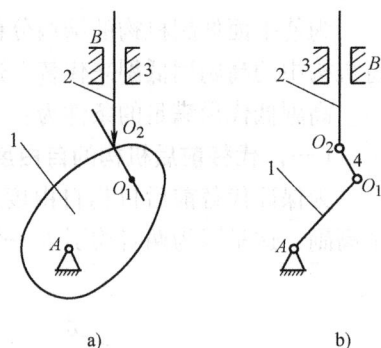

按上述方法将含高副的机构低代后,即可将其视为平面低副机构。因此,在讨论机构组成原理和结构分析时,只需研究含低副的平面机构。

二、驱动副位于机架的平面机构组成原理

驱动副位于机架的平面机构组成原理:机构可视为由原动件、机架及从动件系统通过运动副联接而成。平面机构具有确定运动的条件是机构中原动件数与机构自由度数相等,因此机构中从动件系统的自由度数应为零。通常从动件系统是由一个或若干个不可再分解的自由度为零的基本系统组成的,这种基本系统称为基本杆组,简称杆组。在机构创新设计时,首先要进行机构运动方案设计,此时可按机构组成原理,结合实际情况,设计出新机构。因此,平面机构组成原理为机构运动方案创新设计提供了一条可行的方法。

由杆组定义可知,组成平面机构杆组的条件应为

$$F = 3n - 2P_L = 0 \tag{1-1-4}$$

式中　n——平面杆组的构件数;

　　　P_L——平面杆组的低副数。

上式中杆组只出现低副,若机构中有高副,则应先高副低代后再来分析机构的组成。由式(1-1-4)可知,组成平面低副杆组的条件是

$$n = \frac{2}{3}P_L \qquad (1\text{-}1\text{-}5)$$

因为构件数 n 和低副数 P_L 均应为正整数，所以满足式（1-1-3）条件的低副杆组可能有表1-1-3所列几种形式组合。

表 1-1-3　低副杆组的几种形式组合

n	2	4	6	...
P_L	3	6	9	...

其中，最简单的低副基本杆组为 $n = 2$，$P_L = 3$，称为 Ⅱ 级杆组。其基本形式如图1-1-32所示，其中图1-1-32a为全部由转动副组成的 Ⅱ 级杆组，若将转动副用移动副代替，由此可派生出图1-1-32b、c、d、e等形式的 Ⅱ 级杆组。

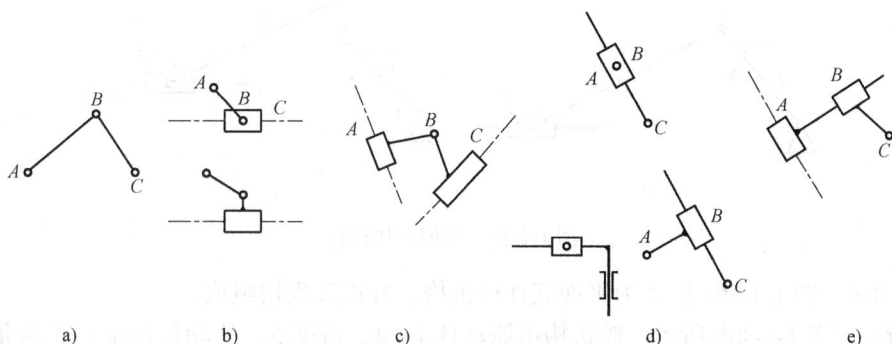

图 1-1-32　Ⅱ 级基本杆组的组成形式

其他基本杆组的形式还很多，这些杆组较 Ⅱ 级杆组要复杂。图1-1-33a所示为 Ⅲ 级杆组。杆组中构件与构件之间形成的运动副称为内部运动副。除 Ⅱ 级杆组外，内部运动副之间形成封闭的多边形，该多边形的边数即等于杆组的级别。图1-1-33a所示杆组中包含了一个由三个内部运动副组成的封闭三角形，它是 Ⅲ 级杆组的基本形式。图1-1-33b所示为由四个内部运动副形成的封闭四边形，故为 Ⅳ 级杆组。

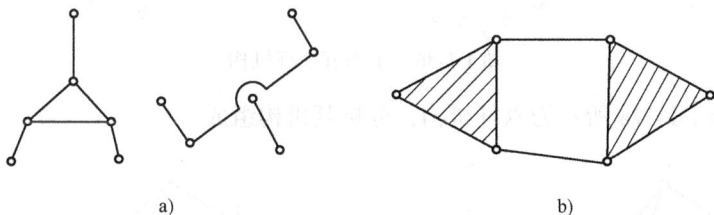

图 1-1-33　高级杆组的组成形式
a）Ⅲ 级杆组　b）Ⅳ 级杆组

本章只讨论 Ⅱ 级杆组。通常将机构中所含的最高级别的杆组，定作该机构的级别。

下面按机构组成原理对一些常见的机构组成举例予以讨论。机构组成原理分析又称为机构结构分析。

例 1-1-4　图1-1-34a所示为铰链四杆机构，分析其机构组成。

分析：如图 1-1-34b 所示，该机构由原动件
1 和机架 4，从动件系统：构件 2、3，转动副
B、*C*、*D* 所组成。该从动件系统由单一的基本
平面 II 级杆组所组成。该机构的自由度为 1，故
只需有一个原动件。

例 1-1-5 图 1-1-35a 所示为曲柄滑块机构，
分析其机构组成。

分析：如图 1-1-35b 所示，该机构由原动件
1 和机架 4，从动件系统：平面 II 级杆组构件 2、3，转动副 *B*、*C*，移动副 *D* 所组成。该机
构的自由度为 1。

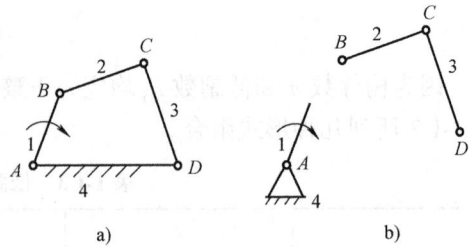

图 1-1-34 铰链四杆机构

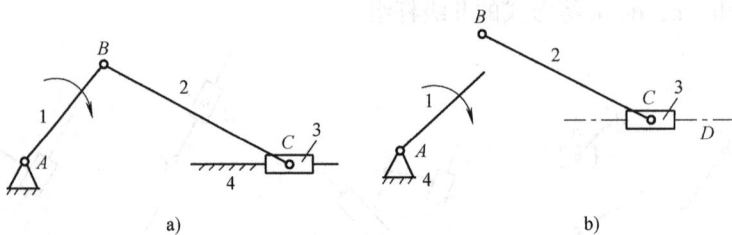

图 1-1-35 曲柄滑块机构

例 1-1-6 图 1-1-36a 所示为平面五连杆机构，分析其机构组成。

分析：如图 1-1-36b 所示，该机构由原动件 1、4，机架 5，从动件系统：平面 II 级杆组
构件 2、3，转动副 *B*、*C*、*D* 所组成。该机构的自由度为 2，故需有两个原动件。

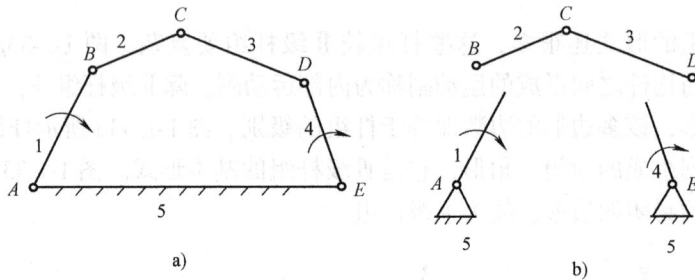

图 1-1-36 平面五连杆机构

例 1-1-7 图 1-1-37a 所示为六杆机构，分析其机构组成。

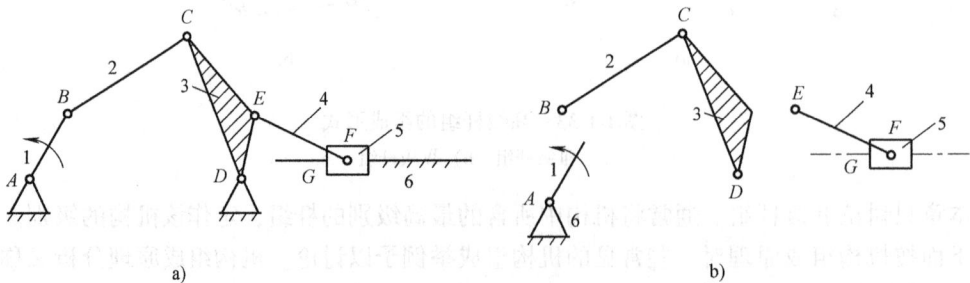

图 1-1-37 六杆机构

分析：如图 1-1-37b 所示，该机构由原动件 1，机架 6，从动件系统：该系统由两个 Ⅱ 级杆组叠加而成，分别为构件 4、5，转动副 E、F，移动副 G 以及构件 2、3，转动副 B、C、D 所组成。该机构自由度为 $F = 3(n-1) - 2P_L - P_H = 3 \times 5 - 2 \times 7 - 0 = 1$。

例 1-1-8 图 1-1-38a 所示为拖拉机悬挂系统机械装置机构，分析其机构组成（耕深调节轮 K 及犁 M 都看做与构件 7 组成一个构件）。

分析：如图 1-1-38b 所示，该机构由原动件 1，机架 8，从动件系统：构件 6、7，转动副 H、I、J 组成的第 1 个 Ⅱ 级基本杆组；构件 4、5，转动副 E、F、G 组成的第 2 个 Ⅱ 级基本杆组，以及构件 2、3，转动副 B、C、D 组成的第 3 个 Ⅱ 级基本杆组叠加而成。该机构的自由度 $F = 3(n-1) - 2P_L - P_H = 3 \times 7 - 2 \times 10 - 0 = 1$。

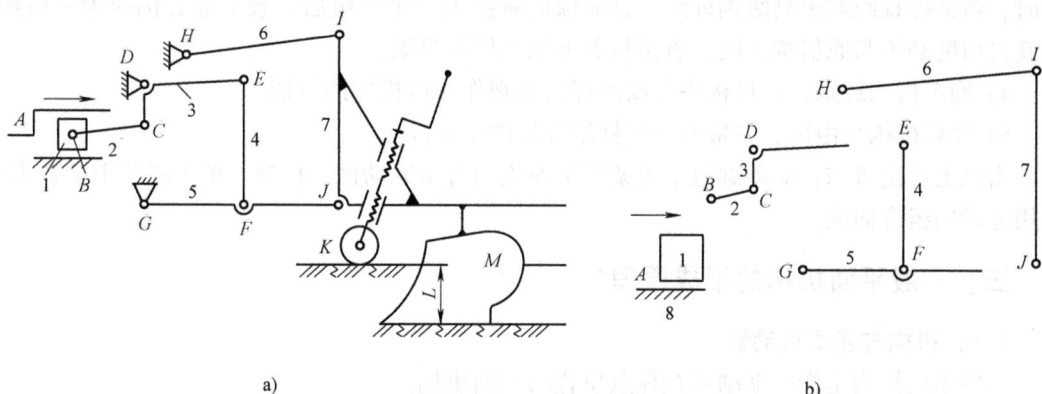

图 1-1-38 拖拉机悬挂系统机械装置机构

例 1-1-9 分析图 1-1-39a 所示机构的结构组成，并判定该机构的级别。

分析：对一般机构在机构结构分析之前，需去除机构中局部自由度和虚约束，并注意复合铰链副个数。将高副用低副替代后，使之成为全低副机构，再进行杆组结构拆组分析。本题可按以下步骤分析求解：

1）去除滚子 $2'$ 处局部自由度及虚约束 F'。由题明确机构原动件在构件 1 处。

2）将凸轮高副用低副替代，得该机构的瞬时替代机构，如图 1-1-39b 所示。

3）从远离原动件 1 开始，可依次拆出 Ⅱ 级杆组：①构件 4、3，转动副 D、E，移动副 F；②构件 2、6，转动副 C、O_1、O_2；③原动件 1，转动副（驱动副）A 及机架 5。

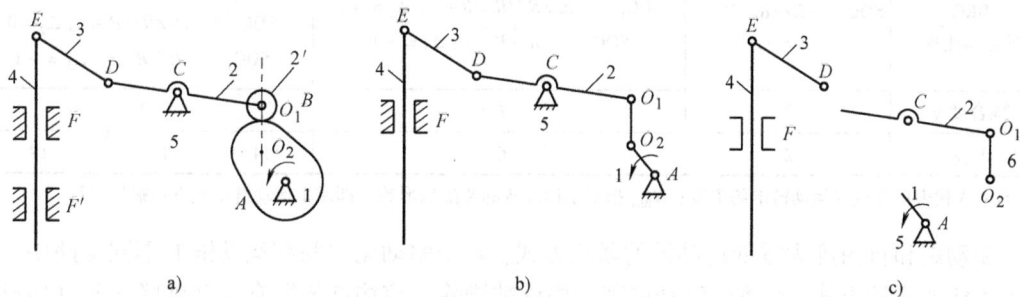

图 1-1-39 简易压力机机构

4）确定机构级别，由以上分析可知该机构由原动件1、机架5，及两个Ⅱ级基本杆组所组成，杆组的最高级别为Ⅱ级。因此，该机构为Ⅱ级机构。

5）计算该机构自由度。其中 $n=5$，$P_L=5$，$P_H=1$，$F=3(n-1)-2P_L-P_H=3\times4-2\times5-1=1$，机构具有一个自由度，与上述机构结构分析相吻合。

从上述例题可总结出平面机构结构分析步骤为：

1）去除局部自由度、虚约束，并注意是否有复合铰链，由题明确机构原动件为哪一构件。必须注意：同一机构原动件改变时，机构杆组分析是不同的，且机构级别也可能不同。

2）机构中若有高副，需高副低代，使机构成为全低副机构。

3）如图1-1-39c所示，从远离原动件处开始拆杆组，先拆Ⅱ级杆组，当不可能拆Ⅱ级杆组时，再试拆Ⅲ级或更高级别杆组，且应保证每拆出一个杆组后，余下部分仍应为一机构，且其自由度必须与原机构相同，直至只剩下原动件及机架。

4）确定机构级别，将机构中最高的杆组级别作为该机构的级别。

5）计算机构自由度，并检验上述杆组分析的正确性。

由以上讨论可知：驱动副位于机架的平面机构可由原动件、机架、单个或若干个基本杆组用运动副组合而成。

三、一般平面机构的组成原理*

（一）机构与基本运动链

一般平面机构是指驱动副可在任意位置的平面机构。

一般平面机构的组成原理：一般平面机构可视为由 F（机构自由度）个驱动副和一个自由度为零的运动链联接而成；而自由度为零的运动链又由一个或若干个基本运动链联接而成。所谓基本运动链，是指自由度为零、且不再包含其他自由度为零的子运动链。表1-1-4给出了独立回路数 $\nu=1，2，3$ 的基本运动链的全部类型。

表1-1-4 独立回路数 $\nu=1\sim3$ 的 BKC 类型及其特性

ν	1	2	3		
BKC 简图					
BKC 的结构组成	SOC $\{-R//R//R-\}$ （$\Delta=0$）	SOC$_1$ $\{-R//R//R//R-\}$，$\Delta_1=+1$ SOC$_2$ $\{-R//R-\}$，$\Delta_2=-1$	SOC$_1$ $\{-R//R//R//R-\}$，$\Delta_1=+1$ SOC$_2$ $\{-R//R//R-\}$，$\Delta_2=0$ SOC$_3$ $\{-R//R-\}$，$\Delta_3=-1$		
耦合度 k	0	1	1		
N_{BKC}	2	6	14	16	18

注：Δ 代表单开链对运动链的约束度；N_{BKC} 指基本运动链的装配构形数，即基本运动链位置方程解的数目。

驱动副和自由度为零的运动链的联接方式：F 个驱动副串联在运动链的不同支路中。基本运动链的联接方式：基本运动链的某一构件被删除，该构件的所有运动副联接到其他已存在运动链的一个或若干个构件上。

由于机构是由运动链选定机架及驱动副后得到，因此现代机构学认为机构组成可由运动链的组成引伸而来。下列内容是以运动链的组成作为一般机构的组成形式出现。

一般平面机构的组成原理可记为

$$KC(F, \nu) = J[F] + KC(0, \nu) \tag{1-1-6}$$

$$KC(0, \nu) = \sum_i BKC(0, \nu_i, k_i) \tag{1-1-7}$$

式中　$KC(F, \nu)$——自由度为 F、独立回路数为 ν 的运动链，运动链的自由度是指运动链相对于链中任一构件的自由度；

　　　　$J[F]$——F 个驱动副；

　　　　$KC(0, \nu)$——自由度 $F=0$、独立回路数为 ν 的运动链；

　　$BKC(0, \nu_i, k_i)$——独立回路数为 ν_i、自由度为 0、耦合度为 k_i（定义详见后文）的第 i 个基本运动链。

基本运动链是机构中能独立进行运动学和动力学分析的最小单元。机构的运动学和动力学分析最终都转化为所包含基本运动链的运动学和动力学分析问题。

（二）基本运动链组成原理

（1）基本运动链与单开链　单开链（Single Open Chain，SOC）——由运动副和构件串联而成的简单开链，如图 1-1-40a 所示，记为 SOC $\{ -R_1 /\!/ R_2 /\!/ R_3 /\!/ \cdots /\!/ R_{i-1} /\!/ R_i - \}$，并约定：串联机构也简记为 SOC。

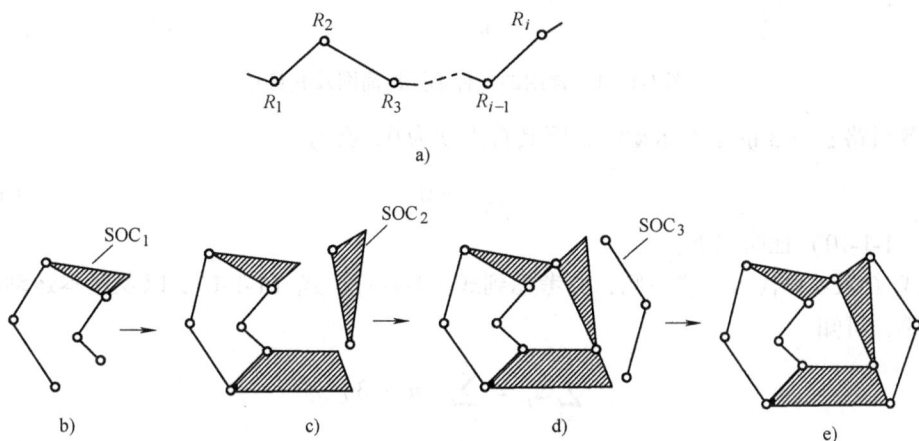

a)

b)　　　　c)　　　　d)　　　　e)

图 1-1-40　基于单开链的运动链的结构组成

任意一个独立回路数为 ν、自由度为 0 的平面基本运动链（BKC），可视为由 ν 个 SOC 依次联接而成：第 1 个 SOC_1 的两端构件刚性联接，构成第 1 个独立回路；第 2 个 SOC_2 的两端构件联接在第 1 个独立回路上，构成第 2 个独立回路；……；第 j 个 SOC_j 的两端构件联接在已有 $(j-1)$ 个独立回路的子运动链上，构成第 j 个独立回路；直到第 ν 个 SOC_ν 的两端构件联接在已有 $(\nu-1)$ 个独立回路的子运动链上，构成第 ν 个独立回路。如图 1-1-40b ～ e 所示，并记作

$$BKC[0, \nu, k] = \sum_{j=1}^{\nu} \{SOC(\Delta_j)\}_j \tag{1-1-8}$$

式中　$BKC[0, \nu, k]$——基本运动链，其自由度为 0，独立回路数为 ν，耦合度为 k；

　　　　Δ_j——第 j 个 SOC 对运动链的约束度；

$\text{SOC}(\Delta_j)$——具有约束度为 Δ_j 的单开链。

（2）单开链的约束度 基本运动链可视为由 ν 个 SOC 依次联接而成，则定义第 j 个 SOC 对运动链的约束度为

$$\Delta_j = m_j - \xi_{Lj}(\xi_{Lj}=3) = \begin{cases} \Delta_j^- = -2, -1 \\ \Delta_j^0 = 0 \\ \Delta_j^+ = +1, +2, \cdots \end{cases} \tag{1-1-9}$$

式中 Δ_j——第 j 个 SOC 的约束度；

m_j——第 j 个 SOC 的运动副数；

ξ_{Lj}——第 j 个回路的独立位移方程数（简称回路的秩），对不是只由移动副组成回路的平面机构，由运动学原理可知 $\xi_{Lj}=3$（简记为 ξ_{Lj} (3)）。

常用的三种单开链简图及其符号如图 1-1-41 所示，其中图 1-1-41a 为 $\Delta_j = -1$ 的单开链，图 1-1-41b 为 $\Delta_j = 0$ 的单开链，图 1-1-41c 为 $\Delta_j = +1$ 的单开链。

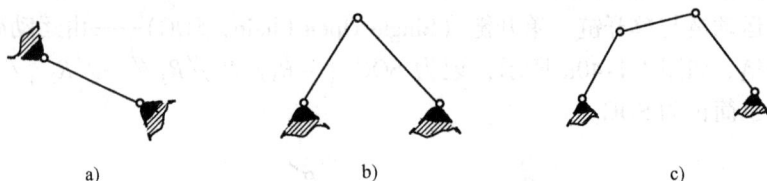

a)　　　　　　　　　　　b)　　　　　　　　　　　c)

图 1-1-41　常用的三种单开链简图及其符号

对各回路 $\xi_{Lj}=3$ 的基本运动链，因其自由度为 0，必有

$$\sum_{j=1}^{\nu}\Delta_j = 0 \tag{1-1-10}$$

式（1-1-10）证明如下：

将式（1-1-9）代入上式左侧，并考虑到式（1-1-3）、式（1-1-1），以及基本运动链的自由度为零，可知

$$\sum_{j=1}^{\nu}\Delta_j = \sum_{j=1}^{\nu}(m_j - 3)$$

$$= \sum_{j=1}^{\nu}m_j - 3\nu = m - 3(m - n + 1)$$

$$= 3(n - 1) - 2m = 0$$

SOC 约束度 Δ_j 的物理意义：

1）约束度为负值的 SOC（Δ_j^-），对机构施加 $|\Delta_j^-|$ 个约束，使机构自由度减少 $|\Delta_j^-|$。

2）约束度为零的 SOC（Δ_j^0），不影响机构自由度。

3）约束度为正值的 SOC（Δ_j^+），使机构自由度增加 Δ_j^+。

（3）基本运动链的耦合度 基本运动链的耦合度为

$$k = \frac{1}{2}\min\left\{\sum_{j=1}^{\nu}|\Delta_j|\right\} \tag{1-1-11}$$

式中 $\min\left\{\sum_{j=1}^{\nu}|\Delta_j|\right\}$——机构分解为有序的 ν 个 SOC，可有多种分解方案，应取 $\left\{\sum_{i=1}^{\nu}|\Delta_j|\right\}$ 最

小者。

确定耦合度 k 的算法的基本思想：

在基本运动链 BKC $[0, \nu, k]$ 的所有回路中，取第 1 个 SOC（其两端构件合并，构成第 1 个独立回路）的约束度最小者（$\Delta_1 = m_1 - 3$）为第 1 个独立回路，得到第 1 个 SOC$_1$ 及其约束度 Δ_1；在所有可能构成第 2 个独立回路的 SOC 中，取其约束度最小者（$\Delta_2 = m_2 - 3$）为第 2 个 SOC$_2$，并得到 Δ_2；一般地，在所有可能构成第 j 个独立回路的 SOC 中，取其约束度最小者（$\Delta_j = m_j - 3$）为第 j 个 SOC$_j$，并得到 Δ_j；直到第 ν 个 SOC$_\nu$ 及其 Δ_ν，则得到

$$k = \frac{1}{2} \sum_{j=1}^{\nu} |\Delta_j|$$

按照耦合度算法，任意一个基本运动链可以分解为一组有序单开链，得到每一个单开链的约束度和基本运动链的耦合度。

例 1-1-10 确定图 1-1-42 所示 2 回路 BKC 的耦合度。

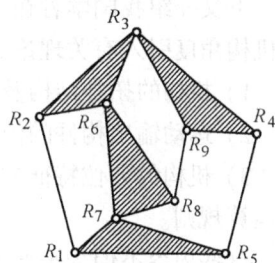

解 按照结构分解算法，BKC 结构分解方案可有多种。如

1）SOC$_1$\{ $-R_1 // R_2 // R_3 // R_4 -$ \}，$\Delta_1 = m_j - 3 = 4 - 3 = +1$

SOC$_2$\{ $-R_5 // R_6 -$ \}，$\Delta_2 = m_j - 3 = 2 - 3 = -1$

$$k = \frac{1}{2} \left\{ \sum_{j=1}^{\nu_2} |\Delta_j| \right\} = \frac{1}{2} \{ +1 + |-1| \} = 1$$

2）SOC$_1$\{ $-R_4 // R_3 // R_5 // R_6 -$ \}，$\Delta_1 = +1$

SOC$_2$\{ $-R_1 // R_2 -$ \}，$\Delta_2 = -1$

$$k = \frac{1}{2} \left\{ \sum_{j=1}^{\nu_2} |\Delta_j| \right\} = \frac{1}{2} \{ +1 + |-1| \} = 1$$

由 BKC 的任意一个结构分解方案，都得到 $k = 1$。

例 1-1-11 确定图 1-1-43 所示 3 回路 BKC 的耦合度。

解 按照结构分解算法，BKC 结构分解方案可有多种。如

1）SOC$_1$\{ $-R_1 // R_2 // R_6 // R_7 -$ \}，$\Delta_1 = m_j - 3 = 4 - 3 = +1$

SOC$_2$\{ $-R_3 // R_9 // R_8 -$ \}，$\Delta_2 = m_j - 3 = 3 - 3 = 0$

SOC$_3$\{ $-R_4 // R_5 -$ \}，$\Delta_3 = m_j - 3 = 2 - 3 = -1$

$$k = \frac{1}{2} \left\{ \sum_{j=1}^{\nu_3} |\Delta_j| \right\} = \frac{1}{2} \{ +1 + 0 + |-1| \} = 1$$

2）SOC$_1$\{ $-R_6 // R_3 // R_9 // R_8 -$ \}，$\Delta_1 = +1$

SOC$_2$\{ $-R_4 // R_5 // R_7 -$ \}，$\Delta_2 = 0$

SOC$_3$\{ $-R_1 // R_2 -$ \}，$\Delta_3 = -1$

$$k = \frac{1}{2} \left\{ \sum_{j=1}^{\nu_3} |\Delta_j| \right\} = \frac{1}{2} \{ +1 + 0 + |-1| \} = 1$$

图 1-1-42 2 回路 BKC

图 1-1-43 3 回路 BKC

应注意到：由 BKC 的任意一个结构分解方案，都得到 $k = 1$。

基本回路数 $\nu = 1, 2, 3$ 的 5 种 BKC 的结构组成和耦合度，见表 1-1-4。

耦合度的物理意义：

1）$k = 0$ 为单回路基本运动链，其运动学和动力学分析可方便求解。

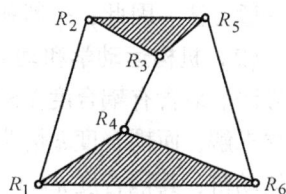

2）$k>0$ 为复杂基本运动链，其运动学和动力学分析需多个回路联立求解，k 恰为联立方程组迭代法求解的最低维数。

因此，基本运动链的耦合度可表示机构运动学与动力学问题的复杂性。

综上所述，一般平面机构的结构组成有三个层次：

1）自由度为 F 的机构可视为由 F 个驱动副和一个自由度为零的运动链组成。

2）自由度为零的运动链由一个或若干个基本运动链组成。

3）独立回路数为 v 的基本运动链可视为由 v 个有序的单开链组成，并得到每个单开链的约束度 Δ_j 和基本运动链的耦合度 k。

一般平面机构的组成原理可用于：

（1）机构拓扑结构设计 提出了基于有序单开链单元的机构拓扑结构设计方法。已用于平面 BKC 的结构综合，得到 $v=1\sim4$ 的 BKC 的全部结构类型共 33 种。其中，$v=1\sim3$ 的只有 5 种（见表 1-1-4）；$v=4$ 的共 28 种。该方法又进一步发展为机器人机构拓扑结构设计的一般方法。因此，一般机构的结构组成原理为机构的创新设计提供了一条可行的途径。

（2）机构运动学和动力学分析 提出了基于有序单开链单元的机构运动学和动力学分析方法。对含有耦合度 $k>0$ 基本运动链的多回路机构，其运动学和动力学分析需多个回路联立求解，而耦合度 k 恰为联立方程迭代法求解的最低维数。特别地，对 $v=2$、3 的全部基本运动链，其耦合度 $k=1$，可用一维搜索得到位置问题的全部实数解。因此，一般机构的结构组成原理为机构运动学和动力学分析提供了一条新的途径。

第四节　平面机构的拓扑结构理论*

在工程实践中，除了广泛应用的平面机构以外，近年来串联机器人及并联机器人已逐渐被人们重视，并在工程领域（如柔性制造系统、危险作业场合等）和日常生活等领域得到广泛应用。人们总希望能找到性能更好的新机械装置，就需要发明新机构，为此应为发明新机构提供有关理论与方法。

下文介绍我国学者在这方面的研究成果。首先介绍一些名词、符号及基础知识，再从平面机构角度引入有关理论和方法。主要内容包括：

1）机构的拓扑结构及其符号表示。

2）运动输出构件的位置和方向特征及其矩阵（简称方位特征矩阵）表示。

3）机构的方位特征方程（即机构的拓扑结构与方位特征矩阵之间的函数关系）及其符号运算规则。

这些内容不但为平面机构的性能分析和新机构发明提供了理论依据，也可为读者进一步学习空间串联和并联机器人机构创新设计的有关理论与方法打下基础。

一、平面机构的拓扑结构及其符号表示

平面机构可由低副及高副组成，由于高副可用低副作瞬时（一般）代替，或永久（特殊）代替，故下文只讨论包含低副的平面机构。为表示方便，转动副用 R 表示，移动副用 P 表示。

（一）尺度约束类型及其符号表示

对运动学设计，涉及构件对运动副轴线的几何约束参数（即构件的基本参数，如杆长

等）。但对机构拓扑设计，仅涉及构件对运动副轴线的几何约束类型（简称尺度约束类型）。对平面机构，几何约束只有三种基本类型：

1）图 1-1-44a 所示若干相邻转动副的轴线相互平行，其符号表示为 SOC $\{-R//R//\cdots//R-\}$。

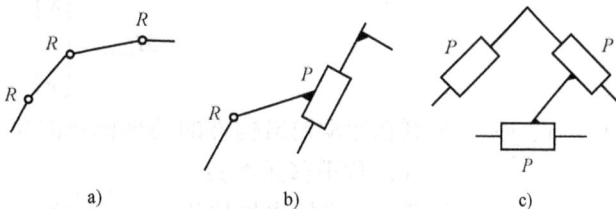

图 1-1-44 几何约束基本类型

2）图 1-1-44b 所示两相邻运动副的轴线相互垂直，其符号表示为 SOC$\{-R\perp P-\}$。

3）图 1-1-44c 所示若干移动副平行于同一平面，其符号表示为 SOC$\{-\diamondsuit(P,P,\cdots,P-)\}$。

上述三种几何约束的基本类型称为平面机构的尺度约束类型。

（二）机构拓扑结构的符号表示

机构的拓扑结构包括三种基本要素：

1）运动副类型：如移动副和转动副等。

2）尺度约束类型，如图 1-1-44 所示。

3）机构结构单元（如构件、回路、SOC 等单元）之间的联接关系。

基于拓扑结构的三种要素，机构的拓扑结构可用符号表示。

例如，图 1-1-45a 所示的平面铰链四杆串联机构记为 SOC $\{-R_1//R_2//R_3//R_4-\}$，图 1-1-45b 所示的平面铰链四杆回路机构记为 SLC $\{-R_1//R_2//R_3//R_4-\}$，图 1-1-45c 所示的平面曲柄滑块四杆回路机构记为 SLC $\{-R_1//R_2//R_3\perp P_4-\}$，图 1-1-45d 所示的平面纯滑块三杆回路机构记为 SLC $\{-\diamondsuit(P_1,P_2,P_3)\}$。

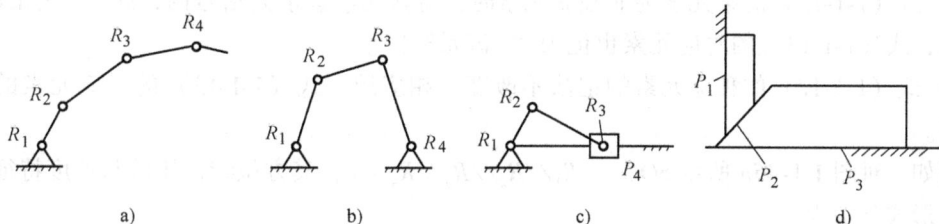

图 1-1-45 符号表示对应的机构简图

多回路平面机构的拓扑结构的符号表示详见后文。

一般平面机构的拓扑结构由尺度约束的三种基本类型组成。平面机构的拓扑结构由设计确定，加工和装配后实现。因此，对机构的连续运动过程（不包括运动的奇异位置），机构的拓扑结构具有不变性。

二、平面机构的方位特征矩阵

（一）方位输出矩阵

为描述机构运动输出构件（如串联机构的末端构件、并联机构的动平台等）的方向和位置，约定运动输出构件的方位输出矩阵（简称机构的方位输出矩阵）的分量形式为

$$M_{\text{mech}} = \begin{bmatrix} x \\ y \\ \gamma \end{bmatrix} \tag{1-1-12}$$

式中　x、y——固联在运动输出构件的动坐标系的原点（或称基点）在静坐标系的坐标分
　　　　　　量（或称平移元素）；

　　　　γ——固联在运动输出构件的动坐标系绕 z 轴的转角（或称转动元素）。

相应地，运动输出构件的速度输出矩阵（简称机构的速度输出矩阵）的分量形式为

$$\dot{M}_{\text{mech}} = \begin{bmatrix} \dot{x} \\ \dot{y} \\ \dot{\gamma} \end{bmatrix} \tag{1-1-13}$$

式中　$\dot{x}$、$\dot{y}$——固联在运动输出构件的动坐标系的原点（或称基点）的速度分量（或称移
　　　　　　动速度元素）；

　　　　$\dot{\gamma}$——固联在运动输出构件的动坐标系绕 z 轴的转动角速度（或称角速度元素）。

（二）方位特征矩阵

对于机构拓扑结构设计，并不关心机构的方位输出矩阵中诸元素的具体值，但要考虑诸元素的性质，如是否为独立转动或平移元素、非独立转动或平移元素是否为常量、矩阵的独立元素数目（简称"秩"）等。为此，引入机构运动输出构件的方位特征矩阵（简称机构方位特征矩阵）。

定义：满足下述约定的式（1-1-12）、式（1-1-13），分别称为运动输出构件的方位特征矩阵 M_{mech} 与速度特征矩阵 $\dot{M}_{\text{mech}}$（简称机构的方位特征矩阵与速度特征矩阵）。

约定：

1）式（1-1-12）的某元素为非独立元素时，将该元素置于大括号内，即"｛该元素｝"；相应地，式（1-1-13）的对应元素也记为"｛该元素｝"。

2）式（1-1-12）的独立元素的记法不改变；相应地，式（1-1-13）的对应元素的记法也不变。

例如，对图 1-1-45a 所示 $SOC\{ -R_1 //R_2 //R_3 //R_4 - \}$，其方位特征矩阵与速度特征矩阵的分量形式分别为

$$M_s = \begin{bmatrix} x \\ y \\ \gamma \end{bmatrix}, \quad \dot{M}_s = \begin{bmatrix} \dot{x} \\ \dot{y} \\ \dot{\gamma} \end{bmatrix}$$

易知，方位（速度）特征矩阵的分量形式与坐标系的设置有关。

为使方位（速度）特征矩阵与坐标系无关，引入方位（速度）特征矩阵的矢量形式：

$$M_{\text{mech}} = \begin{bmatrix} t^{\xi_{t1}}(dir) \cup \{ t^{\xi_{t2}}(dir) \} \\ r^{\xi_{r1}}(dir) \cup \{ r^{\xi_{r2}}(dir) \} \end{bmatrix} \tag{1-1-14}$$

$$\dot{M}_{\text{mech}} = \begin{bmatrix} \dot{t}^{\xi_{t1}}(dir) \cup \{ \dot{t}^{\xi_{t2}}(dir) \} \\ \dot{r}^{\xi_{r1}}(dir) \cup \{ \dot{r}^{\xi_{r2}}(dir) \} \end{bmatrix} \tag{1-1-15}$$

$$\xi_{\text{mech}} = \xi_{\text{t}} + \xi_{\text{r}} \tag{1-1-16}$$

式中　$t^{\xi_{t1}}(dir)$——独立平移元素；

　　　$\{t^{\xi_{t2}}(dir)\}$——非独立平移元素；

　　　$r^{\xi_{r1}}(dir)$——独立转动元素；

　　　$\{r^{\xi_{r2}}(dir)\}$——非独立转动元素；

　　　$i^{\xi_{t1}}(dir)$——独立移动速度元素；

　　　$\{i^{\xi_{t2}}(dir)\}$——非独立移动速度元素；

　　　$\dot{r}^{\xi_{r1}}(dir)$——独立转动角速度元素；

　　　$\{\dot{r}^{\xi_{r2}}(dir)\}$——非独立转动角速度元素；

　　　(dir)——平移（转动）元素相对于运动副轴线的方向；

　　　ξ_{t}、ξ_{r}——独立平移、独立转动的元素数目（$\xi_{\text{t}}=0$，1，2；$\xi_{\text{r}}=0$，1）；

　　　ξ_{mech}——独立元素数目。

对于平面机构，机构最多只能实现 ξ_{mech} 个元素为独立元素，其余的 $3-\xi_{\text{mech}}$ 个元素是独立元素的伴随非独立元素。当然，独立元素数目只能等于或小于机构自由度，即

$$\xi_{\text{mech}} \leqslant F \tag{1-1-17}$$

式中　F——机构的自由度。

机构拓扑设计的目标之一是实现设计要求的独立元素，且非独立元素为常量。其方位特征矩阵和速度特征矩阵分别为

$$M_{\text{mech}} = \begin{bmatrix} t^{\xi_t}(dir) \\ r^{\xi_r}(dir) \end{bmatrix} \tag{1-1-18}$$

$$\dot{M}_{\text{mech}} = \begin{bmatrix} i^{\xi_{t1}}(dir) \\ \dot{r}^{\xi_{r1}}(dir) \end{bmatrix} \tag{1-1-19}$$

对非独立元素为常量的平面机构，其方位特征矩阵的全部类型见表 1-1-5。

表 1-1-5　方位特征矩阵的基本类型

ξ_{mech}	1	2	3
M_{mech}	$\begin{bmatrix} t^0 \\ r^1(dir) \end{bmatrix}$	$\begin{bmatrix} t^1(dir) \\ r^1(dir) \end{bmatrix}$	$\begin{bmatrix} t^2(dir) \\ r^1(dir) \end{bmatrix}$
	$\begin{bmatrix} t^1(dir) \\ r^0 \end{bmatrix}$	$\begin{bmatrix} t^2(dir) \\ r^0 \end{bmatrix}$	

注：表中，r^0、t^0 分别表示转动、平移元素为常量。

（三）运动副的方位特征矩阵

图 1-1-46a 为移动副的速度输出，图 1-1-46b 为转动副的速度输出。由图 1-1-46a 可知：

移动副的速度特征矩阵与方位特征矩阵分别为

$$\dot{\boldsymbol{M}}_{\mathrm{P}} = \begin{bmatrix} i^1(//P) \\ 0 \end{bmatrix}, \boldsymbol{M}_{\mathrm{P}} = \begin{bmatrix} t^1(//P) \\ r^0 \end{bmatrix}$$

式中　$i^1(//P)$——在移动副的方向上，有一独立移动速度元素；

$\quad\quad t^1(//P)$——在移动副的方向上，有一独立平移元素；

$\quad\quad r^0$——转动元素为常量，这时其对应的速度特性矩阵元素为0。

由图1-1-46b可知：转动副的速度特征矩阵和方位特征矩阵（未标出独立元素与非独立元素）分别为

$$\dot{\boldsymbol{M}}_{\mathrm{R}} = \begin{bmatrix} i^1(\perp(R,\rho)) \\ \dot{r}^1(//R) \end{bmatrix}, \boldsymbol{M}_{\mathrm{R}} = \begin{bmatrix} t^1(\perp(R,\rho)) \\ r^1(//R) \end{bmatrix}$$

式中　$i^1(\perp(R,\rho))$——在垂直于转动副轴线和矢径ρ的方向上，有一移动速度元素；

$\quad\quad \dot{r}^1(//R)$——在转动副轴线方向，有一角速度元素；

$\quad\quad t^1(\perp(R,\rho))$——在垂直于转动副轴线和矢径$\rho$的方向上，有一平移元素；

$\quad\quad r^1(//R)$——在转动副轴线方向，有一转动元素。

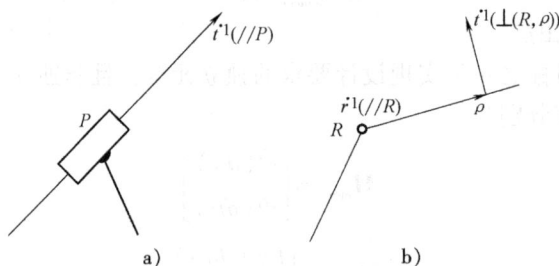

图1-1-46　运动副的速度输出

因转动副的自由度为1，只能有一个独立元素，其方位特征矩阵的独立元素可有两种取法：

$$\boldsymbol{M}_{\mathrm{R}} = \begin{bmatrix} \{t^1(\perp(R,\rho))\} \\ r^1(//R) \end{bmatrix} 或 \boldsymbol{M}_{\mathrm{R}} = \begin{bmatrix} t^1(\perp(R,\rho)) \\ \{r^1(//R)\} \end{bmatrix} \quad\quad (1\text{-}1\text{-}20)$$

式（1-1-20）表示了转动副的独立元素的二重性。

三、方位特征矩阵与速度特征矩阵的对应性原理

对机构连续运动的任意位置（不包括奇异位置），基于机构拓扑结构的不变特性得到的速度特征矩阵具有如下性质：

1）如果速度特征矩阵的某元素为零，则在连续运动过程中，该元素恒为零。

2）独立速度元素及其数目保持不变，即速度特征矩阵的秩不变。

相应地，机构的方位特征矩阵具有如下性质：

1）速度特征矩阵的某元素为零，则方位特征矩阵的对应元素为常量。

2）速度特征矩阵与方位特征矩阵的独立元素对应不变，故两者的秩相等。

因此，机构的方位特征矩阵与速度特征矩阵的性质（如独立转动或平移元素，非独立元素是否为常量，以及矩阵的秩等）具有一一对应性，并简称为对应性原理，记为

$$\boldsymbol{M}_{\text{mech}} \Longrightarrow \dot{\boldsymbol{M}}_{\text{mech}} \tag{1-1-21}$$

式（1-1-21）表明：机构方位特征矩阵的性质可由其速度特征矩阵的性质确定。因速度特征矩阵的元素之间的相关性可用线性运算判定，故方位特征矩阵的元素之间的相关性，也可借助线性运算判定。但必须考虑到式（1-1-20），即转动副的独立元素的两种不同取法；还必须考虑到式（1-1-17），即自由度对机构运动输出独立元素数目的约束。

四、串联机构的方位特征方程

（一）串联机构的方位特征方程

由运动学合成原理，图 1-1-47 所示的串联机构 SOC 的末端构件的速度为

$$\omega = \sum_{i=1}^{m} \omega_{i,i-1} \tag{1-1-22}$$

$$v_{O'} = \sum_{i=1}^{n} (v_{i,i-1} + \omega_i r_i) = \sum_{i=1}^{n} v_{i,i-1} + \sum_{i=1}^{n} \omega_{i,i-1} r_{d_i-O'} \tag{1-1-23}$$

式中　ω——SOC 末端构件的转动角速度，其分量分别为 ω_x、ω_y、ω_z；

$\quad v_{O'}$——SOC 末端构件上基点 O' 的移动速度，其分量分别为 v_x、v_y、v_z；

$\quad \omega_i$——第 i 个构件的转动角速度；

$\quad \omega_{i,i-1}$——第 i 个运动副的两构件的相对转动角速度；

$\quad v_{i,i-1}$——第 i 个运动副的两构件的相对移动速度；

$\quad r_{d_i-O'}$——第 i 个运动副轴线上的点 d_i 到末端构件基点 O' 的矢径；

$\quad r_i$——第 i 个运动副轴线上的点 d_i 到第 $i+1$ 个运动副轴线上点 d_{i+1} 的矢径（其中，$r_n = r_{d_n-O'}$）；

$\quad m$——运动副数；

$\quad n$——构件数。

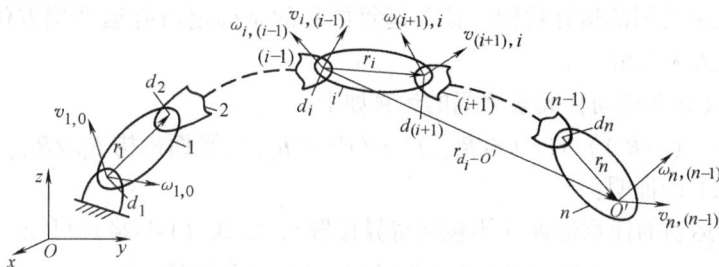

图 1-1-47　串联机构速度分析

由式（1-1-22）和式（1-1-23）可知：

1）SOC 的末端构件的转动角速度 ω 仅与各运动副的相对转动角速度 $\omega_{i,i-1}$ 有关。

2）SOC 的末端构件上基点 O' 的移动速度 $v_{O'}$ 不仅与各移动副的固有相对平移速度 $v_{i,i-1}$ 有关，还与各转动副的相对转动速度的衍生平移速度 $\left(\sum\limits_{i=1}^{n} \omega_{i,i-1} r_{d_i-O'} \right)$ 有关。

转动副的转动产生的衍生平移速度与其转动速度线性相关。

由式（1-1-22）和式（1-1-23）可知，SOC 的末端构件的速度输出可由各运动副的速度输出的求并运算确定。因此，SOC 的速度特征矩阵可由各运动副的速度特征矩阵的求和运算确

定，即对机架运动副依次到末端运动副的速度特征矩阵，借助速度特征矩阵的元素之间的线性相关性判定，确定 SOC 的末端构件的速度特征矩阵（简称 SOC 的速度特征矩阵），即

$$\dot{M}_S = \bigcup_{i=1}^{m} \dot{M}_{Ji} \qquad (1\text{-}1\text{-}24)$$

式中　$\dot{M}_S$——SOC 的速度特征矩阵；

　　　$\dot{M}_{Ji}$——第 i 个运动副的速度特征矩阵。

根据对应性原理，机构的方位特征矩阵与速度特征矩阵的性质具有一一对应性。因此，与式（1-1-24）对应，SOC 的末端构件的方位特征矩阵（简称 SOC 的方位特征矩阵）为

$$M_S = \bigcup_{i=1}^{m} M_{Ji} \qquad (1\text{-}1\text{-}25)$$

式中　M_S——SOC 的方位特征矩阵；

　　　M_{Ji}——第 i 个运动副的方位特征矩阵。

式（1-1-25）称为串联机构的方位特征方程。

由式（1-1-25）和方位特征矩阵的定义可知：串联机构末端构件的方位特征矩阵的所有独立元素，是机构的所有运动副方位特征矩阵的元素集合的最大无关组。

串联机构方位特征方程揭示了机构的拓扑结构与方位特征矩阵之间的函数关系。其正运算用于已知串联机构拓扑结构，确定机构末端构件的方位特征矩阵；其逆运算用于已知串联机构末端构件的方位特征矩阵，设计机构的拓扑结构。

（二）串联机构方位特征方程的运算规则

运算规则的基本原理：

由对应性原理，方位特征矩阵元素之间的相关性可借助线性运算判定，但必须考虑到转动副的独立元素的二重性。运算目的：确定机构的所有运动副方位特征矩阵的元素集合的最大无关组。

（1）转动元素之间的运算规则　该类运算的目的是确定所有运动副方位特征矩阵的转动元素集合的最大无关组。

1）两转动（含多转动）元素之间的运算如下

$$(r^1(//R_i)) \cup (r^1(//R_{i+1})) = (r^1(//R_i))，\text{平面机构 } R_i//R_{i+1} \qquad (1\text{-}1\text{-}26a)$$

式（1-1-26a）的证明：

对机构连续运动的任意位置（不包括奇异位置），由式（1-1-24）可知

$$(\dot{r}^1(//R_i)) \cup (\dot{r}^1(//R_{i+1})) = (\dot{r}^1(//R_i))$$

由对应性原理：机构的方位特征矩阵与速度特征矩阵的性质具有一一对应性。故与上式对应，式（1-1-26a）成立。

类似地，可证明式（1-1-26b）和式（1-1-26c）成立，这里不再赘述。

2）因转动副的转动与其衍生平移相关，只能有一个独立元素。为此，式（1-1-26a）右边方位特征矩阵的独立转动元素的选取规则为：

① 优先选取不存在衍生平移的转动元素。

② 已确定为独立转动元素的衍生平移为非独立元素。

该约定的目的是使选取为独立转动元素的非独立衍生平移元素数目为最少。

（2）平移元素之间的运算规则　该类运算的目的是确定所有运动副的方位特征矩阵的

平移元素集合（不包括已选定为独立转动元素的衍生平移元素）的最大无关组。

1）两平移元素之间的运算如下

$$(t^1(//P_i^*)) \cup (t^1(//P_j^*)) = \begin{cases} (t^1(//P_i^*)), & \text{if } P_i^* // P_j^* \\ (t^2(//\diamond(P_i^*, P_j^*))), & \text{if } P_i^* \nparallel P_j^* \end{cases} \qquad (1\text{-}1\text{-}26b)$$

式中　　　P^*——包括移动副的平移，以及转动副的衍生平移；

$\diamond(P_i^*, P_j^*)$——平行于 P_i^* 方向和 P_j^* 方向的平面。

2）多平移元素之间的运算如下

$$(t^1(//P_i^*)) \cup (t^2(//\diamond(P_j^*, P_k^*))) = (t^2(//\diamond(P_j^*, P_k^*))) \qquad (1\text{-}1\text{-}26c)$$

3）独立平移元素的选取原则为：优先选取移动副的平移元素为式（1-1-26b）和式（1-1-26c）右边方位特征矩阵的独立平移元素。

（三）串联机构方位特征方程的运算步骤

1）SOC 拓扑结构的符号表示。

2）选定 SOC 的末端构件上的基点 O'，一般取在末端运动副的轴线上。

3）从 SOC 的机架到末端构件，依次将各运动副的方位特征矩阵代入方位特征方程，但尚未标出独立元素和非独立元素。

4）基于转动元素之间的运算规则，对所有运动副的转动元素进行运算，确定 SOC 方位特征矩阵的独立转动元素，并将独立转动元素的衍生平移标定为非独立元素。

5）基于平移元素之间的运算规则，对所有运动副的平移元素（不包括已选定为独立转动元素的衍生平移）进行运算，确定 SOC 方位特征矩阵的独立平移元素。

6）基于运算规则，当非独立元素与其他独立元素不相关时，应保留为 SOC 方位特征矩阵的非独立元素。

7）机构运动输出特性分析。

（四）平面单回路机构的秩

若将单回路机构（SLC）的某构件断开，得到其转化单开链 $\text{SOC}_{(\text{SLC})}$，但断开构件应使原 SLC 与其转化 $\text{SOC}_{(\text{SLC})}$ 的拓扑结构完全相同。对由尺度约束的三种基本类型组成的平面机构，满足这一要求的构件一定存在。

定义：SLC 的秩 ξ_L 应等于其转化 $\text{SOC}_{(\text{SLC})}$ 的方位特征矩阵的秩 $\xi_{S(L)}$，即

$$\xi_L = \xi_{S(L)} \qquad (1\text{-}1\text{-}27)$$

式中　ξ_L——SLC 的秩，即该回路的独立位移方程数目；

$\xi_{S(L)}$——转化 $\text{SOC}_{(\text{SLC})}$ 的方位特征矩阵的秩。

式（1-1-27）表明：单回路机构的秩 ξ_L 可由串联机构的方位特征方程确定。因此在机构拓扑层面上，该式揭示了单回路机构的拓扑结构与其独立位移方程数之间的映射关系。

（五）举例

例 1-1-12　确定图 1-1-48a 所示 SOC 的方位特征矩阵及其运动输出特性分析。

解　1）拓扑结构的符号表示：$\text{SOC}\{-R_1//R_2-\}$。

2）选定末端运动副轴线上的点 O' 为基点，如图 1-1-48a 所示。

3）写出方位特征方程。将运动副的方位特征矩阵依次代入式（1-1-25）得

$$M_S = \begin{bmatrix} t^1(\perp(R_1, \rho_1)) \\ r^1(//R_1) \end{bmatrix} \cup \begin{bmatrix} t^0 \\ r^1(//R_2) \end{bmatrix} = \begin{bmatrix} t^1(\perp(R_1, \rho_1)) \cup t^0 \\ r^1(//R_1) \cup r^1(//R_2) \end{bmatrix}$$

4）转动元素之间的运算。因 $R_1 // R_2$，由式（1-1-26a）和独立转动元素的选取原则，上式可记为

$$M_S = \begin{bmatrix} t^1(\perp(R_1, \rho_1)) \\ r^1(//R_1) \end{bmatrix} \cup \begin{bmatrix} t^0 \\ r^1(//R_2) \end{bmatrix} = \begin{bmatrix} t^1(\perp(R_1, \rho_1)) \cup t^0 \\ r^1(//R_1) \cup r^1(//R_2) \end{bmatrix}$$

$$= \begin{bmatrix} t^1(\perp(R_1, \rho_1)) \cup t^0 \\ r^1(//R_2) \end{bmatrix}$$

由于 R_1 的转动元素不是独立元素，故其衍生平移为独立元素。

5）平移元素之间的运算。由式（1-1-26b）易知，上式可记为

$$M_S = \begin{bmatrix} t^1(\perp(R_1, \rho_1)) \\ r^1(//R_1) \end{bmatrix} \cup \begin{bmatrix} t^0 \\ r^1(//R_2) \end{bmatrix} = \begin{bmatrix} t^1(\perp(R_1, \rho_1)) \cup t^0 \\ r^1(//R_1) \cup r^1(//R_2) \end{bmatrix}$$

$$= \begin{bmatrix} t^1(\perp(R_1, \rho_1)) \cup t^0 \\ r^1(//R_2) \end{bmatrix}$$

$$= \begin{bmatrix} t^1(\perp R_1, \rho_1) \\ r^1(//R_2) \end{bmatrix}$$

6）运动输出特性分析。由 M_S 可知，末端构件有一个绕 R_2 轴线的独立转动元素，故 $\xi_r = 1$；末端构件在垂直于 R_2 轴线的平面内，有一个独立平移元素，故 $\xi_t = 1$。因此，方位特征矩阵的秩 $\xi_s = \xi_r + \xi_t = 2$。

7）讨论：

① 若选定末端运动副轴线外的点 O' 为基点，如图 1-1-48b 所示。

② 写出方位特征方程。将运动副的方位特征矩阵依次代入式（1-1-25）得

$$M_S = \begin{bmatrix} t^1(\perp(R_1, \rho_1)) \\ r^1(//R_1) \end{bmatrix} \cup \begin{bmatrix} t^1(\perp(R_2, \rho_2)) \\ r^1(//R_2) \end{bmatrix} = \begin{bmatrix} t^1(\perp(R_1, \rho_1)) \cup t^1(\perp(R_2, \rho_2)) \\ r^1(//R_1) \cup r^1(//R_2) \end{bmatrix}$$

③ 转动元素之间的运算。因 $R_1 // R_2$，由式（1-1-26a）和独立转动元素的选取原则，上式可记为

$$M_S = \begin{bmatrix} t^1(\perp(R_1, \rho_1)) \\ r^1(//R_1) \end{bmatrix} \cup \begin{bmatrix} t^1(\perp(R_2, \rho_2)) \\ r^1(//R_2) \end{bmatrix} = \begin{bmatrix} t^1(\perp(R_1, \rho_1)) \cup t^1(\perp(R_2, \rho_2)) \\ r^1(//R_1) \cup r^1(//R_2) \end{bmatrix}$$

$$= \begin{bmatrix} t^1(\perp(R_1, \rho_1)) \cup \{t^1(\perp(R_2, \rho_2))\} \\ r^1(//R_2) \end{bmatrix}$$

由于 R_2 的转动元素选定为独立元素，故其衍生平移为非独立元素；R_1 的转动元素不是独立元素，故其衍生平移为独立元素。

④ 平移元素之间的运算。由式（1-1-26 b）易知，上式记为

$$M_S = \begin{bmatrix} t^1(\perp(R_1, \rho_1)) \\ r^1(//R_1) \end{bmatrix} \cup \begin{bmatrix} t^1(\perp(R_2, \rho_2)) \\ r^1(//R_2) \end{bmatrix} = \begin{bmatrix} t^1(\perp(R_1, \rho_1)) \cup t^1(\perp(R_2, \rho_2)) \\ r^1(//R_1) \cup r^1(//R_2) \end{bmatrix}$$

$$= \begin{bmatrix} t^1(\perp(R_1, \rho_1)) \cup \{t^1(\perp(R_2, \rho_2))\} \\ r^1(//R_2) \end{bmatrix}$$

⑤ 运动输出特性分析。由 M_S 可知，末端构件有一个绕 R_2 轴线的独立转动元素，故 $\xi_r = 1$；末端构件在垂直于 R_2 轴线的平面内，有一个独立平移元素 $t^1(\perp(R_1, \rho_1))$ 和一个非独立平移元素 $\{t^1(\perp(R_2, \rho_2))\}$，故 $\xi_t = 1$。因此，方位特征矩阵的秩 $\xi_S = \xi_r + \xi_t = 2$。

由该例可知：若取末端运动副轴线外的点 O' 为基点，机构方位特征矩阵可能出现新的非独立元素。

图 1-1-48c 所示 SOC 的方位特征矩阵及其运动输出特性分析也可按上述步骤求解。

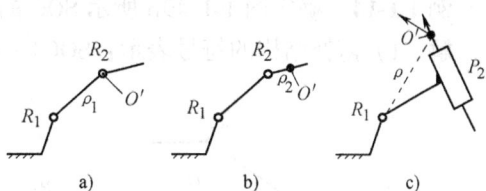

图 1-1-48　SOC{ − R//R − }及其等效 SOC

例 1-1-13　确定图 1-1-49a 所示 SOC 的方位特征矩阵及其运动输出特性分析。

解　1) 拓扑结构的符号表示：SOC{ − R_1//R_2//R_3 − }。

2) 选定末端运动副轴线上的点 O' 为基点，如图 1-1-49a 所示。

3) 写出方位特征方程。将运动副的方位特征矩阵依次代入式（1-1-25）得

$$
M_S = \begin{bmatrix} t^1(\perp(R_1, \rho_1)) \\ r^1(//R_1) \end{bmatrix} \cup \begin{bmatrix} t^1(\perp(R_2, \rho_2)) \\ r^1(//R_2) \end{bmatrix} \cup \begin{bmatrix} t^0 \\ r^1(//R_3) \end{bmatrix}
$$

$$
= \begin{bmatrix} t^1(\perp(R_1, \rho_1)) \cup t^1(\perp(R_2, \rho_2)) \cup t^0 \\ r^1(//R_1) \cup r^1(//R_2) \cup r^1(//R_3) \end{bmatrix}
$$

4) 转动元素之间的运算。因 R_1//R_2//R_3，由式（1-1-26a）和独立转动元素的选取原则，上式可记为

$$
M_S = \begin{bmatrix} t^1(\perp(R_1, \rho_1)) \\ r^1(//R_1) \end{bmatrix} \cup \begin{bmatrix} t^1(\perp(R_2, \rho_2)) \\ r^1(//R_2) \end{bmatrix} \cup \begin{bmatrix} t^0 \\ r^1(//R_3) \end{bmatrix}
$$

$$
= \begin{bmatrix} t^1(\perp(R_1, \rho_1)) \cup t^1(\perp(R_2, \rho_2)) \cup t^0 \\ r^1(//R_1) \cup r^1(//R_2) \cup r^1(//R_3) \end{bmatrix}
$$

$$
= \begin{bmatrix} t^1(\perp(R_1, \rho_1)) \cup t^1(\perp(R_2, \rho_2)) \cup t^0 \\ r^1(//R_3) \end{bmatrix}
$$

由于 R_1 和 R_2 的转动元素都不是独立元素，故其衍生平移皆为独立元素。

5) 平移元素之间的运算。因 R_1//R_2//R_3，R_1 和 R_2 的两个衍生平移都垂直于 R_3，由式（1-1-26b），上式记为

$$
M_S = \begin{bmatrix} t^1(\perp(R_1, \rho_1)) \\ r^1(//R_1) \end{bmatrix} \cup \begin{bmatrix} t^1(\perp(R_2, \rho_2)) \\ r^1(//R_2) \end{bmatrix} \cup \begin{bmatrix} t^0 \\ r^1(//R_3) \end{bmatrix}
$$

$$
= \begin{bmatrix} t^1(\perp(R_1, \rho_1)) \cup t^1(\perp(R_2, \rho_2)) \cup t^0 \\ r^1(//R_1) \cup r^1(//R_2) \cup r^1(//R_3) \end{bmatrix}
$$

$$
= \begin{bmatrix} t^1(\perp(R_1, \rho_1)) \cup t^1(\perp(R_2, \rho_2)) \cup t^0 \\ r^1(//R_3) \end{bmatrix}
$$

$$
= \begin{bmatrix} t^2(\perp R_3) \\ r^1(//R_3) \end{bmatrix}
$$

6）运动输出特性分析。由 M_S 可知，末端构件有一个绕 R_3 轴线的独立转动元素，故 $\xi_r = 1$；末端构件在垂直于 R_3 轴线的平面内，有两个独立平移元素，故 $\xi_t = 2$。因此，方位特征矩阵的秩 $\xi_s = \xi_r + \xi_t = 3$。

例 1-1-14 确定图 1-1-49b 所示 SOC 的方位特征矩阵及其运动输出特性分析。

解 1）拓扑结构的符号表示：$\text{SOC}\{-R_1//R_2 \perp P_3-\}$。

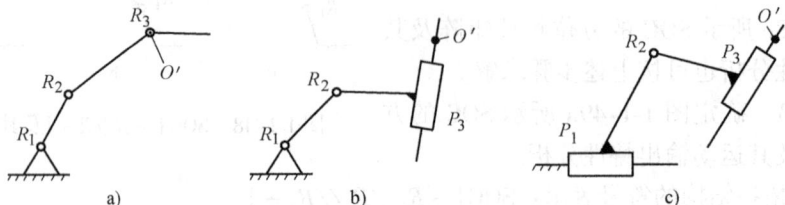

图 1-1-49 $\text{SOC}\{-R//R//R-\}$ 及其等效 SOC

a) $\text{SOC}\{-R//R//R-\}$ b) $\text{SOC}\{-R//R\perp P-\}$ c) $\text{SOC}\{-P\perp R\perp P-\}$

2）选定末端运动副轴线上的点 O' 为基点，如图 1-1-49b 所示。

3）写出方位特征方程。将运动副的方位特征矩阵依次代入式（1-1-25）得

$$M_S = \begin{bmatrix} t^1(\perp(R_1, \rho_1)) \\ r^1(//R_1) \end{bmatrix} \cup \begin{bmatrix} t^1(\perp(R_2, \rho_2)) \\ r^1(//R_2) \end{bmatrix} \cup \begin{bmatrix} t^1(//P_3) \\ r^0 \end{bmatrix}$$

$$= \begin{bmatrix} t^1(\perp(R_1, \rho_1)) \cup t^1(\perp(R_2, \rho_2)) \cup t^1(//P_3) \\ r^1(//R_1) \cup r^1(//R_2) \cup r^0 \end{bmatrix}$$

4）转动元素之间的运算。因 $R_1//R_2 \perp P_3$，由式（1-1-26a）和独立转动元素的选取原则，上式可记为

$$M_S = \begin{bmatrix} t^1(\perp(R_1, \rho_1)) \\ r^1(//R_1) \end{bmatrix} \cup \begin{bmatrix} t^1(\perp(R_2, \rho_2)) \\ r^1(//R_2) \end{bmatrix} \cup \begin{bmatrix} t^1(//P_3) \\ r^0 \end{bmatrix}$$

$$= \begin{bmatrix} t^1(\perp(R_1, \rho_1)) \cup t^1(\perp(R_2, \rho_2)) \cup t^1(//P_3) \\ r^1(//R_1) \cup r^1(//R_2) \cup r^0 \end{bmatrix}$$

$$= \begin{bmatrix} t^1(\perp(R_1, \rho_1)) \cup \{t^1(\perp(R_2, \rho_2))\} \cup t^1(//P_3) \\ r^1(//R_2) \end{bmatrix}$$

由于 R_2 的转动元素选定为独立元素，故其衍生平移应标定为非独立元素。

5）平移元素之间的运算。因 $R_1//R_2 \perp P_3$，故 R_1 和 R_2 的两衍生平移和 P_3 的固有平移都垂直于 R_2，由式（1-1-26c），上式可记为

$$M_S = \begin{bmatrix} t^1(\perp(R_1, \rho_1)) \\ r^1(//R_1) \end{bmatrix} \cup \begin{bmatrix} t^1(\perp(R_2, \rho_2)) \\ r^1(//R_2) \end{bmatrix} \cup \begin{bmatrix} t^1(//P_3) \\ r^0 \end{bmatrix}$$

$$= \begin{bmatrix} t^1(\perp(R_1, \rho_1)) \cup t^1(\perp(R_2, \rho_2)) \cup t^1(//P_3) \\ r^1(//R_1) \cup r^1(//R_2) \cup r^0 \end{bmatrix}$$

$$= \begin{bmatrix} t^1(\perp(R_1, \rho_1)) \cup \{t^1(\perp(R_2, \rho_2))\} \cup t^1(//P_3) \\ r^1(//R_2) \end{bmatrix}$$

$$= \begin{bmatrix} t^2(\perp R_2) \\ r^1(//R_2) \end{bmatrix}$$

6）运动输出特性分析。由 M_S 可知，末端构件有一个绕 R_2 轴线的独立转动元素，故 $\xi_r = 1$；末端构件在垂直于 R_2 轴线的平面内，有两个独立平移元素，故 $\xi_t = 2$。因此，方位特征矩阵的秩 $\xi_s = \xi_r + \xi_t = 3$。

不难证明图 1-1-49 所示三种串联机构的方位特征矩阵相同，故称它们互为等效 SOC。

例 1-1-15　确定图 1-1-50a 所示 SOC 的方位特征矩阵及其运动输出特性分析。

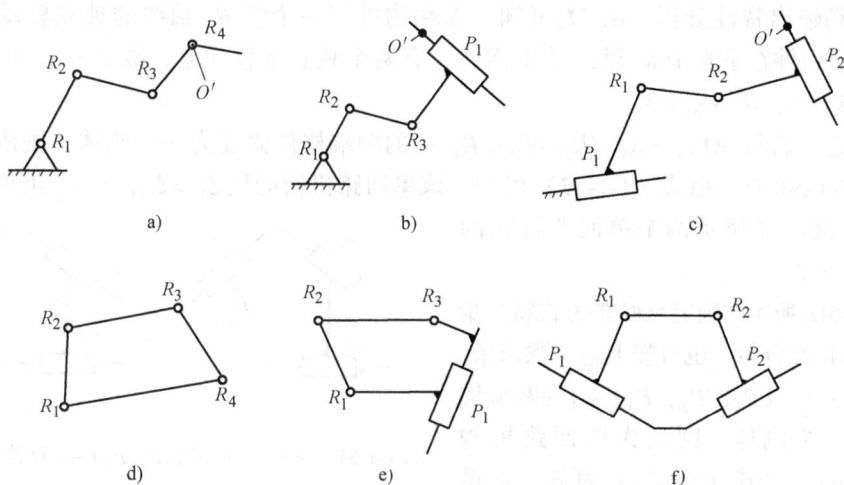

图 1-1-50　SOC{ $-R//R//R//R-$ }等效转化单开链及其单回路机构

a) SOC{ $-R//R//R//R-$ }　b) SOC{ $-R//R//R\perp P-$ }　c) SOC{ $-P\perp R//R\perp P-$ }

d) SLC{ $-R//R//R//R-$ }　e) SLC{ $-R//R//R\perp P-$ }　f) SLC{ $-P\perp R//R\perp P-$ }

解　1）拓扑结构的符号表示：SOC{ $-R_1//R_2//R_3//R_4-$ }。

2）选定末端运动副轴线上的点 O' 为基点，如图 1-1-50a 所示。

3）写出方位特征方程。将运动副的方位特征矩阵依次代入式（1-1-25）得

$$M_S = \begin{bmatrix} t^1(\perp(R_1, \rho_1)) \\ r^1(//R_1) \end{bmatrix} \cup \begin{bmatrix} t^1(\perp(R_2, \rho_2)) \\ r^1(//R_2) \end{bmatrix} \cup \begin{bmatrix} t^1(\perp(R_3, \rho_3)) \\ r^1(//R_3) \end{bmatrix} \cup \begin{bmatrix} t^0 \\ r^1(//R_4) \end{bmatrix}$$

4）转动元素之间的运算。因 $R_1//R_2//R_3//R_4$，由式（1-1-26a）和独立转动元素的选取原则，上式可记为

$$M_S = \begin{bmatrix} t^1(\perp(R_1, \rho_1)) \\ r^1(//R_1) \end{bmatrix} \cup \begin{bmatrix} t^1(\perp(R_2, \rho_2)) \\ r^1(//R_2) \end{bmatrix} \cup \begin{bmatrix} t^1(\perp(R_3, \rho_3)) \\ r^1(//R_3) \end{bmatrix} \cup \begin{bmatrix} t^0 \\ r^1(//R_4) \end{bmatrix}$$

$$= \begin{bmatrix} t^1(\perp(R_1, \rho_1)) \cup t^1(\perp(R_2, \rho_2)) \cup t^1(\perp(R_3, \rho_3)) \cup t^0 \\ r^1(//R_4) \end{bmatrix}$$

由于 R_1、R_2 和 R_3 的转动元素都不是独立元素，故其衍生平移皆为独立元素。

5）平移元素之间的运算。因 $R_1 // R_2 // R_3 // R_4$，R_1、R_2 和 R_3 的三个衍生平移都垂直于 R_4，由式（1-1-26c），上式记为

$$\boldsymbol{M}_{S} = \begin{bmatrix} t^1(\perp(R_1, \rho_1)) \\ r^1(//R_1) \end{bmatrix} \cup \begin{bmatrix} t^1(\perp(R_2, \rho_2)) \\ r^1(//R_2) \end{bmatrix} \cup \begin{bmatrix} t^1(\perp(R_3, \rho_3)) \\ r^1(//R_3) \end{bmatrix} \cup \begin{bmatrix} t^0 \\ r^1(R_4) \end{bmatrix}$$

$$= \begin{bmatrix} t^1(\perp(R_1, \rho_1)) \cup t^1(\perp(R_2, \rho_2)) \cup t^1(\perp(R_3, \rho_3)) \cup t^0 \\ r^1(//R_4) \end{bmatrix}$$

$$= \begin{bmatrix} t^2(\perp R_4) \\ r^1(//R_4) \end{bmatrix}$$

6）运动输出特性分析。由 $\boldsymbol{M}_S$ 可知，末端构件有一个绕 R_4 轴线的独立转动元素，故 $\xi_r = 1$；末端构件在垂直于 R_4 轴线的平面内，有两个独立平移元素，故 $\xi_t = 2$。因此，方位特征矩阵的秩 $\xi_S = \xi_r + \xi_t = 3$。

7）讨论。若将 SOC$\{-R_1 // R_2 // R_3 // R_4 -\}$ 的两端构件固连为一个刚体，则成为单回路机构（图1-1-50 d）。由式（1-1-27）可知，该单回路机构的秩 $\xi_L = \xi_{S(L)} = 3$。类似地，不难证明图1-1-50e、f 所示两个单回路机构的秩 $\xi_L = \xi_{S(L)} = 3$。

图1-1-51a 所示的确定 SOC 的方位特征矩阵及其输出特性分析，也可按上述步骤求解。若将 SOC$\{-\diamondsuit(P_1, P_2, P_3)-\}$ 的两端构件固连为一个刚体，则成为单回路机构（图1-1-51b）。由式（1-1-27）可知，该单回路机构的秩 $\xi_L = \xi_{S(L)} = 2$。

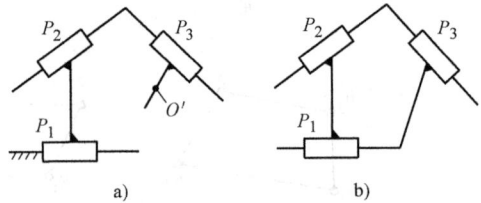

图1-1-51　SOC$\{-\diamondsuit(P_1, P_2, P_3)-\}$ 及其单回路机构
a) SOC$\{-\diamondsuit(P_1, P_2, P_3)-\}$
b) SLC$\{-\diamondsuit(P_1, P_2, P_3)-\}$

五、并联机构的方位特征方程

（一）方位特征矩阵

由机构的方位特征矩阵式（1-1-14）、式（1-1-15）、式（1-1-16）可知，并联机构的方位特征矩阵可记为

$$\boldsymbol{M}_{Pa} = \begin{bmatrix} t^{\xi_{t1}}(dir) \cup \{t^{\xi_{t2}}(dir)\} \\ r^{\xi_{r1}}(dir) \cup \{r^{\xi_{r2}}(dir)\} \end{bmatrix} \tag{1-1-28a}$$

$$\dot{\boldsymbol{M}}_{Pa} = \begin{bmatrix} \dot{t}^{\xi_{t1}}(dir) \cup \{\dot{t}^{\xi_{t2}}(dir)\} \\ \dot{r}^{\xi_{r1}}(dir) \cup \{\dot{r}^{\xi_{r2}}(dir)\} \end{bmatrix} \tag{1-1-28b}$$

$$\xi_{Pa} = \xi_t + \xi_r \tag{1-1-29}$$

式中　$\boldsymbol{M}_{Pa}$、$\dot{\boldsymbol{M}}_{Pa}$——并联机构的方位、速度特征矩阵；

　　　ξ_{Pa}——并联机构方位特征矩阵的秩。

其余符号同式（1-1-14）、式（1-1-15）、式（1-1-16）。

（二）并联机构的方位特征方程

独立回路数为 ν 的并联机构可视为由动平台、静平台和两者之间并联的 $\nu+1$ 条 SOC 支

路组成。每一条支路的机架与末端构件分别是静、动平台的一部分，动平台在 $\nu+1$ 条支路的共同约束下运动。由运动合成原理：并联机构的速度特征矩阵是所有支路速度特征矩阵的交集。因此，并联机构动平台的速度特征矩阵可记为

$$\dot{M}_{Pa} = \bigcap_{i=1}^{(\nu+1)} \dot{M}_{bi} \tag{1-1-30}$$

式中　$\dot{M}_{Pa}$——并联机构的速度特征矩阵；

　　　$\dot{M}_{bi}$——第 i 条支路的速度特征矩阵。

由对应性原理知，机构的方位特征矩阵与其速度特征矩阵的性质（如独立转动或平移元素，非独立元素是否为常量，以及方位特征矩阵的秩等）具有一一对应性。因此，与式（1-1-30）对应，并联机构的方位特征方程为

$$M_{Pa} = \bigcap_{i=1}^{(\nu+1)} M_{bi} \tag{1-1-31}$$

式中　M_{Pa}——并联机构的方位特征矩阵；

　　　M_{bi}——第 i 条支路的方位特征矩阵（对动平台的同一基点的方位特征矩阵）。

并联机构方位特征方程揭示了机构的拓扑结构与方位特征矩阵之间的函数关系。其正运算用于已知机构拓扑结构，确定机构动平台的方位特征矩阵；其逆运算用于已知机构动平台的方位特征矩阵，确定各支路在两平台的方位配置的几何条件。

（三）并联机构方位特征方程的运算规则

根据对应性原理，方位特征矩阵元素之间的交运算可借助线性运算判定，但必须考虑到式（1-1-17），即方位特征矩阵的独立元素数目等于或小于机构自由度。运算是为了确定动平台方位特征矩阵的独立元素和非独立元素。

（1）转动元素之间的交运算（线性运算）　转动元素之间的交运算分两种情况：

1）$(r^1 \cap r^1)$

$$(r^1(//R_i))_{bi} \cap (r^1(//R_j))_{bj} = (r^1(//R_i))_{Pa} \tag{1-1-32a}$$

式（1-1-32a）的证明：

对机构连续运动的任意位置（不包括奇异位置），由式（1-1-30）可知

$$(\dot{r}^1(//R_i))_{bi} \cap (\dot{r}^1(//R_j))_{bj} = (\dot{r}^1(//R_i))_{Pa}$$

根据对应性原理，机构的方位特征矩阵与其速度特征矩阵的性质具有一一对应性。因此，与上式对应，式（1-1-32a）成立。

类似地，可证明式（1-1-32b）~式（1-1-32f），这里不再赘述。

2）$(r^1 \cap r^0)$

$$(r^1(//R_i))_{bi} \cap (r^0)_{bj} = (r^0)_{Pa} \tag{1-1-32b}$$

（2）平移元素之间的交运算（线性运算）　平移元素之间的交运算分四种情况：

1）$(t^1 \cap t^1)$

$$(t^1(//P_i^*))_{bi} \cap (t^1(//P_j^*))_{bj} = \begin{cases} (t^1(//P_i^*))_{Pa}, & \text{if } P_i^* // P_j^* \\ (t^0)_{Pa}, & \text{if } P_i^* \nparallel P_j^* \end{cases} \tag{1-1-32c}$$

式中　P^*——包括移动副的固有平移和转动副的衍生平移。

2）$(t^1 \cap t^2)$

$$(t^1(//P_i^*))_{bi} \cap (t^2(//\diamond(P_{j1}^*, P_{j2}^*)))_{bj} = (t^1(//P_i^*))_{Pa} \tag{1-1-32d}$$

3) $(t^2 \cap t^2)$

$$(t^2(//\diamond(P_{i1}^*, P_{i2}^*)))_{bi} \cap (t^2(//\diamond(P_{j1}^*, P_{j2}^*)))_{bj} = (t^2(//\diamond(P_{i1}^*, P_{i2}^*)))_{Pa} \tag{1-1-32e}$$

4) $(t^1 \cap t^0)$

$$(t^1(//P_i^*))_{bi} \cap (t^0)_{bj} = (t^0)_{Pa} \tag{1-1-32f}$$

应注意到：满足式（1-1-32a）~式（1-1-32f）仅是确定并联机构方位特征矩阵的必要条件。还必须考虑机构自由度的约束条件，即式（1-1-32g）和式（1-1-32h）。

（3）独立元素的判定准则　独立元素的判定准则为：

1）如果并联机构的自由度 $F = 0$，则其方位特征矩阵的所有元素为常量，即

$$M_{Pa} = \bigcap_{i=1}^{(\nu+1)} M_{bi} = \begin{bmatrix} t^0 \\ r^0 \end{bmatrix} \tag{1-1-32g}$$

式中　r^0、t^0——转动、平动元素为常量。

2）并联机构方位特征矩阵的独立元素数不超过其自由度，即

$$\xi_r + \xi_t \leq F \tag{1-1-32h}$$

式中　F——机构的自由度；

ξ_r—— 独立转动元素数；

ξ_t——独立平移元素数。

式（1-1-31）及其运算规则（式（1-1-32a）~式（1-1-32h）），可用于确定多回路机构的任意两个构件之间的相对运动的方位特征矩阵。

（四）混合支路的等效单开链

定义：并联机构中，含有回路的支路称为混合支路（HSOC）。

若 HSOC 的方位特征矩阵与另一个 SOC 的方位特征矩阵相同，则称该 SOC 为 HSOC 的等效 SOC（或等效支路）。确定机构的方位特征矩阵时，可以 HSOC 的等效 SOC 的方位特征矩阵代入方程进行运算。

一般地，HSOC 由一个子并联机构再串联若干运动副和构件组成。HSOC 的常用子并联机构的结构类型及其等效 SOC，见表 1-1-6。

表 1-1-6　HSOC 的常用子并联机构的结构类型及其等效 SOC

No.	符 号 表 示	机 构 简 图	DOF 机构自由度	等效 SOC	方位特征 矩阵	方位输出特征
1	$\diamond$ (4R)		1	HSOC $\{-P-\}$	$\begin{bmatrix} t^1 (\perp R) \\ r^0 \end{bmatrix}$	构件 1 相对于构件 0 为一维平移，基点轨迹为圆
2	(3R-2P)		2	HSOC $\{-P-P-\}$	$\begin{bmatrix} t^2 (\perp R) \\ r^0 \end{bmatrix}$	基点为二维平移

（五）举例

例 1-1-16 确定图 1-1-52 所示平面四杆机构的方位特征矩阵及其运动输出特性分析。

解 （1）机构拓扑结构的符号表示 平面铰链四杆机构可视为由两条支路构成的并联机构，其拓扑结构为：

1）支路的拓扑结构（2 条结构相同的支路）：$\mathrm{SOC}_i\{-R_{i1}//R_{i2}-\}$，$i=1$，2。

2）动、静平台的拓扑结构如图 1-1-52 所示。

（2）建立静坐标系 选定动平台上的点 O' 为基点，如图 1-1-52 所示。

图 1-1-52 $\mathrm{SLC}\{-R_{11}//R_{12}$
$//R_{22}/R_{21}-\}$

（3）确定各支路的方位特征矩阵

1）第 1 支路的方位特征矩阵。因 $R_{11}//R_{12}$，故其方位特征矩阵与图 1-1-48a 机构相同，即

$$\boldsymbol{M}_{\mathrm{b1}} = \begin{bmatrix} t^1(\perp(R_{11},\rho_{11})) \\ r^1(//R_{12}) \end{bmatrix}$$

2）第 2 支路的方位特征矩阵。因 $R_{21}//R_{22}$，故其方位特征矩阵与图 1-1-48b 机构相同，即

$$\boldsymbol{M}_{\mathrm{b2}} = \begin{bmatrix} t^1(\perp(R_{21},\rho_{21}))\cup\{t^1(\perp(R_{22},\rho_{22}))\} \\ r^1(//R_{21}) \end{bmatrix}$$

（4）确定并联机构的方位特征矩阵

1）将每条支路的方位特征矩阵代入并联机构方位特征方程式（1-1-31），得到

$$\boldsymbol{M}_{\mathrm{Pa}} = \begin{bmatrix} t^1(\perp(R_{11},\rho_{11})) \\ r^1(//R_{12}) \end{bmatrix} \cap \begin{bmatrix} t^1(\perp(R_{21},\rho_{21}))\cup\{t^1(\perp(R_{22},\rho_{22}))\} \\ r^1(//R_{21}) \end{bmatrix}$$

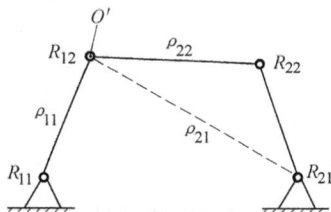

2）转动元素之间的交运算。因 $R_{11}//R_{12}//R_{21}//R_{22}$，由式（1-1-32a）可得到

$$\boldsymbol{M}_{\mathrm{Pa}} = \begin{bmatrix} t^1(\perp(R_{11},\rho_{11})) \\ r^1(//R_{12}) \end{bmatrix} \cap \begin{bmatrix} t^1(\perp(R_{21},\rho_{21}))\cup\{t^1(\perp(R_{22},\rho_{22}))\} \\ r^1(//R_{21}) \end{bmatrix}$$

$$= \begin{bmatrix} t^1(\perp(R_{11},\rho_{11}))\cap[t^1(\perp(R_{21},\rho_{21}))\cup\{t^1(\perp(R_{22},\rho_{22}))\}] \\ r^1(//R_{12}) \end{bmatrix}$$

3）平移元素之间的交运算。因 $R_{11}//R_{12}//R_{21}//R_{22}$，由式（1-1-32e）可得到

$$\boldsymbol{M}_{\mathrm{Pa}} = \begin{bmatrix} t^1(\perp(R_{11},\rho_{11})) \\ r^1(//R_{12}) \end{bmatrix} \cap \begin{bmatrix} t^1(\perp(R_{21},\rho_{21}))\cup\{t^1(\perp(R_{22},\rho_{22}))\} \\ r^1(//R_{21}) \end{bmatrix}$$

$$= \begin{bmatrix} t^1(\perp(R_{11},\rho_{11}))\cap[t^1(\perp(R_{21},\rho_{21}))\cup\{t^1(\perp(R_{22},\rho_{22}))\}] \\ r^1(//R_{12}) \end{bmatrix}$$

$$= \begin{bmatrix} t^1(\perp(R_{11},\rho_{11})) \\ r^1(//R_{12}) \end{bmatrix}$$

4)该机构自由度 $F=1$,只能有 1 个独立元素。故其方位特征矩阵 $\boldsymbol{M}_{\mathrm{Pa}}$ 可有两种方案:

$$\boldsymbol{M}_{\mathrm{Pa}}=\begin{bmatrix}\{t^1(\perp(R_{11},\boldsymbol{\rho}_{11}))\}\\r^1(//R_{12})\end{bmatrix}$$

或

$$\boldsymbol{M}_{\mathrm{Pa}}=\begin{bmatrix}t^1(\perp(R_{11},\boldsymbol{\rho}_{11}))\\\{r^1(//R_{12})\}\end{bmatrix}$$

(5)运动输出特性分析 由 $\boldsymbol{M}_{\mathrm{Pa}}$ 可知,动平台可有一个绕 R 轴线的独立转动元素,故 $\xi_{\mathrm{r}}=1$;则在垂直于 R 轴线的平面内,伴随一个非独立平移元素。因此,方位特征矩阵的秩 $\xi_{\mathrm{Pa}}=\xi_{\mathrm{r}}+\xi_{\mathrm{t}}=1$。也可以认为:在垂直于 R 轴线的平面内,有一个独立平移元素,则伴随一个绕 R 轴线的非独立转动元素。

例 1-1-17 确定图 1-1-53 所示平面四杆机构的方位特征矩阵及其运动输出特性分析。

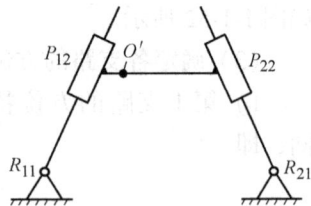

图 1-1-53 SLC$\{-R_{11}(\perp P_{12})$
$//(P_{22}\perp)R_{21}-\}$

解 (1)机构拓扑结构的符号表示 平面四杆机构可视为由两条支路构成的并联机构,其拓扑结构为:

1)支路的拓扑结构(2 条结构相同的支路):SOC$_i\{-R_{i1}\perp P_{i2}-\}$,$i=1$,2。

2)动、静平台的拓扑结构如图 1-1-53 所示。

(2)建立静坐标系 选定动平台上的点 O' 为基点,如图 1-1-53 所示。

(3)确定各支路的方位特征矩阵

1)第 1 支路(SOC$_1\{-R_{11}\perp P_{12}-\}$)的方位特征矩阵。易知,该支路的方位特征矩阵与图 1-1-48c 所示的机构相同,即

$$\boldsymbol{M}_{\mathrm{b1}}=\begin{bmatrix}t^1(//P_{12})\cup\{t^1(\perp(R_{11},\boldsymbol{\rho}_{11}))\}\\r^1(//R_{11})\end{bmatrix}$$

2)第 2 支路(SOC$_2\{-R_{21}\perp P_{22}-\}$)的方位特征矩阵。易知,该支路的方位特征矩阵与图 1-1-48c 所示的机构相同,即

$$\boldsymbol{M}_{\mathrm{b2}}=\begin{bmatrix}t^1(//P_{22})\cup\{t^1(\perp(R_{21},\boldsymbol{\rho}_{21}))\}\\r^1(//R_{21})\end{bmatrix}$$

(4)确定并联机构的方位特征矩阵

1)将每条支路的方位特征矩阵代入并联机构方位特征方程式(1-1-31),得到

$$\boldsymbol{M}_{\mathrm{Pa}}=\begin{bmatrix}t^1(//P_{12})\cup\{t^1(\perp(R_{11},\boldsymbol{\rho}_{11}))\}\\r^1(//R_{11})\end{bmatrix}\cap\begin{bmatrix}t^1(//P_{22})\cup\{t^1(\perp(R_{21},\boldsymbol{\rho}_{21}))\}\\r^1(//R_{21})\end{bmatrix}$$

2)转动元素之间的交运算。因 $R_{11}//R_{21}$,由式(1-1-32a)得到

$$\boldsymbol{M}_{\mathrm{Pa}}=\begin{bmatrix}t^1(//P_{12})\cup\{t^1(\perp(R_{11},\boldsymbol{\rho}_{11}))\}\\r^1(//R_{11})\end{bmatrix}\cap\begin{bmatrix}t^1(//P_{22})\cup\{t^1(\perp(R_{21},\boldsymbol{\rho}_{21}))\}\\r^1(//R_{21})\end{bmatrix}$$

$$=\begin{bmatrix}[t^1(//P_{12})\cup\{t^1(\perp(R_{11},\boldsymbol{\rho}_{11}))\}]\cap[t^1(//P_{22})\cup\{t^1(\perp(R_{21},\boldsymbol{\rho}_{21}))\}]\\r^1(//R_{11})\end{bmatrix}$$

3）平移元素之间的交运算。因 $R_{11}//R_{21}$，由式（1-1-32e）得到

$$M_{Pa} = \begin{bmatrix} t^1(//P_{12}) \cup \{t^1(\perp(R_{11},\rho_{11}))\} \\ r^1(//R_{11}) \end{bmatrix} \cap \begin{bmatrix} t^1(//P_{22}) \cup \{t^1(\perp(R_{21},\rho_{21}))\} \\ r^1(//R_{21}) \end{bmatrix}$$

$$= \begin{bmatrix} [t^1(//P_{12}) \cup \{t^1(\perp(R_{11},\rho_{11}))\}] \cap [t^1(//P_{22}) \cup \{t^1(\perp(R_{21},\rho_{21}))\}] \\ r^1(//R_{11}) \end{bmatrix}$$

$$= \begin{bmatrix} t^1(//P_{12}) \cup t^1(\perp(R_{11},\rho_{11})) \\ r^1(//R_{11}) \end{bmatrix}$$

4）该机构自由度 $F=1$，只能有 1 个独立元素，故方位特征矩阵 M_{Pa} 可有三种方案：

$$M_{Pa} = \begin{bmatrix} \{t^1(//P_{12}) \cup t^1(\perp(R_{11},\rho_{11}))\} \\ r^1(//R_{12}) \end{bmatrix}$$

$$M_{Pa} = \begin{bmatrix} \{t^1(//P_{12}) \cup \{t^1(\perp(R_{11},\rho_{11}))\} \\ \{r^1(//R_{12})\} \end{bmatrix}$$

或

$$M_{Pa} = \begin{bmatrix} \{t^1(//P_{12})\} \cup t^1(\perp(R_{11},\rho_{11})) \\ \{r^1(//R_{12})\} \end{bmatrix}$$

（5）运动输出特性分析　由 M_{Pa} 可知，动平台可有一个绕 R 轴线的独立转动元素，故 $\xi_r=1$；则在垂直于 R 轴线的平面内，伴随两个非独立平移元素。因此，方位特征矩阵的秩 $\xi_{Pa}=\xi_r+\xi_t=1$。也可以认为：在垂直于 R 轴线的平面内，有一个独立平移元素，则伴随一个绕 R 轴线的非独立转动元素和另一个非独立平移元素。

例 1-1-18　确定图 1-1-54 所示三自由度平面机器人机构的方位特征矩阵及其运动输出特性分析。

解　（1）机构拓扑结构的符号表示

1）支路的拓扑结构（3 条结构相同的支路）：
$SOC_i\{-R_{i1}//R_{i2}//R_{i3}-\}$，$i=1$，2，3。

2）动、静平台的拓扑结构如图 1-1-54 所示。

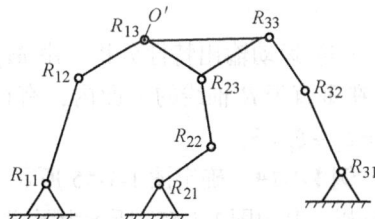

图 1-1-54　$3-SOC\{-R//R//R-\}$ 并联机构

（2）建立静坐标系　选定动平台上的点 O' 为基点，如图 1-1-54 所示。

（3）确定各支路的方位特征矩阵　易知，第 1 支路（$SOC_1\{-R_{11}//R_{12}//R_{13}-\}$）的方位特征矩阵与图 1-1-49a 机构相同，即

$$M_{b1} = \begin{bmatrix} t^2(\perp R_{11}) \\ r^1(//R_{11}) \end{bmatrix}$$

类似地，易知第 2 支路（$SOC_2\{-R_{21}//R_{22}//R_{23}-\}$）和第 3 支路（$SOC_3\{-R_{31}//R_{32}//R_{33}-\}$）的方位特征矩阵也与图 1-1-49a 所示的机构相同，即

$$M_{b2} = \begin{bmatrix} t^2(\perp R_{21}) \\ r^1(//R_{21}) \end{bmatrix}, \quad M_{b3} = \begin{bmatrix} t^2(\perp R_{31}) \\ r^1(//R_{31}) \end{bmatrix}$$

（4）确定并联机构的方位特征矩阵

1）将每条支路的方位特征矩阵代入并联机构方位特征方程式（1-1-31），得到

$$M_{Pa} = \begin{bmatrix} t^2(\perp R_{11}) \\ r^1(//R_{11}) \end{bmatrix} \cap \begin{bmatrix} t^2(\perp R_{21}) \\ r^1(//R_{21}) \end{bmatrix} \cap \begin{bmatrix} t^2(\perp(R_{31})) \\ r^1(//R_{31}) \end{bmatrix}$$

2）转动元素之间的交运算。因 $R_{11}//R_{21}//R_{31}$，由式（1-1-32a）得到

$$M_{Pa} = \begin{bmatrix} t^2(\perp R_{11}) \\ r^1(//R_{11}) \end{bmatrix} \cap \begin{bmatrix} t^2(\perp R_{21}) \\ r^1(//R_{21}) \end{bmatrix} \cap \begin{bmatrix} t^2(\perp(R_{31})) \\ r^1(//R_{31}) \end{bmatrix}$$

$$= \begin{bmatrix} t^2(\perp R_{11}) \cap t^2(\perp R_{21}) \cap t^2(\perp R_{31}) \\ r^1(//R_{11}) \end{bmatrix}$$

3）平移元素之间的交运算。因 $R_{11}//R_{21}//R_{31}$，由式（1-1-32e）得到

$$M_{Pa} = \begin{bmatrix} t^2(\perp R_{11}) \\ r^1(//R_{11}) \end{bmatrix} \cap \begin{bmatrix} t^2(\perp R_{21}) \\ r^1(//R_{21}) \end{bmatrix} \cap \begin{bmatrix} t^2(\perp(R_{31})) \\ r^1(//R_{31}) \end{bmatrix}$$

$$= \begin{bmatrix} t^2(\perp R_{11}) \cap t^2(\perp R_{21}) \cap t^2(\perp R_{31}) \\ r^1(//R_{11}) \end{bmatrix}$$

$$= \begin{bmatrix} t^2(\perp R_{11}) \\ r^1(//R_{11}) \end{bmatrix}$$

4）该机构自由度 $F=3$，可有三个独立元素，故方位特征矩阵 M_{Pa} 为

$$M_{Pa} = \begin{bmatrix} t^2(\perp R_{11}) \\ r^1(//R_{11}) \end{bmatrix}$$

（5）运动输出特性分析　由 M_{Pa} 可知，动平台有一个绕 R 轴线的独立转动元素，故 $\xi_r = 1$；在垂直于 R 轴线的平面内，有两个独立平移元素，故 $\xi_t = 2$。因此，方位特征矩阵的秩 $\xi_{Pa} = \xi_r + \xi_t = 3$。

例 1-1-19　确定图 1-1-55 所示二自由度平面机器人机构的方位特征矩阵及其运动输出特性分析，其中图 1-1-55a 所示为天津大学研制的电池分拣并联机器人，图 1-1-55b 所示为相应的 $2-SOC\{-P^{(4R)}-P^{(4R)}-\}$ 并联机构运动简图，图 1-1-55c 所示为对应的 $2-SOC\{-P-P-\}$ 等效并联机构简图。

解　（1）机构拓扑结构的符号表示

1）支路的拓扑结构　两条结构相同的支路：它们都由两个平行四边形铰链回路 $SLC\{-R_{i1}/R_{i2}/R_{i3}/R_{i4}-\}$ 和 $SLC\{-R_{i5}/R_{i6}/R_{i7}/R_{i8}-\}$ 串联而成（图 1-1-55）。由表 1-1-6 可知，每个平行四边形铰链回路等效于一个移动副，并记为 $P^{(4R)}$。相应地，支路可记为

$$SOC_i\{-P_{i1}^{(4R)}-P_{i2}^{(4R)}-\}, \quad i = 1, 2$$

2）动、静平台的拓扑结构如图 1-1-55 所示。

（2）建立静坐标系　选定动平台上的点 O' 为基点，如图 1-1-55 所示。

（3）确定各支路的方位特征矩阵　易知，第 1 支路（$SOC_1\{-P_{11}^{(4R)}-P_{12}^{(4R)}-\}$）和第 2 支路（$SOC_2\{-P_{21}^{(4R)}-P_{22}^{(4R)}-\}$）的方位特征矩阵皆与图 1-1-61 SOC 相同，即

$$M_{b1} = \begin{bmatrix} t^2(\perp R_{11}) \\ r^0 \end{bmatrix}, \quad M_{b2} = \begin{bmatrix} t^2(\perp R_{21}) \\ r^0 \end{bmatrix}$$

（4）确定并联机构的方位特征矩阵

1）将每条支路的方位特征矩阵代入并联机构方位特征方程式（1-1-31），得到

$$M_{Pa} = \begin{bmatrix} t^2(\perp R_{11}) \\ r^0 \end{bmatrix} \cap \begin{bmatrix} t^2(\perp R_{21}) \\ r^0 \end{bmatrix}$$

2）转动元素之间的交运算。易知，由转动元素之间的交运算得到

$$M_{Pa} = \begin{bmatrix} t^2(\perp R_{11}) \\ r^0 \end{bmatrix} \cap \begin{bmatrix} t^2(\perp R_{21}) \\ r^0 \end{bmatrix} = \begin{bmatrix} t^2(\perp R_{11}) \cap t^2(\perp R_{21}) \\ r^0 \end{bmatrix}$$

3）平移元素之间的交运算。因 $R_{11} // R_{21}$，由式（1-1-32e）得到

$$M_{Pa} = \begin{bmatrix} t^2(\perp R_{11}) \cap t^2(\perp R_{21}) \\ r^0 \end{bmatrix} = \begin{bmatrix} t^2(\perp R_{11}) \\ r^0 \end{bmatrix}$$

4）该机构自由度 $F=2$，可有两个独立元素，故方位特征矩阵 M_{Pa} 为

$$M_{Pa} = \begin{bmatrix} t^2(\perp R_{11}) \\ r^0 \end{bmatrix}$$

（5）运动输出特性分析　由 M_{Pa} 可知，在垂直于 R 轴线的平面内，动平台有两个独立平移元素，故 $\xi_t = 2$；非独立转动元素为常量，故 $\xi_r = 0$。因此，方位特征矩阵的秩 $\xi_{Pa} = \xi_r + \xi_t = 2$。

显然，由 16 个转动副组成的机构的运动输出特征等效于由 4 个移动副组成的平面四杆回路。但全部由转动副组成的机构可高速运动且效率较高。

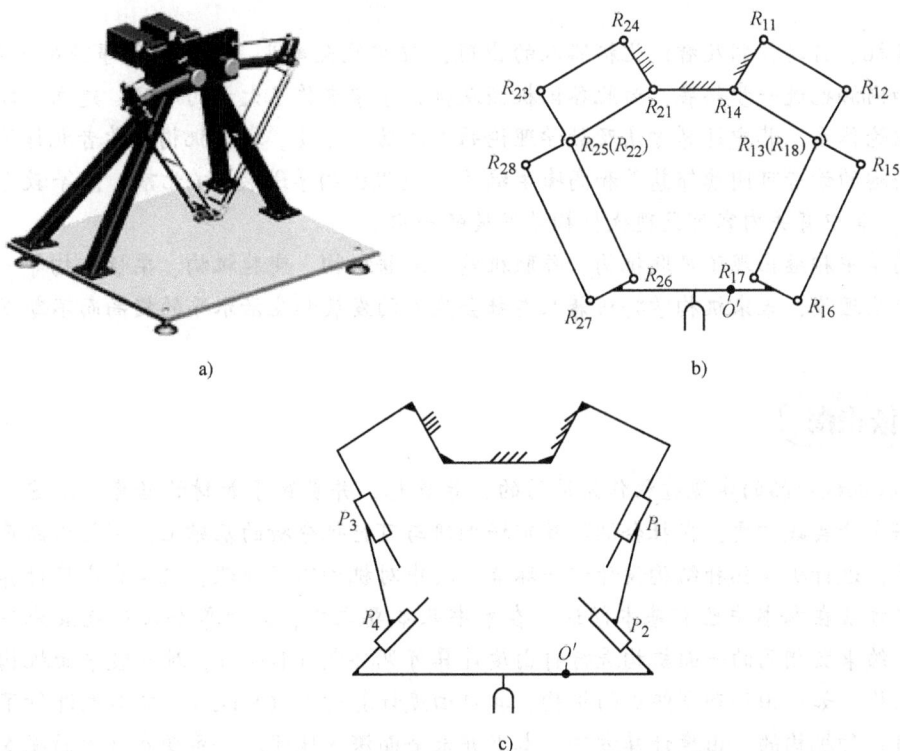

图 1-1-55　$2-SOC\{-P^{(4R)}-P^{(4R)}-\}$ 并联机构

知识拓展

在人们长期与自然的斗争协调与适应中，在人类文明与社会发展的进程中，机构作为机械的基本单元，即机械产品的核心部分，从简单到复杂，从平面到空间，从经验到理论，从感性到理性，在不断地发展完善。它是伴随人类社会的发展而不断进步的一门科学。人们为了生存，在与自然的抗争中逐步学会了使用工具。大约在公元3000年，人类学会了犁耙、镰刀、尖劈、杠杆、滑轮、水车及简易木制齿轮传动等原始工具和原始机械雏形，产生了指南车、地动仪、木牛流马、记里鼓车等古代机械。机械原理中的机构作为机械的一部分也随之发展起来。

从公元前600年开始，古代机械先后在中国及亚洲、非洲、欧洲等地普及。随后在理论方面，中国出现了《天工开物》《梓人遗制》等书籍。欧洲则出现了帕斯卡基本定律、齿轮啮合基本定律等理论，开始对机械原理及计算方法进行研究。18世纪到19世纪末的近代机械，计时的机械钟表及纺织机械出现。随着工业革命的到来，发明了蒸汽机车，以后又发明了更多新的实用机械，例如，生活用的自行车、缝纫机、织布机、造纸机、印刷机等。1771年出现了金属切削机床，这一时期还出现了许多数学及物理学的理论。与机械学科相关的德国学者勒洛，在1875年建立了构件、运动副、运动链、机构运动简图等理论，由此奠定了机构学的基础。以后又相继出现了布氏点、布氏曲线、极、等视角定理、极三角形、圆心曲线、布尔梅斯特曲线等相关理论，为机械原理的发展提供了许多理论基础。

随着计算机、自动控制及智能化机器人的出现，航空航天事业、深海探索事业的发展，机械的概念和内涵也进一步拓展，为此各国机械及机构学学者作了大量的研究，建立了许多学科分支及理论体系。其中计算方法及数学理论的发展功不可没。我国机构学学者也作了大量工作。有兴趣的读者可阅读邹慧君和高峰主编的《现代机构学进展》（北京：高等教育出版社，2007），其中有关内容可见现代机构学发展的一斑。

现代机构学中相继出现了串联机构、并联机构、混联机构、变胞机构、柔性机构等一些新颖机构及相应理论，未来机构学将随着人类社会生产的发展和生活水平的提高而不断发展和进步。

文献阅读指南

1）本书以机械产品的实现过程作为编写的主导思想，并贯穿于教材的始终。而这一章是指产品根据生产实践需要，在社会调研及市场调研与可行性分析的基础上，制订出新产品构思的方案后，进行机构拓扑结构设计这一环节。其中对机构组成原理、机构自由度计算及机构级别确定方法在本书中已有基本阐述。在本书基本要求中，只对单个回路或虽为多回路，但其公共约束数相同的平面机构进行自由度计算可见公式（1-1-1）。对一般平面机构中的一些特殊机构，如全由移动副组成的机构，其自由度计算公式（1-1-2），本书也进行了局部介绍。但对各种机构的自由度计算方法，本书并未全面深入地述及。希望在这方面深入了解的读者，可参阅杨廷力著的《机构系统基本理论——结构学、运动学、动力学》（北京：机械工业出版社，1996），以及张启先编著的《空间机构的分析与综合》（上册）（北京：

机械工业出版社，1984）。

在《机构系统基本理论——结构学、运动学、动力学》一书中，阐述了平面机械系统基本理论（机构学）的一种新的理论与方法。其中第一章到第五章主要论述运动链的拓扑结构特征、结构类型综合、机构创新设计的结构类型综合及其类型优选。其他章节还涉及运动学、动力学问题。该书作者提出并建立了机构学基础理论的一种新体系，以单开链为基本单元，以单开链约束和系统整体约束为基础，建立了机构结构学、运动学及动力学的统一的系统理论与方法。

在《空间机构的分析与综合》（上册）中，介绍了对一般空间机构，特别是当机构中含有多个回路（环）时，且各个回路（环）的公共约束数目又不相同时，机构自由度的计算方法。有兴趣的读者可以阅读、学习与研究。

2）在机构设计中，由运动副数和构件数多种组合都可能满足某一自由度的要求，在机构设计时有多解，其解不是唯一的。这就给机构组成、机构拓扑设计提供了优化选择的可能。这种构件数与运动副数的不同组合过程称为机构类型综合。它可用"图论"基本知识来求解。与机构学有关的"图论"知识以及其他许多与机构学有关的代数学等有用数学知识，可参阅沈守范等编著的《机构学的数学工具》（上海：上海交通大学出版社，1999）。曹惟庆编著的《机构组成原理》（北京：高等教育出版社，1983）介绍了单自由度平面低副机构类型综合和平面杆组的类型综合方法，建议读者参阅此书。

3）有关机构的级别构型及机构的构造、功能和结构的分类与应用等知识，可参阅孟宪源主编的《现代机构手册——选例、构型、设计》（上、下册）（北京：机械工业出版社，1994）。该书从机构的组成原理到具体的应用，列举了大量的各种类型机构，对读者极为有益。

学习指导

一、本章主要内容

1）零件与构件。
2）平面运动副及其分类。
3）运动链与机构。
4）平面机构运动简图的绘制。
5）平面机构自由度的计算及应注意的问题。
6）平面机构具有确定运动的条件。
7）平面机构中高副低代。
8）常见的平面机构组成原理。
9）一般平面机构的组成原理*。
10）平面机构的拓扑结构理论*。

二、本章学习要求

1）要求学会区分零件与构件，注意两者有何区别。
2）牢固掌握运动副的定义，对平面运动副的类型及其运动特点有清晰的了解。

3）掌握各种平面运动副的一般表示方法，明确各种平面运动副所引入的约束数。

4）了解何谓运动链，何谓机构。

5）能熟练地看懂机构运动简图，初步学会将实际机构绘制成机构运动简图。

6）熟悉机构图中长度比例尺的含义及选用方法。

7）能熟练掌握平面机构自由度的计算方法，学会正确确定机构的活动构件数 $(n-1)$，低副数 P_L 及高副数 P_H。特别要注意计算平面机构自由度时应注意的三个问题：对于复合铰链部分，要注意在计算运动副数时不要弄错；局部自由度常出现在有滚子的部分，要注意将它消除；对虚约束的判断较难掌握，应认真领会，只要求能对本教材中列举的几例会识别即可。

8）了解平面机构具有确定运动的条件。

9）了解平面机构高副低代必须满足的条件及代替方法。

10）了解平面机构的组成原理，对平面Ⅱ级基本杆组有较深了解。

11）一般平面机构的组成原理和平面机构的拓扑结构及其符号表示部分，带 * 表示读者可以根据需要进行学习，对学时少的读者不作要求，有兴趣读者可以作为了解内容进行自学，它可以帮助读者了解我国机构学的最新研究成果的一些基本思想，以便于进一步学习相关专著。

学会看懂机构运动简图，并学会对一般平面机构自由度进行正确计算，这是本章的重点。本章内容是以后各章的基础，其基本内容不难掌握。初学者对机构运动简图的绘制、虚约束的判断及高副低化方法会有一定困难，应认真领会。在绘制机构运动简图时，为了使所绘制的图形能真实反映机构的运动，便于今后对其进行运动分析及动力分析，必须注意选用适当大小的长度比例尺。在绘制转动副时，要注意转动副的小圆圆心必须与两构件相对回转中心重合；绘制移动副时，其移动方向，也即其导路方向，必须与相对移动实际方向一致；高副必须绘制出接触部位的实际轮廓形状，要求其形状与实物相一致。

12）一般平面机构的组成原理及平面机构的拓扑结构理论两节为带 * 内容。对一般学生不作要求，可以不作讲解。这两节内容可以作为一般自学了解的内容。对其有兴趣的学生或学有余力的学生可以作为提高的内容进行学习。这些内容可为平面机构的性能分析、机构创新和发明新机构提供理论基础，也有利于读者进一步学习空间串联和并联机器人机构创新设计的有关理论与方法。

思 考 题

1.1.1 构件和零件的区别是什么？试分别举例说明两者的区别。

1.1.2 机器和机构有什么区别？试分别举例说明。

1.1.3 运动链和机构有何区别？运动链具备什么条件才具有运动的可能性？具备什么条件后才具有运动确定性？具备什么条件运动链才能成为机构？

1.1.4 何谓运动副？两构件之间具备什么条件才能形成运动副？

1.1.5 何谓机构运动简图？它着重表示机构的什么特点？能否用它来进行机构运动分析及动力分析？它与"机构运动示意图"有什么区别？

1.1.6 绘制机构运动简图应注意哪些事项？

1.1.7 计算机构自由度时应注意哪些事项？

1.1.8 学习机构组成和结构分析的目的是什么？

1.1.9 什么叫杆组？满足什么条件才能组成"杆组"？

1.1.10 何谓机构的级别？

1.1.11 请设计一个自由度为2的机构，并标明原动件。

1.1.12 高副低代的目的、原则及方法是什么？

1.1.13 图1-1-56所示为由全移动副组成的机构，请问该机构能否用平面机构自由度计算式（1-1-1）计算该机构自由度？应如何正确计算该机构的自由度？

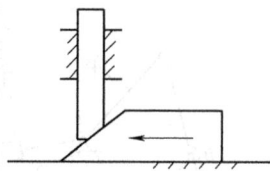

图1-1-56 思考题1.1.13图

习 题

1.1.1 将图1-1-57所示的各机构结构图绘制成机构运动简图，标出原动件和机架，并计算出各机构自由度。（若结构图为立体图，按图无法量取尺寸时，允许只画出机构运动示意图）。

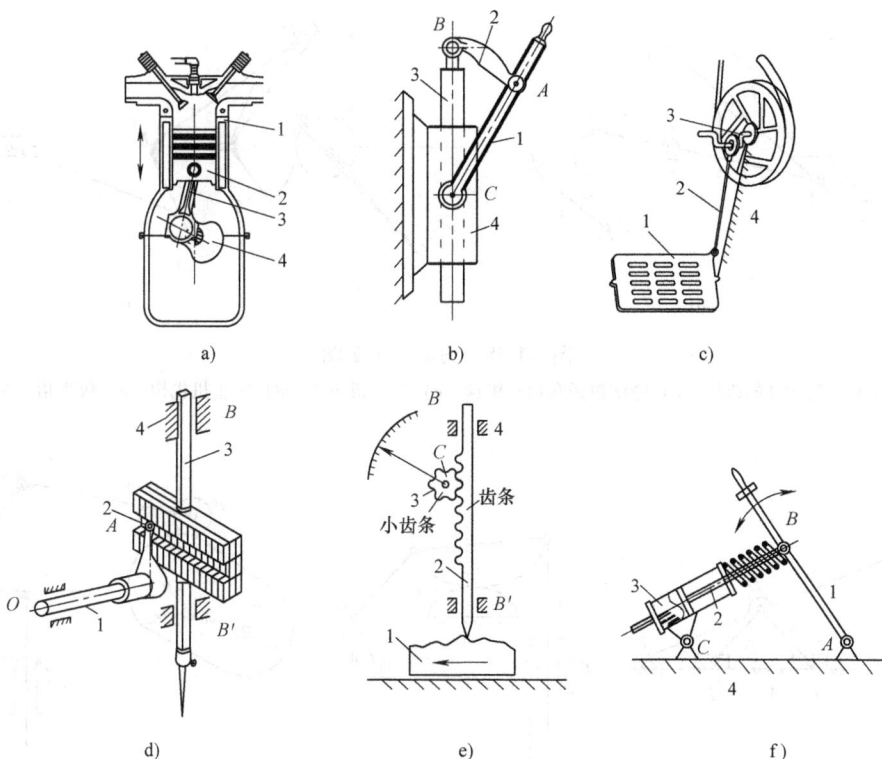

图1-1-57 习题1.1.1图

a）内燃机主体机构 b）唧筒机构 c）缝纫机脚踏板驱动机构 d）缝纫机针往复运动机构

e）表面粗糙度测量仪 f）手握式打气筒机构

1.1.2 如图1-1-58所示，计算各机构的自由度。指出机构中是否含有复合铰链、局部自由度及虚约束，说明计算机构自由度时应作如何处理。指出该图中各机构欲作确定运动时机构应满足的条件。

1.1.3 计算图1-1-59所示各机构的自由度，图中若有高副，请将其高副低代，再对该机构的组成进行分析，分析其由哪些基本杆组组成，指出杆组级别及机构级别，指出机构原动件及机架。

1.1.4 确定图1-1-60所示SOC的方位特征矩阵及其运动输出特性分析。设拓扑结构的符号表示为SOC{ $-R_1//P_2-$ }，并选定末端运动副轴线上的点 O' 为基点，如图1-1-60所示，将运动副的方位特征矩阵依次代入式（1-1-25），请写出方位特征方程，并进行转动元素之间的运算、平移元素之间的运算和运动输出特性分析。

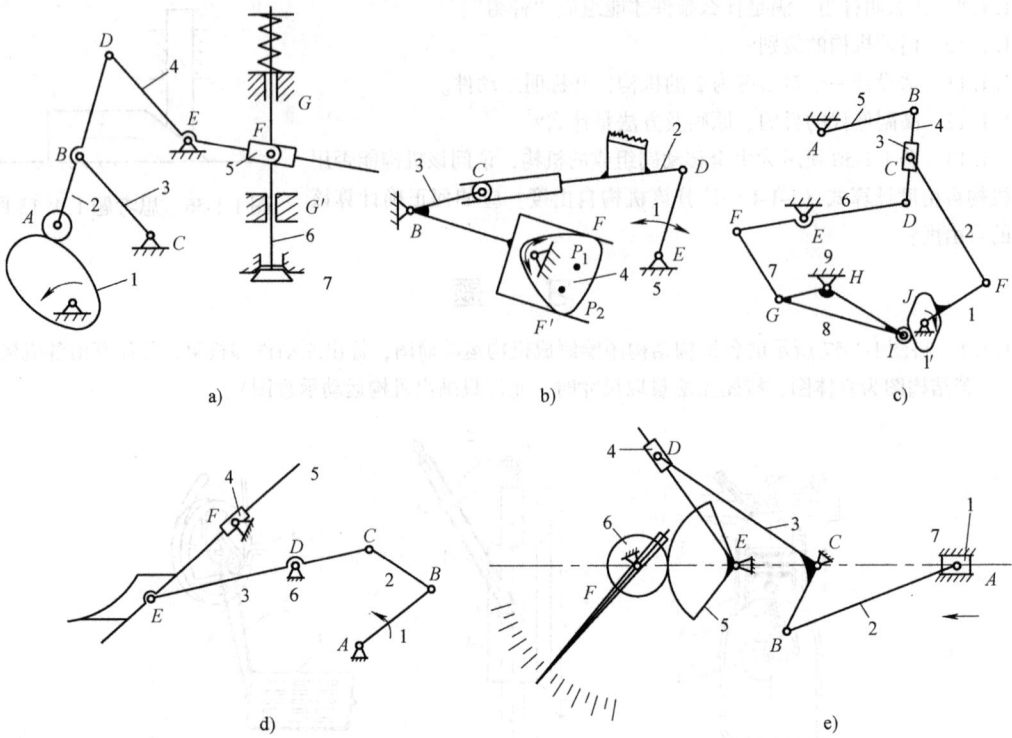

图 1-1-58　习题 1.1.2 图

a）控制气门运动的机构　b）缝纫机送布运动机构　c）锯料机机构　d）铲土机机构　e）仪表指示机构

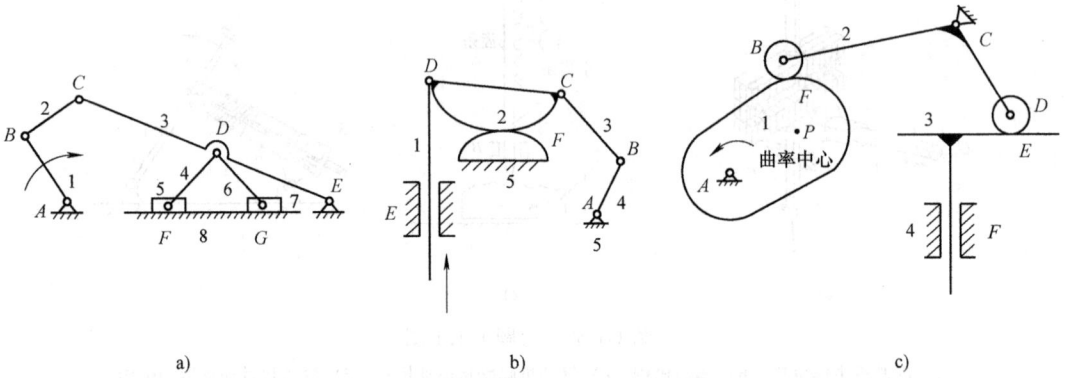

图 1-1-59　习题 1.1.3 图

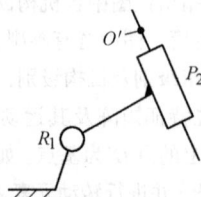

图 1-1-60　习题 1.1.4 图

1.1.5 确定图 1-1-61 所示 SOC 的方位特征矩阵及其运动输出特性分析。设拓扑结构的符号表示为 SOC$\{-P_1-P_2-\}$，并选定末端运动副轴线上的点 O' 为基点，如图 1-1-61 所示，将运动副的方位特征矩阵依次代入式（1-1-25），请写出方位特征方程，并进行转动元素之间的运算、平移元素之间的运算和运动输出特性分析。

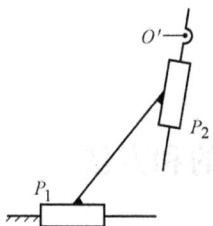

1.1.6 确定图 1-1-62 所示 SOC 的方位特征矩阵及其运动输出特性分析。设拓扑结构的符号表示为 SOC$\{-\diamondsuit(P_1,P_2,P_3)-\}$，并选定末端运动副轴线上的点 O' 为基点，如图 1-1-62 所示，将运动副的方位特征矩阵依次代入式（1-1-25），请写出方位特征方程，并进行转动元素之间的运算、平移元素之间的运算和运动输出特性分析。

图 1-1-61 习题 1.1.5 图　　　　　图 1-1-62 习题 1.1.6 图

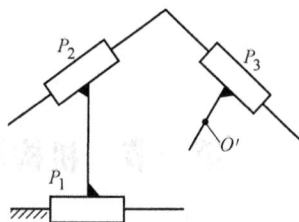

习题参考答案

1.1.1 略。

1.1.2 a) $F=1$　b) $F=2$　c) $F=1$　d) $F=1$　e) $F=1$。

1.1.3 a) $F=1$，Ⅱ级机构；b) $F=1$，Ⅱ级机构；c) $F=1$，Ⅱ级机构。

1.1.4 $\xi_s=\xi_r+\xi_t=1+1=2$，解题方法与例题 1-1-12 类似。

1.1.5 $\xi_s=\xi_r+\xi_t=0+2=2$，解题方法与例题 1-1-12 类似。

1.1.6 $\xi_s=2$，解题方法与例题 1-1-15 类似。

第二章

平面机构的运动分析

第一节　机构运动分析的目的和方法

　　机构的运动分析是在机构初步综合完成以后，为考察机构运动性能或优化机构参数而进行的，也为研究机构的动力性能提供必要的依据。它是指在机构的尺寸参数已知的情况下，不考虑机构运动过程中所受外力及构件的弹性变形等因素的影响，仅仅研究在已知原动件的运动规律时，如何确定机构其余构件上各点的位移或轨迹、速度和加速度，构件的位置、角位移、角速度和角加速度等运动参数。在分析中，一般均假定原动件作匀速运动。

　　机构运动分析的目的主要有：

　　1）通过对机构的位置、位移或轨迹分析，可以考察构件上某点能否实现预定的位置和轨迹要求，并可确定机构运动所需空间大小，由此判断机构运动时各构件之间是否会互相干涉或确定机器的外壳尺寸。例如，在设计内燃机机构时，为了确定活塞的行程和机壳的轮廓尺寸，必须确定连杆的各个位置以及连杆上两端点的轨迹。

　　2）通过速度分析可以了解从动件速度变化是否满足预期的工作要求。例如，要求牛头刨床的刨刀在切削行程中接近于等速运动，以保证加工表面质量和延长刀具寿命；而刨刀的空回行程则要求快速退回，以提高生产率。要了解所设计的刨床是否满足这些要求，就必须对它进行速度分析。另外，在要求确定机构构件的加速度或机器的动能和功率时，也必须先对机构进行速度分析。

　　3）加速度分析除了可以了解机构构件加速度的变化情况外，也是动力学分析中确定惯性力的基础。特别在高速机械和重型机械中，构件的惯性力往往很大，这对机械的强度、振动和动力性能均有很大影响。

　　运动分析的方法很多，主要有图解法和解析法。图解法形象直观，但作图比较复杂。当需要直观了解机构的某个或某几个位置的运动特性时，采用图解法比较方便，而且结合计算机辅助绘图软件的使用，图解精度也能满足实际问题的要求。尤其对于机构的位置问题，图解法可以根据已知条件以一定比例按几何作图法作出机构位置图。解析法计算精度高，但建立数学模型较复杂。当需要精确知道或了解机构在整个运动循环过程中的运动特性时，采用解析法并借助计算机，不仅可以获得很高的计算精度及一系列位置的分析结果，而且能绘出机构相应的运动线图，甚至可以进行机构的运动模拟来观察机构的运动情况，同时还可把机构分析和机构综合问题联系起来，以便于机构的优化设计。对机械系统来讲，随着计算机技术的发展，解析法应用越来越广，除使用者自己编制程序外，目前有较为成熟的商业软件，如 MSC、ADAMS，只要建立机构的物理模型，就可进行机械系统样机的虚拟设计与分析。

机构运动分析的图解法有速度瞬心法和矢量方程图解法，其中矢量方程图解法在理论力学中已有详细介绍，本书不再重复。机构运动分析的解析法有矢量方程解析法、矩阵法、杆组法、复数矢量法以及基于有序单开链单元的分析方法等。本章主要介绍图解法中求解平面机构速度的瞬心法和解析法中对简单平面机构进行运动分析的矢量方程解析法。对于复杂的平面机构，采用基于有序单开链单元的分析方法进行机构的运动学分析。

第二节　速度瞬心法及其应用

对简单平面机构（如凸轮机构、齿轮机构和简单的连杆机构）来讲，应用速度瞬心的特性对其进行速度分析，往往非常简便。

一、速度瞬心

由理论力学可知，当两构件（刚体）1 和 2 作平面相对运动时（图 1-2-1），在任一瞬时，都可以认为它们是绕某一重合点作相对转动，该重合点称为瞬时速度中心，简称瞬心，以 P_{12}（或 P_{21}）表示。显然，两构件在其瞬心处的相对速度为零或者绝对速度相等，所以瞬心也可以定义为互相作平面相对运动的两构件上在任一瞬时其相对速度为零或绝对速度相等的重合点（即等速重合点）。若该点的绝对速度为零，则为绝对瞬心；若不等于零，则为相对瞬心。用符号 P_{ij} 表示构件 i 和构件 j 的瞬心。

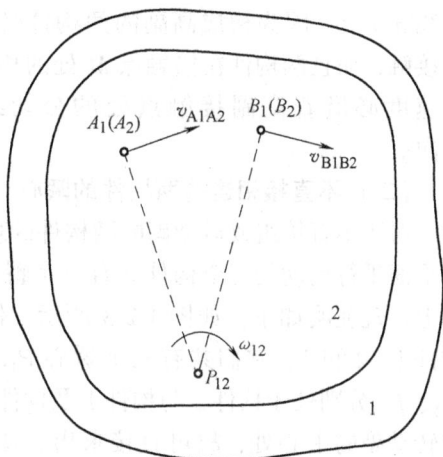

图 1-2-1　速度瞬心的定义及表示

二、机构中瞬心的数目

由于每两个构件之间都有一个瞬心，所以由 n 个构件组成的机构，根据排列组合原理，其总的瞬心数为

$$N = n(n-1)/2$$

三、机构中瞬心位置的确定

机构中瞬心位置的确定分为两种情况：一种是两个构件直接通过运动副联接在一起，其瞬心位置可以很容易地通过观察加以确定；另一种是两构件不直接联接形成运动副，则它们的瞬心位置需要用"三心定理"来确定。

（一）通过运动副直接相连的两构件的瞬心

（1）以转动副联接的两构件的瞬心　如图 1-2-2a、b 所示，当两构件 1、2 以转动副联接时，转动副的中心即为其瞬心 P_{12}。图 1-2-2 a、b 中的 P_{12} 分别为绝对瞬心和相对瞬心。

（2）以移动副联接的两构件的瞬心　如图 1-2-2c、d 所示，当两构件以移动副联接时，构件1相对于构件2移动的速度平行于导路方向，因此瞬心 P_{12} 应位于垂直于移动副导路方向的无穷远处。图1-2-2 c、d中的 P_{12} 分别为绝对瞬心和相对瞬心。

（3）以平面高副联接的两构件的瞬心
如图1-2-2e、f所示，当两构件以平面高副联接时，如果高副两元素之间为纯滚动（ω_{12} 为相对滚动的角速度），则高副两元素的接触点 M 即为两构件的瞬心 P_{12}。如果高副两元素之间既作相对滚动，又有相对滑动（v_{12} 为两元素接触点间的相对滑动速度），则两构件的瞬心 P_{12} 位于高副两元素在接触点处的公法线 n-n 上。因为构成高副的两构件必须保持接触，而且两构件在接触点 M 处的相对滑动速度必沿着高副接触点处的公切线 t-t 方向。

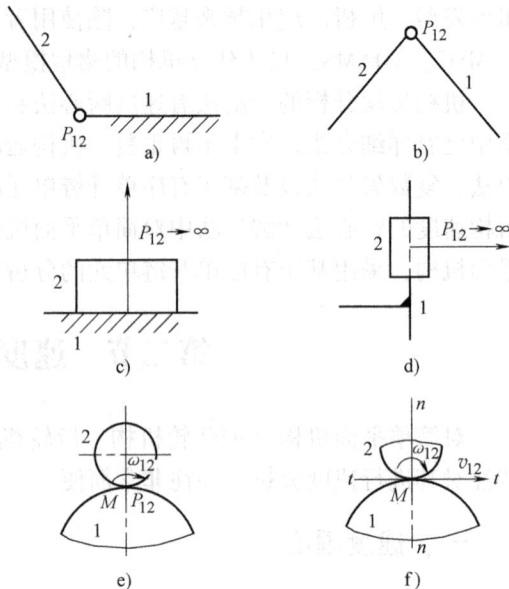

图1-2-2　通过运动副直接相连的两构件的瞬心确定

（二）不直接相连的两构件的瞬心

对于不直接组成运动副的两构件的瞬心，可应用三心定理来确定。所谓三心定理，就是作平面平行运动的三个构件共有三个瞬心，且位于同一直线上。现证明如下：如图1-2-3所示，作相对平面运动的构件1、2和3，它们共有三个瞬心 P_{12}、P_{13} 与 P_{23}。其中 P_{12}、P_{13} 分别处于构件2与构件1及构件3与构件1所构成的转动副的中心处，故可直接求出。现证明 P_{23} 必定位于 P_{12} 和 P_{13} 的连线上。

为简化讨论，假定构件1是固定不动的。因瞬心为两构件上绝对速度（大小和方向）相等的重合点，如果 P_{23} 不在 P_{12} 和 P_{13} 的连线上，而在图示的 K 点，则其绝对速度 v_{K_2} 和 v_{K_3} 在方向上就不可能相同。要使构件2和3的重合点的绝对速度的方向一致，就只有当 P_{23} 位于 P_{12} 和 P_{13} 的连线上时才会发生，故知 P_{23} 必定位于 P_{12} 和 P_{13} 的连线上。

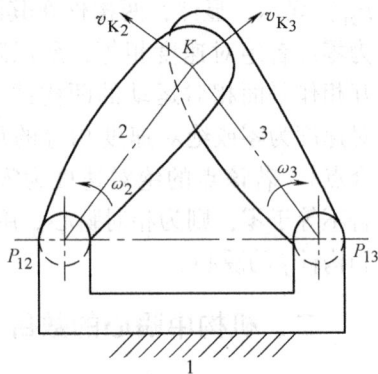

图1-2-3　三心定理确定不直接相连的两构件的瞬心

四、应用瞬心法作机构的速度分析

利用瞬心法可以求出机构中某两构件的角速度比、构件的角速度及构件上某点的线速度，求解的关键在于确定这两个构件之间以及其与机架之间的三个瞬心。

例1-2-1　在图1-2-4所示的铰链四杆机构中，设各构件的尺寸均为已知，又知主动件1以角速度 ω_1 等速回转，求构件3与构件1的角速度比 ω_3/ω_1、构件2与构件1的角速度比 ω_2/ω_1 以及构件3上 C 点的速度大小 v_C。

解　首先确定此铰链四杆机构的全部六个瞬心：可以看出铰链点 A、B、C 和 D 分别为瞬心 P_{14}、P_{12}、P_{23} 及 P_{34}；构件1和3、2和4的瞬心 P_{13}、P_{24} 分别由三心定理确定。对于构件 4、1、2 来讲，其三个瞬心 P_{14}、P_{12}、P_{24} 应位于同一直线上，对于构件 4、3、2 来说，其三个瞬心 P_{34}、P_{23}、P_{24} 也应位于同一直线上，因此，两直线 $P_{14}P_{12}$、$P_{34}P_{23}$ 的交点就是瞬心 P_{24}。同理，直线 $P_{34}P_{14}$ 和 $P_{23}P_{12}$ 的交点就是瞬心 P_{13}，如图 1-2-4 所示。瞬心位置的确定也可借助瞬心多边形来完成：以机构的构件顺序编号为顶点作等边多边形，多边形的边数等于机构的构件数目，对于四杆机构，作四边形，如图 1-2-4 所示，任意两点的连线代表一个瞬心，四边形有六条连线代表四杆机构相应两构件之间的瞬心。

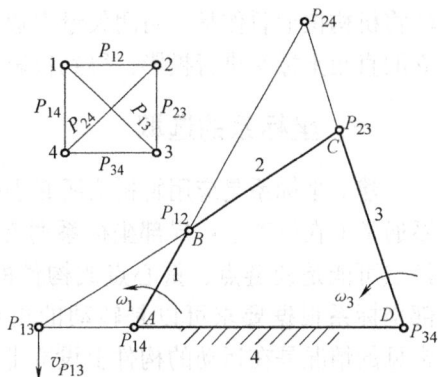

图 1-2-4　铰链四杆机构的瞬心及应用

下面分别求解各未知量：因 P_{13} 为构件 1 及构件 3 的等速重合点，故有 $v_{P_{13}} = \omega_1 \cdot P_{13}P_{14} \cdot \mu_l = \omega_3 \cdot P_{13}P_{34} \cdot \mu_l$，则 $\omega_3/\omega_1 = P_{13}P_{14}/P_{13}P_{34}$，且 P_{13} 在 P_{14} 和 P_{34} 连线的延长线上，故 ω_3 与 ω_1 的角速度方向相同。其中 μ_l 为机构的长度比例尺，它是构件的真实长度与图示长度之比（m/mm 或 mm/mm）。

同理可求，$v_{P_{12}} = \omega_1 \cdot P_{12}P_{14} \cdot \mu_l = \omega_2 \cdot P_{12}P_{24} \cdot \mu_l$，则 $\omega_2/\omega_1 = P_{12}P_{14}/P_{12}P_{24}$，且 P_{12} 在 P_{14} 和 P_{24} 连线之间，故 ω_2 与 ω_1 的角速度方向相反。

由此可得，两构件角速度之比，等于其绝对瞬心连线（$P_{14}P_{34}$ 或 $P_{14}P_{24}$）被相对瞬心（P_{13} 或 P_{12}）分得的两线段的反比；内分时两构件转向相反，外分时两构件转向相同。此结论可以推广到平面机构任意两构件的角速度之间的关系中。

C 点的速度即为瞬心 P_{23} 的速度，则有

$$v_C = \omega_3 \cdot P_{34}P_{23} \cdot \mu_l = \omega_1 \cdot \frac{P_{13}P_{14}}{P_{13}P_{34}} \cdot P_{34}P_{23} \cdot \mu_l$$

例 1-2-2　图 1-2-5 所示为凸轮机构。假设已知各构件的尺寸及凸轮的角速度 ω_1，求从动件 2 的移动速度 v。

解　在凸轮 1、从动件 2 与导槽（机架）3 之间共有三个瞬心，分别是 P_{13}、P_{23} 和 P_{12}，由三心定理可知，它们应在一条直线上。显然，P_{13} 在凸轮 1 的转动中心处，P_{23} 在垂直于导路的无穷远处，P_{12} 位于凸轮与从动件在接触点 K 的法线 n-n 上。因 P_{23} 在垂直于导路的无穷远处，故过 P_{13} 作该导路的垂线，即为瞬心线 $P_{13}P_{23}$，P_{12} 必位于此直线上，这样 $P_{13}P_{23}$ 与 n-n 的交点就是相对瞬心 P_{12}，由此可得 $v = \omega_1 \cdot P_{13}P_{12} \cdot \mu_l$（方向垂直向上）。

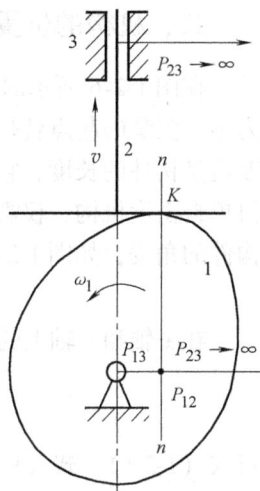

图 1-2-5　凸轮机构的瞬心及应用

第三节　用矢量方程解析法作平面机构的运动分析

解析法一般是先推导出适用于任何位置的运动方程，然后对其求导确定速度和加速度方程，最后应用计算机求解这些解析表达式。若用图解法来进行分析，则必须对每个感兴趣的位置独立作图求解，而且机构尺寸改变，必须重新作图，比较繁琐。而用解析法，一旦公式推导正确且程序编制无误，那么求解不但快捷而且方便。本节将介绍矢量方程解析法，该方

法将机构位形看作是一封闭矢量多边形（矢量环），列出矢量方程，再将矢量方程式对所建立的直角坐标系进行投影，得到投影方程。现以平面铰链四杆机构为例加以说明。

一、坐标系的选取

建立坐标系是应用解析法所必需的。坐标系可分为全局坐标系和局部坐标系。全局坐标系通常取在机架上；局部坐标系通常连接于构件某点，该点可能是铰链点、重心点或构件的中心点。这些局部坐标系根据要求可以是转动的也可以是非转动的。常见的情况是在运动的构件上设立非转动局部坐标系，以度量一个构件运动时在全局坐标系中的角度。该非转动局部坐标系将与其连接到构件上的原点一起运动，但总保持与全局坐标系平行。两种坐标系都习惯上采用右手直角坐标系（即 x 轴沿逆时针方向转过 $90°$ 为 y 轴的坐标系），如图 1-2-6 所示，所有角度的度量均按右手法则，沿 x 轴正向逆时针为正，顺时针为负，所有的角速度和角加速度也均以逆时针方向为正值，顺时针方向为负值。

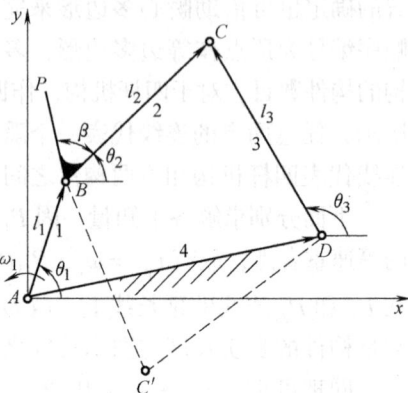

图 1-2-6 坐标系的建立及矢量环

二、机构的位置分析

在图 1-2-6 所示的机构中，将各构件看作是矢量，形成一个自封闭的矢量环，其矢量和为零。矢量的起点就是杆件的某一端点，而其另一端点就是矢量的终点，这个位移矢量的长度就是构件的长度，它们是已知的，矢量与 x 轴正向之间的角度就是杆件的方位角度。对任何单自由度机构，仅需一个参数就能完全确定其余所有构件的位置，通常这样的参数是输入构件的角度，如图 1-2-6 所示的 θ_1，需要求解的为 θ_2 和 θ_3，则机构的矢量环方程为

$$\overrightarrow{AB} + \overrightarrow{BC} = \overrightarrow{AD} + \overrightarrow{DC}$$

在 x 轴和 y 轴上的投影方程为

$$l_1\cos\theta_1 + l_2\cos\theta_2 = x_D + l_3\cos\theta_3 \tag{1-2-1}$$

$$l_1\sin\theta_1 + l_2\sin\theta_2 = y_D + l_3\sin\theta_3 \tag{1-2-2}$$

将式（1-2-1）、式（1-2-2）写成

$$l_2\cos\theta_2 = x_D + l_3\cos\theta_3 - l_1\cos\theta_1 \tag{1-2-3}$$

$$l_2\sin\theta_2 = y_D + l_3\sin\theta_3 - l_1\sin\theta_1 \tag{1-2-4}$$

将式（1-2-3）、式（1-2-4）两式平方和相加，消去 θ_2，得

$$K_1\cos\theta_3 + K_2\sin\theta_3 + K_3 = 0 \tag{1-2-5}$$

式中　　$K_1 = x_D - l_1\cos\theta_1$，$K_2 = y_D - l_1\sin\theta_1$，$K_3 = \dfrac{K_1^2 + K_2^2 + l_3^2 - l_2^2}{2l_3}$

再利用以下三角函数的半角公式

$$\sin\theta_3 = \frac{2\tan(\theta_3/2)}{1 + \tan^2(\theta_3/2)}, \quad \cos\theta_3 = \frac{1 - \tan^2(\theta_3/2)}{1 + \tan^2(\theta_3/2)}$$

将式（1-2-5）简化为关于 $\tan(\theta_3/2)$ 的一元二次方程式

$$(K_3 - K_1)\tan^2(\theta_3/2) + 2K_2\tan(\theta_3/2) + K_3 + K_1 = 0$$

由此解出

$$\tan(\theta_3/2) = \frac{K_2 \pm \sqrt{K_1^2 + K_2^2 - K_3^2}}{K_1 - K_3}$$

从而

$$\theta_3 = 2\arctan\left(\frac{K_2 \pm \sqrt{K_1^2 + K_2^2 - K_3^2}}{K_1 - K_3}\right) \tag{1-2-6}$$

式（1-2-6）中的 θ_3 有两个解，它说明在满足相同杆长条件下，该机构有两种装配方案，根号前为"+"号的 θ_3 值适用于图示机构 $ABCD$ 位置的装配，根号前为"−"号的 θ_3 值适用于图示机构 $ABC'D$ 位置的装配。也就是说，θ_3 值应根据从动件 3 的初始位置和运动连续条件来确定。

构件 2 的角位移 θ_2 由式（1-2-3）、式（1-2-4）相比解出

$$\theta_2 = \arctan\left(\frac{K_2 + l_3\sin\theta_3}{K_1 + l_3\cos\theta_3}\right) \tag{1-2-7}$$

构件 2 上外伸点 P 的坐标

$$x_P = l_1\cos\theta_1 + l_{BP}\cos(\theta_2 + \beta) \tag{1-2-8}$$

$$y_P = l_1\sin\theta_1 + l_{BP}\sin(\theta_2 + \beta) \tag{1-2-9}$$

三、机构的速度分析

将式（1-2-1）、式（1-2-2）对时间求导数，得

$$l_1\omega_1\sin\theta_1 + l_2\omega_2\sin\theta_2 = l_3\omega_3\sin\theta_3 \tag{1-2-10}$$

$$l_1\omega_1\cos\theta_1 + l_2\omega_2\cos\theta_2 = l_3\omega_3\cos\theta_3 \tag{1-2-11}$$

先后消去式（1-2-10）与式（1-2-11）中的 ω_2 与 ω_3，得

$$\omega_3 = \omega_1\frac{l_1\sin(\theta_1 - \theta_2)}{l_3\sin(\theta_3 - \theta_2)} \tag{1-2-12}$$

$$\omega_2 = -\omega_1\frac{l_1\sin(\theta_1 - \theta_3)}{l_2\sin(\theta_2 - \theta_3)} \tag{1-2-13}$$

将式（1-2-8）、式（1-2-9）对时间求导数，得 P 点在 x 轴与 y 轴的速度分量

$$v_{Px} = -l_1\omega_1\sin\theta_1 - l_{BP}\omega_2\sin(\theta_2 + \beta) \tag{1-2-14}$$

$$v_{Py} = l_1\omega_1\cos\theta_1 + l_{BP}\omega_2\cos(\theta_2 + \beta) \tag{1-2-15}$$

$$v_P = \sqrt{v_{Px}^2 + v_{Py}^2}$$

四、机构的加速度分析

将式（1-2-10）、式（1-2-11）对时间求导，得

$$l_1\alpha_1\sin\theta_1 + l_1\omega_1^2\cos\theta_1 + l_2\alpha_2\sin\theta_2 + l_2\omega_2^2\cos\theta_2 = l_3\alpha_3\sin\theta_3 + l_3\omega_3^2\cos\theta_3 \tag{1-2-16}$$

$$l_1\alpha_1\cos\theta_1 - l_1\omega_1^2\sin\theta_1 + l_2\alpha_2\cos\theta_2 - l_2\omega_2^2\sin\theta_2 = l_3\alpha_3\cos\theta_3 - l_3\omega_3^2\sin\theta_3 \tag{1-2-17}$$

先后消去式（1-2-16）、式（1-2-17）中的 α_2 与 α_3，得

$$\alpha_3 = \frac{l_2\omega_2^2 + l_1\alpha_1\sin(\theta_1 - \theta_2) + l_1\omega_1^2\cos(\theta_1 - \theta_2) - l_3\omega_3^2\cos(\theta_3 - \theta_2)}{l_3\sin(\theta_3 - \theta_2)} \tag{1-2-18}$$

$$\alpha_2 = \frac{l_3\omega_3^2 - l_1\alpha_1\sin(\theta_1 - \theta_3) - l_1\omega_1^2\cos(\theta_1 - \theta_3) - l_2\omega_2^2\cos(\theta_2 - \theta_3)}{l_2\sin(\theta_2 - \theta_3)} \qquad (1\text{-}2\text{-}19)$$

将式（1-2-14）、式（1-2-15）对时间求导，得 P 点在 x 轴与 y 轴的加速度分量

$$a_{Px} = -l_1(\alpha_1\sin\theta_1 + \omega_1^2\cos\theta_1) - l_{BP}[\alpha_2\sin(\theta_2 + \beta) + \omega_2^2\cos(\theta_2 + \beta)] \qquad (1\text{-}2\text{-}20)$$

$$a_{Py} = l_1(\alpha_1\cos\theta_1 - \omega_1^2\sin\theta_1) + l_{BP}[\alpha_2\cos(\theta_2 + \beta) - \omega_2^2\sin(\theta_2 + \beta)] \qquad (1\text{-}2\text{-}21)$$

$$a_P = \sqrt{a_{Px}^2 + a_{Py}^2}$$

五、应用解析法时的注意事项

1）坐标系选取与角度度量应按右手法则进行，各构件的角位移、角速度和角加速度均以逆时针方向度量为正值，顺时针方向度量为负值。

2）矢量的方向角 θ 应在四个象限内考虑，而在常用的编程语言提供的反正切函数返回的角度值仅是第 I 和第 IV 象限角，因此，实际应用时应给予转换。方法是检验其正值的连续性。如果方向角是以反正切的形式给出的，则

$$\theta = \arctan(y/x) \qquad (x > 0, y > 0)$$
$$\theta = \arctan(y/x) + 2\pi \qquad (x > 0, y < 0)$$
$$\theta = \arctan(y/x) + \pi \qquad (x < 0)$$
$$\theta = \pi/2 \qquad (x = 0, y > 0)$$
$$\theta = 3\pi/2 \qquad (x = 0, y < 0)$$

如果方向角是以反正弦的形式给出的（$\sin\theta = A$），则

$$\theta = \arctan(A/\sqrt{1 - A^2}) \qquad (0 \leqslant \theta < \pi/2)$$
$$\theta = \pi/2 \qquad (A = 1)$$
$$\theta = \pi - \arctan(A/\sqrt{1 - A^2}) \qquad (\pi/2 < \theta < 3\pi/2)$$
$$\theta = 3\pi/2 \qquad (A = -1)$$
$$\theta = 2\pi + \arctan(A/\sqrt{1 - A^2}) \qquad (3\pi/2 < \theta \leqslant 2\pi)$$

如果方向角是以反余弦的形式给出的（$\cos\theta = A$），则

$$\theta = \arctan(\sqrt{1 - A^2}/A) \qquad (0 \leqslant \theta < \pi/2)$$
$$\theta = \pi/2 \qquad (0 \leqslant \theta < \pi, A = 0)$$
$$\theta = \pi + \arctan(\sqrt{1 - A^2}/A) \qquad (\pi/2 < \theta < \pi)$$
$$\theta = \pi - \arctan(\sqrt{1 - A^2}/A) \qquad (\pi \leqslant \theta < 3\pi/2)$$
$$\theta = 3\pi/2 \qquad (\pi \leqslant \theta < 2\pi, A = 0)$$
$$\theta = 2\pi - \arctan(A/\sqrt{1 - A^2}) \qquad (3\pi/2 < \theta \leqslant 2\pi)$$

六、解析法的一般过程

1）做好机构简图中各矢量的标记及建立坐标系等分析前的准备工作。

2）针对机构的具体特点，推导其运动学方程。

3）进行计算机程序的框图设计。

4）根据框图编制程序，运行并排查错误。

5）分析计算结果，并得出结论。计算结果的检验往往通过对数据和图形的观察、比

较，来判断结果的正确性，这在很大程度上依赖于使用者的水平和技巧，必要时还可进行机构的运动模拟，以验证结果。

例 1-2-3 图 1-2-7 所示为乘坐式水稻插秧机秧苗栽植的分插机构，可简化为图 1-2-6 所示的铰链四杆机构的安装形式 $ABCD$。已知该机构各构件尺寸为 $l_1 = 35mm$，$l_2 = 90mm$，$l_3 = 90mm$，$l_{BP} = 190mm$，CB 与 BP 逆时针所夹的角度为 163°，铰链点 D 相对于铰链点 A 的坐标为（72，80），曲柄转速 $n = 200r/min$，现要求确定分插机构秧爪尖（即连杆 2 外伸末端 P 点）的轨迹、速度 v_P 及加速度 a_P。

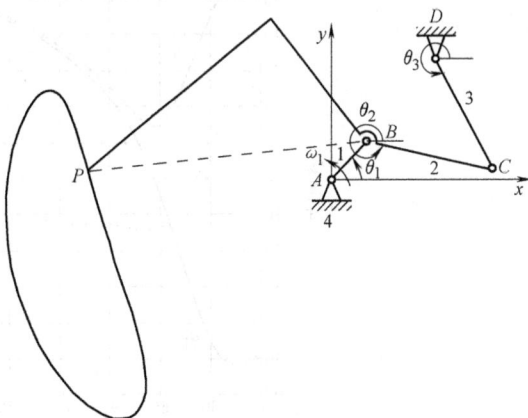

图 1-2-7 乘坐式水稻插秧机秧苗栽植的分插机构简图及秧爪尖轨迹

解 由于该分插机构为图 1-2-6 所示的铰链四杆机构 $ABCD$ 的安装形式，这样，此机构的运动学模型如上述所示。根据运动学模型画出计算流程图，然后根据流程图编制程序上机计算，求得的数值列于表 1-2-1 中。待求各个计算量随原动件的运动变化曲线如图 1-2-8 和图 1-2-9 所示，其横坐标以 θ_1 表示，纵坐标以从动件的各个计算量表示。

表 1-2-1 各构件的位置、速度和加速度

θ_1	θ_2	θ_3	ω_2	ω_3	α_2	α_3	x_P	y_P	v_{Px}	v_{Py}	a_{Px}	a_{Py}
	(°)		rad/s		rad/s²		m		m/s		m/s²	
0	4.50	305.86	-7.36	1.51	-135.62	-246.86	-0.14	-0.085	-0.62	1.97	-48.14	25.45
10	0.51	305.66	-8.48	-0.71	-126.17	-279.09	-0.14	-0.067	-0.74	2.21	-51.50	22.84
20	355.98	304.30	-9.42	-3.13	-96.16	-292.08	-0.15	-0.047	-0.81	2.39	-51.17	17.16
30	350.97	301.63	-9.97	-5.52	-38.82	-274.08	-0.16	-0.026	-0.79	2.48	-45.61	8.54
⋮	⋮	⋮	⋮	⋮	⋮	⋮	⋮	⋮	⋮	⋮	⋮	⋮

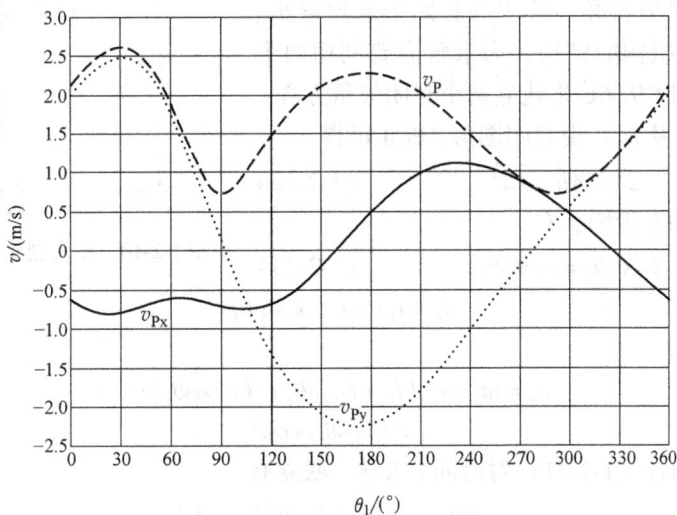

图 1-2-8 分插机构秧爪尖速度曲线

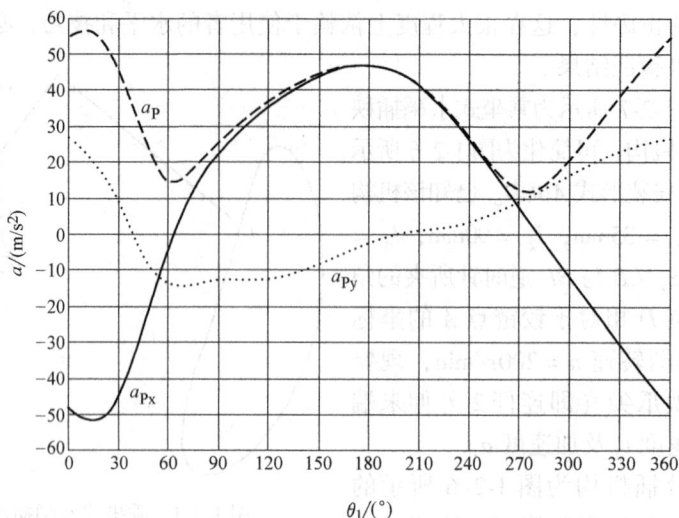

图 1-2-9　分插机构秧爪尖加速度曲线

通常把从动件随着主动件运动的变化规律曲线图称为机构的运动线图。在该例中，分插机构实现取秧和插秧的动作，秧爪必须按一定的轨迹和姿态运动，而且速度、加速度对插秧质量有直接的影响。通过这些线图就可以看出秧爪的轨迹、速度和加速度的变化情况，有利于掌握或评价机构的性能。

例 1-2-4　图 1-2-10 所示为一牛头刨床的机构运动简图。已知各构件的尺寸为 $l_1 = 100\text{mm}$，$l_3 = 360\text{mm}$，$l_4 = 200\text{mm}$，$l_6 = 200\text{mm}$，垂距 $y = 336\text{mm}$，原动件 1 以 $n_1 = 60\text{r/min}$ 等速回转。求导杆 3 的方位角 θ_3、角速度 ω_3 及角加速度 α_3 和刨刀的位移、速度及加速度。

解　首先建立图 1-2-10 所示的直角坐标系，并标出各杆件矢量及其方位角，其中共有四个未知量 θ_3、θ_4、s_3 及 s_E。观察机构的结构，为求解需要利用两个封闭图形 ABCA 和 CDEGC 来建立两个封闭矢量方程。

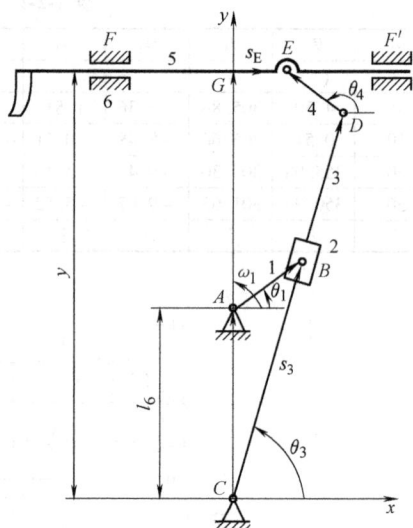

图 1-2-10　牛头刨床的机构运动简图

1）求 θ_3、ω_3 及 α_3。由封闭图形 ABCA 可得

$$\overrightarrow{CA} + \overrightarrow{AB} = \overrightarrow{CB} \tag{1-2-22}$$

分别在 x 轴和 y 轴上投影，有

$$l_1\cos\theta_1 = s_3\cos\theta_3 \tag{1-2-23}$$

$$l_6 + l_1\sin\theta_1 = s_3\sin\theta_3 \tag{1-2-24}$$

联立以上两式可得

$$\theta_3 = \arctan\left[\,(l_6 + l_1\sin\theta_1)/(l_1\cos\theta_1)\,\right] \tag{1-2-25}$$

$$s_3 = l_1\cos\theta_1/\cos\theta_3 \tag{1-2-26}$$

将式（1-2-23）和式（1-2-24）对时间 t 求导，联立有

$$\dot{s}_3 = v_{B2B3} = -\omega_1 l_1\sin(\theta_1 - \theta_3) \tag{1-2-27}$$

$$\dot{\theta}_3 = \omega_3 = \omega_1 l_1\cos(\theta_1 - \theta_3)/s_3 \tag{1-2-28}$$

将式（1-2-27）和式（1-2-28）对时间 t 求导，联立有

$$\ddot{s}_3 = a_{\text{B2B3}}^{\text{r}} = \omega_3^2 s_3 - \omega_1^2 l_1 \cos(\theta_1 - \theta_3) \tag{1-2-29}$$

$$\ddot{\theta}_3 = \alpha_3 = [\omega_1^2 l_1 \sin(\theta_3 - \theta_1) - 2\omega_3 \dot{s}_3]/s_3 \tag{1-2-30}$$

2）求刨刀的位移、速度及加速度。由于刨刀为构件 5，故点 E 的 s_E、v_E 及 a_E 即为所求，这样由封闭图形 $CDEGC$ 可得

$$\overrightarrow{CD} + \overrightarrow{DE} = \overrightarrow{CG} + \overrightarrow{GE} \tag{1-2-31}$$

分别在 x 轴和 y 轴上投影，有

$$l_3 \cos\theta_3 + l_4 \cos\theta_4 = s_E \tag{1-2-32}$$

$$l_3 \sin\theta_3 + l_4 \sin\theta_4 = y \tag{1-2-33}$$

由式（1-2-33）可得

$$\theta_4 = \arcsin[(y - l_3 \sin\theta_3)/l_4] \tag{1-2-34}$$

由式（1-2-32）可得

$$s_E = l_3 \cos\theta_3 + l_4 \cos\theta_4 \tag{1-2-35}$$

将式（1-2-34）和式（1-2-35）对时间 t 求导，联立有

$$\dot{\theta}_4 = \omega_4 = -\omega_3 l_3 \cos\theta_3/(l_4 \cos\theta_4) \tag{1-2-36}$$

$$\dot{s}_E = v_E = -\omega_3 l_3 \sin(\theta_3 - \theta_4)/\cos\theta_4 \tag{1-2-37}$$

将式（1-2-36）和式（1-2-37）对时间 t 求导，联立有

$$\ddot{\theta}_4 = \alpha_4 = (\dot{\theta}_3^2 l_3 \sin\dot{\theta}_3 + \dot{\theta}_4^2 l_4 \sin\theta_4 - \ddot{\theta}_3 l_3 \cos\theta_3)/(l_4 \cos\theta_4) \tag{1-2-38}$$

$$\ddot{s}_E = a_E = -[\alpha_3 l_3 \sin(\theta_3 - \theta_4) + \omega_3^2 l_3 \cos(\theta_3 - \theta_4) - \omega_4^2 l_4]/\cos\theta_4 \tag{1-2-39}$$

根据以上各式将已知参数代入，即可应用计算机进行计算，根据所得数据作出构件一个运动循环的位移、速度、加速度变化规律，如图 1-2-11 ~ 图 1-2-13 所示。

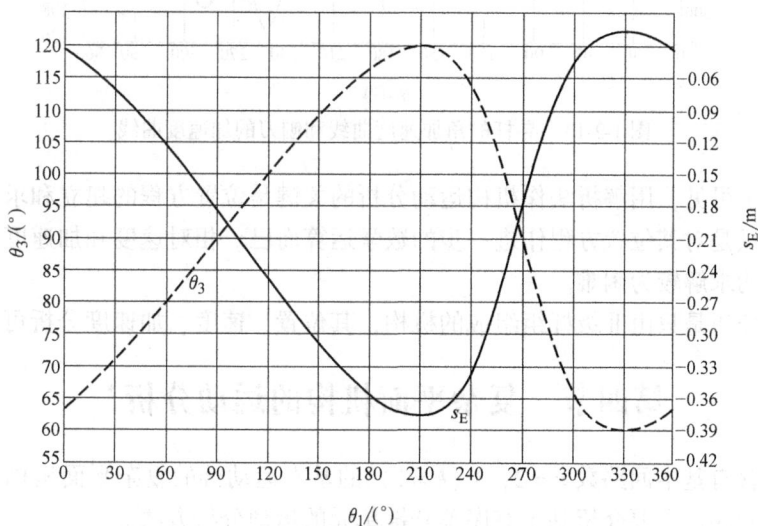

图 1-2-11　导杆的角位移曲线和刨刀的位移曲线

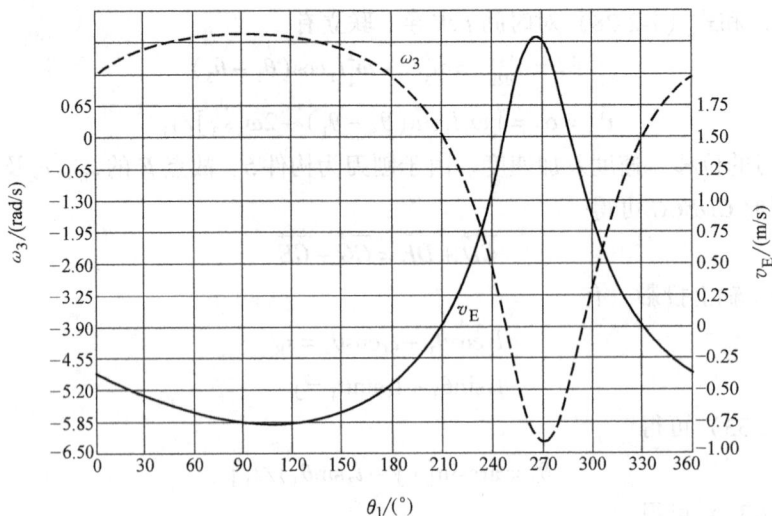

图 1-2-12　导杆的角速度曲线和刨刀的速度曲线

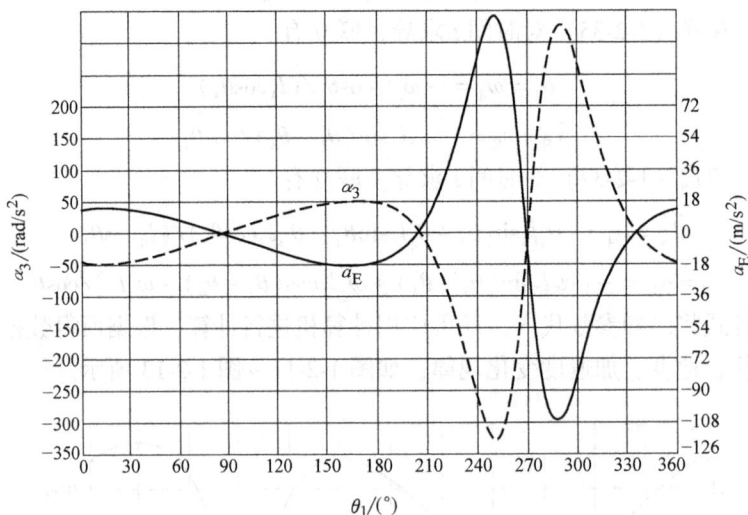

图 1-2-13　导杆的角加速度曲线和刨刀的加速度曲线

由以上例子可见，用解析法作机构运动分析的关键是位置方程的建立和求解，速度分析和加速度分析只是对其位置方程作进一步的数学运算而已。相对速度和加速度方程的求解而言，位置方程的求解较为困难。

上述运动分析是只由 II 级杆组组成的机构，其位置、速度、加速度分析可以有解析解。

第四节　复杂平面机构的运动分析*

本节讨论含有基本回路数 $\nu = 2$，3（$k = 1$）的基本运动链的复杂平面机构的位置、速度和加速度分析问题，主要介绍基于有序单开链单元的运动分析方法。

一、平面机构的结构分解

由一般平面机构组成原理可知：任意一个复杂平面机构可视为由 F 个驱动副（自由度）

和若干个基本运动链组成。当 F 个驱动副的主动输入（位置、速度或加速度）给定后，该机构的运动分析转化为依次求解基本运动链的运动分析问题。

又由一般平面机构组成原理可知：任一个基本运动链可分解为一组有序的单开链。特别地，对基本回路数 $\nu=2$、3 的基本运动链，只有三类单开链单元（详见表 1-1-4），即

1）两杆三副单开链（$\Delta^0=0$）。例如，SOC$\{-R//R//R-\}$，SOC$\{-R//(P\perp)R-\}$ 等。

2）一杆两副单开链（$\Delta^-=-1$）。例如，SOC$\{-R//R-\}$，SOC$\{-R\perp P-\}$ 等。

3）三杆四副单开链（$\Delta^+=+1$）。例如，SOC$\{-R//R//R//R-\}$，SOC$\{-R//R//(P\perp)R-\}$ 等。

4）单构件运动分析。

单开链单元的运动学关系构成了平面机构运动分析的理论基础。

二、单开链单元的运动分析

（一）两杆三副单开链（$\Delta^0=0$）的运动分析

（1）SOC$\{-R//R//R-\}$ 的运动分析 单开链 SOC$\{-R_A//R_C//R_B-\}$ 如图 1-2-14 所示，并已建立固定坐标系 Oxy。其运动分析目的：已知两端转动副 R_A、R_B 中心的位置、速度、加速度分别为 $(x_A,y_A)^T$、$(\dot x_A,\dot y_A)^T$、$(\ddot x_A,\ddot y_A)^T$、$(x_B,y_B)^T$、$(\dot x_B,\dot y_B)^T$、$(\ddot x_B、\ddot y_B)^T$，求中间转动副 R_C 中心的位置 $(x_C,y_C)^T$、速度 $(\dot x_C,\dot y_C)^T$ 和加速度 $(\ddot x_C,\ddot y_C)^T$。

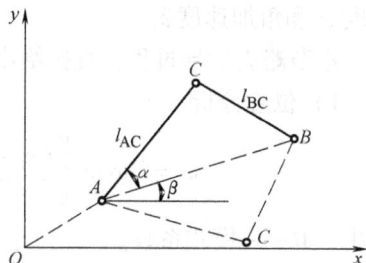

1）位置分析。由图 1-2-14 可知

$$\begin{cases}x_C=x_A+l_{AC}\cos(\beta\pm\alpha)\\y_C=y_A+l_{AC}\sin(\beta\pm\alpha)\end{cases}\quad(1\text{-}2\text{-}40)$$

图 1-2-14 SOC$\{-R_A//R_C//R_B-\}$

式中 $\cos\alpha=\dfrac{l_{AC}^2+l_{AB}^2-l_{BC}^2}{2l_{AB}l_{AC}}$，$\sin\alpha=\sqrt{1-\cos^2\alpha}$，$\cos\beta=\dfrac{x_B-x_A}{l_{AB}}$，$\sin\beta=\dfrac{y_B-y_A}{l_{AB}}$。

将 $l_{AB}=\sqrt{(x_B-x_A)^2+(y_B-y_A)^2}$ 代入式（1-2-40），得

$$\begin{cases}x_C=x_A+Q_1(x_B-x_A)-MQ_2(y_B-y_A)\\y_C=y_A+Q_1(y_B-y_A)-MQ_2(x_A-x_B)\end{cases}\quad(1\text{-}2\text{-}41)$$

式中 $Q_1=\dfrac{l_{AB}^2+l_{AC}^2-l_{BC}^2}{2l_{AB}^2}$，$Q_2=\dfrac{\sqrt{l_{AC}^2-l_{AB}^2Q_1^2}}{l_{AB}}$；

M——模式系数，当转动副 R_A、R_C、R_B 按顺时针方向排列时，$M=+1$；按逆时针方向排列时，$M=-1$。即转动副 R_C 的位置有两组解，如图 1-2-14 所示。

2）速度分析。转动副 R_A、R_B 和 R_C 中心的位置受到杆长 l_{AC}、l_{BC} 的约束，即

$$\begin{cases}(x_C-x_A)^2+(y_C-y_A)^2=l_{AC}^2\\(x_C-x_B)^2+(y_C-y_B)^2=l_{BC}^2\end{cases}$$

对上式求导，得

$$\begin{cases}\dot x_C=[Q_3(y_B-y_C)-Q_4(y_A-y_C)]/Q_5\\\dot y_C=[Q_4(x_A-x_C)-Q_3(x_B-x_C)]/Q_5\end{cases}\quad(1\text{-}2\text{-}42)$$

式中　$Q_3 = (x_A - x_C) \dot{x}_A + (y_A - y_C) \dot{y}_A$，$Q_4 = (x_B - x_C) \dot{x}_B + (y_B - y_C) \dot{y}_B$，

$Q_5 = (x_A - x_C)(y_B - y_C) - (x_B - x_C)(y_A - y_C)$。

3）加速度分析。对式（1-2-42）求导，得

$$\begin{cases} \ddot{x}_C = [Q_6(y_B - y_C) - Q_7(y_A - y_C)]/Q_5 \\ \ddot{y}_C = [Q_7(x_A - x_C) - Q_6(x_B - x_C)]/Q_5 \end{cases} \tag{1-2-43}$$

式中　$Q_6 = (\dot{x}_A - \dot{x}_C)^2 + (x_A - x_C)\ddot{x}_A + (\dot{y}_A - \dot{y}_C)^2 + (y_A - y_C)\ddot{y}_A$，

$Q_7 = (\dot{x}_B - \dot{x}_C)^2 + (x_B - x_C)\ddot{x}_B + (\dot{y}_B - \dot{y}_C)^2 + (y_B - y_C)\ddot{y}_B$。

（2）SOC$\{-R(\perp P)//R-\}$ 的运动分析　单开链 SOC$\{-R_A(\perp P_C)//R_B-\}$ 如图 1-2-15 所示，并已建立固定坐标系 Oxy。其运动分析目的：已知两端转动副 R_A、R_B 中心的位置、速度、加速度分别为 $(x_A, y_A)^T$、$(\dot{x}_A, \dot{y}_A)^T$、$(\ddot{x}_A, \ddot{y}_A)^T$、$(x_B, y_B)^T$、$(\dot{x}_B, \dot{y}_B)^T$、$(\ddot{x}_B, \ddot{y}_B)^T$，求构件 AC 的角位置 φ_i、角速度 $\dot{\varphi}_i$ 和角加速度 $\ddot{\varphi}_i$。

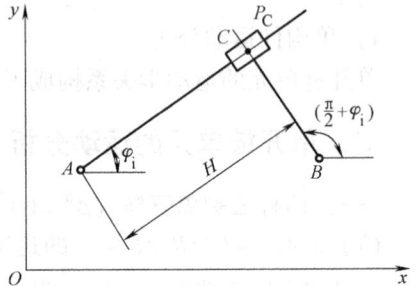

图 1-2-15　SOC$\{-R_A(\perp P_C)//R_B-\}$

本节略去推导过程，直接给出公式：

1）位置分析

$$\varphi_i = 2\arctan\left[\frac{(x_B - x_A) - M\sqrt{(x_B - x_A)^2 + (y_B - y_A)^2 - l_{BC}^2}}{l_{BC} - (y_B - y_A)} \right] \tag{1-2-44}$$

式中　M——模式系数。

2）速度分析

$$\dot{\varphi}_i = \frac{(\dot{y}_B - \dot{y}_A)\cos\varphi_i - (\dot{x}_B - \dot{x}_A)\sin\varphi_i}{(x_B - x_A)\cos\varphi_i + (y_B - y_A)\sin\varphi_i} \tag{1-2-45}$$

3）加速度分析

$$\ddot{\varphi}_i = (Q_2\cos\varphi_i - Q_1\sin\varphi_i)/Q_3 \tag{1-2-46}$$

式中　$Q_1 = \ddot{x}_B - \ddot{x}_A + \dot{\varphi}_i^2(x_B - x_A) + 2\dot{\varphi}_i \dot{H}\sin\varphi_i$，$Q_2 = \ddot{y}_B - \ddot{y}_A + \dot{\varphi}_i^2(y_B - y_A) - 2\dot{\varphi}_i \dot{H}\cos\varphi_i$，

$Q_3 = (x_B - x_A)\cos\varphi_i + (y_B - y_A)\sin\varphi_i$，$\dot{H} = \dfrac{(\dot{x}_B - \dot{x}_A)(x_B - x_A) + (\dot{y}_B - \dot{y}_A)(y_B - y_A)}{(x_B - x_A)\cos\varphi_i + (y_B - y_A)\sin\varphi_i}$。

（二）一杆两副单开链（$\Delta^- = -1$）的运动分析

（1）SOC$\{-R//R-\}$ 的运动相容性条件　单开链 SOC$\{-R_A//R_B-\}$ 如图 1-2-16 所示，并已建立固定坐标系 Oxy。其运动分析目的：已知两端转动副 R_A、R_B 中心的位置、速度、加速度分别为 $(x_A, y_A)^T$、$(\dot{x}_A, \dot{y}_A)^T$、$(\ddot{x}_A, \ddot{y}_A)^T$、$(x_B, y_B)^T$、$(\dot{x}_B, \dot{y}_B)^T$、$(\ddot{x}_B, \ddot{y}_B)^T$，确定它们应满足的约束条件。

1）位置相容性条件。由图 1-2-16 易知，转动副 R_A 与 R_B 中心位置应满足杆长约束，即一杆两副单开链的位置相容性条件

$$(x_A - x_B)^2 + (y_A - y_B)^2 = l_{AB}^2 \tag{1-2-47}$$

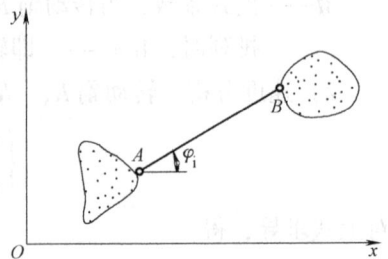

图 1-2-16　SOC$\{-R_A//R_B-\}$

2）速度相容性条件。对式（1-2-47）求导，得到一杆两副单开链的速度相容性条件

$$(\dot{x}_B\cos\varphi_i + \dot{y}_B\sin\varphi_i) - (\dot{x}_A\cos\varphi_i + \dot{y}_A\sin\varphi_i) = 0 \tag{1-2-48}$$

该式表明：两转动副 R_A 与 R_B 中心的速度在杆长方向的分量应相等。

3）加速度相容性条件。对式（1-2-48）求导并化简，得到一杆两副单开链的加速度相容性条件

$$(\ddot{x}_B\cos\varphi_i + \ddot{y}_B\sin\varphi_i) - (\ddot{x}_A\cos\varphi_i + \ddot{y}_A\sin\varphi_i) + l_{AB}\dot{\varphi}_i^2 = 0 \tag{1-2-49}$$

该式表明：两转动副 R_A 与 R_B 中心的加速度，在杆长方向的分量之差等于两中心的相对向心加速度。

（2）$SOC\{-R\perp P-\}$ 的运动相容性条件　单开链 $SOC\{-R_A\perp P_B-\}$ 如图 1-2-17 所示，并已建立固定坐标系 Oxy。其运动分析目的：已知转动副 R_A 的位置、速度、加速度分别为 $(x_A,\ y_A)^T$、$(\dot{x}_A,\ \dot{y}_A)^T$、$(\ddot{x}_A,\ \ddot{y}_A)^T$，移动副 P 上一点 B_2 的位置、速度、加速度分别为 $(x_{B_2},\ y_{B_2})^T$、$(\dot{x}_{B_2},\ \dot{y}_{B_2})^T$、$(\ddot{x}_{B_2},\ \ddot{y}_{B_2})^T$，移动副 P 导路的角位置 φ_i、角速度 $\dot{\varphi}_i$ 和角加速度 $\ddot{\varphi}_i$，确定它们应满足的约束条件。

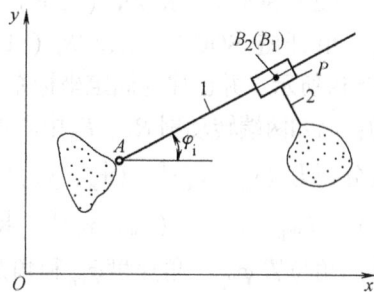

图 1-2-17　$SOC\{-R_A\perp P_B-\}$

本节略去推导过程，直接给出公式：

1）位置相容性条件

$$(x_{B_2}\sin\varphi_i - y_{B_2}\cos\varphi_i) - (x_A\sin\varphi_i - y_A\cos\varphi_i) = 0 \tag{1-2-50}$$

2）速度相容性条件

$$(\dot{x}_{B_2}\sin\varphi_i - \dot{y}_{B_2}\cos\varphi_i) - (\dot{x}_A\sin\varphi_i - \dot{y}_A\cos\varphi_i) + l_{AB_2}\dot{\varphi}_i = 0 \tag{1-2-51}$$

式中　$l_{AB_2} = \sqrt{(x_{B_2}-x_A)^2 + (y_{B_2}-y_A)^2}$。

式（1-2-51）表明：构件 1 与构件 2 上重合点 B_1、B_2 的速度在垂直于移动副导路方向上的分量应相等。

3）加速度相容性条件

$$(\ddot{x}_{B_2}\sin\varphi_i - \ddot{y}_{B_2}\cos\varphi_i) - (\ddot{x}_A\sin\varphi_i - \ddot{y}_A\cos\varphi_i) + l_{AB_2}\ddot{\varphi}_i + \dot{l}_{AB_2}\dot{\varphi}_i = 0 \tag{1-2-52}$$

式（1-2-52）表明：构件 1 与构件 2 上重合点 B_1、B_2 的加速度在垂直于移动副导路方向上的分量之差等于两点的哥氏加速度。

（三）三杆四副单开链（$\Delta^+ = +1$）的运动分析

（1）$SOC\{-R//R//R//R-\}$ 的运动分析　单开链 $SOC\{-R_A//R_C//R_D//R_B-\}$ 如图 1-2-18 所示，并已建立固定坐标系 Oxy。其运动分析目的：已知两端转动副 R_A、R_B 中心的位置、速度、加速度分别为 $(x_A,\ y_A)^T$、$(\dot{x}_A,\ \dot{y}_A)^T$、$(\ddot{x}_A,\ \ddot{y}_A)^T$、$(x_B,\ y_B)^T$、$(\dot{x}_B,\ \dot{y}_B)^T$、$(\ddot{x}_B,\ \ddot{y}_B)^T$，求中间转动副 R_C 与 R_D 中心的位置、速度、加速度，即 $(x_C,\ y_C)^T$、$(\dot{x}_C,\ \dot{y}_C)^T$、$(\ddot{x}_C,\ \ddot{y}_C)^T$、$(x_D,\ y_D)^T$、$(\dot{x}_D,\ \dot{y}_D)^T$、$(\ddot{x}_D,\ \ddot{y}_D)^T$。

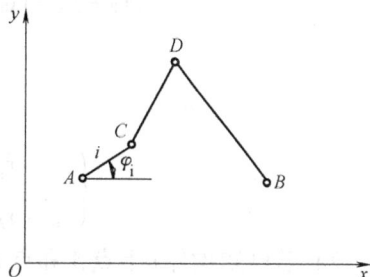

图 1-2-18　$SOC\{-R_A//R_C//R_D//R_B-\}$

已知两端转动副 R_A、R_B 中心的位置，该 SOC $\{-R_A//R_C//R_D//R_B-\}$ 成为自由度等于 1 的四杆回路，即其运动分析不可能单独求解。若对构件 i 的位置、速度、加速度虚拟赋值分别记为 φ_i^*、$\dot{\varphi}_i^*$、$\ddot{\varphi}_i^*$，（ $*$ 表示人为赋值变量），则转动副 R_C 中心的位置、速度、加速度可知。易知该单开链的其余部分 SOC $\{-R_C//R_D//R_B-\}$ 是 $\Delta^0=0$ 两杆三副单开链，因此其运动分析可由式（1-2-41）~式（1-2-43）单独求解。但应注意到：单独求解是以虚拟赋值 φ_i^*、$\dot{\varphi}_i^*$、$\ddot{\varphi}_i^*$ 为前提的。

（2）SOC $\{-R//R(\perp P)//R-\}$ 的运动分析 单开链 SOC $\{-R_A//R_C(\perp P_D)//R_B-\}$ 如图 1-2-19 所示，并已建立固定坐标系 Oxy。其运动分析目的：已知两端转动副 R_A、R_B 中心的位置、速度、加速度分别为 $(x_A, y_A)^T$、$(\dot{x}_A, \dot{y}_A)^T$、$(\ddot{x}_A, \ddot{y}_A)^T$、$(x_B, y_B)^T$、$(\dot{x}_B, \dot{y}_B)^T$、$(\ddot{x}_B, \ddot{y}_B)^T$，求移动副 P_D 的滑块构件的角位置 φ_{P_D}、角速度 $\dot{\varphi}_{P_D}$ 和角加速度 $\ddot{\varphi}_{P_D}$ 以及转动副 R_C 中心的位置、速度、加速度，即 $(x_C, y_C)^T$、$(\dot{x}_C, \dot{y}_C)^T$、$(\ddot{x}_C, \ddot{y}_C)^T$。

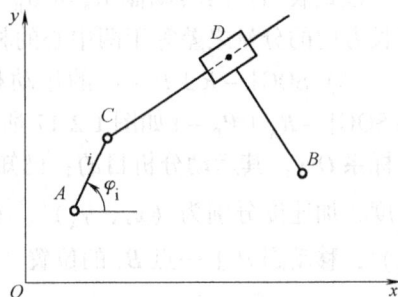

图 1-2-19　SOC $\{-R_A//R_C(\perp P_D)//R_B-\}$

已知两端转动副 R_A、R_B 中心的位置，该 SOC $\{-R_A//R_C(\perp P_D)//R_B-\}$ 成为自由度等于 1 的四杆回路，即其运动分析不可能单独求解。若对构件 i 的位置、速度、加速度虚拟赋值分别记为 φ_i^*、$\dot{\varphi}_i^*$、$\ddot{\varphi}_i^*$（ $*$ 表示人为赋值变量），则转动副 R_C 中心的位置、速度、加速度可知。易知该单开链的其余部分 SOC $\{-R_C(\perp P_D)//R_B-\}$ 是 $\Delta^0=0$ 两杆三副单开链，因此其运动分析可由式（1-2-44）~式（1-2-46）单独求解。但应注意到：单独求解是以虚拟赋值 φ_i^*、$\dot{\varphi}_i^*$、$\ddot{\varphi}_i^*$ 为前提的。

（四）单构件的运动分析

对图 1-2-20 所示的单构件，将构件 i 的角位置、角速度和角加速度分别记为 φ_i、$\dot{\varphi}_i$、$\ddot{\varphi}_i$，构件上点 A 和点 B 的位置、速度和加速度分别记为 $(x_A, y_A)^T$、$(\dot{x}_A, \dot{y}_A)^T$、$(\ddot{x}_A, \ddot{y}_A)^T$、$(x_B, y_B)^T$、$(\dot{x}_B, \dot{y}_B)^T$、$(\ddot{x}_B, \ddot{y}_B)^T$。

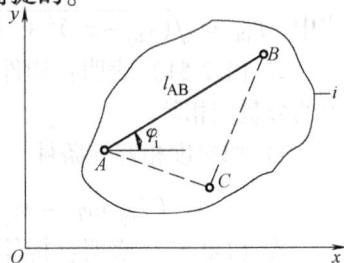

图 1-2-20　单构件 AB

1）若已知构件 i 的角位置、角速度和角加速度 φ_i、$\dot{\varphi}_i$、$\ddot{\varphi}_i$，则有

$$\begin{cases} x_B = x_A + l_{AB}\cos\varphi_i \\ y_B = y_A + l_{AB}\sin\varphi_i \end{cases} \quad (1\text{-}2\text{-}53)$$

$$\begin{cases} \dot{x}_B = \dot{x}_A - l_{AB}\cos\varphi_i\dot{\varphi}_i \\ \dot{y}_B = \dot{y}_A + l_{AB}\sin\varphi_i\dot{\varphi}_i \end{cases} \quad (1\text{-}2\text{-}54)$$

$$\begin{cases} \ddot{x}_B = \ddot{x}_A - l_{AB}(\sin\varphi_i\ddot{\varphi}_i + \cos\varphi_i\dot{\varphi}_i^2) \\ \ddot{y}_B = \ddot{y}_A - l_{AB}(\sin\varphi_i\dot{\varphi}_i^2 - \cos\varphi_i\ddot{\varphi}_i) \end{cases} \quad (1\text{-}2\text{-}55)$$

2）若已知构件 i 上点 A 和点 B 的位置、速度和加速度，则构件 i 的角位置、角速度和角加速度 φ_i、$\dot{\varphi}_i$、$\ddot{\varphi}_i$ 可分别由式（1-2-44）~式（1-2-46）得到。

3）若已知构件 i 上点 A 和点 B 的位置、速度和加速度，则构件 i 上的点 C 的位置、速度和加速度 $(x_C, y_C)^T$、$(\dot{x}_C, \dot{y}_C)^T$、$(\ddot{x}_C, \ddot{y}_C)^T$，可分别由式（1-2-41）~式（1-2-43）得到。

三、复杂平面机构的运动分析

（一）基本原理

由前述机构结构分解可知，机构的运动分析最终转化为它所包含的 BKC 的运动分析问题。为此，通过如下引例说明运动分析的基本原理。

引例 图 1-2-21 所示为平面三自由度并联机器人机构，P_1、P_2、P_3 为三液压缸驱动。

按照前述的机构结构分解方法，该 BKC 的结构分解为：

1）$SOC_1\{-R_A//R_B//R_C//R_D-\}$（$\Delta_1 = +1$）

2）$SOC_2\{-R_E//R_F-\}$（$\Delta_2 = -1$）

该 BKC 的位置分析过程如下：

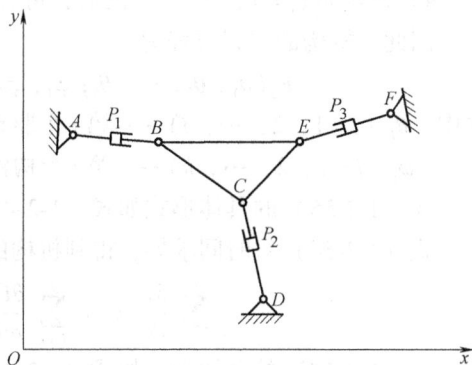

图 1-2-21 平面三自由度并联机器人机构

1）在机构的机架构件上建立固定坐标系 Oxy，因驱动副的位置已知，故该 BKC 的转动副 R_A、R_D、R_F 的位置可知，并分别记为 $(x_A, y_A)^T$、$(x_D, y_D)^T$、$(x_F, y_F)^T$。

2）在 $SOC_1\{-R_A//R_B//R_C//R_D-\}$（$\Delta_1 = +1$）上，对构件 AB 的角位置予以虚拟赋值 φ_A^*，则相应的 R_B 位置 $(x_B^*, y_B^*)^T$ 可由式（1-2-53）得到。

3）构件 AB 的角位置虚拟赋值 φ_A^* 之后，单开链 SOC_1 的其余部分为两杆三副单开链 $SOC\{-R_B//R_C//R_D-\}$，则相应于 φ_A^* 的 R_C 位置 $(x_C^*, y_C^*)^T$ 可由式（1-2-41）得到。

4）R_B、R_C 的位置 $(x_B^*, y_B^*)^T$、$(x_C^*, y_C^*)^T$ 确定后，R_E 的位置 $(x_E^*, y_E^*)^T$ 同样可借用两杆三副单开链 $SOC\{-R_B//R_C//R_E-\}$ 确定。

5）对 $SOC_2\{-R_E//R_F-\}$（$\Delta_2 = -1$），R_F 和 R_E 的真实位置 $(x_F, y_F)^T$、$(x_E, y_E)^T$ 应满足构件 3 的杆长 l_{EF} 约束，即位置相容性方程

$$(x_F - x_E)^2 + (y_F - y_E)^2 = l_{EF}^2$$

但当 φ_A^* 为任意赋值时，R_F、R_E 的位置 $(x_F, y_F)^T$ 和 $(x_E^*, y_E^*)^T$ 不一定满足上式，即

$$\alpha(\varphi_A^*) = (x_F - x_E^*)^2 + (y_F - y_E^*)^2 - l_{EF}^2 \neq 0$$

式中 $\alpha(\varphi_A^*)$——虚拟赋值 φ_A^* 的函数。

若不断改变 φ_A^* 的赋值，直到 $\alpha(\varphi_A^*) = 0$ 时，则 φ_A^* 的虚拟赋值即为其真实角位置 φ_A，显然这是一个迭代过程。

6）将真实角位置 φ_A 再代入上述求解过程，即可方便地得到所有构件的真实位置。

（二）平面机构运动分析方程

由上述 BKC 的位置分析过程可知：

1）对每一个 $SOC(\Delta_j^+)$ 的 Δ_j^+ 个位置变量置以虚拟赋值，共有 k 个变量虚拟赋值 φ_j^*（$j = 1, \cdots, k$）。

2）按照 BKC 结构分解的正序（由第 1，第 2，…，到第 ν 个 SOC），每一个 SOC 的位

置分析可依次求解，但位置的虚拟赋值 φ_j^* $(j = 1, \cdots, k)$ 应满足每一个 $\mathrm{SOC}(\Delta_j^-)$ 的 $|\Delta_j^-|$ 个运动相容性条件（共有 k 个运动相容性方程）。

3）满足 k 个运动相容性方程的变量虚拟赋值即为 k 个未知位置变量的真实值 φ_j $(j = 1, \cdots, k)$。这表明机构位置方程的维数恰为其耦合度。

4）确定 $\varphi_j (j = 1, \cdots, k)$ 之后，可方便地得到其余未知变量。

因此，机构的位置方程为

$$F_g(\theta_1, \theta_2, \cdots, \theta_f; \varphi_1, \varphi_2, \cdots, \varphi_k) = 0 \quad (g = 1, 2, \cdots, k) \qquad (1\text{-}2\text{-}56)$$

式中 θ_i $(i = 1, 2, \cdots, f)$——第 i 个驱动副输入角位置；

φ_j $(j = 1, 2, \cdots, k)$——第 j 个构件的待求角位置。

式（1-2-56）的具体形式如式（1-2-47）或式（1-2-50）。

式（1-2-56）对时间求导，得到机构的速度方程

$$\sum_{j=1}^{k} \frac{\partial F_g}{\partial \varphi_j}\dot{\varphi}_j + \sum_{i=1}^{f} \frac{\partial F_g}{\partial \theta_i}\dot{\theta}_i = 0 (g = 1, 2, \cdots, k) \qquad (1\text{-}2\text{-}57)$$

式（1-2-57）的具体形式如式（1-2-48）或式（1-2-51）。

式（1-2-57）对时间求导，得到机构的加速度方程

$$\sum_{j=1}^{k} \left[\frac{\partial F_g}{\partial \varphi_j}\ddot{\varphi}_j + \dot{\varphi}_j \frac{\mathrm{d}}{\mathrm{d}t}\left(\frac{\partial F_g}{\partial \varphi_j}\right)\right] + \sum_{i=1}^{f} \left[\frac{\partial F_g}{\partial \theta_i}\ddot{\theta}_i + \dot{\theta}_i \frac{\mathrm{d}}{\mathrm{d}t}\left(\frac{\partial F_g}{\partial \theta_i}\right)\right] = 0 (g = 1, 2, \cdots, k) \quad (1\text{-}2\text{-}58)$$

式（1-2-58）的具体形式如式（1-2-49）或式（1-2-52）。

对一般实用机构，其包含 BKC 的耦合度 $k = 0$ 或 1（表1-1-4），故用一维搜索可方便地得到位置问题的所有实数解。

四、复杂机构运动分析的主要步骤

1）绘出机构简图，并建立坐标系。

2）按照第一章所述机构结构分解方法，任意一个复杂平面机构可分解为 F 个驱动副（自由度）和若干个有序的基本运动链。每一个基本运动链又可分解为一组有序的单开链。

3）依次对基本运动链进行位置分析。其中位置分析可能得到多种装配构形，按照设计要求确定优选装配构形。

4）依次对基本运动链进行速度分析。

5）依次对基本运动链进行加速度分析。

6）分析计算结果，并得出结论。计算结果的检验往往通过对数据和图形的观察、比较，来判断结果的正确性，这在很大程度上依赖于使用者的水平和技巧，必要时还可进行机构的运动模拟，以验证结果。

例1-2-5 牛头刨机构如图1-2-10所示。已知各构件的尺寸为 $l_1 = 100\mathrm{mm}$，$l_3 = 360\mathrm{mm}$，$l_4 = 200\mathrm{mm}$，$l_6 = 200\mathrm{mm}$，垂距 $y = 336\mathrm{mm}$，主动曲柄1以 $n_1 = 60\mathrm{r/min}$ 等角速回转。求曲柄转动一周时，刨刀的位移、速度及加速度的变化规律。

解 1）该机构的 BKC 结构分解为

$$\mathrm{SOC}_1\{-R_B \perp P_B /\!/ R_C -\}(\Delta_1 = 0)$$
$$\mathrm{SOC}_2\{-R_D /\!/ R_E \perp P_F -\}(\Delta_2 = 0)$$

2）运动分析过程

$$\xrightarrow{\text{坐标系 } Oxy}\begin{Bmatrix}(x_C \quad y_C)^T \\ (x_A \quad y_A)^T\end{Bmatrix}\xrightarrow{\text{主动构件 } AB}\begin{Bmatrix}(x_B \quad y_B)^T \\ (\dot{x}_B \quad \dot{y}_B)^T \\ (\ddot{x}_B \quad \ddot{y}_B)^T\end{Bmatrix}+\begin{Bmatrix}(x_C \quad y_C)^T \\ (\dot{x}_C \quad \dot{y}_C)^T \\ (\ddot{x}_C \quad \ddot{y}_C)^T\end{Bmatrix}$$

$$\xrightarrow{SOC_1\{-R_B \perp P_B // R_C -\}}(\varphi_3 \quad \dot{\varphi}_3 \quad \ddot{\varphi}_3)\xrightarrow{\text{构件 } CD}\begin{Bmatrix}(x_D \quad y_D)^T \\ (\dot{x}_D \quad \dot{y}_D)^T \\ (\ddot{x}_D \quad \ddot{y}_D)^T\end{Bmatrix}+\text{移动副导路上参考点 } G \text{ 的}$$

运动参数$\xrightarrow{SOC_2\{-R_D // R_E \perp P_F -\}}$（$E$ 点相对于 G 点的 s_E、v_E、a_E）

3）编制程序上机计算，获得刨刀的位移、速度及加速度的变化曲线，如图 1-2-22 所示。

例 1-2-6 图 1-2-23 所示为两回路机构，其构件尺寸参数（单位：mm）为：$l_{AB}=15$，$l_{BF}=80$，$l_{BC}=90$，$l_{CF}=140$，$l_{EF}=140$，$l_{CD}=180$，$l_{OD}=l_{OE}=100$，$l_{DE}=120$，$l_{OA}=160$。主动输入角速度 $\dot{\theta}=3\text{rad/s}$，且角加速度 $\ddot{\theta}=0$。求曲柄转动时，构件 4 的角位置、角速度和角加速度的变化曲线。

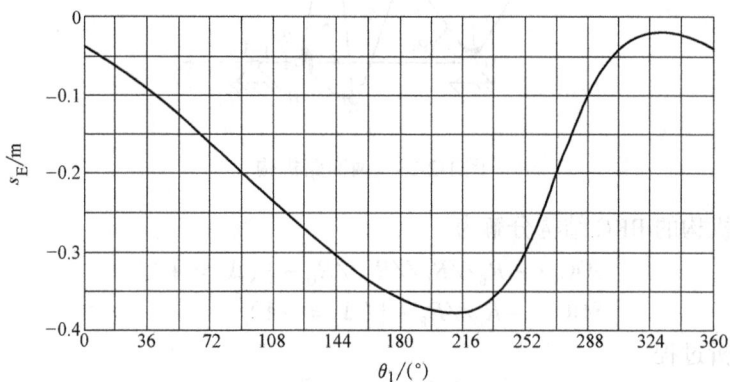

a)

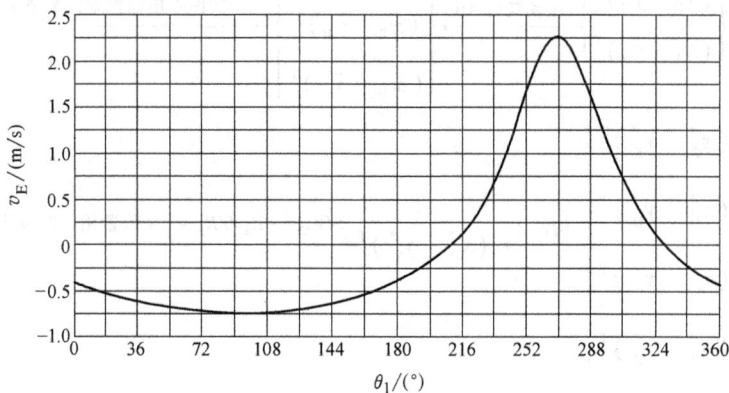

b)

图 1-2-22 刨刀的位移、速度及加速度的变化曲线

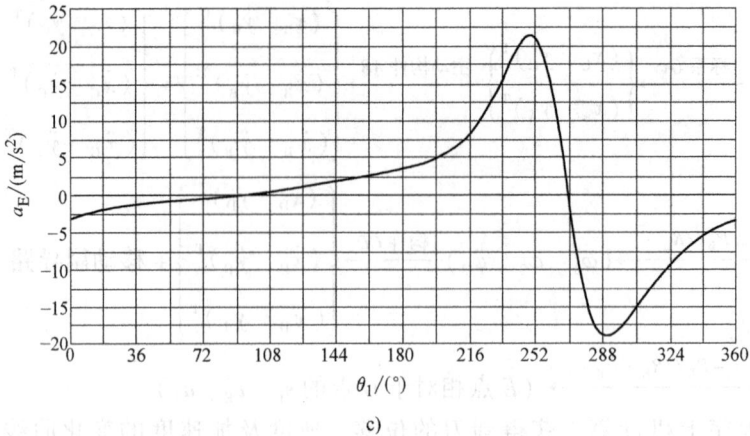

c)

图 1-2-22　刨刀的位移、速度及加速度的变化曲线（续）

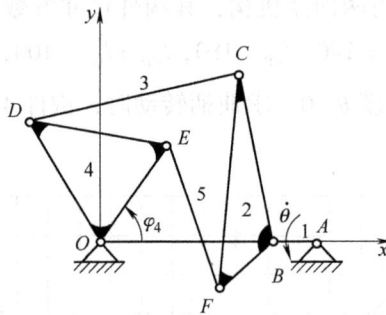

图 1-2-23　两回路机构

解　1）该机构的 BKC 结构分解为

$$SOC_1\{ -R_B//R_C//R_D//R_0 -\}(\Delta_1 = +1)$$

$$SOC_2\{ -R_E//R_F -\}(\Delta_2 = -1)$$

2）运动分析过程

$$\xrightarrow{\text{坐标系 } Oxy}\left\{\begin{array}{l}(x_0 \quad y_0)^T\\(x_A \quad y_A)^T\end{array}\right\}\xrightarrow{\text{主动构件 } AB}\left\{\begin{array}{l}(x_B \quad y_B)^T\\(\dot{x}_B \quad \dot{y}_B)^T\\(\ddot{x}_B \quad \ddot{y}_B)^T\end{array}\right\}\xrightarrow[\substack{+\text{构件 4 角位置虚拟赋值 } \varphi_4^*}]{SOC_1\ \{ -R_B//R_C//R_D//R_0 -\}}$$

$$\left\{\begin{array}{l}(x_E^* \quad y_E^*)^T\\(x_D^* \quad y_D^*)^T\\(x_C^* \quad y_C^*)^T\\(x_B^* \quad y_B^*)^T\end{array}\right\}\xrightarrow{\text{构件 2}}(x_F^* \quad y_F^*)^T\xrightarrow[\text{+位置相容性条件}]{SOC_2\{ -R_E//R_F -\}}$$

$$\{\alpha = (x_F^* - x_E^*)^2 + (y_F^* - y_E^*)^2 - l_{EF}^2\}\xrightarrow[\text{改变 } \varphi_4^* \text{的赋值}]{}\alpha = 0\longrightarrow\varphi_4$$

3）编制程序上机计算，获得构件 4 的角位置、角速度和角加速度的变化曲线，如

图1-2-24 所示。

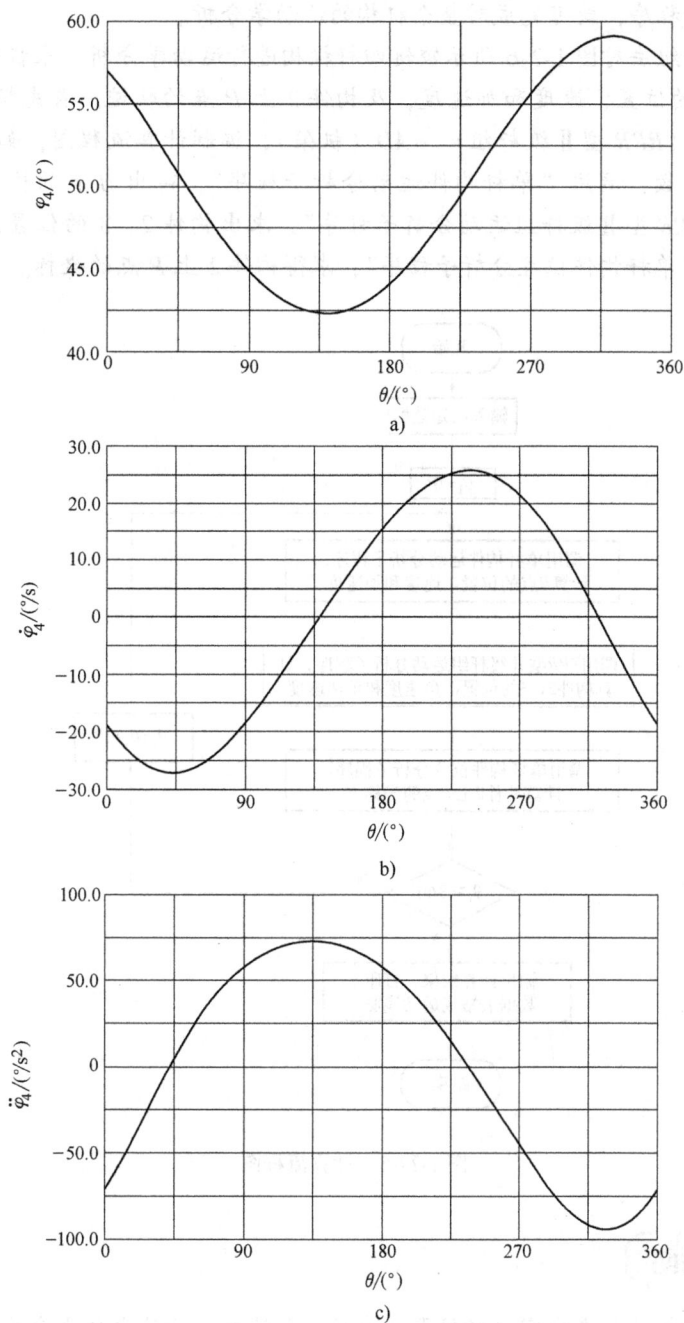

a)

b)

c)

图 1-2-24　构件 4 的角位置、角速度和角加速度的变化曲线

知识拓展

　　由机构的组成原理可知，任何平面机构都可以分解为原动件、基本杆组和机架三个部分，每一个原动件为一单杆构件。对单杆构件和常见基本杆组进行运动分析并编制成相应的

子程序,组成程序库,根据机构运动学分析流程编制主程序,由主程序依次调用单杆构件和各个基本杆组的子程序,就可完成对整个机构的运动学分析。

例如,利用杆组法对图 1-2-6 所示铰链四杆机构进行运动学分析,求机构在一个运动循环中,构件 2、3 的位置、速度和加速度,及构件 2 上 P 点的轨迹。首先将机构分解成 AB(原动件)$+BCD$(RRR 型 Ⅱ 级杆组)$+AD$(机架),编制计算流程图,如图 1-2-25 所示,输入点 A 的位置参数,调用"单杆构件运动分析子程序",得出 B 点的位置、速度、加速度;继续调用"RRR 型 Ⅱ 级杆组运动分析子程序",求出构件 2、3 的位置、角速度和角加速度;最后调用"单杆构件位置分析子程序",求得构件 2 上 P 点的坐标。

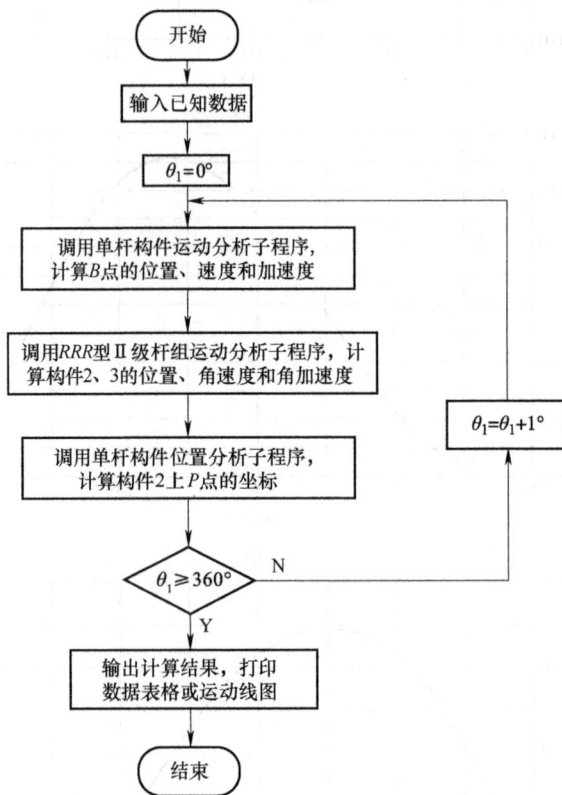

图 1-2-25 计算流程图

文献阅读指南

机构运动学分析的基本内容包括位置、速度、加速度,方法大体上分为两种:图解法和解析法。本章重点介绍了图解法中的瞬心法和以矢量为工具的矢量方程整体分析法,瞬心法只能解决简单机构的速度分析,且必须建立在位置确定的基础上,不能解决加速度分析,而机构的位置确定对于平面 Ⅱ 级机构而言,可以通过一般的几何作图直接解决,但对于 Ⅲ 级机构,一般的几何作图很难解决,可以应用覆盖试凑法进行求解,具体方法可参阅华大年主编的《机械原理》(第 2 版)(北京:高等教育出版社,2007)。运用相对运动图解法进行机构的速度、加速度分析，可参阅黄锡恺与郑文纬主编的《机械原理》（北京：高等教育出版社，1989）或华大年主编的《机械原理》（第2版）。

解析法的关键是建立机构运动的数学模型并求解，其中数学模型的建立取决于数学工具的选择，如矢量、复数、矩阵、二元数、四元数、旋转算子、旋量、李群与李代数、对偶矩阵等，有关各种数学工具在机构运动学分析中的应用，可参阅沈守范、张纪元等编著的《机构学的数学工具》（上海：上海交通大学出版社，1999）和于靖军、刘辛军等编著的《机器人机构学的数学基础》（北京：机械工业出版社，2008）。

机构运动学的数学建模，首先是建立机构的位移方程，而位移方程一般是非线性的，对于平面Ⅱ级机构，可以用一般的消元法进行求解，但对于Ⅲ级及Ⅲ级以上的机构，则需要采用其他方法，如降维迭代法、"吴氏"消元法、Newton – Raphson法等，具体内容见张春林主编的《高等机构学》（北京：北京理工大学出版社，2006）和白师贤主编的《高等机构学》（上海：上海科学技术出版社，1988）。

随着计算机技术的飞速发展，计算机辅助分析也在工程设计领域获得广泛应用，人们可以通过数学建模、程序设计、上机编程运算，在计算机上进行机构的运动学分析，较为全面的连杆机构和机械手的运动分析可参阅梁崇高与阮平生编著的《连杆机构的计算机辅助设计》（北京：机械工业出版社，1986）和由 [美] J. 达菲著、廖启征等译的《机构和机械手分析》（北京：北京邮电学院出版社，1990）。当然，人们还可以借助于一些虚拟样机软件，直接进行机构的运动学和动力学分析，如 ADAMS、Pro/E、Matlab 等软件。有关这些软件的学习与应用可参阅李军等编著的《ADAMS 实例教程》（北京：北京理工大学出版社，2002），王月明和张宝华主编的《MATLAB 基础与应用教程》（北京：北京大学出版社，2012），乔建军等编著的《Pro/ENGINEER Wildfire 5.0 动力学与有限元分析从入门到精通》（北京：机械工业出版社，2010）。

学习指导

一、本章主要内容

本章主要介绍了机构运动分析的目的和常用方法，对平面机构运动分析方法中的瞬心法和矢量方程解析法的求解原理和步骤进行了详细介绍，并给出了实例。对于复杂的平面机构，采用基于有序单开链单元的分析方法进行了机构的运动学分析。

二、本章学习要求

掌握平面机构运动分析的两种方法：瞬心法和矢量方程解析法。对瞬心法，理解瞬心的概念，掌握瞬心位置的确定，会利用瞬心求解机构中某两构件的角速度比、构件的角速度及构件上某点的线速度；对矢量方程解析法，掌握坐标系的建立原则和构件矢量的约定规则，学会利用矢量环建立位置矢量方程进行位置分析的技巧，以及推导速度和加速度方程，练习解析法的计算机求解过程。

对于复杂的平面机构，了解采用基于有序单开链单元的分析方法进行机构运动学分析的基本原理。

思 考 题

1.2.1 机构运动分析的内容和目的是什么？

1.2.2 什么叫速度瞬心？相对速度瞬心和绝对速度瞬心有什么区别？

1.2.3 在什么情况下需要借助三心定理来确定瞬心？其内容是什么？

1.2.4 速度瞬心法进行机构速度分析的求解关键是什么？其优点和局限分别是什么？

1.2.5 什么叫矢量方程解析法？其基本思路是什么？

1.2.6 矢量方程解析法中坐标系的建立原则和构件矢量的约定规则分别是什么？

1.2.7 在解析法的计算机求解过程中，构件的矢量方向角是如何处理的？

1.2.8 用矢量方程解析法进行机构运动分析的具体步骤是什么？

习 题

1.2.1 试确定图 1-2-26 所示各机构在图示位置的全部瞬心位置。

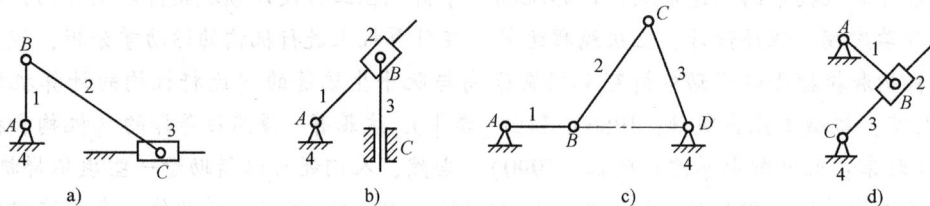

a)　　　　　　　　b)　　　　　　　　c)　　　　　　　　d)

图 1-2-26 习题 1.2.1 图

1.2.2 图 1-2-27 所示的高副机构中，已知机构的尺寸及原动件 1 以匀角速度 ω_1 逆时针方向转动，试确定机构的全部瞬心位置，并用瞬心法求构件 3 的移动速度 v_3。

1.2.3 图 1-2-28 所示的齿轮—连杆组合机构中，杆 3 带动行星轮 2 绕固定齿轮 5 转动，各构件的尺寸已知。试用瞬心法求构件 2 与构件 4 的传动比 i_{24}。

1.2.4 试求图 1-2-29 所示连杆机构中的构件 1 与构件 3 的角速度比 ω_1/ω_3。

1.2.5 图 1-2-30 所示的偏心轮机构为一稻麦联合收割机的割刀驱动机构，偏心轮 1 以等角速度 $\omega_1 = 83.7\text{rad/s}$ 顺时针转动，经连杆 2 驱动割刀 3 往复运动。已知机构各构件尺寸为 $l_{OA} = 20\text{mm}$，$l_{OB} = 200\text{mm}$，偏距 $e = 20\text{mm}$，试用解析法确定 $\varphi_1 = 120°$ 时割刀的位移 s、速度 v 和加速度 a。

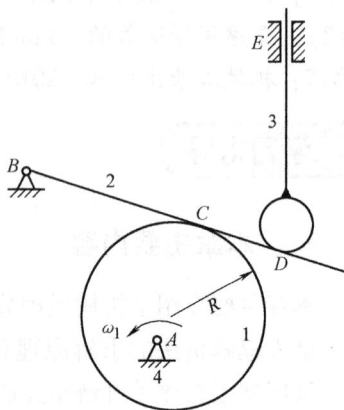

图 1-2-27 习题 1.2.2 图

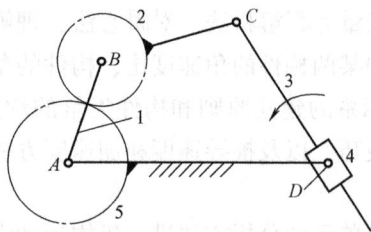

图 1-2-28 习题 1.2.3 图

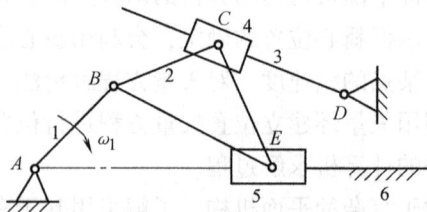

图 1-2-29 习题 1.2.4 图

1.2.6 图 1-2-31 所示为一自卸车的车厢翻转机构，已知各构件的尺寸及液压缸活塞的相对移动速度 v_{21} = 常数，试用解析法求图示位置时车厢 3 的倾转角速度 ω_3。

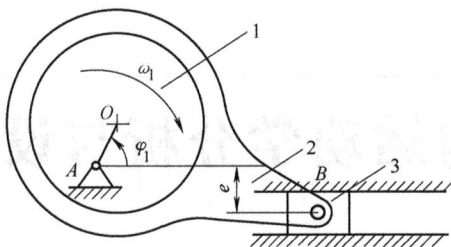

图 1-2-30 习题 1.2.5 图

1—偏心轮 2—连杆 3—割刀

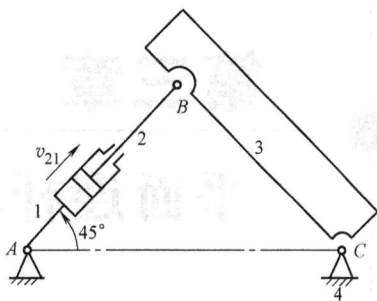

图 1-2-31 习题 1.2.6 图

1.2.7 图 1-2-32 所示的铰链四杆机构为一电扇摇头机构，电扇装在构件 1 上，构件 2 由装在构件 1 上的电动机经蜗杆蜗轮机构驱动，其绕点 B 转动的角速度为 ω_{21} = 5rad/s，已知 l_{AB} = 600mm，l_{BC} = 200mm，l_{CD} = 500mm，l_{AD} = 800mm，试用解析法求 φ_1 = 45°时的角速度 ω_1 和 ω_3 及角加速度 α_1 和 α_3。

1.2.8 图 1-2-33 所示的铰链四杆机构的安装形式 ABCD，可用作手扶式水稻插秧机秧苗栽植的分插机构。已知各构件尺寸为：l_1 = 33mm，l_2 = 72mm，l_3 = 82.5 mm，l_{BP} = 180mm，CB 与 BP 逆时针所夹的角度为 206°，铰链点 D 相对于铰链点 A 的坐标为（15，−80），曲柄转速 n = 60r/min，试用解析法确定分插机构秧爪尖（即连杆 2 外伸末端 P 点）的轨迹、速度 v_P、加速度 a_P。

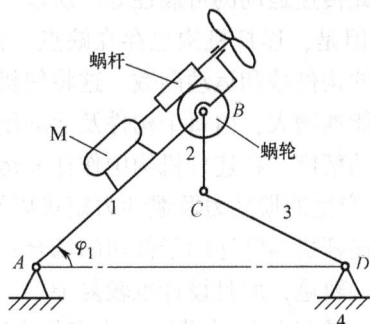

图 1-2-32 习题 1.2.7 图

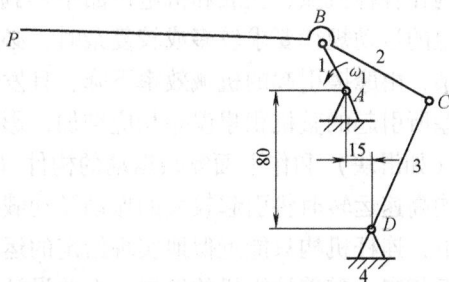

图 1-2-33 习题 1.2.8 图

习题参考答案

1.2.1 略。

1.2.2 $v_3 = v_{P_{13}} = \omega_1 \cdot \overline{P_{13}P_{14}}$（竖直向上）。

1.2.3 $i_{24} = \dfrac{\omega_2}{\omega_4} = \dfrac{\overline{P_{24}P_{45}}}{\overline{P_{24}P_{25}}}$ （ω_2 与 ω_4 反向）。

1.2.4 $\dfrac{\omega_1}{\omega_3} = \dfrac{\overline{P_{13}P_{36}}}{\overline{P_{13}P_{16}}}$ （ω_1 与 ω_3 反向）。

1.2.5 相对 A 点的水平位移 s = 186.487mm，v = 1291.26mm/s，a = 89481.5977mm/s^2。

1.2.6 略。

1.2.7 ω_1 = 2.624rad/s，ω_3 = −1.3923rad/s；α_1 = −10.5845rad/s^2，α_3 = −10.7029rad/s^2。

1.2.8 略。

第三章

平面连杆机构运动学分析与设计

第一节 平面连杆机构的特点及应用

一、平面连杆机构的特点

平面连杆机构是由若干个构件全部由低副（转动副、移动副）联接而成的机构，又称低副机构。低副之间的接触形式为面接触（圆柱面、平面等），所以传动时运动副间的压强小、磨损少、润滑方便，可以承受较大的载荷。低副的接触面几何形状简单，加工方便，易得到较高的制造精度。低副两构件之间的接触是依靠自身的几何形状来保证的，不必像凸轮机构中高副需用弹簧力或重力来保持两构件的接触，因此传递运动的可靠性好。所以平面连杆机构在各种机械、仪表和机电产品中得到广泛应用。但是，连杆机构也存在缺点。例如，当给定的运动规律要求较多或较复杂时，必然需要较多的构件数和运动副数，这将使机构结构复杂，由摩擦引起的机械效率下降，且发生自锁的可能性增大；由每个构件及运动副的制造误差所引起的整机积累误差相应增加，影响机构的运动精度；在连杆机构中作往复运动的构件（如滑块）和作平面复杂运动的构件（如连杆）所产生的惯性力及惯性力矩难以平衡，当机构高速运转时将引起较大的振动及动载荷。因此，连杆机构常适用于低速的场合；一般情况下，连杆机构只能近似地实现给定的运动规律及运动轨迹，而且设计也较复杂。

近年来，随着计算机的发展及有关设计软件的开发，连杆机构的设计方法有很大改善，设计速度和设计精度有很大提高，可同时考虑到运动学和动力学的要求。随着驱动方法从过去单一不可控的传统异步电动机，发展到目前可控的步进电动机或伺服电动机驱动，微电子自控技术已逐步走向成熟，因此多自由度机构的设计方法已成为可能。多自由度机构中的五连杆机构是最基本的多自由度机构，有关内容将在本章中加以论述。多自由度连杆机构的引入，使连杆机构的结构和设计方法得以简化，并扩大了使用范围。

运动副的高副低代可将高副机构转化为连杆机构，从这种意义上讲，它几乎包含了机构学的各种机构。但因它们多数只能作瞬时替代，故不能简单地用连杆机构来代替各种机构。

在平面连杆机构中，平面四杆机构是结构最简单、应用最广泛的一种单自由度机构。其它单自由度多杆机构都可以视为在其基础上扩充杆组实现的。下面先研究单自由度的平面四连杆机构，再研究二自由度的五连杆机构，研究其类型、特性和基本设计方法，研究其设计与控制之间的相互联系及分工。

开式链机器人机构及闭式链并联机构多数属于空间连杆机构范畴，该内容将在第十章中加以介绍。

二、平面连杆机构的应用

平面连杆机构，因其自身的特点被广泛应用于各种机械、仪表及各种机电产品中。例如，内燃机的主体机构、汽车的操纵机构、刮水器机构、缝纫机的脚踏驱动机构、自动包装机的包装机构、港口码头的鹤式起重运输的主体机构、仪表的指示机构、生活中常见的折叠椅，以及可倾倒理发椅、折叠伞、门窗启闭机构等，都可以见到各种连杆机构的应用实例。图1-3-1所示为电影放映机的抓片机构，它是利用四连杆机构的特殊尺寸，将构件1的连续转动转换成构件3的往复摆动，使连杆2上的M点走出近似的D形轨迹，并保证抓片爪能以接近垂直于胶片孔面的姿态插入胶片孔中，然后平稳地沿着直线轨迹M_1M_2拉动胶片，最后再以接近垂直于胶片孔面的姿态退出齿孔，以防止损坏胶片齿孔。如此往复运动，实现胶片的间歇拉动，以保证有一定视觉残留的

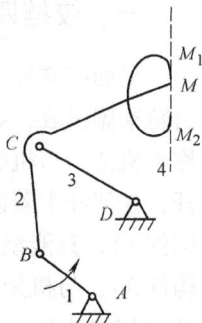

图1-3-1 电影放映机的抓片机构

要求。图1-3-2所示为汽车车窗刮水器机构，当原动件AB连续转动时，摇杆CD在左右极限位置C_2D、C_1D之间来回摆动，实现刮去汽车风窗玻璃上雨水的目的。图1-3-3所示为折叠伞机构中并行的某一分支，当滑块1向下运动时，可将伞面支撑杆7收拢并折叠起来。反之当滑块1向上运动时，可将伞面支撑杆7撑开。

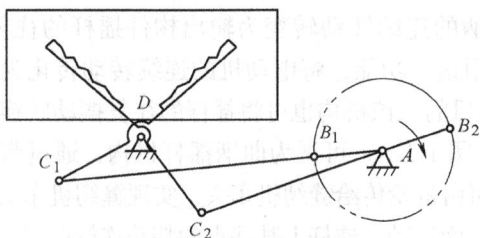

图1-3-2 汽车车窗刮水器机构

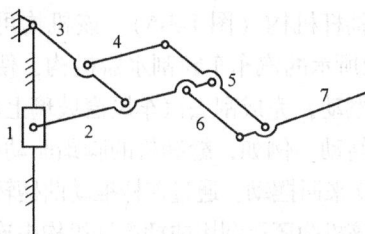

图1-3-3 折叠伞机构

图1-3-4a所示为可倾倒理发椅机构，它由操纵臂$A_0'A'$杆驱动，该机构由靠背连杆机构B_0BAA_0及搁脚板连杆机构$A_0'A'B'B_0'$组成，其中$A_0'A'$与B_0B为同一构件，使上述两个四连杆机构可相互联动。图中B_0与A_0'为同一点。图1-3-4b所示为其机构简图。

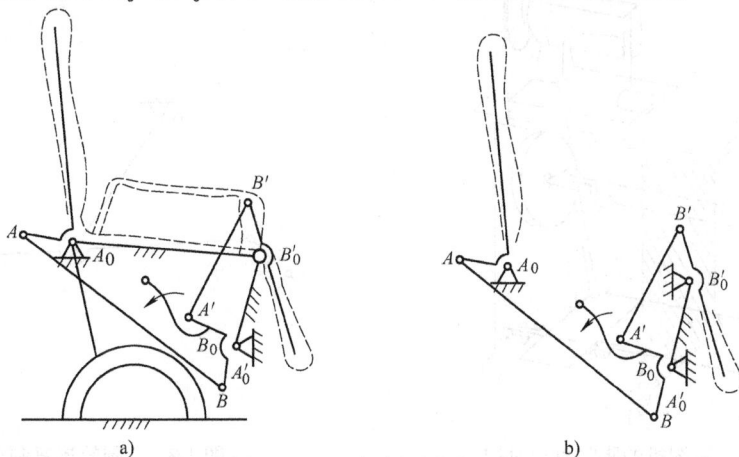

a)

b)

图1-3-4 可倾倒理发椅机构

第二节 平面四连杆机构基本类型及应用

一、铰链四杆机构基本类型及应用

平面四连杆机构的形式很多，其最基本的形式为铰链四杆机构。该机构的四个运动副都由转动副组成，如图 1-3-5 所示。该四杆机构的固定构件 4 称为机架；与机架用转动副直接相连的构件 1 和 3 称为连架杆，连架杆中若能绕机架作整周转动的构件称为曲柄（如构件 1），只能绕机架作小于 360°摆动的构件称为摇杆（如构件 3）；与机架不直接相连，连接两连架杆的构件称为连杆（如构件 2）。

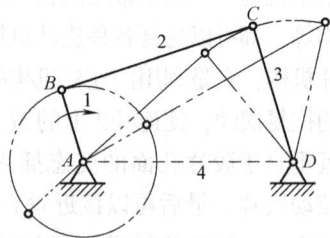

图 1-3-5 铰链四杆机构——曲柄摇杆机构

对于铰链四杆机构，按两连架杆是曲柄还是摇杆，可将其分为曲柄摇杆机构、双曲柄机构、双摇杆机构三种基本类型。

（一）曲柄摇杆机构

在铰链四杆机构中，若两连架杆中的一个连架杆是曲柄，另一连架杆是摇杆，则称该机构为曲柄摇杆机构（图 1-3-5）。该机构可将曲柄的连续转动转变为输出构件摇杆的往复摆动。图 1-3-2所示的汽车车窗刮水器机构，便是利用这一功能，将电动机的连续转动转化为刮水器的往复摆动，完成刮去汽车风窗玻璃上雨水的目的。该机构也可将摇杆的往复摆动转换为曲柄的连续转动。例如，缝纫机的脚踏驱动机构（图 1-3-6）可视为曲柄摇杆机构，通过脚踩驱动摇杆 CD 来回摆动，通过连杆推动曲柄转动，再由带轮传给缝纫机车头，实现缝纫机车头的连续转动。该机构还可利用曲柄摇杆机构中连杆作平面运动，连杆上某些点的特殊连杆曲线，实现所需的连杆轨迹曲线要求。图 1-3-1 所示的电影放映机的抓片机构，即利用连杆曲线走出所需的 D 形轨迹。又如图 1-3-7 所示的圆轨迹复制机构，当构件的尺寸满足关系：$DC = BC = CM$，$AB = 0.136CB$，$AD = 1.41CB$，AB 构件作顺时针转动时，连杆上 M 点沿逆时针作近似圆周运动。

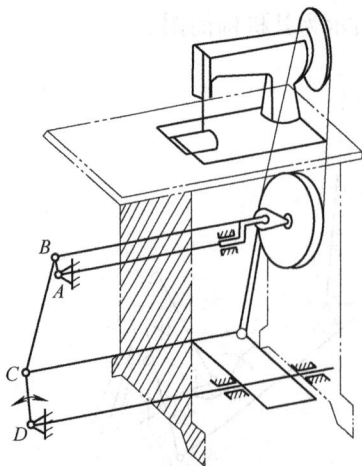

图 1-3-6 缝纫机的脚踏驱动机构

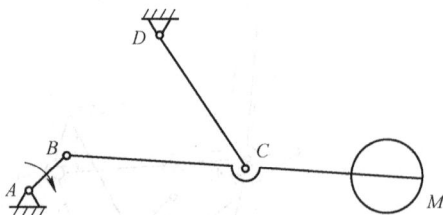

图 1-3-7 圆轨迹复制机构

（二）双曲柄机构

在铰链四杆机构中，若两个连架杆都是曲柄，则称该机构为双曲柄机构，如图 1-3-8 所示。这类双曲柄机构的运动特点是当原动件曲柄 1 等速转动一周时，从动曲柄 3 可以相同转向变速转动一周。

图 1-3-9 所示为一惯性筛子机构，它是一个六杆机构，其中四杆机构 ABCD 是双曲柄机构。当原动曲柄 1 等速转动时，从动曲柄 3 作变速转动，通过连杆 5 带动滑块 6（即惯性筛子）作变速往复移动，这样可使筛子得到所需的加速度，利用加速度所产生的惯性力使颗粒物料在筛子上运动而达到筛分的目的。

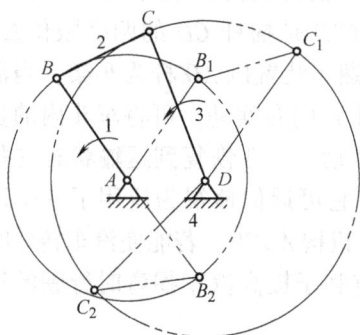

图 1-3-8　双曲柄机构

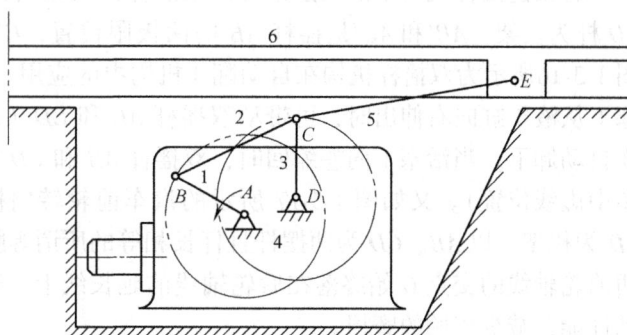

图 1-3-9　惯性筛子机构

在双曲柄机构中，若相对两杆平行且相等（图 1-3-10），则称其为平行四边形机构。这类机构的运动特点是两曲柄以相同角速度同向转动，而连杆作平移运动，这一特点在机车车轮联动机构（图 1-3-11）和摄影升降机构（图 1-3-12）中得到广泛应用。当平行四边形机构以较长的杆作为机架，且原动曲柄转到与机架共线的时候，尽管原动曲柄的转向与转速恒定不变，但从动曲柄会出现运动不确定的现象，如图 1-3-13 所示。当曲柄 AB 顺时针方向转到与 AD 共线 AB_1 位置时，这时 B_1C_1、C_1D 均与 AD 共线，该位置为机构运动不确定位置。进一步转动曲柄 AB 到 AB_2 位置时，从动曲柄 CD 有两个可能位置 C_2D 与 $C_2'D$ 与之对应，这样就使机构运动不确定。为了避免这种现象的发生，可以在机构中安装一个飞轮，借助其转动的惯性，使从动曲柄保持转向不变，也可以采用如图 1-3-11 所示，增加与 AB 杆长相同且平行的虚约束二副杆 EF，或者采用图 1-3-14 所示的结构，使两组相同机构错位排列，以达到相同的效果。

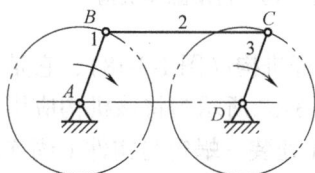

图 1-3-10　平行四边形机构

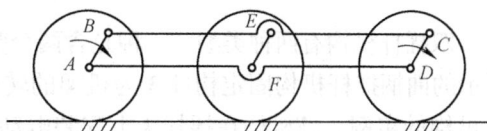

图 1-3-11　车轮联动机构

在图 1-3-13 中，当机构处于 $AB_2C_2'D$ 位置时，$AB_2 = C_2'D$，$B_2C_2' = AD$，但 B_2C_2' 与 AD 并不平行，这样的机构称反接平行四边形机构。这种机构常用在车门启闭机构、平板拖车转向机构以及机床的专用夹具中。

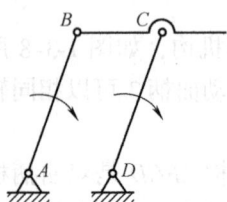

图 1-3-12 摄影升降机构　　　　图 1-3-13 机构运动不确定　　　　图 1-3-14 两组相同机构错位排列

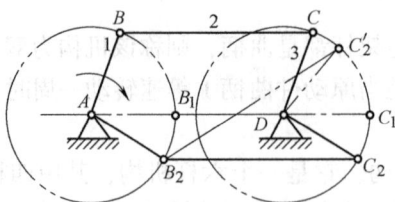

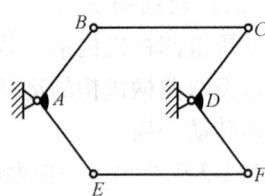

（三）双摇杆机构

若铰链四杆机构中的两连架杆都是摇杆，则称该机构为双摇杆机构，如图 1-3-15 所示。AD 杆为机架，AB' 和 AB'' 是摇杆 AB 的两极限位置，$C'D$ 和 $C''D$ 是摇杆 CD 的两极限位置。图 1-3-16 所示为双摇杆机构在自动翻斗机构中的应用。自动翻斗装置以 AD 杆为车架，当活塞 1 从液压缸向右伸出时，可带动双摇杆 AB 和 CD（即翻斗）向右摆动，可将车斗内的货物自动卸下。当活塞 1 向左缩回时，双摇杆 AB 和 CD 向左摆动，车斗恢复到运输状态（如图中虚线位置）。又如图 1-3-17 所示的汽车前轮转向机构，它可近似地视为应用了一个以 AD 为机架，以 AB、CD 为两摆杆且杆长相等的所谓等腰梯形机构 $ABCD$。若能使汽车转弯时两前轮轴线的交点 O 始终落在后轮轴线的延长线上，这将有利于提高汽车拐弯时行驶的运动性能，减少车胎的磨损。

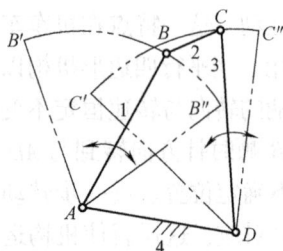

图 1-3-15 双摇杆机构　　　　　　　图 1-3-16 自动翻斗机构

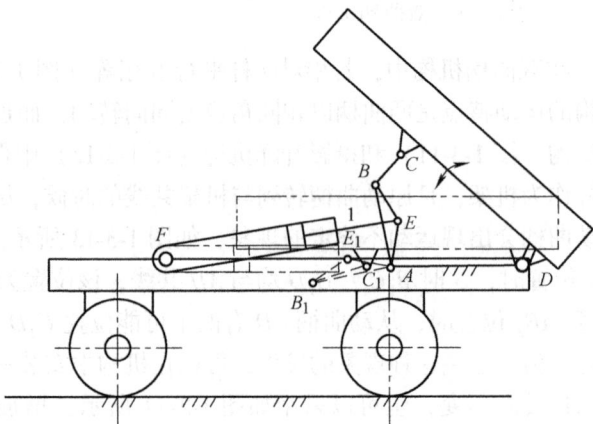

双摇杆机构有两种类型：一种是含两个整转副的双摇杆机构（图 1-3-18），它是由图 1-3-5 所示的曲柄摇杆机构固定构件 3 为机架的转化机构。图 1-3-18 所示为将该机构应用于电扇摇头机构的实例。该机构在摇杆 4 上安装电动机，转动副 A 处装一蜗轮与构件 1 固连，蜗轮与装在电动机轴上的蜗杆相啮合。电动机转动时，蜗杆和蜗轮相啮合，使连杆 1 和摇杆 4 及 2 作整周相对转动，从而使两连架杆 2 和 4 实现往复摆动，达到风扇摇头的目的。双摇杆机构的另一种类型属四个转动副均只能作摆动运动的铰链四杆机构，这种双摇杆机构，不论固定哪一构件作为机架，均为双摇杆机构，以上内容在下面论述的四杆机构演化中还将会讨论到。

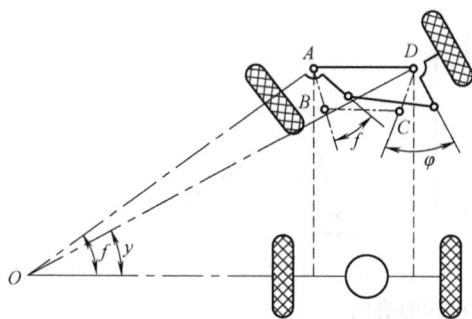

图 1-3-17　汽车前轮转向机构

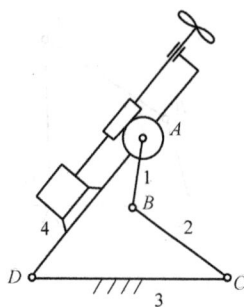

图 1-3-18　电扇摇头机构

二、铰链四杆机构的演化及其应用

在工程实践中，由于各种需要，所设计的各种四杆机构其种类、外形和构造往往很不相同。有的外形不同但运动特性相同，有的又各具不同的运动特性。下面从研究铰链四杆机构出发，讨论这些不同种类、外形和构造的四杆机构其内在的联系、演化的方法及其在工程中实际应用的情况。

（一）扩大转动副

在图 1-3-19 所示的曲柄摇杆机构 ABCD 中，若扩大转动副 B 的尺寸，使其半径大于 AB 的长度，则曲柄 AB 将变成一个几何中心 B 与回转中心 A 不相重合的圆盘，此圆盘称为偏心轮，而 A、B 两点之间的距离称为偏心距（它等于曲柄长度），这种机构称为偏心轮机构。显然，此偏心轮机构与曲柄摇杆机构 ABCD 的运动特性完全相同，但它可以解决在很短的曲柄两端装设两个转动副而引起结构设计上的困难。用偏心轮代替曲柄还可使运动副具有更高的承载能力。因此，在一些载荷很大而行程很小的场合，如颚式破碎机（图 1-3-20）、压力机、剪床、锻压机等机械中，经常使用偏心轮机构。

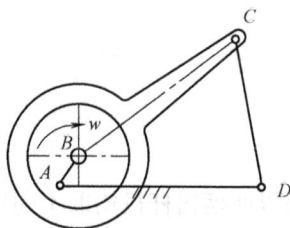

图 1-3-19　曲柄摇杆机构

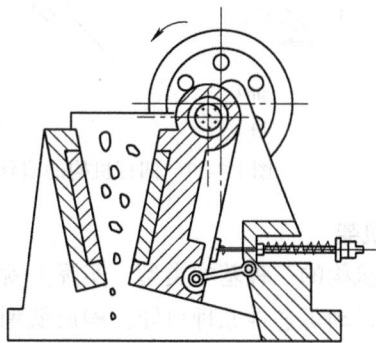

图 1-3-20　颚式破碎机

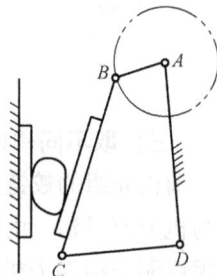

（二）转动副转化成移动副

若将图 1-3-21a 所示的曲柄摇杆机构的转动副 D 的回转中心移到无穷远处，则 C 点的轨迹将变成绕无穷远处的一点 D 的转动即移动，此时转动副 D 实际上就变成了移动副

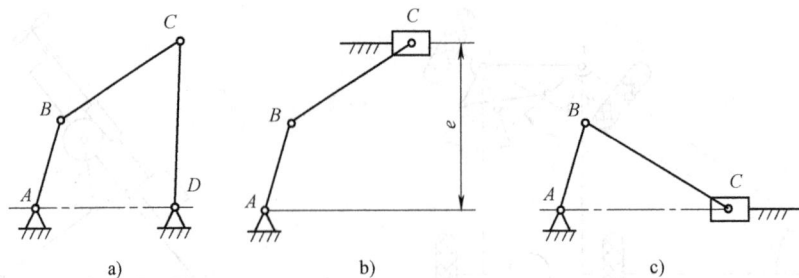

图1-3-21 四杆机构的演化

（图1-3-21b），原机构就演变为含有一个移动副的机构，称为曲柄滑块机构。若过转动中心 C 所作滑块移动的导路偏移了曲柄的转动中心 A，即图中 $e>0$，则称为偏心的曲柄滑块机构，否则若 $e=0$（图1-3-21c），则称为对心的曲柄滑块机构。此类机构在冲压机床（图1-3-22）、内燃机、蒸汽机、矿山用铰车及各种气动机器中均有应用。

若将铰链四杆机构中 B 处和 D 处的运动副或 C 处和 D 处的运动副分别改变为移动副，则可以分别得到正切机构（图1-3-23a）、正弦机构（图1-3-23b）。若将 B、C 处或 A、D 处的运动副分别改为移动副，则可分别得到双转块机构（图1-3-23c）和双滑块机构

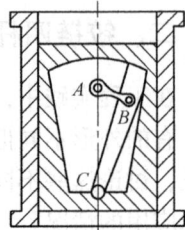

图1-3-22 冲压机床

（图1-3-23d）。它们可分别用作解算装置，如图1-3-23a可作正切运算，图1-3-23b可作正、余弦运算；另外，图1-3-23c可用作十字沟槽联轴器，图1-3-23d可用于绘制椭圆曲线用仪器。

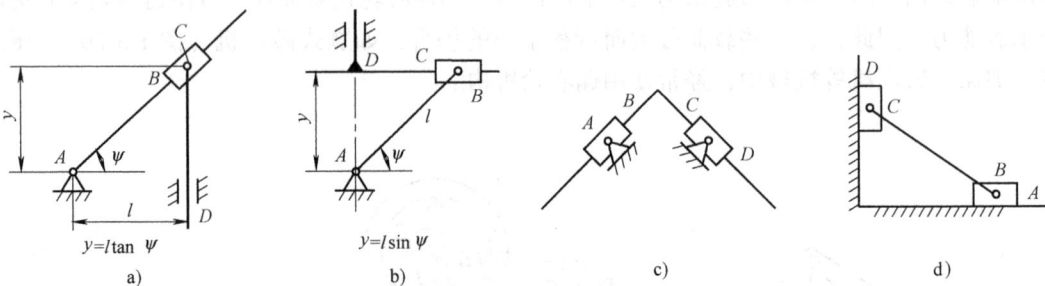

图1-3-23 四杆机构的演化

（三）取不同构件为机架

前面介绍的铰链四杆机构的三种基本类型，实际上就可看作是以曲柄摇杆机构取不同构件为机架而得到。由低副运动可逆性原理可知，构成低副的两构件，它们之间的相对运动不会因以哪个构件为机架而改变。图1-3-24a、b是构件1和2构成转动副。图1-3-24a所示为以构件1为机架，构件2上任一点 A 相对于构件1的运动轨迹是以铰链中心为圆心的圆；图1-3-24b所示为以构件2为机架，构件1上的任一点 A 相对于构件2的运动轨迹也是以铰链中心为圆心的圆。高副则不具备这样的特性。图1-3-24c、d中构件1和2作相对纯滚动，若以构件1为机架，则构件2上 A 点的轨迹为摆线，而以构件2为机架，构件1上 A 点的轨迹为渐开线。对于图1-3-25所示的曲柄摇杆机构，φ、β、δ 及 ψ 分别为相邻两杆之间的夹角，

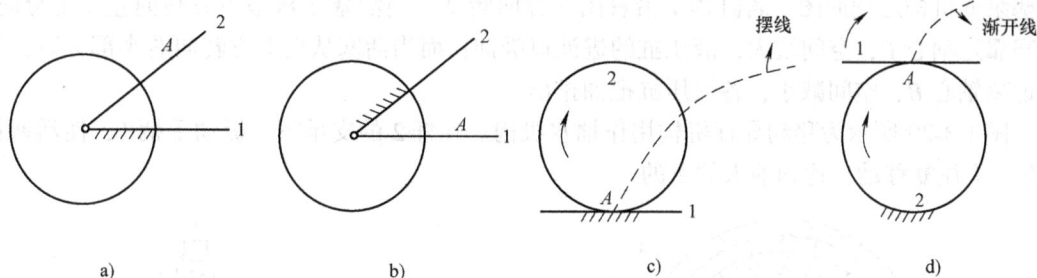

图 1-3-24 低副运动可逆性

φ 和 β 的变化范围为 $0° \sim 360°$，而 δ 和 ψ 的变化范围小于 $360°$，所以构件 1 相对于构件 2 和 4 都能作整周转动，而构件 3 相对于构件 2 和 4 仅能作小于 $360°$ 的摆动。因此，取构件 2 或 4 为机架时得曲柄摇杆机构，取构件 1 为机架时得双曲柄机构，而取构件 3 为机架时得双摇杆机构。

对于曲柄滑块机构，如果取不同构件为机架，则得到图 1-3-26 所示的各种机构。其中图 1-3-26a 为曲柄滑块机构；图 1-3-26b 为曲柄摇块机构；图 1-3-26c 中，若 $BC \geq AB$，该图为转动导杆机构，若 $BC < AB$，该图为摆动导杆机构；图 1-3-26d 为移动导杆机构。

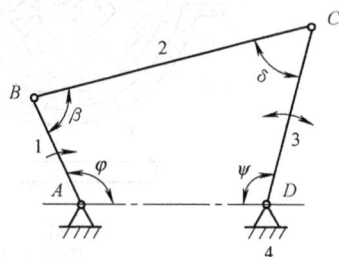

图 1-3-25 曲柄摇杆机构

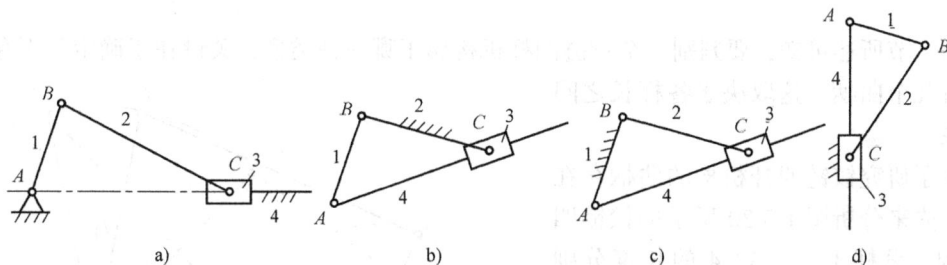

图 1-3-26 曲柄滑块机构取不同构件为机架的各种机构

对于曲柄滑块机构的应用，前面已经介绍过。图 1-3-27 所示为曲柄摇块机构在汽车车厢自动卸料机构中的应用。杆 1 为车厢架，可绕车架 2 的 B 点转动，杆 4 为活塞杆（即导杆），液压缸 3 可绕车架 2 上的 C 点转动，当液压缸内的压力推动活塞杆 4 运动时，在活塞杆 4 的推动下，杆 1 绕 B 点转动，当转动达一定角度时，货物便可自动卸下。

图 1-3-28a 所示为转动导杆机构用作活塞泵。主动轴带动缸体 1 和活塞 2 绕轴心 B 转动，轴心 A 和 B 之间的距离为 e，各液压缸的轴线均通过传动轴轴心 B，在活塞杆 3 上装有活动的滚子 5，它在圆盘 6 的圆槽内滚动，圆槽的半径为 R，轴心为 A，滚子中心 C 沿着圆盘 6 的圆槽滚动时，长度 AC 可视为高副低代后的杆长（图 1-3-28b 中构件 7 的长），其值为半径，故为定值。图 1-3-28b 所示为

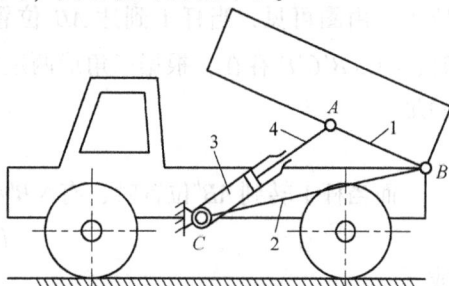

图 1-3-27 自动卸料机构

活塞泵的机构运动简图。若缸体1沿着图示方向转动，当活塞2从最下方转向左半部分时，活塞靠近轴心B，空间增大，液压缸的进油口吸油；而当活塞从最上方转向右半部分时，活塞远离轴心B，空间减小，各液压缸把油排出。

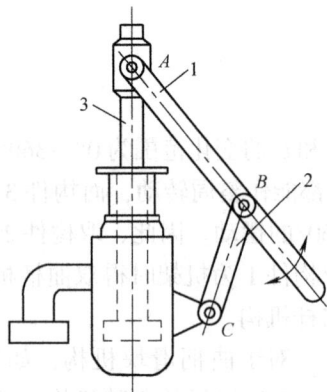

图1-3-29所示为移动导杆机构用作抽水机构。在杆2的支承下，扳动手柄1，使活塞杆3作上下往复移动，达到抽水的目的。

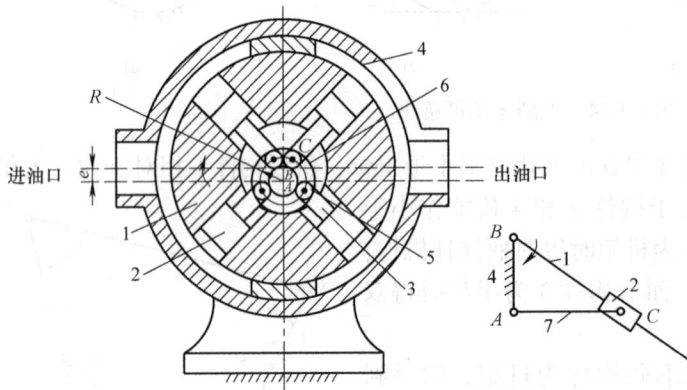

<table>
<tr><td>图1-3-28　活塞泵</td><td>图1-3-29　抽水机构</td></tr>
</table>

第三节　平面四杆机构的曲柄存在条件

由上节所述可知，要判别一个铰链四杆机构属于哪一种类型，关键在于确定是否存在曲柄和有几个曲柄。这取决于各杆长之间的关系。

为了研究铰链四杆机构的曲柄存在条件，先来分析图1-3-30所示的铰链四杆机构。设杆1、2、3、4的长度分别为l_1、l_2、l_3、l_4，且$l_1 < l_4$。若杆1相对于杆4能作整周转动，那么杆1应能与杆4拉直共线（即AB处于AB'位置）和与杆4重叠共线（即AB处于AB''位置），对应的杆3分别处于$C'D$和$C''D$位置。由图可见，当杆1到达AB'位置

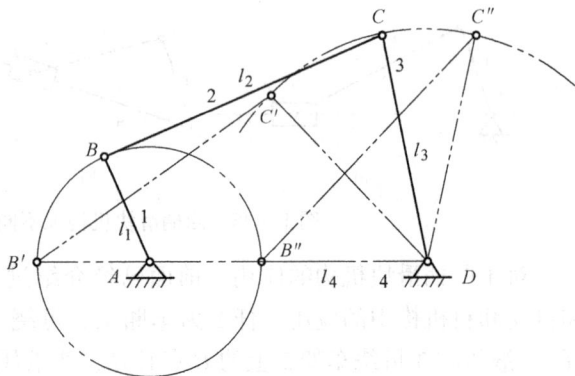

图1-3-30　铰链四杆机构

时，有$\triangle B'C'D$存在，根据三角形两边之和大于或等于第三边这一关系可得，各杆的长度应满足

$$l_1 + l_4 \leqslant l_2 + l_3 \tag{1-3-1}$$

而当杆1转到AB''位置时，有$\triangle B''C''D$存在，同样可得

$$l_2 \leqslant (l_4 - l_1) + l_3$$

或

$$l_3 \leqslant (l_4 - l_1) + l_2$$

将上述两式转化如下

$$l_1 + l_2 \leqslant l_3 + l_4 \qquad (1\text{-}3\text{-}2)$$

$$l_1 + l_3 \leqslant l_2 + l_4 \qquad (1\text{-}3\text{-}3)$$

将式（1-3-1）~式（1-3-3）分别两两相加，则得

$$l_1 \leqslant l_2 \qquad (1\text{-}3\text{-}4)$$

$$l_1 \leqslant l_3 \qquad (1\text{-}3\text{-}5)$$

$$l_1 \leqslant l_4 \qquad (1\text{-}3\text{-}6)$$

特殊情况下，当杆1、4拉直共线时，杆2、3也共线，则式（1-3-1）成为等式；若当杆1、4重叠共线时，杆2、3也共线，则式（1-3-2）或式（1-3-3）成为等式。

由式（1-3-1）~式（1-3-3）可知，若杆1相对于杆4能作整周转动，则杆1与其他任一杆的长度之和均小于或等于其他两杆长度之和，由此可推得杆1与最长杆的长度之和小于或等于其他两杆长度之和。由式（1-3-4）~式（1-3-6）可得，杆1为最短杆。如果分析其他相邻杆能作整周转动的条件，用同样的方法可得到类似的结论。因此，铰链四杆机构中相邻两杆能作整周转动的条件为：

1）两杆中必定有一构件是最短构件。

2）最短杆与最长杆的长度之和小于或等于其他两杆长度之和，其他两杆用 $l_{\text{余}1}$、$l_{\text{余}2}$ 表示，可简单表示为

$$l_{\min} + l_{\max} \leqslant l_{\text{余}1} + l_{\text{余}2}$$

以上条件只是铰链四杆机构曲柄存在的必要条件，但不是充分条件。表1-3-1所列为铰链四杆机构的类型及其判别条件。

表1-3-1　铰链四杆机构的类型及其判别条件

机架 ＼ 类型 ＼ 判别条件	$l_{\min} + l_{\max} \leqslant l_{\text{余}1} + l_{\text{余}2}$	$l_{\min} + l_{\max} > l_{\text{余}1} + l_{\text{余}2}$
最短杆	双曲柄机构	
最短杆的邻杆	曲柄摇杆机构	双摇杆机构
最短杆的对面杆	双摇杆机构	

对于其他类型的四杆机构，如曲柄滑块机构、转动导杆机构等，也可用同样的分析方法来得到各自的曲柄存在条件。

例1-3-1　图1-3-31所示的铰链四杆机构中，已知 $l_1 = 50$，$l_2 = 120$，$l_3 = 90$（单位 mm），试讨论机架 l_4 在何范围内得：1）双曲柄机构；2）曲柄摇杆机构；3）双摇杆机构。

解　1）由双曲柄机构的判别条件，得 l_4 为最短且 $l_4 + l_2 \leqslant l_1 + l_3$
即

$$\begin{cases} 0 < l_4 \leqslant 50 \\ l_4 + 120 \leqslant 50 + 90 \end{cases}$$

由此可解得欲使该机构成为双曲柄机构，机架 l_4 的取值范围为

$$0 < l_4 \leqslant 20$$

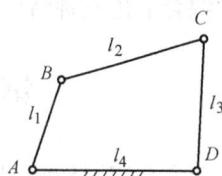

图1-3-31　铰链四杆机构

2）由曲柄摇杆机构的判别条件，得：l_4 为最短杆的邻杆，且满足 $l_{min} + l_{max} \leqslant l_{余1} + l_{余2}$，此时的最长杆有两种可能：$l_2$ 最长或 l_4 最长。

当 l_2 最长时，得

$$\begin{cases} 50 \leqslant l_4 \leqslant 120 \\ 50 + 120 \leqslant 90 + l_4 \end{cases}$$

解得

$$80 \leqslant l_4 \leqslant 120$$

当 l_4 最长时，得

$$\begin{cases} 120 \leqslant l_4 < 50 + 120 + 90 \\ 50 + l_4 \leqslant 120 + 90 \end{cases}$$

解得

$$120 \leqslant l_4 \leqslant 160$$

综合上述两种情形，得 $80 \leqslant l_4 \leqslant 160$ 时都可得曲柄摇杆机构。

3）由双摇杆机构的判别条件，得

满足 $l_{min} + l_{max} \leqslant l_{余1} + l_{余2}$ 且以 l_{min} 的对面杆为机架，按本题要求，这一情况不存在。

满足 $l_{min} + l_{max} > l_{余1} + l_{余2}$，对此又有三种可能：

当 l_4 最短时，得

$$\begin{cases} 0 < l_4 \leqslant 50 \\ l_4 + 120 > 50 + 90 \end{cases}$$

解得

$$20 < l_4 \leqslant 50$$

当 l_4 最长时，得

$$\begin{cases} 120 \leqslant l_4 < 50 + 120 + 90 \\ 50 + l_4 > 120 + 90 \end{cases}$$

解得

$$160 < l_4 < 260$$

当 l_4 既非最短也非最长时，得

$$\begin{cases} 50 \leqslant l_4 \leqslant 120 \\ 50 + 120 > 90 + l_4 \end{cases}$$

解得

$$50 \leqslant l_4 < 80$$

综合上述三种情形，得 $20 < l_4 < 80$ 或 $160 < l_4 < 260$ 时都可得双摇杆机构。

第四节　平面四杆机构的一些基本特性

前文介绍了铰链四杆机构的类型、演化及其曲柄存在条件，这些可作为机构设计时选型的基础。在学习平面四杆机构的设计内容和方法之前，还需对它的一些基本特性加以了解。

一、平面四杆机构的急回特性及其在工程实际中的应用

图 1-3-32 所示为一曲柄摇杆机构，设曲柄 AB 为原动件，摇杆 CD 为输出构件。曲柄 AB 在转动一周的过程中，有两次与连杆 BC 共线。第一次在图示 AB_1C_1 位置，此时 AB_1 与 B_1C 重叠共线，摇杆 C_1D 处于左极限位置；第二次在图示 AB_2C_2 位置，此时 AB_2 和 B_2C_2 拉直共线，摇杆 C_2D 处于右极限位置。摇杆在两极限位置之间的夹角 ψ 称为摇杆的摆角。

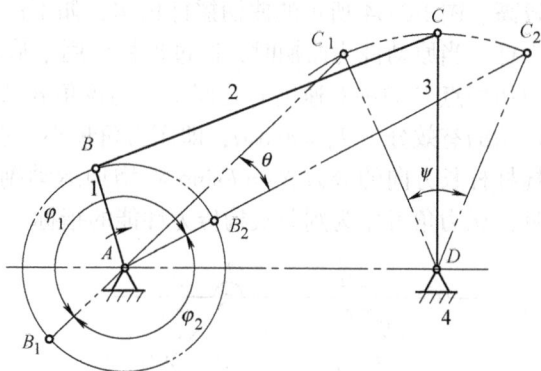

图 1-3-32　曲柄摇杆机构

当曲柄 AB 自 AB_1 顺时针转过角 φ_1 到达 AB_2 位置时，摇杆自左极限位置 C_1D 摆到右极限位置 C_2D，设其所需时间为 t_1，点 C 的平均速度为 v_1；当曲柄继续自 AB_2 到达 AB_1 位置时，摇杆自 C_2D 摆回 C_1D，设其所需时间为 t_2，点 C 的平均速度为 v_2。由于摇杆往复摆动的摆角相同，都为 ψ，但相应的曲柄转角却不等，如图示 $\varphi_1 > \varphi_2$，而曲柄又是等角速度转动，所以有 $t_1 > t_2$，$v_2 > v_1$。因此，当曲柄等角速转动时，摇杆来回摆动的平均速度是不同的，如果把摇杆摆动速度慢的阶段称为工作行程，则摇杆摆动速度快的阶段称为回程，显然摇杆回程的平均速度要大于摇杆工作行程的平均速度，人们把曲柄摇杆机构具有的这种特性称为机构的急回特性。

机构急回特性的相对程度，用行程速比系数 K 来表示，并定义

$$K = \frac{v_2}{v_1} = \frac{\text{从动件快行程平均速度}}{\text{从动件慢行程平均速度}}$$

根据以上所述可得

$$K = \frac{v_2}{v_1} = \frac{\overparen{C_1C_2}/t_2}{\overparen{C_1C_2}/t_1} = \frac{t_1}{t_2} = \frac{\varphi_1}{\varphi_2} = \frac{180° + \theta}{180° - \theta} \tag{1-3-7}$$

或

$$\theta = 180° \frac{K-1}{K+1} \tag{1-3-8}$$

式中，θ 称为极位夹角，它是指当摇杆处于两极限位置时，曲柄相应的两位置之间所夹的锐角。

式（1-3-7）表明，极位夹角越大，K 值也越大，急回运动就越显著。当 $\theta = 0°$ 时，$K = 1$，机构将无急回特性。因为 $0° \leqslant \theta \leqslant 90°$，所以 $1 \leqslant K \leqslant 3$，在实际应用中，一般取 $K \leqslant 2$。

由上述可知，判定一个机构是否具有急回特性，关键在于找出极位夹角 θ，只要 $\theta \neq 0°$，K 就一定大于1，机构就具有急回特性。除了曲柄摇杆机构具有此特性外，四杆机构的其他类型如偏心的曲柄滑块机构、摆动导杆机构等都具有此特性。

机构的急回特性在许多机器上都有应用，如牛头刨床（图 1-3-33）就是利用急回特性来缩短非生产时间，提高生产率的。

二、四杆机构的压力角 α 和传动角 γ

在生产中,不仅要求连杆机构能实现预期的运动规律,而且希望其运转灵活轻便,效率较高。图 1-3-34 所示的曲柄摇杆机构,如不计各杆的质量和运动副中的摩擦,连杆 BC 是二力杆。当原动件为曲柄时,通过连杆作用于从动件摇杆上的力沿 BC 方向,此力的作用线与力作用点 C 的绝对速度 v_C 之间所夹的锐角 α 称为压力角。由图可见,力 F 在 v_C 方向能做有用功的有效分力 $F_t = F\cos\alpha$,即压力角越小,有效分力越大,越容易推动摇杆摆动,而 F 沿摇杆杆长方向的分力 $F_n = F\sin\alpha$ 将增加运动副中的摩擦损耗,故 α 也是越小越好。由此可见,压力角可作为判断机构传力性能的指标。

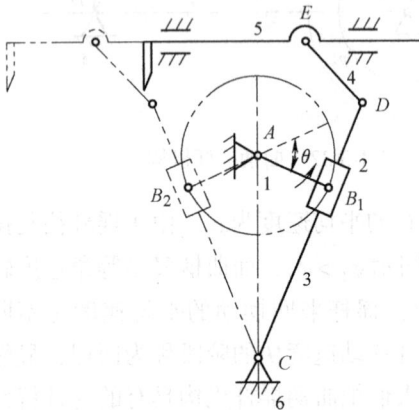

图 1-3-33 牛头刨床机构运动简图

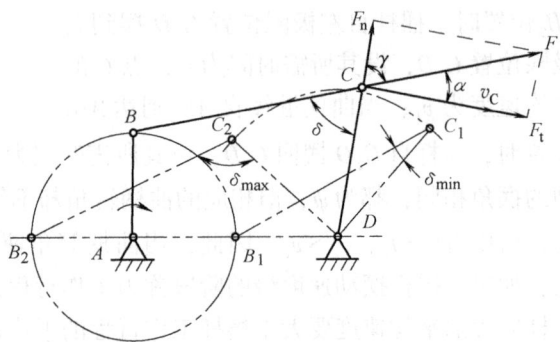

图 1-3-34 曲柄摇杆机构压力角及传动角

压力角的余角 γ 称为传动角。由图可见,当连杆与摇杆的夹角 δ 为锐角时,δ 和 γ 为对顶角,所以 $\delta = \gamma$,因而直接从机构的位置就可以看出 γ 的大小。因 $\alpha + \gamma = 90°$,所以 α 越小,γ 就越大,机构的传力性能就越好;反之,α 越大,γ 就越小,机构的传力性能变差,传动效率降低。

当机构运转时,传动角的大小是变化的。为了保证机构传动良好,必须规定最小传动角的下限。对于一般机械,通常取 $\gamma_{min} \geq 40°$;对于高速及大功率的机械,如颚式破碎机、压力机等,γ_{min} 应取得大些,可取 $\gamma_{min} \geq 50°$;对于功率较小的控制机构和仪表,γ_{min} 也可略小于 $40°$。为此,需确定机构出现最小传动角的位置,只有当机构的最小传动角不小于上述许可值,才能确认机构满足传力性能要求。下面讨论确定机构最小传动角出现的位置。

如图 1-3-34 所示,当连杆与从动件的夹角 δ 为锐角时,$\gamma = \delta$;当 δ 为钝角时,$\gamma = 180° - \delta$。因此,在这两种情况下,出现 δ_{min} 或出现 δ_{max} 的位置即为可能出现 γ_{min} 的位置。在 $\triangle BCD$ 中,BC 和 CD 为定长,根据余弦定理

$$BD^2 = BC^2 + CD^2 - 2\,BC \cdot CD \cdot \cos\delta$$

当 $\delta = \delta_{max}$ 时,$BD = (BD)_{max}$;当 $\delta = \delta_{min}$ 时,$BD = (BD)_{min}$。从图 1-3-34 所示的机构不难看出,当曲柄 AB 与机架 AD 拉直共线即机构处于 AB_2C_2D 时,BD 达到最大;而当曲柄 AB 与机架 AD 重叠共线即机构处于 AB_1C_1D 时,BD 出现最小。比较 $\gamma_1 = \delta_{min}$ 和 $\gamma_2 = 180° - \delta_{max}$ 的大小,较小的 γ 出现的位置即是机构出现最小传动角的位置。

曲柄滑块机构出现最小传动角的位置如图 1-3-35a 所示,而导杆机构的传动角 γ 恒等于

90°，如图 1-3-35b 所示。

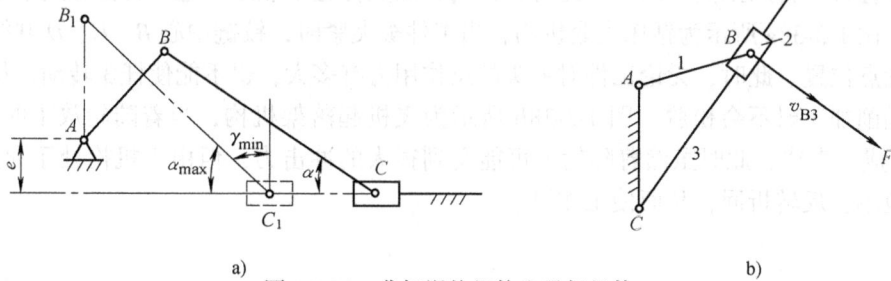

a)   b)

图 1-3-35　曲柄滑块机构和导杆机构

三、死点位置

在图 1-3-36 所示的曲柄摇杆机构中，如果以摇杆 *CD* 为原动件，则当摇杆位于两极限位置时，通过连杆加于曲柄的力 *F* 经过铰链 *A* 的中心，与 v_B 相垂直，所以压力角 $\alpha = 90°$，$\gamma = 0°$，有效分力 $F_t = F\cos 90° = 0$，故而不能推动曲柄转动，从而使整个机构无法运动。这种位置称为死点位置或死点。（注意：死点不是指某个点，而是指整个机构的某个位置。）由此可见，对同一个机构，是否存在死点与主动件的选择有关。例如：上述分析的曲柄摇杆机构，若以摇杆为主动件，机构会出现死点；而以曲柄为主动件时，由于不存在连杆与从动件摇杆共线，也就不存在 $\gamma = 0°$ 的位置，故没有死点。因此，判断平面四杆机构中有无死点位置，可以用判断 γ 是否为 $0°$，即从动连架杆与连杆是否存在共线的方法加以确定。

对传动机构而言，机构存在死点是一个缺陷。如缝纫机的脚踏驱动机构（图 1-3-6），当踏板 *CD* 被踩到极限位置时，可能再也踩不回来，此时只好用手拨机头上的小带轮，相当于对从动件曲柄施加外力以使机构越过死点。另外还可加装飞轮以增大构件的惯性力作用或采用机构的错位排列来使机构顺利地通过死点。例如，缝纫机上的大带轮及装于缝纫机机头的手拨轮，实际上就兼起飞轮的作用，熟练的缝纫工就是依靠它的惯性来克服机构死点的；再如 V 形发动机机构（图 1-3-37），它由两个曲柄滑块机构并联而成，原动件为两个滑块，从动件为一个共同的曲柄，当一个曲柄滑块机构位于死点位置时，另一个曲柄滑块机构不处于死点位置，它就能使曲柄 *AB* 转过该位置，从而使前一个曲柄滑块机构通过死点，这就是采用了机构错位排列的方法。

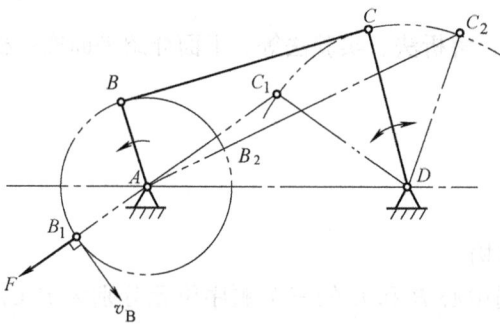

图 1-3-36　曲柄摇杆机构的死点位置

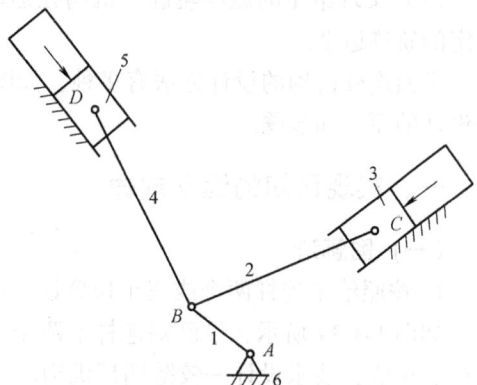

图 1-3-37　V 形发动机机构

死点位置对传动虽然不利，但是可将机构在死点位置不能运动这一特性应用于某些夹具装置上。图 1-3-38a 所示为钻床夹紧机构，当工件被夹紧时，铰链中心 B、C、D 共线，即机构处于死点位置。此时，无论工件对夹头的反作用力有多大，也不能使杆 3 转动，从而保证工件在钻削加工时不会松脱。图 1-3-38b 所示为飞机起落架机构，当着陆轮放下时，杆 BC 与杆 CD 成一直线，此时虽然着陆轮上可能受到很大的冲击力，但由于机构处于死点位置，起落架也不会反转折回，从而使工作可靠。

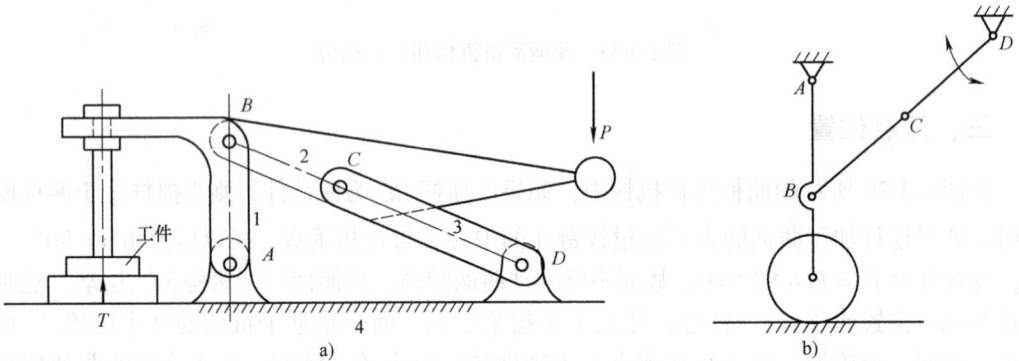

图 1-3-38 机构的死点位置
a）钻床夹紧机构 b）飞机起落架机构

第五节 平面四杆机构的设计

连杆机构的运动设计通常是根据给定机构输出构件的位置或运动要求，选定机构的形式，并确定出机构运动简图的尺寸，如转动副中心间的距离，移动副的移动方向、位置尺寸及描绘连杆曲线的点的位置尺寸等。

平面四杆机构应用很广，形式很多，设计中遇到的实际问题也很多，但归纳起来主要有以下两类设计问题：

（1）实现给定的运动规律或位置要求 在原动件运动规律一定的条件下，要求从动件能够准确或近似地满足给定的运动规律，或者要求连杆或连架杆占据某些给定位置等。

（2）实现给定的运动轨迹 机构在运动过程中，连杆上的某点能够准确或近似地沿着给定的轨迹运动。

平面连杆机构的设计方法有多种，如图解法、解析法、实验法等。下面介绍平面四杆机构设计的原理和步骤。

一、实现已知的运动规律

（一）图解法

1. 按照给定连杆两个或三个位置设计四杆机构

如图 1-3-39 所示，设已知连杆上两个转动副中心 B 和 C 的三个顺序位置分别为 B_1C_1、B_2C_2、B_3C_3，要求设计一铰链四杆机构。

该机构设计的主要问题在于确定固定铰链 A 和 D 的位置。当 A、D 点位置确定后，机构尺寸即可确定。对已知的铰链四杆机构进行分析可知，机构在运动过程中，B 点的轨迹是以 A 为圆心、AB 为半径的圆或圆弧；同样，C 点的轨迹是以 D 为圆心、CD 为半径的圆或圆弧。将这一关系反过来运用，即已知圆弧上的点 B_1、B_2、B_3 和 C_1、C_2、C_3，找其对应的圆心 A 和 D。可以通过中垂线法来找，即连接 B_1B_2、B_2B_3、C_1C_2、C_2C_3，并作它们的中垂线 b_{12}、b_{23}、c_{12}、c_{23}，其中 b_{12} 和 b_{23} 的交点即为固定铰链 A，c_{12} 和 c_{23} 的交点即为固定铰链 D。求得 A、D 后，则 AB_1C_1D 即为所求的铰链四杆机构。

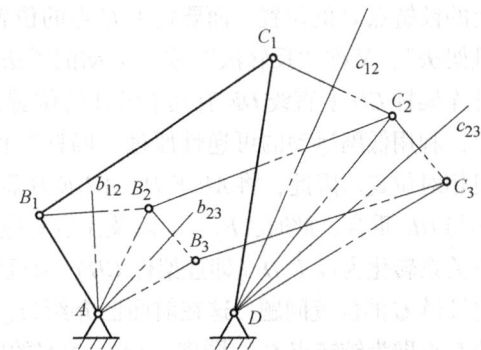

图 1-3-39 按给定连杆位置设计铰链四杆机构

若连杆只占据两个位置，如 B_1C_1 和 B_2C_2，由于对 B_1B_2 只能作一条中垂线 b_{12}，对 C_1C_2 也只能作一条中垂线 c_{12}，因而固定铰链点 A、D 在 b_{12} 和 c_{12} 上有无穷多组解。此时还需根据结构条件或其他辅助条件来确定 A 和 D 的位置。

例1-3-2 图 1-3-40a 所示为公共汽车上用于车门开关的摇杆滑块机构。摆动气缸 1 通过活塞 2 推动摇杆 3 绕轴 A 摆动，再通过连杆 4（车门 BC）使滑块 5 沿固定导路 6 移动。现已知车门关闭和开启时分别占据位置 BC 和 $B'C'$，且 $l_{BC}=250\text{mm}$，偏距 $e=100\text{mm}$，试设计此摇杆滑块机构。

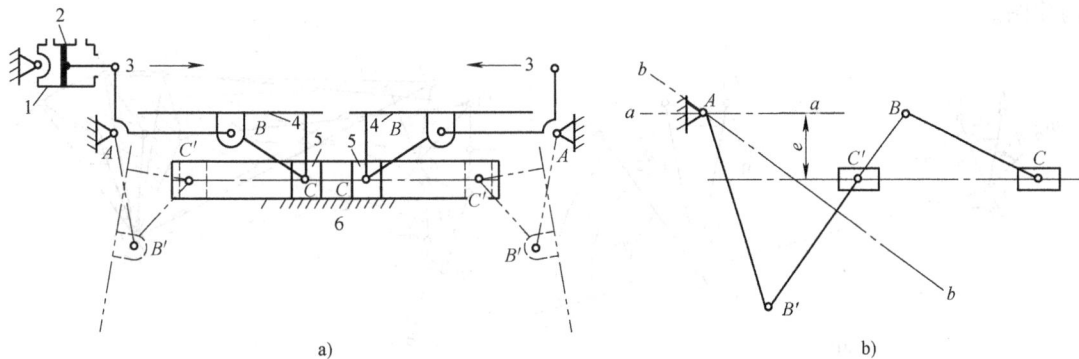

a)

图 1-3-40 汽车门开关的摇杆滑块机构

解 如图 1-3-40b 所示，取长度比例尺 $\mu_1=10\text{mm/mm}$。因为 BC 和 $B'C'$ 位置给定，所以可连接 $C'C$，即滑块的导路已定，按偏距要求作出偏距 e 的方位线 aa。连接 BB' 并作其中垂线 bb 与 aa 线交于 A 点，A 点即为摇杆的固定铰链点。于是 $AB'C'$ 即为所要设计的摇杆滑块机构。由图可得到

$$l_{AB}=AB\mu_1=32\times10\text{mm}=320\text{mm}$$

AB 的长度可直接由图上量得。

2. 按给定连架杆对应位置设计四杆机构

假设已知构件 AB 和机架 AD 的长度，要求机构在运动过程中，连架杆 AB 和另一连架杆 CD 上的某一直线 DE 能占据三组给定的位置 AB_1、AB_2、AB_3 及 DE_1、DE_2、DE_3，如图 1-3-41a 所示，要求设计此机构。

由图 1-3-41a 可知，此铰链四杆机构中铰链 A、B、D 的位置已知，关键要确定位于 DE 杆

上的铰链点 C 的位置。而要找出 C 点的位置,必须使 C 点相对于图面静止。为此采用"转换机架法",又称"反转法"或"运动倒置法"。因为铰链 C 是连杆 BC 与连架杆 CD 的铰接点,且连架杆 CD 上直线 DE 有几个已知的位置,所以可将连架杆 CD 的某一位置如 DE_1 转变为机架,利用低副运动的可逆性原理,四杆机构仍应能实现 AB_1E_1D、AB_2E_2D、AB_3E_3D 这样的三组相对位置。因此,将 AB_2E_2D、AB_3E_3D 看成刚体,并绕回转中心 D 分别将 DE_2、DE_3 都反转到与 DE_1 重合,此时,B_2、B_3 以及 A 点对应落到 B_2'、B_3' 和 A_2'、A_3' 点,从而将两连架杆的位置对应关系转化为以 E_1D(即连架杆 CD)为机架,已知连杆 AB 的三个位置 AB_1、$A_2'B_2'$、$A_3'B_3'$ 来确定铰链 C 的位置问题,这在前面已介绍过。只要连接 B_1B_2'、$B_2'B_3'$,并作其中垂线,两中垂线的交点即为铰链点 C_1;同理,AA_2'、$A_2'A_3'$ 的中垂线必交于铰链点 D。由于铰链 D 是已知的,且为了避免线条过多而引起混淆,不必找出 A_2'、A_3' 的位置,只需将 $\triangle B_2E_2D$ 和 $\triangle B_3E_3D$ 绕 D 回转至 $B_2'E_1D$ 和 $B_3'E_1D$ 位置,从而得到 B_2' 和 B_3' 点即可(图1-3-41b)。具体步骤归纳如下:

1)按给定条件选取长度比例尺 μ_l,作出机架 AD、连架杆 AB 的三个位置 AB_1、AB_2、AB_3 和连架杆 CD 上某一直线 DE 的三个对应位置 DE_1、DE_2、DE_3。

2)取 E_1D 为机架,分别连接 B_2E_2、B_2D、B_3E_3、B_3D 使各自组成 $\triangle B_2E_2D$ 和 $\triangle B_3E_3D$。

3)将 $\triangle B_2E_2D$ 和 $\triangle B_3E_3D$ 分别绕 D 点反转(逆时针)至 $B_2'E_1D$ 和 $B_3'E_1D$(即作 $\triangle B_2'E_1D \cong \triangle B_2E_2D$,$\triangle B_3'E_1D \cong \triangle B_3E_3D$),得出点 B_2' 和 B_3'。

4)连接 B_1B_2' 和 $B_2'B_3'$,并分别作中垂线 NC_1 和 MC_1,两中垂线相交于 C_1 点。

5)点 C_1 即是铰链 C 的位置。AB_1C_1D 即是所要设计的铰链四杆机构在第一位置时的机构简图。

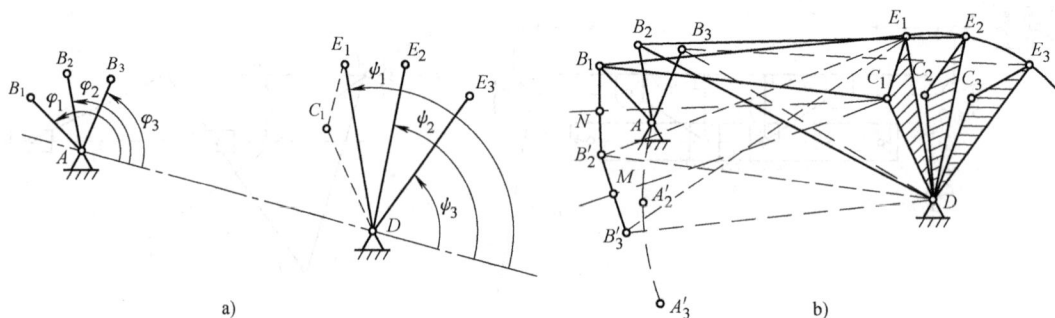

图1-3-41 机构设计中的"转换机架法"

由上述作图过程可知,若按上述给定条件,给定连架杆的三组对应位置,且已给定铰链 A、B、D 的位置,则解是唯一的;若只给定两组对应位置,则有无穷多组解,这时可附加其他条件以获得确定解。

反转法是机械原理中的基本研究方法,它不但在连杆机构设计中有应用,而且在凸轮轮廓设计和轮系传动比设计计算中都有应用,因此必须理解、掌握它的基本思想。

3. 按给定的行程速比系数 K 设计四杆机构

曲柄摇杆机构、偏置的曲柄滑块机构、摆动导杆机构等均具有急回特性。在设计这类机构时,通常按实际需要先给定行程速比系数 K 的数值,然后算出极位夹角 θ,再根据机构在极限位置时的几何关系,结合有关辅助条件来确定机构运动简图的尺寸参数。

1)按给定行程速比系数 K 设计曲柄摇杆机构的分析如下:

假设给定摇杆长度 l_{CD} 及摆角 ψ，试设计曲柄摇杆机构，要求能实现给定的行程速比系数 K。

如图 1-3-42 所示，首先选取长度比例尺 μ_1，再选一点作为固定铰链 D 的位置，按给定摇杆长度 l_{CD} 及摆角 ψ 画出摇杆的两个极限位置 C_1D 及 C_2D。

设计的关键在于确定曲柄的回转中心即铰链 A 的位置。一旦 A 的位置确定，根据机构极限位置所具有的几何关系有

$$\begin{cases} AC_1 = B_1C_1 - AB_1 \\ AC_2 = AB_2 + B_2C_2 \end{cases}$$

又　　$B_1C_1 = B_2C_2 = BC$，$AB_1 = AB_2 = AB$

则

$$\begin{cases} AB = \dfrac{AC_2 - AC_1}{2} \\ BC = \dfrac{AC_1 + AC_2}{2} \end{cases}$$

从而各杆长 $l_{AB} = \mu_1 AB$，$l_{BC} = \mu_1 BC$，$l_{AD} = \mu_1 AD$ 随之确定。

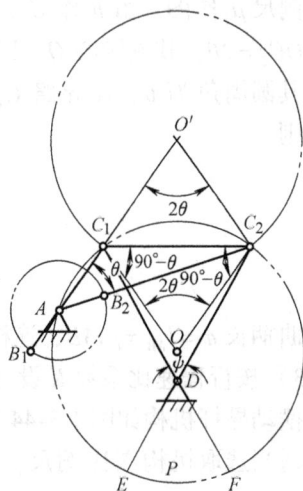

图 1-3-42　曲柄摇杆机构按行程速比系数 K 设计

下面讨论如何确定 A 点的位置。根据行程速比系数 K 的计算公式 $K = \dfrac{180° + \theta}{180° - \theta}$，可以推算出极位夹角 $\theta = 180° \dfrac{K-1}{K+1}$，由极位夹角的定义可知 θ 即为从动件摇杆极限位置 C_1、C_2 对 A 点的张角，根据几何学的知识，A 点必定位于一段对弦 C_1C_2 所张的圆周角等于 θ 的圆弧上。具体找法如下：连接 C_1C_2，作 C_1O 线和 C_2O 线使 $\angle C_1C_2O = \angle C_2C_1O = 90° - \theta$，以 C_1O 与 C_2O 线的交点 O 为圆心，OC_1（或 OC_2）为半径作圆，使 C_1C_2 弦所对应的圆心角 $\angle C_1OC_2 = 2\theta$。此时有两解，如图 1-3-42 所示。若 A 位于圆心为 O' 的圆弧上，则机构总体尺寸增大，且 $\gamma_{\min}$ 减小，通常略去这一解。因此，A 点位于圆弧 $\overparen{C_1C_2}$ 上（注：A 点不能落在 $\overparen{EF}$ 弧段），具体位于圆弧上的哪一点，可由几种不同的附加条件唯一确定。

以其中一种最容易确定 A 点位置的条件，即已知附加机架长度 d 为例，来介绍如何寻找 A 点。画出 A 点所在的轨迹圆 O 后，只要以 D 点为圆心，d/μ_1 为半径画圆弧交圆于 A 点即可。其他诸如已知附加曲柄长度 a 或连杆长度 b，如何确定 A 点，有兴趣的同学可参阅其他有关资料。

2）按给定行程速比系数 K 设计曲柄滑块机构的分析如下：

曲柄滑块机构如图 1-3-43 所示，已知滑块行程两个端点 C_1、C_2，即冲程 $h = l_{C_1C_2}$，行程速比系数 K，偏距 e，求曲柄和连杆长度。

该机构设计方法同曲柄摇杆机构，适当选取机

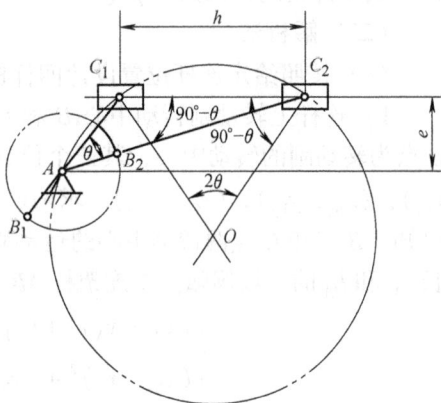

图 1-3-43　曲柄滑块机构按行程速比系数 K 设计

构比例尺 μ_l 作图。由 h 作 C_1、C_2 点，过 C_1、C_2 点作以 C_1C_2 为弦，使 C_1C_2 弦所对应圆心角 $\angle C_1OC_2 = 2\theta$，找到圆心 O，以 O 为圆心，以 OC_1 为半径作圆，所求转动中心 A 必在此圆周上，其圆周角为 θ。在导路 C_1C_2 下方作其平行线，距离为偏距 e，该平行线交圆周于 A 点，则

$$AB = \frac{AC_2 - AC_1}{2}$$

$$BC = \frac{AC_2 + AC_1}{2}$$

从而曲柄长 $a = l_{AB} = \mu_l AB$，连杆长 $b = l_{BC} = \mu_l BC$。

3）按行程速比系数 K 设计摆动导杆机构的分析如下。

摆动导杆机构如图 1-3-44 所示。已知机架长 l_{AC}，行程速比系数 K，求曲柄长 l_{AB}。

适当选取机构图比例尺 μ_l，按已知机架长 l_{AC} 作机架 AC，

由 K 按式 $\theta = 180° \dfrac{K-1}{K+1}$ 求出极位夹角 θ。按图 1-3-44 分析可知，摆杆的摆角 $\psi = \theta$，作 $\angle ACB' = \angle ACB'' = \theta/2$，由此可得摆杆的两极限位置线 $B'C$ 及 $B''C$。过 A 点作 $AB' \perp B'C$，即可求得曲柄长 $l_{AB} = \mu_l AB'$。

平面连杆机构设计中，按实现已知运动规律设计的问题是多种多样的，上述只是其中一部分，目的是通过对这些问题进行讨论，了解图解法进行平面连杆机构设计的原理、方法和步骤。在工程实践中，需根据具体要求实现的运动规律来确定设计的方法和步骤。用上述方法设计的机构在工程中是否实用，还需由实践来检验。检验时所需考虑的问题大致为：

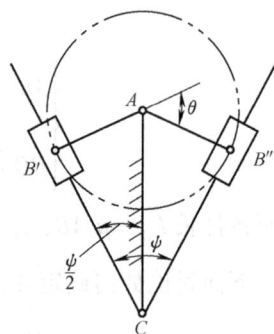

图 1-3-44　摆动导杆机构
按行程速比系数 K 设计

1）所设计的机构运动时是否有干涉现象，能否连续运动到达所预定的位置。

2）如原动件动力是转动电动机或内燃机，则必须检验机构原动件是否符合曲柄存在条件。

3）为了保证机构传力性能良好，有较高的传动效率，还需检验机构的最小传动角 γ_{min} 是否大于许用的传动角 $[\gamma]$。

（二）解析法

（1）按照给定连杆位置设计四杆机构　分两种情况：

1）连杆上转动副转动中心 B 和 C 的位置已给定。如图 1-3-39 所示，设已知连杆上 B、C 点为转动副的转动中心，其三个位置坐标为：(x_{B_1}, y_{B_1})，(x_{C_1}, y_{C_1})；(x_{B_2}, y_{B_2})，(y_{C_2}, y_{C_2})；(x_{B_3}, y_{B_3})，(x_{C_3}, y_{C_3})。求两连架杆与机架相连的转动副转动中心 A 和 D。由图 1-3-39 可知，B 点和 C 点两铰链中心的运动轨迹是以固定转动中心 A 和 D 为中心，半径为连架杆长 l_{AB} 和 l_{CD} 的一段圆弧。由连架杆 AB 在运动过程中其长度不变的约束条件，可得

$$\begin{cases} (x_{B_1} - x_A)^2 + (y_{B_1} - y_A)^2 = (x_{B_2} - x_A)^2 + (y_{B_2} - y_A)^2 \\ (x_{B_1} - x_A)^2 + (y_{B_1} - y_A)^2 = (x_{B_3} - x_A)^2 + (y_{B_3} - y_A)^2 \end{cases} \quad (1\text{-}3\text{-}9)$$

解上述两式可求得 x_A、y_A 两个未知量，即可确定出 A 点坐标，由此可求出连架杆 l_{AB} 的长

$$l_{AB} = \sqrt{(x_{B_1} - x_A)^2 + (y_{B_1} - y_A)^2} \quad (1\text{-}3\text{-}10)$$

同理，由连架杆 CD 长度不变可得

$$\begin{cases} (x_{C_1} - x_D)^2 + (y_{C_1} - y_D)^2 = (x_{C_2} - x_D)^2 + (y_{C_2} - y_D)^2 \\ (x_{C_1} - x_D)^2 + (y_{C_1} - y_D)^2 = (x_{C_3} - x_D)^2 - (y_{C_3} - y_D)^2 \end{cases} \tag{1-3-11}$$

解上述两式可求得 x_D、y_D 两个未知量，即可确定 D 点坐标，由此可求出连架杆 l_{CD} 的长

$$l_{CD} = \sqrt{(x_{C_1} - x_D)^2 + (y_{C_1} - y_D)^2} \tag{1-3-12}$$

机架 l_{AD}、l_{BC} 长为

$$l_{AD} = \sqrt{(x_A - x_D)^2 + (y_A - y_D)^2} \tag{1-3-13}$$

$$l_{BC} = \sqrt{(x_{B_1} - x_{C_1})^2 + (y_{B_1} - y_{C_1})^2} \tag{1-3-14}$$

若给定连杆两个位置，则式（1-3-9）、式（1-3-11）只有一个方程，其未知数各为两个，故可有无穷多解。

2）连杆上转动副转动中心 B 和 C 的位置未给定。要解决这类问题，可以从构件的位移矩阵着手加以研究。因为在连杆上铰链中心位置未给定，只给定构件（刚体）的相应位置，如图 1-3-45 所示。当某一构件作平面运动时，取定坐标系为 Oxy；动坐标系为 $O_1x_1y_1$，与构件一起运动，且其初始位置与定坐标系相重合。构件的位置参数均相对定坐标系取值。构件的位置是通过构件上某一标记线 PQ 的相应位置，即由过标记线的某一点 P 在位置 P_i 时的坐标（x_{P_i}，y_{P_i}）及标记线的位置角 φ_i 来确定相应位置及方位（$i = 1, 2, \cdots, n$）。

图 1-3-45 连杆上转动中心未给定时
铰链四杆机构设计

当构件自初始位置 S_1 运动到 S_i 时，构件上任一点 Q 也由 Q_1 点运动到 Q_i 点，其位置分别可由（x_{Q_1}，y_{Q_1}）、（x_{Q_i}，y_{Q_i}）表示，由图可知

$$\left.\begin{array}{l} x_{Q_i} = x_{Q_1}\cos\varphi_{1i} - y_{Q_1}\sin\varphi_{1i} + x_{O_{1i}} \\ y_{Q_i} = y_{Q_1}\cos\varphi_{1i} + x_{Q_1}\sin\varphi_{1i} + y_{O_{1i}} \end{array}\right\} \tag{1-3-15}$$

式中 φ_{1i}——标记线 PQ 的相对转角，$\varphi_{1i} = \varphi_i - \varphi_1$。

动坐标系原点 O_1 在位置 S_i 时的坐标值为（$x_{O_{1i}}$，$y_{O_{1i}}$）。将式（1-3-15）写成矩阵形式有

$$\begin{bmatrix} x_{Q_i} \\ y_{Q_i} \\ 1 \end{bmatrix} = \begin{bmatrix} \cos\varphi_{1i} & -\sin\varphi_{1i} & x_{O_{1i}} \\ \sin\varphi_{1i} & \cos\varphi_{1i} & y_{O_{1i}} \\ 0 & 0 & 1 \end{bmatrix} \begin{bmatrix} x_{Q_1} \\ y_{Q_1} \\ 1 \end{bmatrix} \tag{1-3-16}$$

上式中 Q 点为构件上任一点，当然也包括 P 点，因此式（1-3-15）也可有如下关系

$$\begin{cases} x_{P_i} = x_{P_1}\cos\varphi_{1i} - y_{P_1}\sin\varphi_{1i} + x_{O_{1i}} \\ y_{P_i} = y_{P_1}\cos\varphi_{1i} + x_{P_1}\sin\varphi_{1i} + y_{O_{1i}} \end{cases} \tag{1-3-17}$$

即

$$\begin{cases} x_{O_{1i}} = x_{P_i} - x_{P_1}\cos\varphi_{1i} + y_{P_1}\sin\varphi_{1i} \\ y_{O_{1i}} = y_{P_i} - x_{P_1}\sin\varphi_{1i} - y_{P_1}\cos\varphi_{1i} \end{cases} \tag{1-3-18}$$

将式（1-3-18）代入式（1-3-16）得

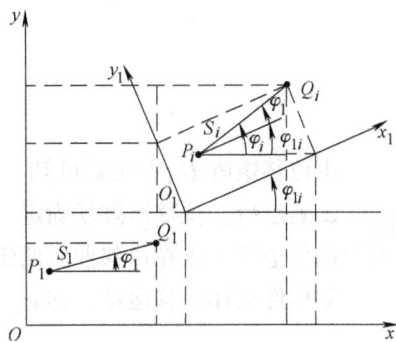

$$\begin{bmatrix} x_{Q_i} \\ y_{Q_i} \\ 1 \end{bmatrix} = \begin{bmatrix} \cos\varphi_{1i} & -\sin\varphi_{1i} & x_{P_i} - x_{P_1}\cos\varphi_{1i} + y_{P_1}\sin\varphi_{1i} \\ \sin\varphi_{1i} & \cos\varphi_{1i} & y_{P_i} - x_{P_1}\sin\varphi_{1i} - y_{P_1}\cos\varphi_{1i} \\ 0 & 0 & 1 \end{bmatrix} \begin{bmatrix} x_{Q_1} \\ y_{Q_1} \\ 1 \end{bmatrix} \tag{1-3-19}$$

令

$$\boldsymbol{D}_{1i} = \begin{bmatrix} \cos\varphi_{1i} & -\sin\varphi_{1i} & x_{P_i} - x_{P_1}\cos\varphi_{1i} + y_{P_1}\sin\varphi_{1i} \\ \sin\varphi_{1i} & \cos\varphi_{1i} & y_{P_i} - x_{P_1}\sin\varphi_{1i} - y_{P_1}\cos\varphi_{1i} \\ 0 & 0 & 1 \end{bmatrix} = \begin{bmatrix} d_{11i} & d_{12i} & d_{13i} \\ d_{21i} & d_{22i} & d_{23i} \\ 0 & 0 & 1 \end{bmatrix} \tag{1-3-20}$$

$\boldsymbol{D}_{1i}$ 称为位移矩阵，该矩阵为一系数矩阵，表示了构件从位置 S_1 移到位置 S_i 时，其上任一点 Q 位移前后在固定坐标系的坐标与构件上已知的位移参数 x_{Q_1}、y_{Q_1}、φ_1 和 x_{Q_i}、y_{Q_i}、φ_i 之间的固定关系。式中 d_{11i}，d_{12i}，$\cdots$，d_{23i} 为矩阵的元素，其值可以由对应元素相等来确定。

式（1-3-19）可写为

$$\begin{bmatrix} x_{Q_i} \\ y_{Q_i} \\ 1 \end{bmatrix} = \boldsymbol{D}_{1i} \begin{bmatrix} x_{Q_1} \\ y_{Q_1} \\ 1 \end{bmatrix} \tag{1-3-21}$$

由位移矩阵 $\boldsymbol{D}_{1i}$ 中元素可知，当构件上已知的两组运动的位置参数 x_{Q_1}、y_{Q_1}、φ_1 和 x_{Q_i}、y_{Q_i}、φ_i 确定后，位移矩阵就确定，它不随所选构件上点的坐标改变而改变。可见位移矩阵是表示构件上任一点在位移前后两组坐标之间关系的系数矩阵。

如构件只作平移运动，即 $\varphi_{1i} = 0°$，则由式（1-3-20）可知位移矩阵可简化为

$$\boldsymbol{D}_{1i} = \begin{bmatrix} 1 & 0 & x_{P_i} - x_{P_1} \\ 0 & 1 & y_{P_i} - y_{P_1} \\ 0 & 0 & 1 \end{bmatrix} \tag{1-3-22}$$

如构件只作绕原点 O 的转动，此时 $x_{O_{1i}} = 0$，$y_{O_{1i}} = 0$，由式（1-3-16）可知

$$\boldsymbol{D}_{1i} = \begin{bmatrix} \cos\varphi_{1i} & -\sin\varphi_{1i} & 0 \\ \sin\varphi_{1i} & \cos\varphi_{1i} & 0 \\ 0 & 0 & 1 \end{bmatrix} \tag{1-3-23}$$

应用位移矩阵可设计四杆机构。如图1-3-46所示的铰链四杆机构中，如能求出铰链四杆机构的某一位置的四个转动副中心 A、B、C、D 的位置坐标，则该机构的各杆长就可完全确定。由位移矩阵设计四杆机构，关键在于确定出位移矩阵中各项元素。其已知条件是连杆标记线上参考点 P 的各个位置坐标（x_{P_i}，y_{P_i}）及其标记线 PQ 的位置角 φ_i（$i = 1$，2，$\cdots$，n）。这时式（1-3-20）的位移矩阵 $\boldsymbol{D}_{1i}$ 中各元素均为已知值。而待求的转动副 B、C 两点都是连杆上的点，都可以替代任意点 Q，与参考点 P 连成标记线。这时其运动的相对转角也与标记线相对转角 $\varphi_{1i} = \varphi_i - \varphi_1$ 相同。

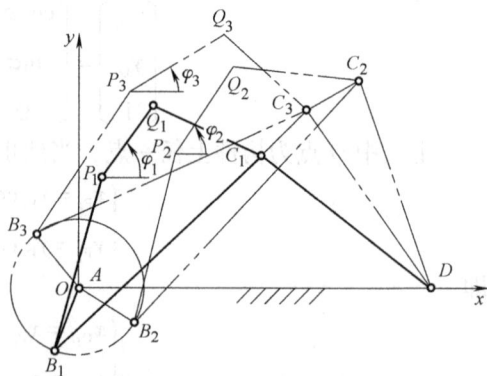

图1-3-46 应用位移矩阵设计四杆机构

这样，利用已知的位移矩阵即可求出点 B、C 相应的位移矩阵方程式。由式（1-3-21）可知

$$\begin{bmatrix} x_{B_i} \\ y_{B_i} \\ 1 \end{bmatrix} = \boldsymbol{D}_{1i} \begin{bmatrix} x_{B_1} \\ y_{B_1} \\ 1 \end{bmatrix} \tag{1-3-24}$$

$$\begin{bmatrix} x_{C_i} \\ y_{C_i} \\ 1 \end{bmatrix} = \boldsymbol{D}_{1i} \begin{bmatrix} x_{C_1} \\ y_{C_1} \\ 1 \end{bmatrix} \tag{1-3-25}$$

点 B 相对于点 A 作转动运动，由连架杆 AB 长在运动时是不变的这个条件可写出约束方程

$$(x_{B_i} - x_A)^2 + (y_{B_i} - y_A)^2 = (x_{B_1} - x_A)^2 + (y_{B_1} - y_A)^2 \tag{1-3-26}$$

将式（1-3-24）代入式（1-3-26）可得

$$x_{B_1}(x_{0_1 i}\cos\varphi_{1i} + y_{0_1 i}\sin\varphi_{1i} - x_A\cos\varphi_{1i} - y_A\sin\varphi_{1i} + x_A)$$
$$+ y_{B_1}(y_{0_1 i}\cos\varphi_{1i} - x_{0_1 i}\sin\varphi_{1i} + x_A\sin\varphi_{1i} - y_A\cos\varphi_{1i} + y_A)$$
$$- x_{0_1 i}x_A - y_{0_1 i}y_A + \frac{1}{2}(x_{0_1 i}^2 + y_{0_1 i}^2) = 0 \tag{1-3-27}$$

式（1-3-27）中 x_{B_1}、y_{B_1}、x_A、y_A 为 4 个待求的坐标值，可由 4 个独立方程式联立求解。

由式（1-3-27）可知，如给定 n 个连杆位置，即可得到 $n-1$ 个方程。如上所述，由于待求的坐标值为 4 个，故给定的连杆位置最多为 5 个。当给定的连杆位置数小于 5 个时，可先选定某些机构参数，使机构有确定解。当连杆位置多于 5 个时，则无法精确实现所给位置，只能用优化方法近似实现所给位置。

上面详细阐述了 B 点、A 点的坐标值确定方法，仿此可解出 C 点、D 点两点的坐标值。

以上论述了有关连杆位置的解析方法。连杆位置的综合方法还有几何图解方法：给定连杆两个位置的有构件的极和等视角定理；给定连杆三个位置的有极三角形；给定连杆四个位置的有对极四边形和圆心曲线，也称为布尔梅斯特曲线；给定连杆五个位置的有布氏点等有关理论。

（2）按照给定的连架杆对应位置设计四杆机构　如图 1-3-47 所示铰链四杆机构 AB-CD，其第 1 和第 i 位置分别为 AB_1C_1D 和 AB_iC_iD，已知连架杆 AB 和 CD 对应的相对角位移分别为 φ_{1i} 和 ψ_{1i}（$i = 1, 2, \cdots, n$），共 $n-1$ 对，试设计该铰链四杆机构。因机构中各杆长按同一比例增减时各构件转角关系不变，故只需确定各杆相对长度即可。取 AD 为单位长度（$AD = 1$），坐标系 Oxy 的坐标原点与 A 重合，x 轴与 AD 重合。待求的设计参数为 B_1 点和 C_1 点的坐标，即（x_{B_1}, y_{B_1}）和（x_{C_1}, y_{C_1}）两组坐标，共 4 个待求量。

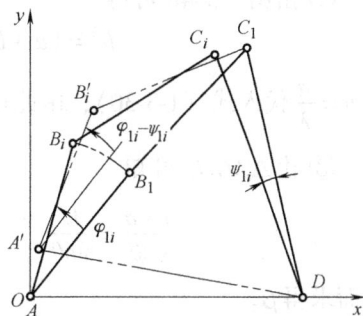

运用反转法（又称运动倒置法），使机构机架由原 AD 杆转化为 CD 杆。以机构第 1 位置为基准位置，令 AB_iC_iD 刚化，绕 D 点反转 ψ_{1i}，使 C_i 点与 C_1 点重合，而

图 1-3-47　按连架杆对应位置
设计四杆机构

A 和 B_i 相应位移到 A' 和 B'_i 处。这时即可把原来连架杆位置问题转化为连杆位置问题，由此即可按连杆对应位置方法设计四杆机构。

如图 1-3-47 所示，这时可把原连杆 BC 转化为连架杆 B_1C_1、B'_1C_1 两位置；原机架 AD 也转化为连架杆 AD、$A'D$ 对应两位置。原连架杆 C_1D 与 C_iD 重合为机架；连架杆 B_1A 转化为连杆两对应位置 AB_1、$A'B'_1$；AB_1 与 $A'B'_1$ 相对转角为 $\varphi_{1i} - \psi_{1i}$。因此原连架杆位置问题转化为"连杆" AB 自 AB_1 位移至 $A'B'_1$，其角位移为 $\varphi_{1i} - \psi_{1i}$。这时利用式（1-3-21）可将 B'_i 与 B_1 点坐标通过位移矩阵建立起如下关系

$$\begin{bmatrix} x_{B'_i} \\ y_{B'_i} \\ 1 \end{bmatrix} = \boldsymbol{D}_{1i} \begin{bmatrix} x_{B_1} \\ y_{B_1} \\ 1 \end{bmatrix} \tag{1-3-28}$$

$$\boldsymbol{D}_{1i} = \begin{bmatrix} d_{11i} & d_{12i} & d_{13i} \\ d_{21i} & d_{22i} & d_{23i} \\ 0 & 0 & 1 \end{bmatrix} \tag{1-3-29}$$

式中　$d_{11i} = d_{22i} = \cos(\varphi_{1i} - \psi_{1i})$；

$\quad\quad d_{12i} = -d_{21i} = -\sin(\varphi_{1i} - \psi_{1i})$；

$\quad\quad d_{13i} = x_{A'} - d_{11i}x_A - d_{12i}y_A = 1 - \cos\psi_{1i}$；

$\quad\quad d_{23i} = y_{A'} - d_{21i}x_A - d_{22i}y_A = \sin\psi_{1i}$。

至此即可利用前述按连杆位置问题设计四杆机构的方法进行求解。

（3）按给定行程速比系数 K 设计四杆机构　用解析法按行程速比系数 K 设计四杆机构，主要是按前述图解法进行作图分析，找出其几何关系，建立起方程进行求解。随着初始已知条件不同，方程式各异。下面仅以曲柄滑块机构及摆动导杆机构为例加以阐述。

1）曲柄滑块机构的解析法设计如下：

设已知曲柄滑块机构行程速比系数 K，比值 $\lambda = a/b$，（a 为曲柄 AB 长，b 为连杆 BC 长），滑块行程 h。试设计该曲柄滑块机构，即要求确定曲柄长 a、连杆长 b 及偏距 e 值。步骤为：

① 由 K 求出机构的极位夹角

$$\theta = 180° \frac{K-1}{K+1}$$

② 由图 1-3-48 可得

$$h^2 = (a+b)^2 + (b-a)^2 - 2(a+b)(b-a)\cos\theta \tag{1-3-30}$$

将 $b = \dfrac{a}{\lambda}$ 代入式（1-3-30），由此可求得曲柄长 a 及连杆长 b 值。

③ 由 $\triangle AC_1C_2$ 可知

$$\frac{b-a}{\sin\beta} = \frac{h}{\sin\theta} \tag{1-3-31}$$

从而求得 β。

④ 由 $\quad\quad e = (a+b)\sin\beta \tag{1-3-32}$

可求得 e 值。

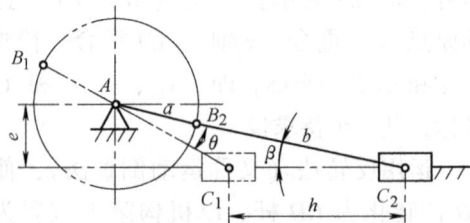

图 1-3-48　按行程速比系数 K 设计曲柄滑块机构

2）摆动导杆机构的解析法设计如下：

设已知摆动导杆机构行程速比系数 K，机架长 l_{AC}，试设计该机构，即要求确定曲柄长 a 值。

先由 K 值求得该机构的极位夹角 θ，$\theta = 180° \dfrac{K-1}{K+1}$，由图 1-3-49 可知，该机构的极位夹角等于导杆的摆角，则该机构的曲柄 AB 长 a 为

$$a = l_{AC} \sin \frac{\theta}{2} \qquad (1-3-33)$$

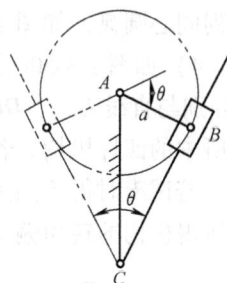

图 1-3-49 按行程速比系数 K 设计导杆机构

（三）实验法

四杆机构的设计，有时为了实现主、从动件之间多对对应位置，在精度要求不太高的情况下，还经常使用实验法。

要求设计一个四杆机构，其对应的主动连架杆角位移 φ_i 和输出连架杆角位移 ψ_i 的对应关系见表 1-3-2。

表 1-3-2　角位移 φ_i 与 ψ_i 的对应关系

位　置	转　角		位　置	转　角	
	$\varphi_i/(°)$	$\psi_i/(°)$		$\varphi_i/(°)$	$\psi_i/(°)$
1	0	0	4	70	43
2	22	14	5	95	57
3	45	28	6	121	71

其设计方法如下：

1）如图 1-3-50a 所示，先在第一张透明纸上选定主动件铰链中心 A，并选取适当的长度 AB 表示主动件杆长，然后按表 1-3-2 要求画出主动件的一系列位置 AB_1，AB_2，…，AB_6。

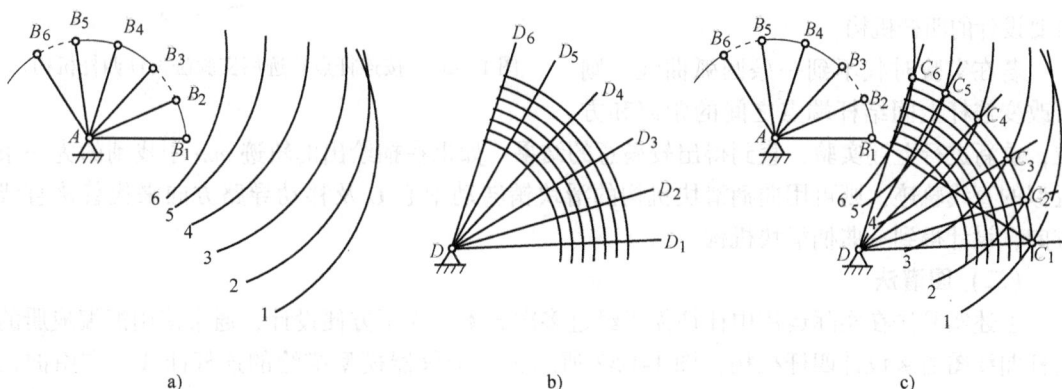

a)　　　　　　　　　b)　　　　　　　　　c)

图 1-3-50　按给定连架杆多组对应位置用实验试凑法设计四杆机构

2）选定适当的连杆长度 BC，分别以 B_1，B_2，…，B_6 各点为圆心，以 BC 长为半径，作一系列圆弧 1、2、3、4、5、6。

3）在另一张透明纸上选定从动件铰链中心 D，然后根据表 1-3-2 所给出的角位移画出从动件一系列位置 DD_1，DD_2，…，DD_6，再以 D 为圆心，以不同从动件长度为半径画出一

系列同心圆弧，如图 1-3-50b 所示。

4）如图 1-3-50c 所示，将第二张透明纸覆盖到第一张上试凑，使圆弧 1、2、3、4、5、6 分别与直线 DD_1、DD_2、$\cdots$、DD_6 的交点同时落在以 D 点为中心的某一圆弧上，则 AB_1C_1D 为所求的四杆机构。若所得交点为一直线，则可用滑块代替，得曲柄滑块机构。

若试凑时得不到满意结果，可重选主动件或连杆长度，重新试凑。用此法若选择合适，则所得机构的转角偏差可控制在 $\pm0.5°$ 以内。

二、实现已知的轨迹

平面连杆机构设计的另一类设计问题是要求设计一平面连杆机构，使其连杆上某点实现已给定的某一轨迹 nn。关于这类问题的设计方法归纳起来有实验法、图谱法及解析法几种。

（一）实验法

按给定的连杆点轨迹设计四杆机构。如图 1-3-51 所示，设已给定原动件 AB 的长度和中心 A，以及连杆上一点 M。现要求设计一个四杆机构，使连杆上的点 M 沿着预期的运动轨迹 nn 运动。为了解决此设计问题，现在连杆上另外固结若干杆件，它们的端点 C、C'、C''……在点 M 沿着 nn 轨迹运动的过程中，也将描绘出各自的轨迹，如图中的 mm、$m'm'$、$m''m''$ 等。在这些轨迹线中找出圆弧或近似的圆弧（如图中的 mm），即可将绘出此圆弧轨迹的点作为连杆上的铰链 C，而将其圆弧轨迹的曲率中心作为连架杆上的固定铰链 D。这样图中的 $ABCD$ 即为所要设计的四杆机构。

若在实验时找不到一条圆弧曲线，则可改变连杆上固结杆端点之间的距离和方

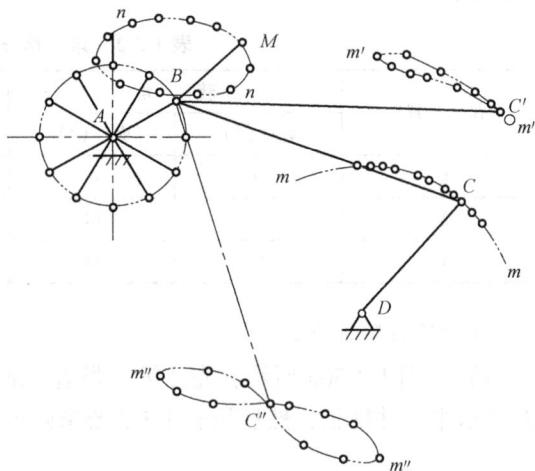

图 1-3-51　按连杆点轨迹用实验法设计四杆机构

位，重新进行上述实验，直到得出较满意的结果。如果在描绘出的轨迹 mm 中找到的为一条近似的直线轨迹，则可用曲柄滑块机构的滑块销转动中心 C 及移动导路方向来代替该直线方向，设计得到一曲柄滑块机构。

（二）图谱法

上述实验法在实际运用中往往需要经过多次试凑。为了方便设计，通常使用汇编成册的连杆曲线图谱来设计四杆机构。图 1-3-52 所示为一个仪器模型描绘的连杆曲线。它由曲柄摇杆机构 $ABCD$ 组成，其中各杆的杆长可以调节。在连杆 BC 上固结一块不透明的多孔薄板，当机构运动时，板上的每个孔的运动轨迹都是一条连杆曲线。为了把这些曲线记录下来，可利用光束照射的方法把这些曲线印在感光纸上，这样就得到了一组形状各不相同的连杆曲线。然后改变各杆的相对长度，重复上述实验，还可以得到另外许多形状不同的连杆曲线，最后把记录下来的这些连杆曲线汇编成册，即成连杆曲线图谱。图 1-3-53 所示即为图谱中的一例。上述生成图谱方法现在已可改用计算机来产生各式图谱曲线，十分方便。

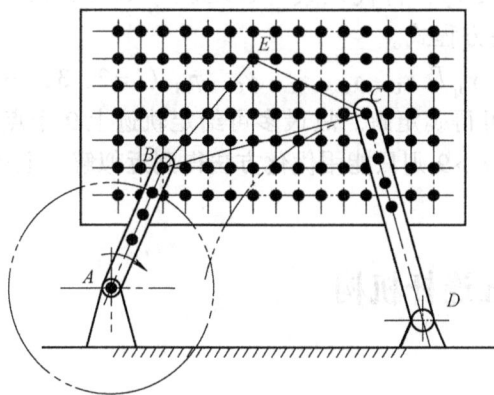

图 1-3-52 连杆曲线图谱的生成方法

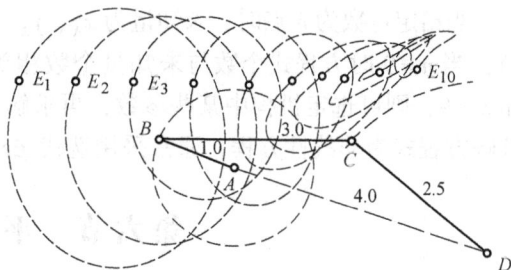

图 1-3-53 连杆曲线图谱

根据预期的运动轨迹进行设计时，可从图谱中查出形状与预期轨迹相似的连杆曲线，描绘出该连杆曲线对应的四杆机构的相对杆长，然后测出图谱中的连杆曲线和要求的轨迹之间相差的倍数，即可求得四杆机构各杆的尺寸。

由上述可知，使用图谱法，可以直接从连杆曲线图谱中查到与要求实现的轨迹非常接近的连杆曲线，从而确定该机构的尺寸参数，使设计过程大为简化，因而在工程实际中，这种方法得到广泛应用。若要求更精确，则可用此方法得到的设计参数尺寸值作为初始值，并建立起优化数学模型，用优化方法可以设计出轨迹误差更小的四杆机构。

(三) 解析法

给定预期轨迹 nn 上若干点 M_i ($i = 1, 2, \cdots, n$) 的位置坐标 (x_{M_i}, y_{M_i})，如图 1-3-54 所示，试用解析法求出连杆上两转动副中心点 B、C 及连架杆的两个固定转动副中心点 A、D 的位置。

这里仍可用前述的位移矩阵法来求解。此处 B、C 两点的位置方程也是以已知位置坐标点 M 为参考点，但这里式中的连杆上标记线的相对转角 φ_{1i} 是未知量。由式 (1-3-21) 可知

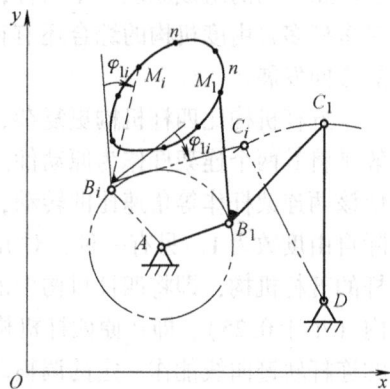

图 1-3-54 用解析法实现已知轨迹

$$\begin{bmatrix} x_{B_i} \\ y_{B_i} \\ 1 \end{bmatrix} = D_{1i} \begin{bmatrix} x_{B_1} \\ y_{B_1} \\ 1 \end{bmatrix} \qquad (1\text{-}3\text{-}34)$$

$$\begin{bmatrix} x_{C_i} \\ y_{C_i} \\ 1 \end{bmatrix} = D_{1i} \begin{bmatrix} x_{C_1} \\ y_{C_1} \\ 1 \end{bmatrix} \qquad (1\text{-}3\text{-}35)$$

由图可知 B 点、C 点分别作圆周运动，即两连架杆 AB、CD 杆长为定长，因此有以下约束条件

$$(x_{B_i} - x_A)^2 + (y_{B_i} - y_A)^2 = (x_{B_1} - x_A)^2 + (y_{B_1} - y_A)^2 \qquad (1\text{-}3\text{-}36)$$

$$(x_{C_i} - x_D)^2 + (y_{C_i} - y_D)^2 = (x_{C_1} - x_D)^2 + (y_{C_1} - y_D)^2 \qquad (1\text{-}3\text{-}37)$$

将式（1-3-20）代入式（1-3-34）、式（1-3-35），再代入式（1-3-36）、式（1-3-37）后，按待求参数整理，即可得出所需有关求解的方程式。

当给定点数为 n 点时，未知量为 x_A、y_A、x_{B_1}、y_{B_1} 及 x_D、y_D、x_C、y_C、φ_{1i}（$i = 2,3,\cdots,n$），当 $n = 9$ 时方程式个数与未知量个数相等，可得确定解。故最多可给定轨迹上 9 个点。如 $n < 9$，则可选定机构中某些参数，再求解。如 $n > 9$ 则只能用优化方法得到近似解。上述求解方程式为非线性方程，通常采用迭代法求解。

第六节　平面五连杆机构

一、平面五连杆机构特性分析

平面五连杆机构的自由度为 2，它是多自由度平面连杆机构中最简单、最基本的一种机构。它比单自由度的四杆机构具有更多的功能。显然，对它进行研究，对于进一步研究其他更复杂的多自由度机构无疑是有指导意义的。

随着机器向着高速度、自动化方面发展，以及机器人机械手的兴起，连杆机构，特别是多自由度连杆机构的作用日益显著，对它进行分析、设计与综合研究已引起了人们广泛的注意。由于历史的原因，通常机械原理教材中只着眼于单自由度连杆机构的讨论，对多自由度连杆机构的研究及应用讨论较少。随着计算机及控制理论不断深入到各个领域，对原动件动力源的控制方法日趋成熟，对多自由度机构及其方法的研究逐步为人们所重视。

早在 20 世纪 90 年代初，著名的机构学教授 A. H. Soni 在一份调查研究报告中指出：机构学的最新研究重点是对多自由度机械系统设计中实现可靠和鲁棒运动所需方法的研究。为适应智能机械的发展，机构学基本理论近年来逐渐扩展至多自由度系统，例如：多自由度、多环路机构的组成原理和型综合；多自由度机构运动学和动力学；精度分析与综合等。目前对多杆多自由度机构的综合还有待于从个别产品（如工业机器人、印刷机等）向一般性产品方向发展。

五杆机构比四杆机构更复杂，尺度综合时需要考虑的因素更多。目前常见的五杆机构一般是将其两个连架杆作为原动件。有一种是在五连杆机构基础上通过一对或多对齿轮啮合，使该两连架杆作等角速比的转动，通常称该机构为齿轮连杆机构。该机构属组合机构，其实际自由度数为 1。另有一种，对五杆机构的研究仍然是在四杆机构基础上进行的，称为类四杆的五杆机构，即将四杆机构中的一原动件分成两段，使两段杆长之比规定在一较小的范围内（小于 0.25），即在原四杆机构的连架杆上串联上一个辅助杆作为调节杆，使原四杆机构的连杆轨迹曲线能作一定的调整改变、并研究该类机构的运动规律。与上面两种机构不同，本节专门研究两个自由度的五连杆机构。

综上所述，从机构学的发展趋势看，多杆多自由度机构，由于其杆件数较多，可完成较复杂的轨迹曲线，以满足实际轨迹的需要，这是机构学综合的一个值得研究的方向。

图 1-3-55 所示的平面铰链五连杆机构，由于有两个自由度，若需确定运动必须给定两个原动件的运动规律，如给定 ω_1 及 ω_2 则机构运动即被确定。该机构有两个连杆如图示的 BC

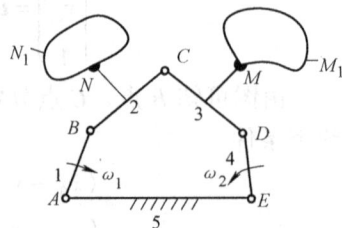

图 1-3-55　五连杆机构

及 *CD* 杆，其上的 *N* 点及 *M* 点将分别走出各自的连杆曲线 N_1 及 M_1。因平面五连杆机构比平面四连杆机构多了一个具有两个转动副的构件，同时比四杆机构又多了一个原动件，这时其可变参数比四杆机构增加了，只要控制这些输入参数即可得到更多的输出结果，以满足不同的需要。例如，改变各杆杆长，可影响输出结果，同一尺寸机构，只要改变 ω_1 及 ω_2 的方向及大小即可影响输出结果。这给满足机构输出的不同要求，提供了很大方便。从这个意义上讲，机构具有更大的柔性。

（一）平面铰链五连杆机构双曲柄存在条件的判据

根据铰链五连杆机构的两个连架杆能否作整周转动，铰链五连杆机构也可分为双曲柄机构（具有两个曲柄）；曲柄摇杆机构（具有一个曲柄）；双摇杆机构（无曲柄）等多种形

式，由此可知，与铰链四杆机构类似，铰链五连杆机构也存在是否具有曲柄的问题。在判别机构类型时，需给出五个构件的长度，指明哪个构件是机架，哪两个构件是原动件。如图 1-3-56 所示，设 *e* 为机架，*a*、*d* 为连架杆作为原动件，*b*、*c* 为连杆，且 $b \geqslant c$，即机架的两条对边中长者为 *b*，短者为 *c*。

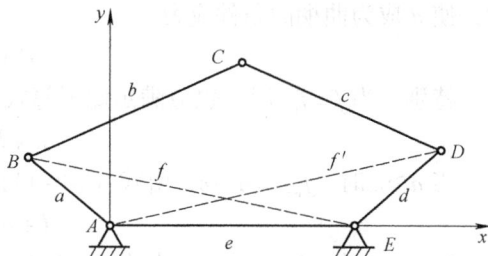

图 1-3-56　五连杆机构曲柄存在条件

为分析问题方便，设将其中某一连架杆，如杆 *a* 固定，则该五连杆机构转化为四连杆机构。将五连杆机构双曲柄存在条件转化为当其中某一连架杆（如 *a* 杆）作整周回转时，虚拟铰链四杆机构 *BCDE* 中以 *BE* 为虚拟机架，杆 *d* 成为曲柄的条件。设 *BE* 杆长为 *f*，则由图可知

$$f^2 = a^2 + e^2 - 2ae\cos\angle BAE \quad (\angle BAE \in (0 \sim 2\pi)) \quad (1\text{-}3\text{-}38)$$

由式（1-3-38）可知，杆长 *f* 将随连架杆 *a* 的转动而改变其长度，可理解为一变长的构件。

令 *a*、*e* 两杆中较长者为 *G*，较短者为 *S*，则 $f_{max} = G + S$，$f_{min} = G - S$。由前述的虚拟铰链四杆机构曲柄存在条件可知：在虚拟铰链四杆机构中，若最短杆与最长杆长度之和小于或等于其他两杆长度之和时，如果取最短杆为机架，则与其相邻的两连架杆均为曲柄；如果取最短杆的邻杆为机架，则该最短杆为曲柄。由此可知：

若变长机架 *BE* 在任何一个位置，杆 *d* 均能整周回转，则说明该铰链五连杆机构中两连架杆能成为双曲柄。

类似地，若将连架杆 *d* 固定时，这时铰链五连杆机构的双曲柄条件可转化为当 *d* 作整周回转时，另一虚拟铰链四杆机构 *ABCD* 中以 *AD* 为机架，杆 *a* 成为曲柄的条件分析，只是此时的 *AD* 为变长杆。据此，同样也可得出五连杆机构具有双曲柄的条件，其分析方法与上相同。

下文讨论在各种杆长关系下，铰链五连杆机构存在双曲柄的条件。

（1）当 *d* 杆为最短杆　即当 $d \leqslant \min(b, c, f_{min})$ 时，存在双曲柄的条件又分为以下两种情况：

1）若 *f* 为最长杆，*f* 为变长杆，即使当 $f = f_{min}$ 也为最长杆，则虚拟铰链四杆机构 *BCDE* 中，以 *BE* 为机架时，使 *d* 成为曲柄的条件应为

$$d + f \leqslant b + c \tag{1-3-39}$$

特别，当 $f = f_{max}$ 时，也应满足此不等式，即

$$d + f_{max} \leqslant b + c \tag{1-3-40}$$

即

$$d + a + e \leqslant b + c \tag{1-3-41}$$

上述条件包含了三层含义：①连架杆 d 是虚拟四杆机构 b、c、d、f 四杆中最短的杆；②无论连架杆 a 处于哪一位置，即使 a 与 e 重合，f 杆（即 BE）必定为 b、c、d、f 四杆中最长杆；③机架 e 与两连架杆 a、d 长度之和小于或等于其余两杆长度之和。各杆长按由小到大的排列顺序为 d、c、b、f。

2）若 f 不是最长杆，则 b 为最长杆，这时虚拟铰链四杆机构 $BCDE$ 中，以 BE 为机架时，使 d 成为曲柄的条件应为

$$d + b \leqslant f + c \tag{1-3-42}$$

特别，当 $f = f_{min}$ 时，也应满足此不等式，即

$$d + b \leqslant f_{min} + c \tag{1-3-43}$$

当 $a \geqslant e$ 时，$f_{min} = a - e$，由式（1-3-43）可知

$$d + b + e \leqslant a + c \tag{1-3-44}$$

当 $a < e$ 时，$f_{min} = e - a$，由式（1-3-43）可知

$$d + b + a \leqslant e + c \tag{1-3-45}$$

此时各杆长由小到大的排列顺序为：d、c、f、b 或 d、f、c、b。

由式（1-3-44）、式（1-3-45）可知

当 $a < e$ 时，若已满足式

$$d + b + e \leqslant a + c$$

则必满足式

$$d + b + a \leqslant e + c$$

故式（1-3-45）可用式（1-3-44）代替。

综合式（1-3-44）和式（1-3-45）可归纳表达为：当机架 e 和两连架杆中较长者（如为 d）之和加上最长的连杆（如为 b）小于或等于其余两杆长度之和时，该铰链五连杆机构是双曲柄机构。

（2）当 f 杆为最短杆时　$f \leqslant \min(b, c, d)$，该式中 f 为变长杆，应保证在任何情况时均满足该关系，即使 $f = f_{max}$ 时，也为最短杆，也即当 $f_{max} \leqslant \min(b, c, d)$，此时

1）若 d 为最长杆，$d + f \leqslant b + c$，当 $f = f_{max}$ 时，也应满足关系 $d + f_{max} \leqslant b + c$

即

$$d + a + e \leqslant b + c \tag{1-3-46}$$

此时各杆长由小到大排列依次为：f、c、b、d，即 a、e 两杆是五杆机构中两个较短杆，且 $a + e$ 两杆之和 f 小于其他三杆。

当另一连架杆为最长杆时，由式（1-3-46）可知：机架 e 与两连架杆之和（$e + a + d$）小于或等于其余两杆之和时，该五连杆机构存在双曲柄。

2）若 d 不是最长杆，则 b 为最长杆，这时铰链四连杆机构 $BCDE$ 中以 BE 为机架，d 为曲柄的条件应为

$$f + b \leqslant c + d \tag{1-3-47}$$

当 $f = f_{max}$ 时，也应满足式（1-3-47）关系

$$b + f_{\max} \leq c + d \qquad (1\text{-}3\text{-}48)$$

即
$$b + a + e \leq c + d \qquad (1\text{-}3\text{-}49)$$

此时，各杆长由小到大排列顺序应为：f、c、d、b 或 f、d、c、b。

式（1-3-49）可归纳为：当 a、e 两杆为五杆中两最短杆，其中一连杆 b 为最长时，该连杆 b 与机架 e 及两者之间的连架杆 a 长度之和若小于或等于其余两杆之和（$c+d$），则该五连杆机构存在双曲柄。

总结以上讨论可知，平面铰链五连杆机构存在双曲柄时，必有：

1）连杆 b、c 不能是虚拟四杆机构（其杆长为 b、c、d、f）中的最短杆。

2）当 f、d 分别是极大值杆长时，由式（1-3-41）、式（1-3-46）可知，必须满足
$$a + e + d \leq b + c$$

即两连杆长度之和（$b+c$）不小于其余三杆之和（$a+e+d$）。

（二）铰链五连杆机构双曲柄不存在条件

以上讨论的是铰链五连杆机构存在双曲柄的条件。但若不满足该条件时，机构可能具有一个曲柄，得曲柄摇杆机构，也可能无曲柄，得双摇杆机构。

（1）机构无双曲柄条件 机构无双曲柄时，如图1-3-57a所示，当转动副 B 落在 AE 杆上，如 DE 杆不能绕 E 铰链转到 AE 延长线上，则无双曲柄。此时图1-3-57a不能成立，即
$$BD = e + d - a > b + c \qquad (1\text{-}3\text{-}50)$$

同理如图1-3-57b所示，当转动副 D 落在 AE 杆上，如果 AB 杆不能绕 A 铰链转到 EA 延长线上，则无双曲柄。此时图1-3-57b中△BCD不能成立，即
$$BD = e - d + a > b + c \qquad (1\text{-}3\text{-}51)$$

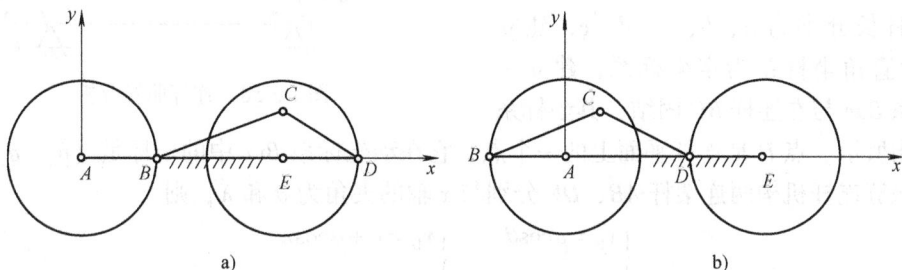

图1-3-57 机构无双曲柄条件

由式（1-3-50）和式（1-3-51）可知：如机架与任一连架杆长之和大于另一连架杆和两连杆长度之和时，机构无双曲柄。

（2）铰链五连杆机构类型判别 与铰链四杆机构类似，铰链五杆机构的类型也可按机构中两连架杆是否具有曲柄来进行分类：

1）由以上分析可知，当五连杆机构存在双曲柄时，得双曲柄机构。

2）在虚拟四杆机构 $BCDE$ 中（图1-3-57a），若虚拟机架 BE 的对边 c 为最短边，此时，虚拟四杆机构 $BCDE$ 为双摇杆机构，b 及 d 均为摇杆，而此时该五连杆机构为双摇杆机构。这是因为低副具有运动可逆性，此时 b 不能绕虚拟机架杆 f 作整周转动，即 a 不能绕 b 作整周转动，此时 a 必不能绕机架 e 作整周转动。所以铰链五连杆机构中两连架杆 a 与 d 都为摇杆，机构为双摇杆机构。

3)在虚拟四杆机构 *BCDE* 中(图1-3-57a),若虚拟机架 *BE* 的邻边 *b* 为最短边,此时,虚拟四杆机构 *BCDE* 为曲柄摇杆机构,*b* 能绕虚拟构件 *f* 作整周转动,即 *a* 能绕 *b* 作整周转动,*a* 也能绕 *e* 作整周转动,*d* 为摇杆,则铰链五连杆机构为曲柄摇杆机构。

对图1-3-57b可作类似讨论,此处不赘述。

4)在铰链五连杆机构中(图1-3-56),$(BD)_{min}=b-c$,$(BD)_{max}=b+c$。由四杆机构曲柄存在条件可知,若虚拟四杆机构 *ABDE* 中,机架的对边 *BD* 为最短杆,则该虚拟四杆机构 *ABDE* 为双摇杆机构,特别 $BD=b+c$ 时,也应满足 $b+c<a$,$b+c<e$,$b+c<d$,此时,原五连杆机构也必为双摇杆机构,即若两连杆长度之和小于机架及连架杆长,则两连架杆不能作整周转动,此五连杆机构为双摇杆机构。

由于五连杆机构两原动件运动情况十分复杂,以上讨论只针对所出现的运动情况而言。若运动过程中两连杆不处于上述的共线位置,则需讨论两连架杆之间相对运动情况,才能判定机构的运动类型。

二、铰链五连杆机构连杆曲线分析

铰链五连杆机构,由于有两个连杆及两个原动件,因此机构的连杆曲线形状比铰链四杆机构要丰富得多,理论上,只要在机构的工作空间内,可以实现几乎所有常用平面曲线。其连杆曲线形状不仅与五连杆尺寸及点的位置有关,还与两原动件相对转速大小及相对方向有关。

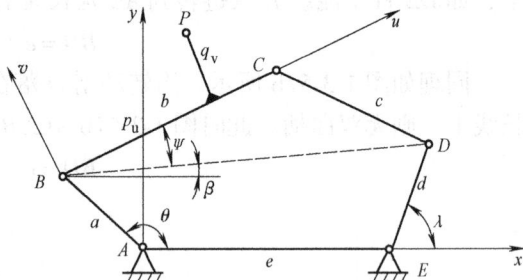

图1-3-58 连杆曲线分析

如图1-3-58所示,五连杆机构 *ABC-DE*,各杆长分别为 *a*、*b*、*c*、*d*、*e*,建立 *Axy* 右手直角坐标系为定坐标系,建立一动坐标系 *Buv* 与左连杆 *BC* 固结,其坐标系取法如图所示。点 *P* 是连杆平面上的一个点,它在动坐标系 *Buv* 中的坐标是 (p_u, q_v)。

设该五连杆机构两连架杆 *AB*、*DE* 分别与 *x* 轴的夹角为 θ 和 λ,则

$$\begin{cases} x_B = a\cos\theta \\ y_B = a\sin\theta \end{cases} \qquad \begin{cases} x_D = e + d\cos\lambda \\ y_D = d\sin\lambda \end{cases}$$

由图可知,*C* 点的坐标为

$$\begin{cases} x_C = x_B + b\cos(\beta \pm \psi) \\ y_C = y_B + b\sin(\beta \pm \psi) \end{cases} \tag{1-3-52}$$

$$\cos\psi = \frac{l_{BC}^2 + l_{BD}^2 - l_{CD}^2}{2l_{BC}l_{BD}} = \frac{b^2 + l_{BD}^2 - c^2}{2bl_{BD}}, \ \sin\psi = \sqrt{1 - \cos^2\psi},$$

$$\cos\beta = \frac{x_D - x_B}{l_{BD}}, \ \sin\beta = \frac{y_D - y_B}{l_{BD}}, \ l_{BD} = \sqrt{(x_D - x_B)^2 + (y_D - y_B)^2}。$$

将上述关系代入式(1-3-52)可得

$$x_C = x_B + Q_1(x_D - x_B) - MQ_2(y_D - y_B)$$

$$y_C = y_B + Q_1(y_D - y_B) + MQ_2(x_D - x_B)$$

式中 *M*——模式系数,当运动副 *B*、*C*、*D* 三点按顺时针排列时,取 $M=1$;当按逆时针排

列时，$M = -1$，即运动副 C 的位置可有两组解。

式中　$Q_1 = \dfrac{l_{BC}^2 + l_{BD}^2 - l_{CD}^2}{2l_{BD}^2} = \dfrac{l_{BD}^2 + b^2 - c^2}{2l_{BD}^2}$；$Q_2 = \sqrt{\dfrac{l_{BC}^2}{l_{BD}^2} - Q_1^2}$。

连杆 BC 与 x 轴的夹角为

$$\delta = \beta \pm \psi, \quad \delta = \arctan\left(\frac{y_C - y_B}{x_C - x_B}\right)$$

P 点的坐标为

$$x_P = p_u\cos\delta - q_v\sin\delta + x_B$$
$$y_P = p_u\sin\delta + q_v\cos\delta + y_B$$

三、铰链五连杆机构压力角

在五连杆机构中压力角的定义也与四连杆机构类似，即在忽略连杆质量、惯性力和运动副中摩擦的情况下，从动件受力方向与力作用点速度方向之间所夹的锐角，称为该机构的压力角。在五连杆机构中通常输入为两连架杆，输出为两连杆。如图 1-3-59a 所示，已知五连杆机构各杆长及两连架杆的运动规律 ω_1、ω_2，求机构在 C 点的压力角。

分析：

1）先分析图示机构在 C 点的速度 v_C。由速度图解法可知有速度矢量方程

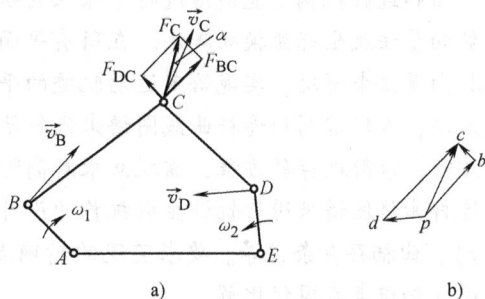

图 1-3-59　五连杆机构压力角

$$\boldsymbol{v}_C = \boldsymbol{v}_B + \boldsymbol{v}_{CB} = \boldsymbol{v}_D + \boldsymbol{v}_{CD}$$

大小		$\omega_1 l_{AB}$	?	$\omega_2 l_{ED}$	?
方向		$\perp AB$	$\perp BC$	$\perp ED$	$\perp CD$

由速度矢量方程可作出速度矢量图，如图 1-3-59b 所示，由图可求出 v_C 如图中 $\overrightarrow{pc}$ 所示，将 v_C 平行移至 C 点。

2）如图 1-3-59a 所示，当不计摩擦及杆件自重时，由左右两连杆 BC 及 DC 分别求出它们对 C 点的力 F_{BC} 及 F_{DC}，并将该两力合成为合力 F_C，则该合力 F_C 与 C 点速度方向 v_C 之间所夹的锐角即为该机构在 C 点的压力角 α。该压力角将随机构位置的变化而变化。与四连杆机构类似，若当机构在某位置处，其压力角等于 90°时，该机构出现死点位置。与四杆机构相似，机构的死点位置与机构的位置及相关原动件有关。

四、五连杆机构的演化

与四杆机构演化方法类似，五连杆机构中若将其中转动副用移动副代替后又可引申出各类五连杆机构，如图 1-3-60 所示为带一个移动副的五连杆机构。由此还可推得带两个移动副等一系列五连杆机构。读者可以自行演化出一系列其他新的五连杆机构，它们各有自己的运动特性。

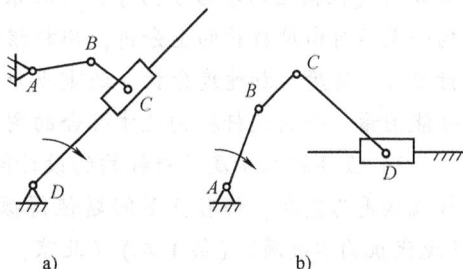

图 1-3-60　带一个移动副的五连杆机构

知识拓展

　　平面连杆机构运动学分析与设计是机构学各种机构设计中比较复杂和困难的一类机构设计问题。本教材主要阐述工程中应用最多也是最基本的平面四连杆机构分析与设计，同时扩充阐述了五连杆机构。它是现代机械中机械与控制结合的一种典型的多自由度机构，也是多自由度机构中最基本的机构之一。

　　连杆机构设计内容主要有实现已知运动规律及实现已知运动轨迹两大类。设计方法有图解法、几何图解法、解析法、仿真法和实验法。图解法的精度有限，但随着计算机作图的精度提高，图解法的精度也相应提高。实现已知运动规律问题中几何图解法是以一定几何方法为理论基础的一种设计方法，如机构位移的极和等视角定理、连杆给定三个位置的极三角形、连杆给定四个位置的对极四边形和圆心曲线、连杆给定五个位置的布氏点（B. Burmester's point）以及连架杆给定对应位置问题与相对极的利用等。我国杨基厚教授对平面四连杆机构性能图谱进行了深入的研究。在平面连杆机构的解析法中有坐标投影法、复数向量法及坐标变换矩阵法。在所有平面机构中各类设计问题的解析方法，几乎全部可用复数向量法来解决。实现给定运动轨迹的平面连杆机构设计问题中连杆曲线图谱是一种实用的方法，人们常利用连杆曲线图谱来进行轨迹生成机构的设计。连杆曲线方程一般是一个6次方程，求解这样的方程，需联立求解高阶非线性方程组。工程中，常借助于事先已准备好的连杆曲线图谱来进行轨迹生成机构的设计。设计中还将考虑其传力性能（压力角 α、传动角 γ）、曲柄存在条件等。要求实现的精确点数目越多求解越困难，有时还需要用到机械优化设计知识来实现优化解。

　　平面五连杆机构，由于其自由度为2，连杆上某点几乎可精确实现各种平面轨迹曲线。空间连杆机构设计与分析是机构学的一个难点，它需要用到机构坐标变换矩阵（D-H 矩阵）等一系列数学工具以及各种解题技巧。仿真法是利用现代计算机动态仿真软件（如 Pro/E、ADAMS 等），用二维或三维模型进行动态仿真，找出所需设计的连杆机构。它也是目前工程设计人员常用的较好的设计方法之一。实验法设计连杆机构，通过实物模型制作来找出所需设计的连杆机构，并对仿真及解析法等设计的连杆机构进行验证。

文献阅读指南

　　1）本章以平面四连杆机构为主并增加了平面五连杆机构的有关内容。文中所述平面四连杆机构内容是最基本的内容，若需进一步了解有关平面连杆机构的内容，建议阅读杨基厚编著的《机构运动学与动力学》（北京：机械工业出版社，1987）。该书介绍了平面连杆机构一至多自由度机构的型分析，用杆组法、图解法、解析法及复数向量法对平面连杆机构进行位置、速度、加速度分析，还重点介绍了杨基厚的研究工作，即四连杆机构的空间模型和性能图谱，平面连杆机构尺寸综合的图解方法及几何方法。

　　2）五连杆机构及多杆机构的设计问题常与机构控制问题联系在一起，其设计问题比四杆机构更为复杂，仍有许多问题值得探讨。有兴趣研究的读者可参阅邹慧君、高峰主编的《现代机构学进展》（第1卷）（北京：高等教育出版社，2007）。该书第五章是由郭为忠等编写的混合输入机构，其介绍了五杆机构、七杆机构及其他多杆机构的设计、控制及运动学与动力学等方面的内容。该书第九章是由王知行等编写的平面连杆机构分析与综合，其介绍了平面四杆机构及多杆机构的综合进展及综合方法与思路、平面连杆机构尺度综合的优化方法、四杆机构的运动特性、导引特性、连杆曲线的频谱特性和四杆机构综合的数值比较法。此外还涉及六杆间歇机构的近似综合及平面连杆机构的研究展望等。通过阅读这些内容，可扩大读者学术研究的思路及方向。

学习指导

一、本章主要内容

本章的主要内容是平面四杆机构的基本形式及其演化，有关四杆机构的基本特性，以及平面四杆机构的基本设计方法。平面五连杆机构的特性分析、连杆曲线分析及压力角分析。

二、本章学习要求

（一）了解平面连杆机构的基本形式及其演化

平面连杆机构最基本的形式是平面铰链四杆机构。平面铰链四杆机构根据两连架杆运动形式不同分为曲柄摇杆机构、双曲柄机构及双摇杆机构。

铰链四杆机构通过不同的演化方法可得到其他形式的四杆机构，如曲柄滑块机构，各种导杆机构等。

（二）掌握四杆机构的基本特性

1）铰链四杆机构的曲柄存在条件 $l_{\min} + l_{\max} \leqslant l_{\text{余}1} + l_{\text{余}2}$，此条件称为杆长条件；连架杆与机架中必有一最短杆。

如果机构的尺寸满足上述条件，则机构必有曲柄，且若以最短杆为机架，则机构为双曲柄机构；若以最短杆的邻杆为机架，则机构为曲柄摇杆机构。如果机构不满足上述条件，即 $l_{\min} + l_{\max} > l_{\text{余}1} + l_{\text{余}2}$，或者以最短杆的对面杆为机架，则机构都为双摇杆机构。

2）机构的急回特性。理解急回特性的含义及极位夹角的概念。急回特性用行程速比系数 K 来衡量，$K = \dfrac{180° + \theta}{180° - \theta}$。由此可以看出，要确定机构是否具有急回特性，其关键是确定机构是否存在极位夹角 θ，只要 $\theta \neq 0$，则机构一定具有急回特性，且 θ 角越大，急回特性越显著。至于机构极位夹角 θ 的确定，可用作图法求解。

3）机构的传力特性。掌握压力角、传动角的概念。传动角是用来衡量机构的传力性能的，机构的传动角 γ 越大，即压力角 α 越小，机构传力性能就越好，机构的效率就越高。传动角 γ 与压力角 α 的关系可用 $\alpha + \gamma = 90°$ 来描述。为了保证机构传力良好，通常应使机构的最小传动角 $\gamma_{\min} \geqslant 40° \sim 50°$ 或 $\alpha_{\max} \leqslant 50° \sim 40°$。由于多数机构运动中的传动角是变化的，为此必须能确定四杆机构最小传动角位置（图1-3-34），且要注意与机构极限位置图1-3-32的差别，不能将两者混为一谈。

4）机构死点位置。了解死点的含义，即机构出现 $\gamma = 0°$ 时，主动件通过连杆作用于从动件上的力恰好与力作用点的速度方向垂直，在速度方向无驱动分力，从而不能使从动件转动，机构的这种位置称为死点位置，简称死点。值得强调的是死点不是某一点，而是机构的某一位置，且死点的出现与否跟原动件的选择有关。例如，同是一个曲柄摇杆机构，若以曲柄为原动件，则机构不会出现死点，若以摇杆为原动件，则机构有死点。克服死点可借助于惯性或采取机构错位排列的方法。工程上也常常利用死点来实现特殊的要求。

（三）掌握四杆机构的基本设计方法

四杆机构的设计以图解法为重点，主要掌握以下1）和3）这两种类型的设计，了解2）类的设计思想。

1）给定连杆的位置要求设计四杆机构，主要应用中垂线法。

2）按两连架杆对应位置设计四杆机构，主要应用反转法的原理，将其转化为第1种类型的设计。

反转法是本章的难点所在，自学时一定要领会其根本思想。如图1-3-41b所示，根据低副运动的可逆性原理，不论以 AD 为机架，还是以摇杆的某一位置（如 E_1D）为机架，机构都能实现这样的三组相对位置，即 AB_1E_1D、AB_2E_2D、AB_3E_3D，因此可以将上述三组位置刚化。由于以摇杆的第一位置 E_1D 为机架，所以必须将刚化位置 AB_2E_2D、AB_3E_3D 绕 D 反转至 E_2D、E_3D 都与 E_1D 重合，因而 AB_2、AB_3 对应转到 $A_2'B_2'$、$A_3'B_3'$。由于此时是以摇杆 E_1D 为机架，则 AB 杆变为连杆，且已知三个位置 AB_1、$A_2'B_2'$、$A_3'B_3'$，要求铰链 C 的位置，这就转化成给定连杆位置的设计问题。

3）按行程速比系数 K 设计四杆机构，如图1-3-42所示，主要是确定曲柄的回转中心，即铰链 A 的位置，结合机构在极限位置时特有的几何关系，就可得到需要的杆长。

（四）五连杆机构

了解平面五连杆机构的特性分析、连杆曲线分析及压力角分析。

（五）模型制作

本章的重点是平面四杆机构的类型及其演化，四杆机构的一些基本知识，如曲柄存在条件、急回特性、传力特性、死点等，以及四杆机构的设计方法。

为了便于学习者理解，可自己制作一个铰链四杆机构模型，如图1-3-61所示，从模型观察各种特性。具体制作过程如下：

1）选择一硬纸板和四个图钉，按以下尺寸用硬纸板剪成四个杆，其中 $a = 150\text{mm}$，$b = 345\text{mm}$，$c = 375\text{mm}$，$d = 450\text{mm}$，用图钉联接代替转动副将四杆拼成如图所示的运动链。

2）首先验证曲柄存在条件。因为 $a + d = 600\text{mm}$，$b + c = 720\text{mm}$，所以满足 $a + d < b + c$，如果将 d 杆上的两图钉按到一固定的物体上（如桌面上），即用 d 杆作为机架，得到曲柄摇杆机构。此时用手指拨动 a 杆，看看 a 杆是否作整周转动，同时 c 杆是否作左右摆动，并仔细观察 c 杆在左右极限位置时机构的特点（即左

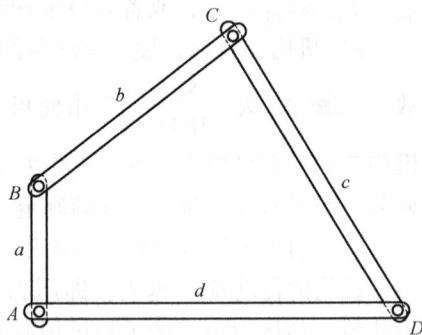

图1-3-61 铰链四杆机构模型

极限时 b 与 a 重叠共线，右极限时 b 与 a 拉直共线）。与此同时，还可以看到随着 a 杆绕 A 点转动一周的过程中，角度 $\angle BCD$ 也在变化，并且在 a 与 d 重叠共线时，$\angle BCD$ 最小；在 a 与 d 拉直共线时，$\angle BCD$ 最大，由此可验证机构的传动角 γ 是否满足要求，且可找出机构最小传动角的位置。

3）观察死点。对以上的四杆机构，若用手指拨动 c 杆而不是 a 杆，让它绕 D 点摆动，

当它摆到左（或右）极限位置时停下，再次拨动 c 杆时，看它能否转动。我们知道这两个位置都是死点，所以 c 杆是动不了的，此时只有通过拨动 a 杆使 c 杆通过死点位置，机构才能又一次运动起来。

4）如果将 d 杆上的图钉拔出，不作固定件，而换成将 a（或 b 或 c）上的两图钉按到固定上，用手指拨动其中的一个连架杆，则可同样观察步骤 2 和 3 中的现象。

思 考 题

1.3.1 何谓连杆机构？该机构的优缺点是什么？适应于哪些场合？

1.3.2 平面四杆机构的基本形式是什么？它有哪些演化方法？为什么要学习演化？

1.3.3 什么叫曲柄？曲柄是机构中"最短杆"这一说法准确吗？机构中有曲柄的条件是什么？

1.3.4 何谓低副运动可逆性？研究它有什么用处？

1.3.5 何谓极位夹角？何谓急回特性？两者之间有什么关系？

1.3.6 试考虑设计一无急回特性的曲柄摇杆机构的机构运动简图。

1.3.7 何谓压力角、传动角？曲柄摇杆组成的四杆机构其最大压力角发生在什么位置？为什么要对它进行研究？

1.3.8 何谓死点？它在什么情况下发生？如何避免死点？如何利用死点？

1.3.9 两自由度五连杆机构影响它运动特点的因素有哪些？研究它有什么用途？

1.3.10 连杆机构设计主要研究哪些内容？设计方法有哪些？分别适用于哪些场合？

习 题

1.3.1 试根据图 1-3-62 中注明的尺寸判断各铰链四杆机构的类型。

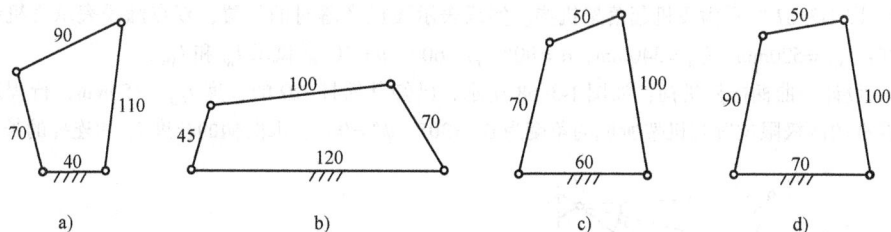

图 1-3-62 习题 1.3.1 图

1.3.2 在图 1-3-63 所示的铰链四杆机构中，已知 $l_{AD}=40\mathrm{mm}$，$l_{BC}=60\mathrm{mm}$，$l_{CD}=50\mathrm{mm}$，AD 为机架。1）若此机构为曲柄摇杆机构，且 AB 为曲柄，求 l_{AB} 的最大值；2）若此机构为双曲柄机构，求 l_{AB} 的最小值；3）若此机构为双摇杆机构，求 l_{AB} 的取值范围。

1.3.3 图 1-3-64 所示为偏置曲柄滑块机构，试求杆 AB 能成为曲柄的条件。若偏距 $e=0$ 时，则杆 AB 成为曲柄的条件又是什么？

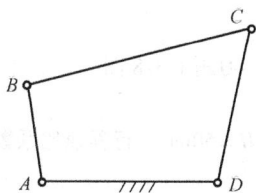

图 1-3-63 习题 1.3.2 图

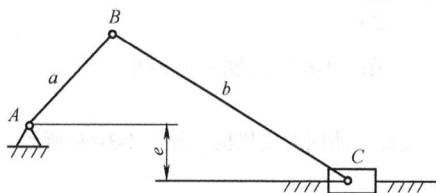

图 1-3-64 习题 1.3.3、1.3.4 图

1.3.4 在图1-3-64所示的偏置曲柄滑块机构中，已知$e=10$mm，$l_{AB}=20$mm，$l_{BC}=70$mm，用图解法求：1）滑块的行程H；2）曲柄为主动件时的γ_{min}及γ_{max}；3）曲柄为主动件时的行程速比系数K；4）滑块为主动件时机构的死点位置。

1.3.5 图1-3-65所示为一利用死点位置的焊接夹紧装置。按图中箭头方向转动手柄F，则CD杆随之转动，而使其上的压板E向工件压去。问机构转到什么位置时，压板把工件压紧在工作台上，当松开手柄后，机构不致由于压紧力的反作用而反转，使被压紧的工件松开。试用作图法求出上述压紧工件时的机构位置。已知机构各杆长是：$l_{AB}=110$mm，$l_{BC}=45$mm，$l_{CD}=90$mm，$l_{AD}=50$mm。

1.3.6 图1-3-66所示为造型机工作台翻转机构翻台的两个位置Ⅰ、Ⅱ。设翻台固连在连杆BC上，若已知连杆长$l_{BC}=500$mm，$l_{CK}=500$mm，并要求其固定铰链A、D的安装位置与x轴平行，且$AD=BC$，试设计此铰链四杆机构。

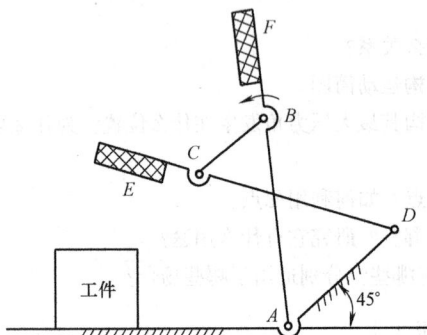

图1-3-65 习题1.3.5图

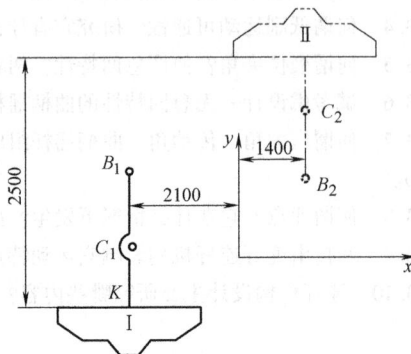

图1-3-66 习题1.3.6图

1.3.7 图1-3-67所示为飞机起落架机构。实线表示飞机降落时的位置，双点画线表示飞机起飞后的位置。已知：$l_{AD}=520$mm，$l_{CD}=340$mm，$\alpha=90°$，$\beta=60°$，$\theta=10°$。试求l_{BC}和l_{AB}。

1.3.8 设计一曲柄摇杆机构，如图1-3-68所示，已知其摇杆CD的长度$l_{CD}=150$mm，行程速比系数$K=1.0$，摇杆的两极限位置与机架所成的角度为$\psi'=30°$，$\psi''=90°$，求曲柄的长度l_{AB}和连杆的长度l_{BC}。

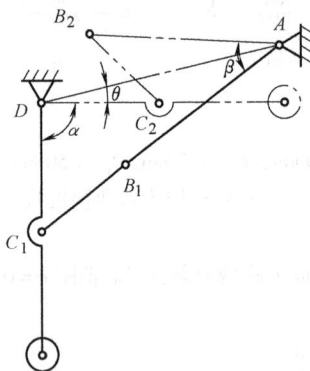

图1-3-67 习题1.3.7图

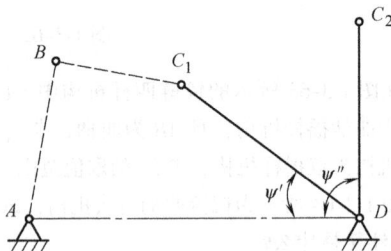

图1-3-68 习题1.3.8图

1.3.9 设计一曲柄滑块机构，如图1-3-69所示，已知滑块的行程$H=50$mm，行程速比系数$K=1.5$，偏距$e=20$mm。

1.3.10 图1-3-70所示为牛头刨床的摆动导杆机构，已知中心距$l_{AC}=300$mm，刨床的冲程$H=450$mm，行程速比系数$K=1.4$，试用图解法求曲柄AB的长度l_{AB}和导杆CD的长度l_{CD}。

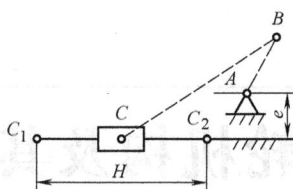

图 1-3-69 习题 1.3.9 图

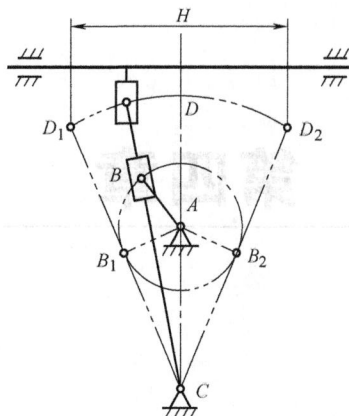

图 1-3-70 习题 1.3.10 图

1.3.11 试用图解法设计一铰链四杆机构，如图 1-3-71 所示。已知两连架杆的三组对应位置为：$\varphi_1 = 120°$，$\psi_1 = 105°$；$\varphi_2 = 90°$，$\psi_2 = 85°$；$\varphi_3 = 60°$，$\psi_3 = 65°$，且 $l_{AB} = 20mm$，$l_{AD} = 50mm$。

1.3.12 设计一曲柄滑块机构，如图 1-3-72 所示，若已知曲柄和滑块的对应位置为：$\varphi_1 = 120°$，$x_1 = 19mm$；$\varphi_2 = 85°$，$x_2 = 28mm$；$\varphi_3 = 60°$，$x_3 = 36mm$，偏距 $e = 10mm$。

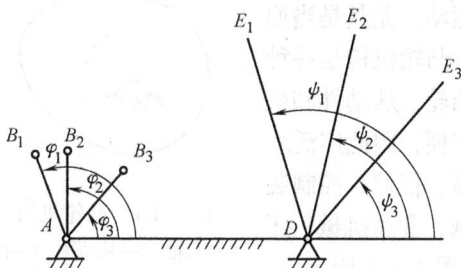

图 1-3-71 习题 1.3.11 图

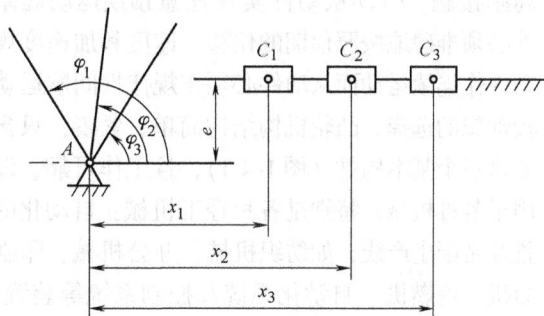

图 1-3-72 习题 1.3.12 图

习题参考答案

1.3.1 a）双曲柄机构 b）曲柄摇杆机构 c）双摇杆机构 d）双摇杆机构。

1.3.2 1）$l_{ABmax} = 30mm$ 2）$l_{ABmin} = 50mm$ 3）$30mm < l_{AB} < 50mm$ 或 $70mm < l_{AB} < 150mm$。

1.3.3 偏置曲柄滑块机构：$b \geq a + e$；对心曲柄滑块机构：$b \geq a$。

1.3.4 1）$H = 40.2mm$ 2）$\gamma_{min} = 65.6°$；$\gamma_{max} = 90°$ 3）$K = 1.057$

4）AB 与 BC 杆拉直共线位置或 AB 与 BC 杆重叠共线位置时机构处于死点位置。

1.3.5 作图略；位置应在 BC 与 AB 共线，机构处于死点位置，可压紧工件而不反转。

1.3.6 $l_{AB} = 2500mm$，$l_{BC} = 500mm$，$l_{CD} = 2700mm$，$l_{AD} = 500mm$。

1.3.7 $l_{AB} = 380mm$，$l_{BC} = 290mm$。

1.3.8 $l_{AB} = 75mm$，$l_{BC} = 225mm$。

1.3.9 $l_{AB} = 21.5mm$，$l_{BC} = 45.6mm$。

1.3.10 $l_{AB} = 77.5mm$，$l_{CD} = 871mm$。

1.3.11 $l_{BC} = 58mm$，$l_{CD} = 32.5mm$。

1.3.12 $l_{AB} = 17mm$，$l_{BC} = 30mm$。

第四章

凸轮机构及其设计

第一节 凸轮机构应用及分类

一、凸轮机构的基本组成、工作原理及应用特点

凸轮机构是由具有曲线轮廓或凹槽的凸轮，通过与从动件的高副接触，带动从动件实现任意预期运动规律的机构。如要求从动件必须准确地按照预期的位移、速度和加速度规律运动，尤其是当原动件作连续运动而从动件必须作规律性间歇运动时，凸轮机构是一种较理想的选择。凸轮机构结构简单、紧凑，只含有凸轮、从动件和机架这三个基本构件（图1-4-1），且工作可靠、设计方便，因此广泛应用于各种机械，特别是各种轻工机械，自动化的机器、仪器、控制装置及装配生产线，如纺织机械、办公机械、印刷机械、食品机械、压力机、内燃机、自动化系统及控制系统等装置，如图1-4-2所示。

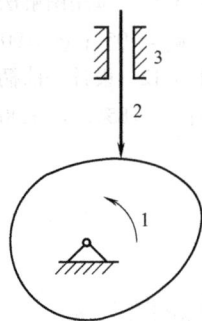

图 1-4-1 凸轮机构
1—凸轮 2—从动件 3—机架

当然，凸轮机构也存在一些缺陷。首先，凸轮与从动件之间是高副接触，相对于低副接触而言，承载力低，易磨损，所以只适用于传力不大的场合；其次，任意曲线的凸轮轮廓较难加工；再次，为了使凸轮机构尽可能紧凑，从动件允许的行程不宜过大。

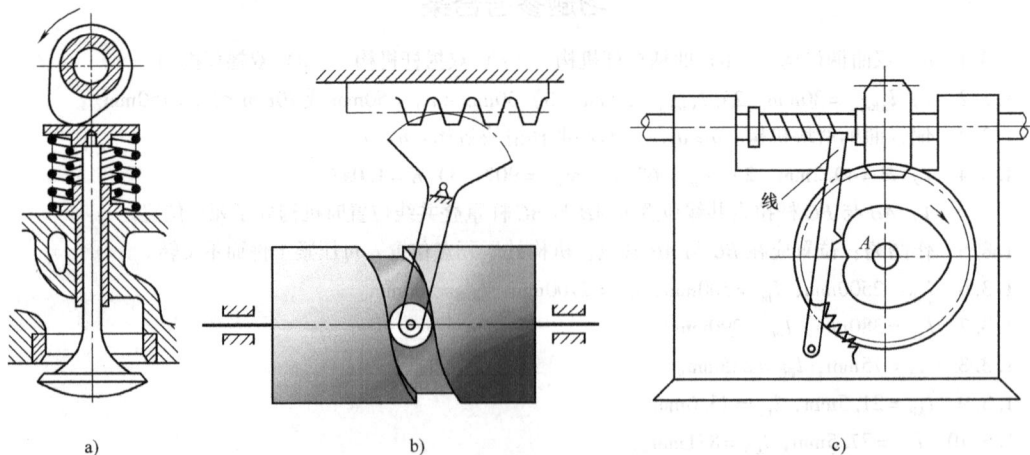

图 1-4-2 凸轮机构应用

a) 内燃机配气凸轮机构 b) 自动机床进刀凸轮机构 c) 绕线机凸轮机构

二、凸轮机构的分类

凸轮机构的类型取决于凸轮和从动件的类型。

如表 1-4-1 所示，按凸轮与从动件的相对运动来分，有平面凸轮机构和空间凸轮机构。平面凸轮机构中凸轮与从动件互作平面平行运动，空间凸轮机构中凸轮与从动件的运动平面不相互平行。平面凸轮有盘形凸轮和移动凸轮；空间凸轮有圆柱凸轮和圆锥凸轮。

表 1-4-1 凸轮形式

平面凸轮		空间凸轮	
盘形凸轮	移动凸轮	圆柱凸轮	圆锥凸轮
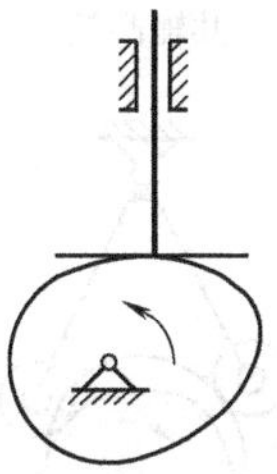	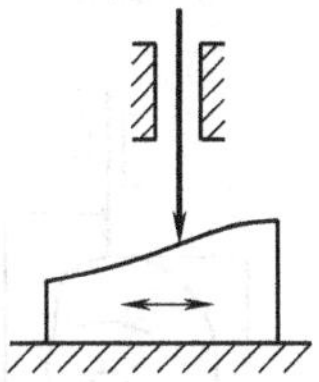	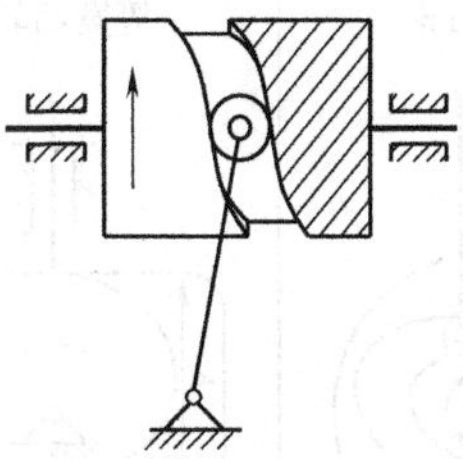	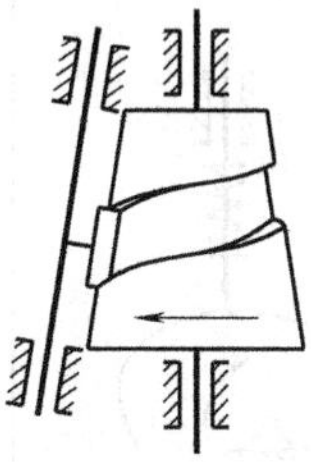

如表 1-4-2 所示，按从动件的运动形式来分，有直动从动件和摆动从动件；按从动件与凸轮接触部分的形状来分，有尖顶从动件、滚子从动件和平底从动件。其中尖顶从动件结构简单，但易磨损，故在实际生产中很少应用。滚子从动件可改善其与凸轮间的摩擦形式，传递较大的动力，故应用最为广泛。平底从动件与凸轮接触处易形成油膜，润滑状况好，且不计摩擦时，凸轮对从动件的作用力始终垂直于从动件的平底，故受力平稳，传动效率高，常用于高速和载荷较大的场合。但与之配合的凸轮轮廓必须全部为外凸形状。

表 1-4-2 从动件形式

从动件运动形式　从动件与凸轮的接触形式	直 动	摆 动
尖顶	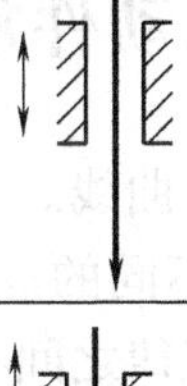	
滚子	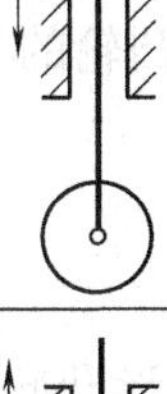	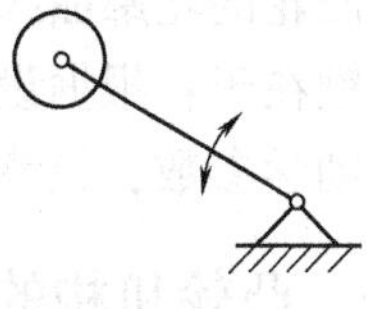
平底	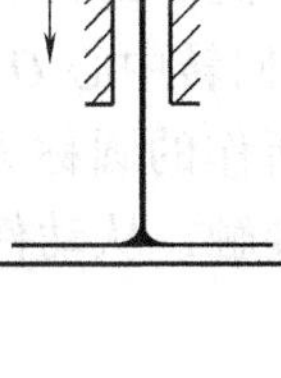	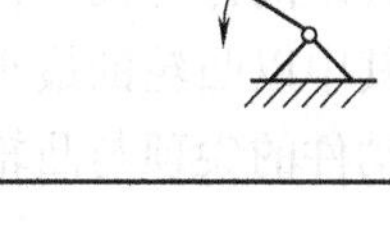

按上述分类方法，表1-4-1中自左至右的凸轮机构分别称为平底直动从动件盘形凸轮机构、尖顶直动从动件移动凸轮机构、滚子摆动从动件圆柱凸轮机构及滚子直动从动件圆锥凸轮机构。

如表1-4-3所示，按凸轮与从动件维持高副接触（封闭）的方式来分，有力封闭型凸轮机构和形封闭型凸轮机构。力封闭是利用从动件的重力、弹簧力或其他外力使从动件与凸轮轮廓始终保持高副接触的封闭形式；形封闭是依靠凸轮与从动件的特殊几何结构来保持两者始终接触的封闭形式。

表1-4-3　凸轮机构的封闭方式

力 封 闭	形 封 闭			
	沟槽凸轮	等宽凸轮	等径凸轮	共轭凸轮
利用从动件的重力、弹簧力或其他外力使从动件与凸轮轮廓始终保持接触	依靠凸轮沟槽的两边使从动件与凸轮保持接触	从动件做成矩形框架形状，利用凸轮轮廓上任意两条平行切线间的距离等于框架的宽度 b，而使从动件与凸轮保持接触	从动件与凸轮的两个接触点相距为 l，其连心线通过凸轮轴心，且凸轮轮廓始终与从动件接触，从而推动从动件往复运动	由彼此固结在一起的一对凸轮组成，主、回凸轮分别控制从动件的推程和回程，使从动件与凸轮保持接触

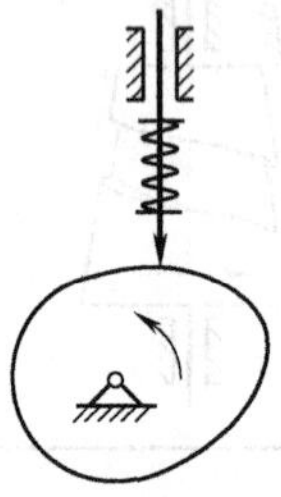

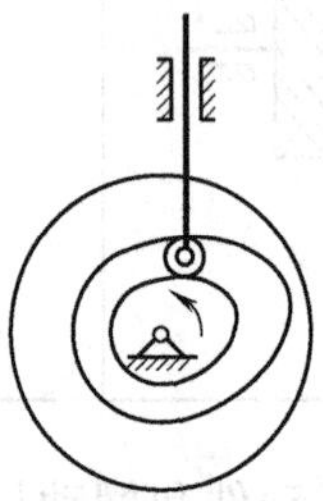

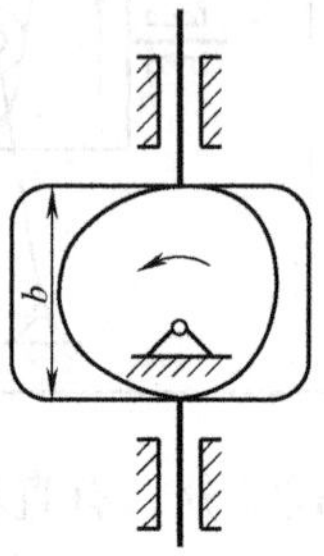

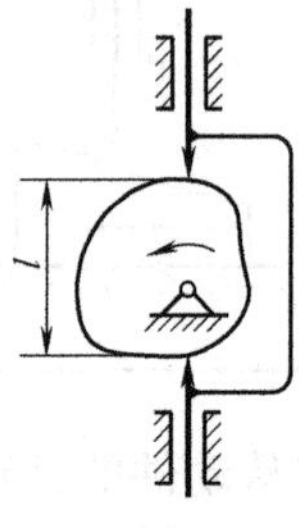

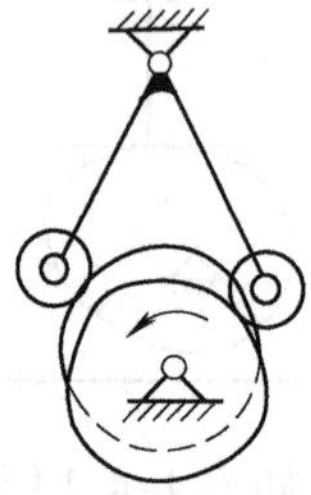

第二节　从动件常用运动规律

从动件的运动情况取决于凸轮的轮廓曲线。一定轮廓曲线形状的凸轮，能够使从动件产生一定规律的运动；反过来说，从动件不同的运动规律，要求凸轮具有不同形状的轮廓曲线，即凸轮的轮廓曲线与从动件的运动规律之间存在着确定的依从关系。因此，凸轮机构设计的关键在于：根据设计任务的要求选择凸轮的类型和从动件的运动规律，进而确定凸轮机构的运动学参数，最终设计凸轮的轮廓。

一、凸轮机构的运动学设计参数

图1-4-3a为一偏置尖顶直动从动件盘形凸轮机构。凸轮回转中心 O 到从动件运动导路的垂直距离称为偏距，用 e 表示。凸轮回转中心 O 到凸轮轮廓上 K 点的距离，用向径 r_K 表示，其中以凸轮的最小向径 r_b 为半径所作的圆称为凸轮的基圆，r_b 称为基圆半径。图示位置从动件的尖顶与凸轮轮廓上的 A 点接触，从动件处于离凸轮轴心最近的位置。当凸轮沿

逆时针转过 Φ 角，凸轮上向径逐渐增大的轮廓 AB 推动从动件按一定的规律运动到最高位置，这一过程称为推程阶段，从动件上升的最大距离称为升距或动程 h，此阶段凸轮的相应转角 Φ 称为推程运动角（注意：$\Phi = \angle BOB'$，$\Phi \neq \angle AOB$）。当凸轮继续转过 Φ_s 角时，从动件的尖顶与凸轮上的圆弧段轮廓 BC 接触，从动件在离凸轮轴心最远的位置静止不动，这一过程称为远休止阶段，其对应的凸轮转角 Φ_s 称为远休止角。凸轮继续转过 Φ' 角时，凸轮上向径逐渐减小的轮廓 CD 使从动件按一定的运动规律回到离凸轮轴心最近的位置，这一过程称为回程阶段，对应的凸轮转角 Φ' 称为回程运动角（注意：$\Phi' \neq \angle COD$）。凸轮再转过 Φ'_s 角时，从动件的尖顶与凸轮基圆上的圆弧段 DA 接触，从动件在离凸轮轴心最近的位置静止不动，这一过程称为近休止阶段，其对应的凸轮转角 Φ'_s 称为近休止角。至此，凸轮机构完成一个运动循环。此后，凸轮继续运转，从动件将重复上述升—停—降—停运动。

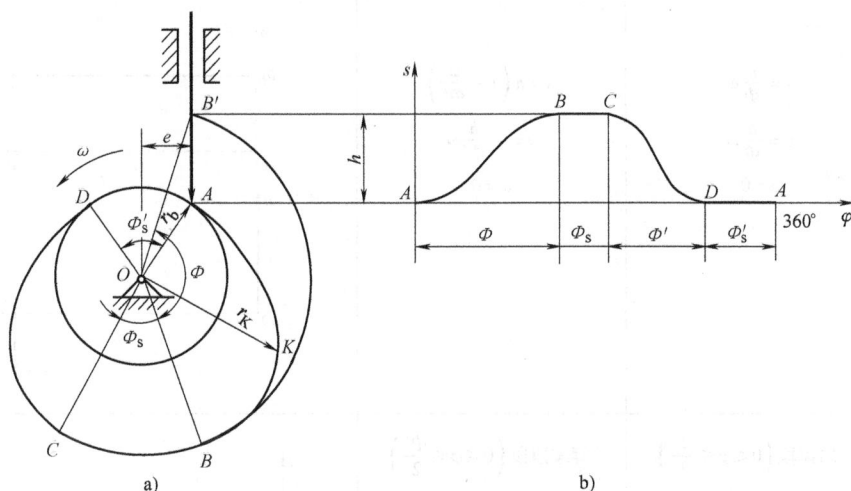

图 1-4-3　凸轮机构工作原理图

a) 凸轮参数　b) 从动件位移线图

图 1-4-3b 为对应凸轮机构一个工作循环的从动件位移线图，横坐标代表凸轮转角 φ 或时间 t，纵坐标代表从动件位移 s。它反映了从动件的位移随凸轮转角或时间变化的规律。根据位移变化规律，还可以进一步求出速度、加速度及跃度（加速度变化率）的变化规律，这些规律统称为从动件的运动规律。从动件的位移 s、速度 v、加速度 a、跃度 j 随时间 t 或凸轮转角 φ 变化的曲线，统称为从动件的运动线图。

从上面的分析也可以看出，凸轮轮廓曲线的形状决定了从动件的运动规律，要想使从动件实现某种运动规律，就要设计出与其相应的凸轮轮廓曲线。

凸轮的推程运动角 Φ、远休止角 Φ_s、回程运动角 Φ'、近休止角 Φ'_s 以及从动件的位移 s、速度 v、加速度 a、跃度 j，全面反映了凸轮机构的运动特性及其变化的规律性，是凸轮机构的运动学设计参数，也是凸轮轮廓曲线设计的基本依据。

二、从动件常用运动规律

工程实际中对从动件的运动要求多种多样，如自动车床中要求刀具在工作行程中作等速运动；内燃机配气凸轮机构要求从动件具有良好的动力性能（主要是加速度要求）；某些控制用凸轮机构，只要求从动件具有简单的升距等。人们经过长期的理论研究和生产实践，已经积累了能适应多种工作要求的从动件运动规律，其中在工程实际中经常用到的运动规律，称为常用运动规律。表1-4-4所列为几种常用运动规律的运动方程式和运动线图。

表1-4-4 从动件常用运动规律

运动规律	运动方程式		推程运动线图
	推程（$0 \leqslant \varphi \leqslant \Phi$）	回程（$0 \leqslant \varphi \leqslant \Phi'$）	
等速运动（直线运动）	$s = \dfrac{h}{\Phi}\varphi$ $v = \dfrac{h}{\Phi}\omega$ $a = 0$	$s = h\left(1 - \dfrac{\varphi}{\Phi'}\right)$ $v = -\dfrac{h}{\Phi'}\omega$ $a = 0$	
等加速等减速运动（抛物线运动）	等加速段（$0 \leqslant \varphi \leqslant \dfrac{\Phi}{2}$） $s = \dfrac{2h}{\Phi^2}\varphi^2$ $v = \dfrac{4h\omega}{\Phi^2}\varphi$ $a = \dfrac{4h\omega^2}{\Phi^2}$ $j = 0$	等减速段（$0 \leqslant \varphi \leqslant \dfrac{\Phi'}{2}$） $s = h - \dfrac{2h}{\Phi'^2}\varphi^2$ $v = -\dfrac{4h\omega}{\Phi'^2}\varphi$ $a = \dfrac{-4h\omega^2}{\Phi'^2}$ $j = 0$	
	等减速段（$\dfrac{\Phi}{2} \leqslant \varphi \leqslant \Phi$） $s = h - \dfrac{2h}{\Phi^2}(\Phi - \varphi)^2$ $v = \dfrac{4h\omega}{\Phi^2}(\Phi - \varphi)$ $a = -\dfrac{4h\omega^2}{\Phi^2}$ $j = 0$	等加速段（$\dfrac{\Phi'}{2} \leqslant \varphi \leqslant \Phi'$） $s = \dfrac{2h}{\Phi'^2}(\Phi' - \varphi)^2$ $v = -\dfrac{4h\omega}{\Phi'^2}(\Phi' - \varphi)$ $a = \dfrac{4h\omega^2}{\Phi'^2}$ $j = 0$	

（续）

运动规律	运动方程式		推程运动线图
	推程（$0 \leqslant \varphi \leqslant \Phi$）	回程（$0 \leqslant \varphi \leqslant \Phi'$）	
简谐运动（余弦加速度运动）	$s = \dfrac{h}{2}\left[1 - \cos\left(\dfrac{\pi}{\Phi}\varphi\right)\right]$ $v = \dfrac{\pi h \omega}{2\Phi}\sin\left(\dfrac{\pi}{\Phi}\varphi\right)$ $a = \dfrac{\pi^2 h \omega^2}{2\Phi^2}\cos\left(\dfrac{\pi}{\Phi}\varphi\right)$ $j = -\dfrac{\pi^3 h \omega^3}{2\Phi^3}\sin\left(\dfrac{\pi}{\Phi}\varphi\right)$	$s = \dfrac{h}{2}\left[1 + \cos\left(\dfrac{\pi}{\Phi'}\varphi\right)\right]$ $v = -\dfrac{\pi h \omega}{2\Phi'}\sin\left(\dfrac{\pi}{\Phi'}\varphi\right)$ $a = -\dfrac{\pi^2 h \omega^2}{2\Phi'^2}\cos\left(\dfrac{\pi}{\Phi'}\varphi\right)$ $j = \dfrac{\pi^3 h \omega^3}{2\Phi'^3}\sin\left(\dfrac{\pi}{\Phi'}\varphi\right)$	
摆线运动（正弦加速度运动）	$s = h\left[\dfrac{\varphi}{\Phi} - \dfrac{1}{2\pi}\sin\left(\dfrac{2\pi}{\Phi}\varphi\right)\right]$ $v = \dfrac{h\omega}{\Phi}\left[1 - \cos\left(\dfrac{2\pi}{\Phi}\varphi\right)\right]$ $a = \dfrac{2\pi h \omega^2}{\Phi^2}\sin\left(\dfrac{2\pi}{\Phi}\varphi\right)$ $j = \dfrac{4\pi^2 h \omega^3}{\Phi^3}\cos\left(\dfrac{2\pi}{\Phi}\varphi\right)$	$s = h\left[1 - \dfrac{\varphi}{\Phi'} + \dfrac{1}{2\pi}\sin\left(\dfrac{2\pi}{\Phi'}\varphi\right)\right]$ $v = -\dfrac{h\omega}{\Phi'}\left[1 - \cos\left(\dfrac{2\pi}{\Phi'}\varphi\right)\right]$ $a = -\dfrac{2\pi h \omega^2}{\Phi'^2}\sin\left(\dfrac{2\pi}{\Phi'}\varphi\right)$ $j = -\dfrac{4\pi^2 h \omega^3}{\Phi'^3}\cos\left(\dfrac{2\pi}{\Phi'}\varphi\right)$	

从表 1-4-4 所示的运动线图可以看出各种常用运动规律的特点:

(1) 等速运动规律 从动件在运动的起始和终止位置速度曲线有突变,加速度理论上由零变为无穷大,从而使从动件突然产生理论值为无穷大的惯性力。当然,由于材料的弹性,加速度和惯性力事实上都不可能达到无穷大,但仍会使机构产生强烈冲击,这种冲击称为刚性冲击。等速运动规律适用于低速轻载场合。

(2) 等加速等减速运动规律 其速度曲线连续,但加速度曲线在运动的起始、中间和终止位置不连续,加速度产生有限值突变,表明加速度产生的有限惯性力在一瞬间突然作用在机构上,从而引起冲击,这种冲击称为柔性冲击。等加速等减速运动规律适用于中速轻载场合。

(3) 简谐运动规律 其速度曲线连续,但加速度曲线在运动的起始和终止位置不连续,加速度产生有限值突变,因此也会产生柔性冲击。当从动件作无停歇的升—降—升连续往复运动时,加速度曲线变为连续曲线(如图中虚线所示),从而可避免柔性冲击。简谐运动规律适用于中速中载场合。

(4) 摆线运动规律 其速度曲线和加速度曲线均连续而无突变,故既无刚性冲击也无柔性冲击。摆线运动规律适用于高速轻载场合。

三、从动件组合运动规律

上述几种基本运动规律各有一定的优缺点,为了使从动件获得更好的运动和动力特性,可以把几种常用运动规律拼接起来,构成组合运动规律。

组合运动规律应遵循以下原则:

1) 满足从动件特殊的运动要求。

2) 对于一般转速凸轮机构,要求位移曲线和速度曲线(包括运动的起始点和终止点)必须连续,以避免刚性冲击;对于中、高速凸轮机构,要求加速度曲线(包括运动的起始点和终止点)也必须连续以避免柔性冲击。跃度曲线可以不连续,但其突变必须为有限值。由此可见,当采用不同运动规律组合成组合运动规律时,各段运动规律在连接点的位移、速度和加速度应分别相等。这是运动规律组合时应满足的边界条件。

3) 在满足以上两条件的前提下,还应使最大速度 v_{max} 和最大加速度 a_{max} 的值尽可能小,以避免过大的动量和惯性力对机构运转造成不利影响。表 1-4-5 对几种常用运动规律进行了特性比较。

表 1-4-5 从动件常用运动规律特性比较

运动规律	$v_{max}/$ $(h\omega/\Phi)$	$a_{max}/$ $(h\omega^2/\Phi^2)$	$j_{max}/$ $(h\omega^3/\Phi^3)$	冲击特性	适用场合
等速	1.00	∞	—	刚性	低速轻载
等加速等减速	2.00	4.00	∞	柔性	中速轻载
简谐	1.57	4.93	∞	柔性	中速中载
摆线	2.00	6.28	39.5	无	高速轻载
改进型等速(余弦)	1.22	7.68	∞	无	中速重载
改进型等加速等减速	2.00	4.89	61.4	无	高速轻载
改进型正弦	1.76	5.53	69.5	无	高速重载

图 1-4-4 所示为几种组合运动规律的运动线图。其中图 1-4-4a 所示为等速运动与余弦加速度运动规律的组合；图 1-4-4b 所示为等加速等减速运动与正弦加速度运动规律的组合；图 1-4-4c 所示为两种不同周期的正弦加速度运动规律的组合。

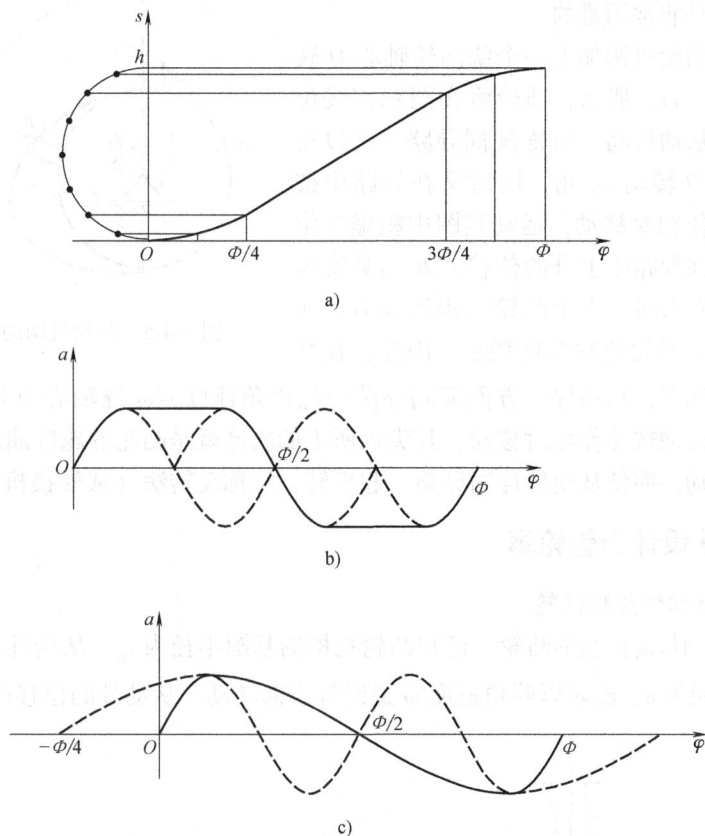

a)

b)

c)

图 1-4-4 组合运动规律的运动线图

a) 改进型等速运动规律 b) 改进型等加速等减速运动规律 c) 改进型正弦运动规律

第三节 图解法设计平面凸轮轮廓曲线

凸轮的轮廓曲线取决于凸轮机构的类型和从动件的运动规律，其设计方法有图解法和解析法。图解法直观性强，但误差大；解析法能精确计算凸轮轮廓上各点的坐标，但计算量相对较大。本节主要介绍图解法设计各种凸轮轮廓的基本原理及方法。

一、凸轮轮廓设计的反转法原理

凸轮机构工作时，凸轮和从动件都在运动。为了在图样上绘制出凸轮的轮廓曲线，希望在不改变两者相对运动的前提下，凸轮相对于图样平面保持静止，为此可采用反转法。如图 1-4-5 所示的对心尖顶直动从动件盘形凸轮机构，当凸轮绕轴 O 以等角速度 ω 逆时针转动时，将推动从动件在导路中上、下往复移动。图示实线位置为从动件的最低位置，从动件与凸轮轮廓在 A 点接触。当凸轮沿 ω 方向转过 φ_1 角时，凸轮的向径 OA 将转到 OA_1 的位置，而凸轮轮廓将转到图中细虚线位置，从动件的尖顶也从位置 A 上升至位置 B。这是凸轮机构的真实运动情况，但在图样上要想准确地将凸轮从一个位置搬至另一个位置是非常困难的。

设想给整个凸轮机构加上一个绕凸轮轴心 O 转动的公共角速度 $-\omega$，那么，凸轮将在图示实线位置静止不动，而从动件将一方面随同导路一起以角速度 $-\omega$ 绕轴心 O 转动 φ_1 角，同时又在导路中按预期的运动规律作相对移动，运动到图中粗虚线位置。此时从动件在导路中上升的位移 $A'B'$ 与真实运动的位移 AB 完全相同。由于凸轮机构运动时，从动件的尖顶始终与凸轮轮廓保持接触，因此，在凸

图 1-4-5　凸轮机构的反转法原理

轮轮廓未知的情况下，从动件一方面随同导路一起以角速度 $-\omega$ 绕轴心 O 转动，同时又在导路中按预期的运动规律作相对移动，其尖顶所走的轨迹就是凸轮的轮廓曲线。这种方法是假想凸轮静止不动，而使从动件连同导路一起反转，故称反转法（或转换机架法）。

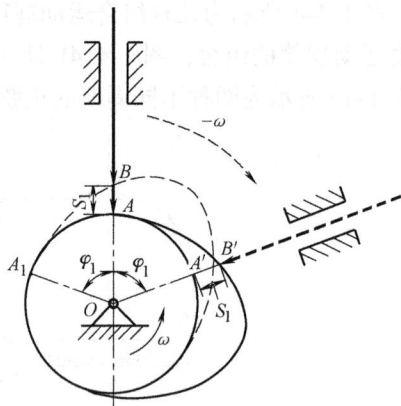

二、图解法设计凸轮轮廓

（一）尖顶从动件盘形凸轮

（1）尖顶直动从动件盘形凸轮　已知凸轮机构的基圆半径为 r_b，从动件的导路偏于凸轮轴心的右侧，偏距为 e，凸轮以等角速度 ω 逆时针方向转动，从动件的位移曲线如图 1-4-6b

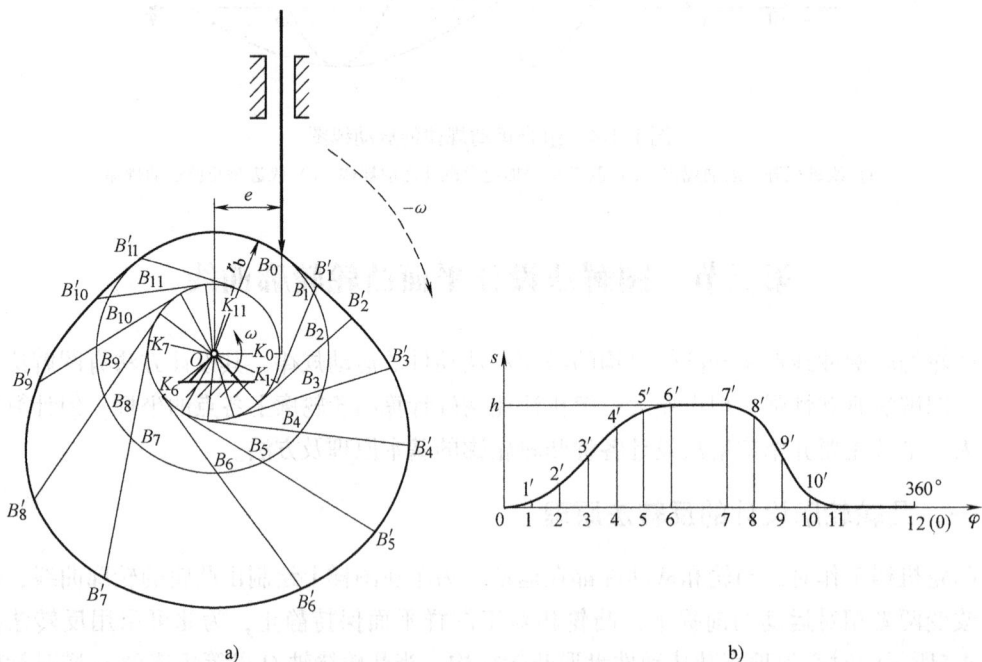

图 1-4-6　反转法设计尖顶直动从动件盘形凸轮轮廓

a）凸轮轮廓曲线设计　b）从动件位移线图

所示。要求设计凸轮的轮廓曲线。

设计步骤：

1）选取适当的比例尺 μ_s、μ_φ（其中 μ_s 代表从动件位移的长度比例尺，μ_φ 代表凸轮转角的角度比例尺），作出从动件的位移线图，如图 1-4-6b 所示。将位移曲线横坐标所代表的推程运动角和回程运动角分成若干等份，得分点 1，2，…，12（0）。

2）选取与 μ_s 相同的比例尺 μ_r（μ_r 代表凸轮基圆的长度比例尺），以 O 为圆心，r_b 为半径作基圆，并根据从动件的偏置方向画出从动件导路的方位线，该线与基圆的交点 B_0 便是从动件尖顶的推程起始位置。

3）以 O 点为圆心，偏距 e 为半径作偏距圆。该圆与从动件的导路线切于 K_0 点。

4）自 K_0 点开始，沿 $-\omega$ 方向将偏距圆分成与图 1-4-6b 的横坐标相对应的区间和等份，得若干分点 K_1，K_2，…，K_{11}。过各分点作偏距圆的切射线 $K_1B_1{}'$，$K_2B_2{}'$，…，$K_{11}B_{11}{}'$，这些切射线代表从动件在反转过程中导路的相应位置，它们与基圆的交点分别为 B_1，B_2，…，B_{11}（$B_{11}{}'$）。

5）在上述切射线上，从基圆起向外截取线段，使其分别等于图 1-4-6b 中相应的纵坐标，即 $B_1B_1' = 11'$，$B_2B_2' = 22'$，…，$B_{10}B_{10}' = 1010'$，$B_{11}B_{11}' = 0$，点 $B_1{}'$，$B_2{}'$，…，$B_{11}{}'$ 代表反转过程中从动件尖顶的相应位置。

6）将点 B_0，$B_1{}'$，$B_2{}'$，…，$B_{11}{}'$，B_0 连成光滑的曲线，即得所求的凸轮轮廓曲线。

（2）尖顶摆动从动件盘形凸轮　已知凸轮机构的基圆半径为 r_b，凸轮轴心与从动件（摆杆）转轴之间的距离（即中心距）为 a，从动件（摆杆）长度为 l，摆角 $\psi = 25°$，凸轮以等角速度 ω 逆时针方向转动，从动件的推程运动角 $\Phi = 120°$，回程运动角 $\Phi' = 90°$，远休止角 $\Phi_s = 60°$，近休止角 $\Phi'_s = 90°$，从动件推程和回程均作简谐运动。要求设计凸轮的轮廓曲线。

设计步骤：

1）将从动件运动规律按推程、回程若干等份列出如图 1-4-7b 所示的从动件位移规律表（或者选取比例作出从动件的位移线图）。

2）以 O 为圆心、r_b 为半径作基圆，并根据已知的中心距 a，确定从动件转轴的位置 A_0。以 A_0 为圆心、从动件长度 l 为半径作圆弧，交基圆于 C_0 点，A_0C_0 即代表从动件的推程起始位置。

3）以 O 为圆心、a 为半径作转轴圆，自 A_0 点开始，沿 $-\omega$ 方向在转轴圆上找出与图 1-4-7b 相对应的分点号，如点 A_1，A_2，…，A_9。它们代表从动件在反转过程中转轴的相应位置。

4）以上述各点 A_1，A_2，…，A_9 为圆心，从动件长度 l 为半径作圆弧，交基圆于 C_1，C_2，…，C_9 各点，以线段 A_1C_1，A_2C_2，…，A_9C_9 为角度的一边，分别作 $\angle C_1A_1B_1$，$\angle C_2A_2B_2$，…，$\angle C_9A_9B_9$，使它们分别等于图 1-4-7b 中对应的角位移（如 $\angle C_3A_3B_3 = 21.34°$，$\angle C_9A_9B_9 = 0°$），且 $A_1C_1 = A_1B_1$，…，$A_9C_9 = A_9B_9$，线段 A_0B_0，A_1B_1，…，A_9B_9 代表从动件在反转过程中所占据的相应位置。B_0，B_1，…，B_9 代表反转过程中从动件尖顶的相应位置。

5）将点 B_0，B_1，B_2，…，B_9，B_0 连成光滑的曲线（图中 B_4、B_5 间和 B_9、B_0 间均为以 O 为圆心的圆弧），即得所求的凸轮轮廓曲线。若凸轮的轮廓曲线与线段 A_iB_i 在某些位置

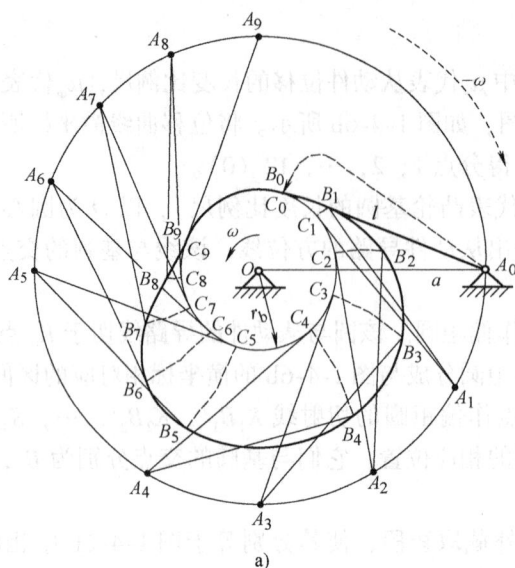

分点号	$\varphi/(°)$	$\psi/(°)$
0	0	0
1	30	3.66
2	60	12.5
3	90	21.34
4	120	25
5	180	25
6	202.5	21.34
7	225	12.5
8	247.5	3.66
9	270	0
10(0)	360	0

图 1-4-7　反转法设计尖顶摆动从动件盘形凸轮轮廓

a) 凸轮轮廓曲线设计　b) 从动件位移规律表

已经相交（如图 1-4-7a 中 A_4B_4 位置），则应将从动件做成弯杆形状（如图 1-4-7a 中虚线 A_0B_0 的形状），以免机构运动过程中凸轮与从动件发生干涉。

（二）滚子从动件盘形凸轮

在图 1-4-8 所示的偏置滚子直动从动件盘形凸轮机构中，当用反转法使凸轮相对静止后，从动件的滚子在反转过程中将始终与凸轮轮廓保持接触，而滚子中心将描绘出一条与凸轮轮廓线法向等距的曲线 η。由于滚子中心与从动件铰接，故滚子中心的运动规律就是从动件的运动规律。如果把滚子中心视作尖顶从动件的尖顶，则按前述方法可以求出滚子中心的轨迹线 η，这一轨迹线称为凸轮的理论轮廓。以理论轮廓上各点为圆心，滚子半径 r_T 为半径，作一系列滚子圆，这些滚子圆的内包络线 η'（对于槽凸轮还应作外包络线 η''）就是凸轮的实际轮廓，或称工作轮廓。显然，凸轮的实际轮廓与理论轮廓为法向等距线，其距离为滚子半径 r_T。

在滚子从动件盘形凸轮机构的设计中，r_b 指的是理论轮廓的基圆半径；凸轮机构运动时，从动件的滚子与凸轮实际轮廓的接触点是变化的。

（三）平底从动件盘形凸轮

图 1-4-9 所示为平底直动从动件盘形凸轮机构。机构运动时，平底与凸轮轮廓始终相切，且切点不断变化，平底上任意一点的运动规律就是从动件的运动规律。选取平底与导路的交点 B_0 为参考点，把它看作尖顶从动件的尖顶，运用反转法求出参考点反转后的一系列位置 B_1，B_2，…，B_{11}，再过这些点画出一系列平底，这些平底的包络线即为凸轮的实际轮廓。为了保证所有位置从动件的平底都能与凸轮轮廓相切，一方面凸轮轮廓必须外凸，另一方面平底左右两侧的宽度必须分别大于导路中心线至左、右最远切点的距离 b' 和 b''。

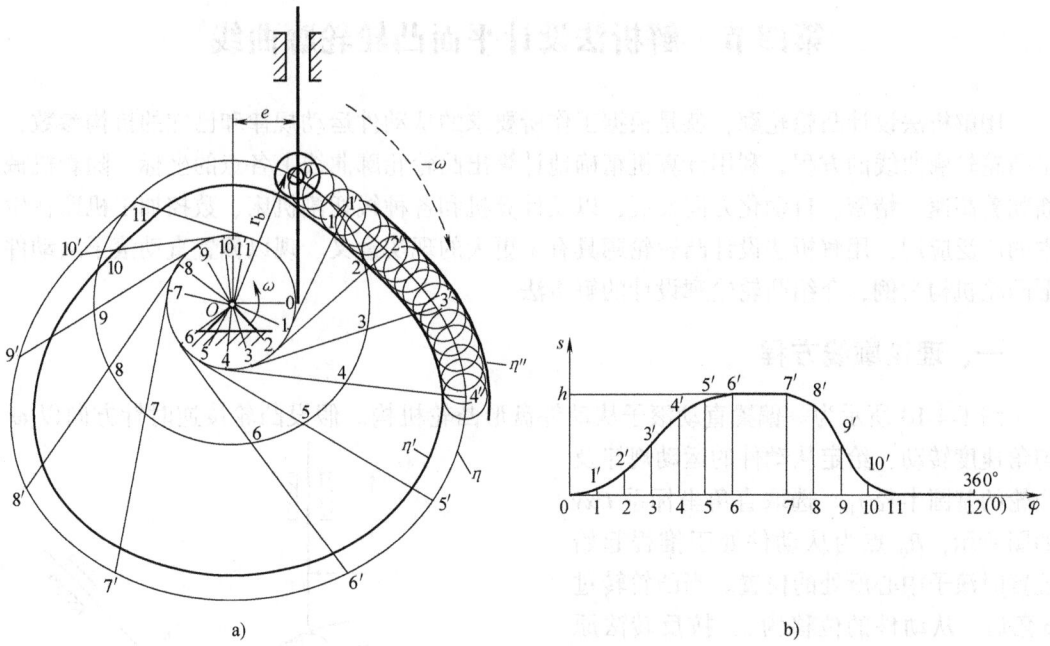

图 1-4-8　反转法设计滚子直动从动件盘形凸轮轮廓

a) 凸轮轮廓曲线设计　b) 从动件位移线图

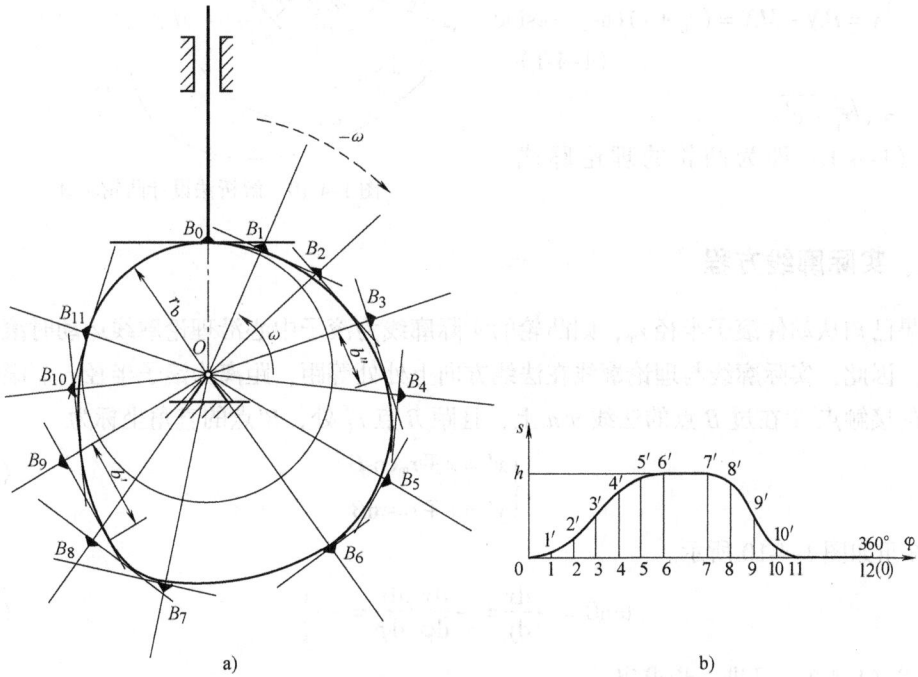

图 1-4-9　反转法设计平底直动从动件盘形凸轮轮廓

a) 凸轮轮廓曲线设计　b) 从动件位移线图

第四节　解析法设计平面凸轮轮廓曲线

用解析法设计凸轮轮廓，就是根据工作所要求的从动件运动规律和已知的机构参数，求出凸轮轮廓曲线的方程，利用计算机精确地计算出凸轮轮廓曲线上各点的坐标。随着机械不断朝着高速、精密、自动化方向发展，以及计算机和各种线切割机床、数控加工机床在生产中的广泛应用，用解析法设计凸轮轮廓具有了更大的现实意义。现以偏置直动滚子从动件盘形凸轮机构为例，介绍凸轮轮廓设计的解析法。

一、理论廓线方程

图 1-4-10 所示为一偏置直动滚子从动件盘形凸轮机构。假设凸轮按逆时针方向以 ω 作匀角速度转动，给定从动件的运动规律及凸轮的基圆半径 r_b。选取直角坐标系 Oxy 如图所示，B_0 点为从动件处于推程起始位置时滚子中心所处的位置。当凸轮转过 φ 角后，从动件的位移为 s，按反转法原理作图，凸轮静止，从动件反转，位置如图中虚线所示，此时滚子中心将处于 B 点，该点的直角坐标为

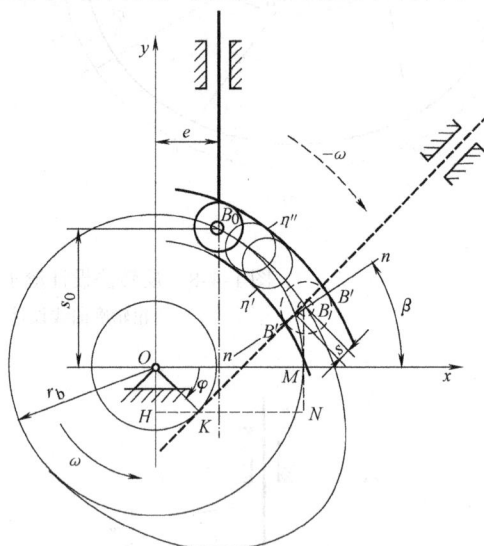

图 1-4-10　解析法设计凸轮轮廓

$$\begin{cases} x = HK + KN = e\cos\varphi + (s_0 + s)\sin\varphi \\ y = BN - MN = (s_0 + s)\cos\varphi - e\sin\varphi \end{cases}$$
$$(1\text{-}4\text{-}1)$$

式中　$s_0 = \sqrt{r_b^2 - e^2}$。

式（1-4-1）即为凸轮的理论廓线方程。

二、实际廓线方程

如果已知从动件滚子半径 r_T，则凸轮的实际廓线为滚子中心沿理论廓线运动时滚子圆的包络线。因此，实际廓线与理论廓线在法线方向上处处等距，距离为滚子半径 r_T。滚子与实际轮廓的接触点 B' 在过 B 点的法线 $n\text{-}n$ 上，且距 B 点 r_T 处，B' 点的直角坐标为

$$\begin{cases} x' = x \mp r_T\cos\beta \\ y' = y \mp r_T\sin\beta \end{cases} \qquad (1\text{-}4\text{-}2)$$

式中，β 角如图 1-4-10 所示。

$$\tan\beta = -\frac{\mathrm{d}x}{\mathrm{d}y} = -\frac{\mathrm{d}x}{\mathrm{d}\varphi}\bigg/\frac{\mathrm{d}y}{\mathrm{d}\varphi} = -\frac{\dot{x}}{\dot{y}} \qquad (1\text{-}4\text{-}3)$$

由式（1-4-3）可进一步求出

$$\cos\beta = -\frac{\dot{y}}{\sqrt{\dot{x}^2 + \dot{y}^2}}$$

$$\sin\beta = \frac{\dot{x}}{\sqrt{\dot{x}^2 + \dot{y}^2}}$$

将 $\cos\beta$、$\sin\beta$ 的表达式代入式 (1-4-2)，得

$$\begin{cases} x' = x \pm r_{\text{T}} \dfrac{\dot{y}}{\sqrt{\dot{x}^2 + \dot{y}^2}} \\[4mm] y' = y \mp r_{\text{T}} \dfrac{\dot{x}}{\sqrt{\dot{x}^2 + \dot{y}^2}} \end{cases} \tag{1-4-4}$$

式 (1-4-4) 即为凸轮的实际廓线方程。上面一组加减号表示内包络线 η'，下面一组加减号表示外包络线 η''。

三、刀具中心轨迹方程

当用数控铣床铣削凸轮或在磨床上磨削凸轮时，通常需要给出刀具中心的直角坐标值。对于滚子从动件盘形凸轮，通常尽可能采用直径和滚子相同的刀具。这样，刀具中心轨迹与凸轮理论轮廓线重合，理论轮廓线的方程就是刀具中心轨迹方程。如果刀具直径与滚子直径不同，如图 1-4-11 所示，那么刀具中心轨迹方程为

$$\begin{cases} x_{\text{c}} = x \pm |r_{\text{c}} - r_{\text{T}}| \dfrac{\dot{y}}{\sqrt{\dot{x}^2 + \dot{y}^2}} \\[4mm] y_{\text{c}} = y \mp |r_{\text{c}} - r_{\text{T}}| \dfrac{\dot{x}}{\sqrt{\dot{x}^2 + \dot{y}^2}} \end{cases} \tag{1-4-5}$$

式中 r_{c}——刀具半径，当 $r_{\text{c}} > r_{\text{T}}$ 时，取下面一组加减号；当 $r_{\text{c}} < r_{\text{T}}$ 时，取上面一组加减号。

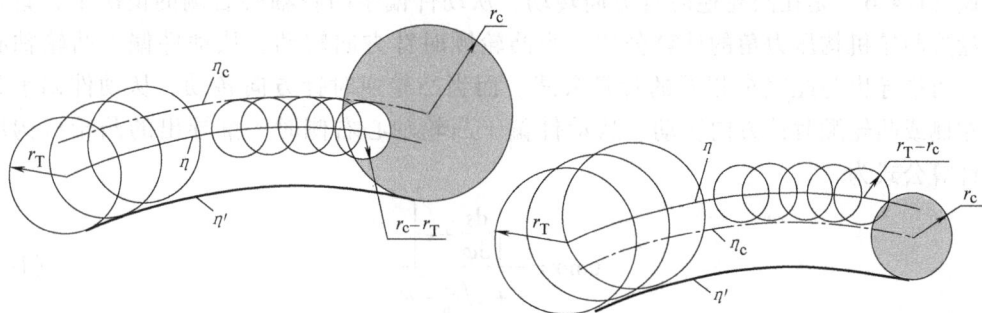

图 1-4-11　凸轮加工中刀具中心线位置

其他类型的凸轮机构，如尖顶直动或摆动从动件、平底直动从动件、滚子摆动从动件等盘形凸轮机构，其凸轮理论轮廓线方程、实际轮廓线方程及刀具中心轨迹方程可以仿照上述方法推出，不再赘述。

第五节　凸轮机构基本尺寸确定

前面所介绍的图解法和解析法设计凸轮轮廓，其基本尺寸如基圆半径 r_{b}、直动从动件的偏距 e、摆动从动件与凸轮的中心距 a 以及滚子半径 r_{T} 等都是事先给定的。一般来说，

这些参数的给定除应保证从动件能够准确地实现预期的运动规律外，还应保证机构具有良好的受力状况和紧凑的结构。如果这些参数选择不当，将会出现一些问题。本节将从凸轮机构的传动效率，以及运动是否失真，结构是否紧凑等方面对上述基本参数加以讨论。

一、凸轮机构的压力角及其许用值

图 1-4-12 所示为一偏置尖顶直动从动件盘形凸轮机构在推程的一个位置。所谓凸轮机构的压力角，是指在不计摩擦的情况下，凸轮作用于从动件的驱动力 F 的方向与从动件上受力点的绝对速度 v 的方向之间所夹的锐角。凸轮作用于从动件的驱动力是沿法线方向传递的，因此，过从动件与凸轮轮廓的接触点 B 所作凸轮轮廓线的法线 n-n 与导路线之间的夹角 α 就是压力角。

凸轮机构压力角的计算：过接触点 B 所作凸轮轮廓线的法线 n-n 与过凸轮轴心 O 所作从动件导路的垂线交于 P 点，由瞬心定义可知，P 点即为此位置凸轮与从动件的瞬心，因此，$OP = \dfrac{v}{\omega} = \dfrac{\mathrm{d}s}{\mathrm{d}\varphi}$。于是，在图上 $\triangle BDP$ 中

$$\tan\alpha = \frac{DP}{BD} = \frac{\left|\dfrac{\mathrm{d}s}{\mathrm{d}\varphi} - e\right|}{s + s_0} = \frac{\left|\dfrac{\mathrm{d}s}{\mathrm{d}\varphi} - e\right|}{s + \sqrt{r_{\mathrm{b}}^2 - e^2}} \qquad (1\text{-}4\text{-}6)$$

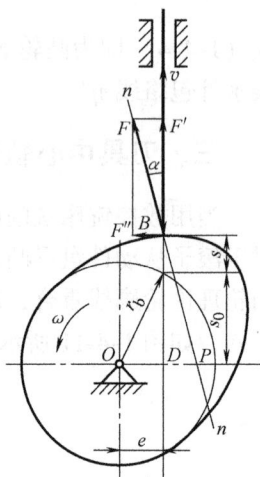

图 1-4-12　凸轮机构压力角

式（1-4-6）是在凸轮逆时针方向转动、从动件偏于凸轮轴心右侧的情况下，直动从动件盘形凸轮机构压力角的计算公式。当凸轮顺时针方向转动、从动件偏于凸轮轴心左侧时，可推导出与此完全相同的计算公式。而当凸轮逆时针方向转动、从动件偏于凸轮轴心左侧或凸轮顺时针方向转动、从动件偏于凸轮轴心右侧时，推导出的凸轮机构压力角的计算公式为

$$\tan\alpha = \frac{\left|\dfrac{\mathrm{d}s}{\mathrm{d}\varphi} + e\right|}{s + \sqrt{r_{\mathrm{b}}^2 - e^2}} \qquad (1\text{-}4\text{-}7)$$

综合以上两式可以看出：

1）在其他条件不变的情况下，压力角 α 越大，基圆半径越小，凸轮机构越紧凑。

2）偏置方向合适可减小推程压力角，反之，则增大推程压力角。正确的偏置方向可归纳为：从动件导路只能向推程相对速度瞬心的一侧偏移。

凸轮机构压力角对传力性能的影响与连杆机构一样，压力角越大，传力性能越差。当压力角增大到一定数值，有害分力 F'' 引起的摩擦阻力超过有效分力 F' 时，这时无论在凸轮上施加多大的驱动力，都不能推动从动件运动，即机构发生自锁。机构开始出现自锁时的压力角 α_{lim} 称为极限压力角。事实上，当机构压力角 α 接近 α_{lim} 时，尽管机构还未自锁，但会引起驱动力急剧增大，凸轮轮廓严重磨损、效率迅速降低。因此实际设计中，为了使凸轮机构既有较好的传力性能，又有较紧凑的结构，规定了压力角的许用值 $[\alpha]$，在压力角 $\alpha \leqslant [\alpha]$

的前提下，选取尽可能小的基圆半径。根据工程实践的经验，推荐推程时许用压力角取以下数值：直动从动件，$[\alpha]=30°\sim38°$；摆动从动件，$[\alpha]=40°\sim50°$。

回程时，由于力封闭的凸轮机构通常受力较小且一般无自锁问题，故许用压力角可取得大些，通常取 $[\alpha]=70°\sim80°$；形封闭的凸轮机构，其回程许用压力角一般仍取推程时的数值。

二、基圆半径的确定

凸轮的基圆半径应在 $\alpha\leqslant[\alpha]$ 的前提下选择。由式（1-4-6）可知，在机构运转的过程中，压力角是机构位置的函数，且压力角的最大值 α_{max} 对应凸轮的最小基圆半径。取 $\alpha_{max}=[\alpha]$，就可确定凸轮的最小基圆半径 r_{bmin}。

确定凸轮的最小基圆半径的方法主要有三种。

（一）理论计算

将式（1-4-6）对 φ 求导，当 $\alpha=\alpha_{max}$ 时，$\dfrac{d\alpha}{d\varphi}=0$，求出对应的 φ_P，再将 φ_P 代入从动件的位移方程 $s=f(\varphi)$，利用式（1-4-6）反求出凸轮的最小基圆半径。

为了简化对问题的研究，取偏距 $e=0$，则式（1-4-6）就有如下简化形式

$$\tan\alpha=\frac{\left|\dfrac{ds}{d\varphi}\right|}{s+r_b}=\frac{\left|\dfrac{ds}{d\varphi}\right|}{y} \tag{1-4-8}$$

上式两边对 φ 求导，并令其等于 0，得到

$$\frac{1}{y}\frac{d^2s}{d\varphi^2}-\frac{1}{y^2}\frac{dy}{d\varphi}\frac{ds}{d\varphi}=0$$

出现 $\alpha=\alpha_{max}$ 的 y_P 即为

$$y_P=\frac{\left(\dfrac{dy}{d\varphi}\right)_P\left(\dfrac{ds}{d\varphi}\right)_P}{\left(\dfrac{d^2s}{d\varphi^2}\right)_P}=\frac{\left(\dfrac{ds}{d\varphi}\right)_P^2}{\left(\dfrac{d^2s}{d\varphi^2}\right)_P} \tag{1-4-9}$$

将式（1-4-9）代入式（1-4-8），得

$$\tan\alpha_{max}=\frac{\left(\dfrac{d^2s}{d\varphi^2}\right)_P}{\left|\left(\dfrac{ds}{d\varphi}\right)_P\right|} \tag{1-4-10}$$

将 $\alpha_{max}=[\alpha]$ 代入式（1-4-10），即可求出对应的 φ_P，再将 φ_P 代入从动件的位移方程 $s=f(\varphi)$，利用式（1-4-6）反求出凸轮的最小基圆半径 r_{bmin}。

（二）借助诺谟图

诺谟图是反映最大压力角与基圆半径的对应关系的一种图形。图 1-4-13 所示为用于对心移动滚子从动件盘形凸轮机构的诺谟图。具体用法是：将诺谟图圆周上满足要求的推程运动角 φ 所在的点与允许的 α_{max} 所在的点连成直线，交运动规律的水平标尺线于一点，该点所对应的某运动规律区间上的数值即为 h/r_b 的值，将已知的升距 h 代入，即可得凸轮的最小基圆半径 r_{bmin}。

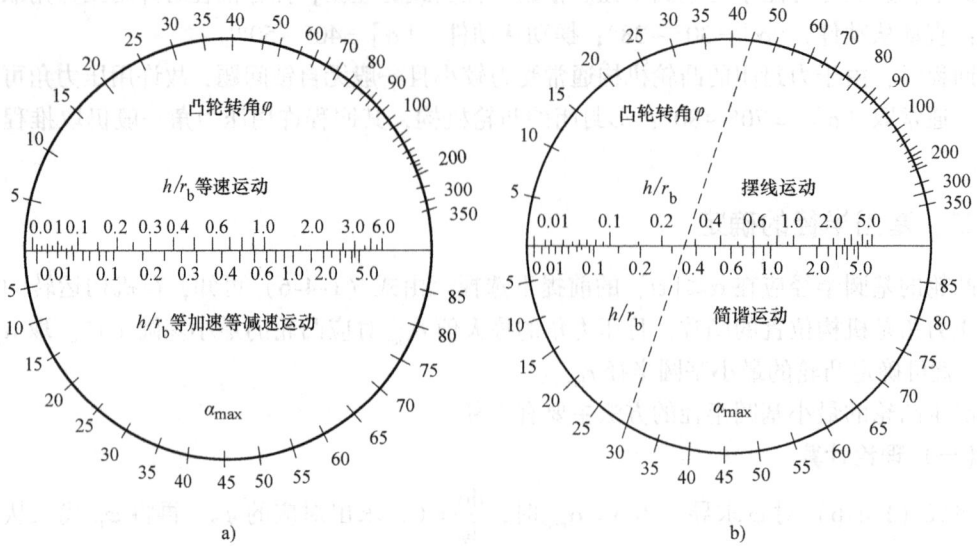

图 1-4-13　诺谟图

（三）根据许用压力角 $[\alpha]$ 及从动件的运动规律，确定凸轮的最小基圆半径

如图 1-4-14 所示，以从动件推程的起始点 B_0 点为坐标原点，水平轴代表从动件的速度规律，即 $s' = \dfrac{\mathrm{d}s}{\mathrm{d}\varphi}$，竖直轴代表从动件的位移规律，根据从动件的运动规律作出曲线 δ_1 和 δ_2，过 δ_1 上各点作与水平线成 $90° - [\alpha_1]$ 的两组平行线，从中获得一组平行线中最右面的一条，即 D_1d_1，以及另一组平行线中最左面的一条，即 B_0d_1'。再过 δ_2 上各点作与水平线成 $90° - [\alpha_2]$ 的两组平行线，从中获得一组平行线中最左面的一条，即 D_2d_2，以及另一组平行线中最右面的一条，即 B_0d_2'。界线 D_2d_2 和 B_0d_1' 的左下方与界线 D_1d_1 和 B_0d_2' 的右下方所围的区域（图中阴影部分），即为凸轮回转中心的允许区域。若取 D_1d_1 与 D_2d_2 的交点为凸轮的回转中心 O，则基圆半径 $r_b = OB_0$，偏距 $e = OK$。

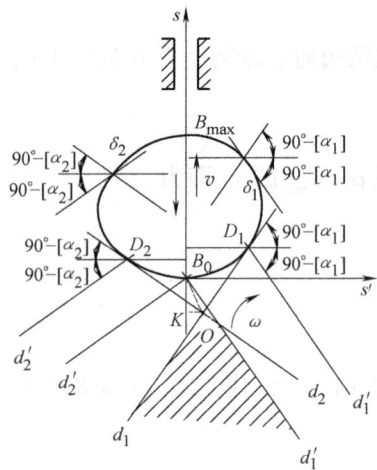

图 1-4-14　按许用压力角 $[\alpha]$ 确定凸轮的最小基圆半径 r_{bmin}

三、滚子半径的选择

滚子从动件盘形凸轮的实际轮廓，是以理论轮廓上各点为圆心作一系列滚子圆，然后作该圆族的包络线而得到的。因此，凸轮实际轮廓的形状将受滚子半径大小的影响。

如图 1-4-15 所示，ρ 为理论轮廓某点的曲率半径，ρ_a 为实际轮廓对应点的曲率半径，r_T 为滚子半径。当理论轮廓内凹时，如图 1-4-15a 所示，$\rho_a = \rho + r_T$，可得出正常的实际轮廓。当理论轮廓外凸时，如图 1-4-15b 所示，$\rho_a = \rho - r_T$，它可分三种情况：①$\rho > r_T$，$\rho_a > 0$，可得出正常的实际轮廓（图 1-4-15b）；②$\rho = r_T$，$\rho_a = 0$，实际轮廓将出现尖点（图 1-4-15c），尖点处极易磨损，无实用价值；③$\rho < r_T$，$\rho_a < 0$，实际轮廓出现交叉（图1-4-15d），加工时，交叉以外的轮廓将被刀具切去，使凸轮轮廓产生过度切割，从而导致从动件运动失真。综上所述，滚子半径 r_T 必须小于理论轮廓外凸部分的最小曲率半径 $\rho_{\min}$，且为了使凸轮的实际轮廓不至于过尖，设计时建议取 $r_T \leqslant 0.8\rho_{\min}$。

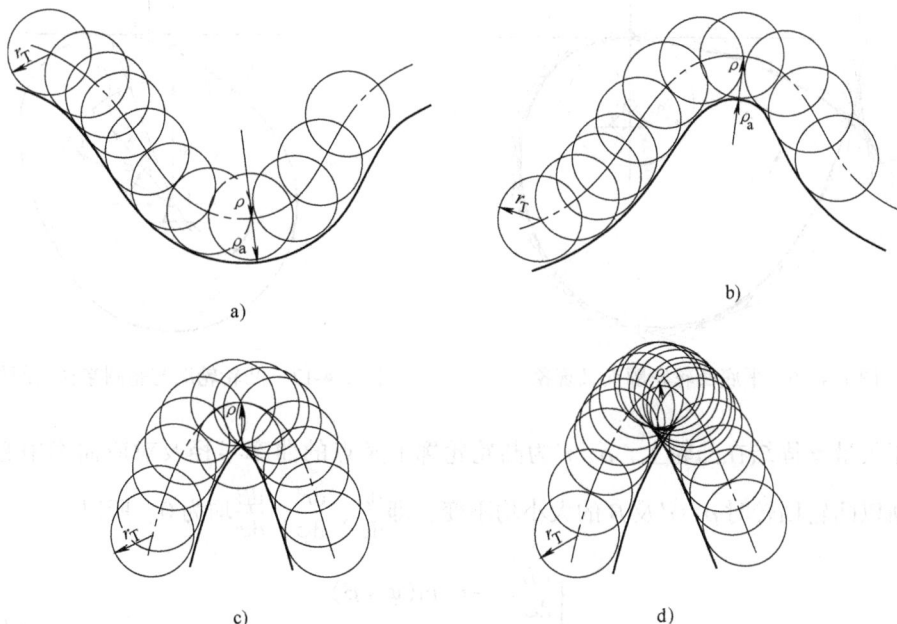

图1-4-15　滚子半径大小对凸轮实际轮廓的影响

$\rho_{\min}$可由曲率半径的计算公式 $\rho = \dfrac{(\dot{x}^2 + \dot{y}^2)^{3/2}}{\dot{x}\ddot{y} - \ddot{x}\dot{y}}$（$\dot{x} = \mathrm{d}x/\mathrm{d}\varphi$，$\ddot{x} = \mathrm{d}^2 x/\mathrm{d}\varphi^2$，$\dot{y} = \mathrm{d}y/\mathrm{d}\varphi$，$\ddot{y} = \mathrm{d}^2 y/\mathrm{d}\varphi^2$）用计算机对理论轮廓逐点计算得到。

四、平底从动件凸轮的基圆半径及平底宽度的确定

图1-4-16所示的平底直动从动件盘形凸轮机构，其压力角恒等于零，所以对这种凸轮机构不能按压力角确定其基圆半径。此外，平底从动件有一个特点，凸轮轮廓必须外凸。通过作图可以发现，当基圆半径过小时，凸轮实际轮廓也会出现交叉，从而导致运动失真。那么，凸轮轮廓与基圆半径到底有何关系？下面来分析图1-4-17所示的平底直动从动件盘形凸轮机构。

图1-4-17中 C 点为凸轮与平底接触点处凸轮廓线的曲率中心，ρ 为曲率半径。矢量 u 固结在凸轮上，从动件位于推程起始位置时，矢量 u 水平，当凸轮转过 φ 角时，机构如图示位置。由矢量 r_b、s、L、r'、ρ 所组成的矢量封闭形可得

$$r' + \rho = r_b + s + L$$

对此矢量方程进行求解，得到

$$\begin{cases} r'\cos(\varphi + \beta) = L \\ r'\sin(\varphi + \beta) + \rho = r_b + s \end{cases} \tag{1-4-11a}$$

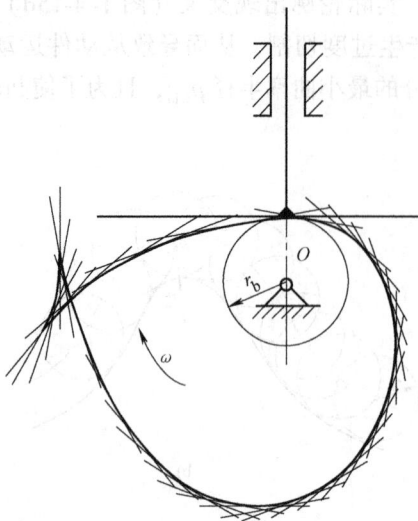

图 1-4-16　平底凸轮轮廓交叉现象　　　　图 1-4-17　凸轮轮廓与基圆半径之间的关系

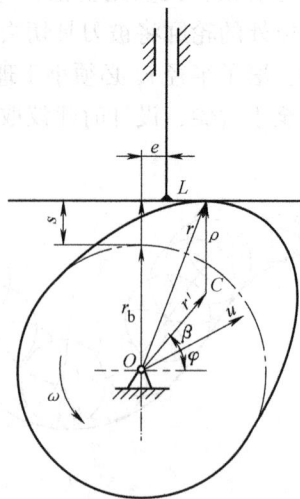

由于矢量 u 固结在凸轮上，ρ、r' 为凸轮轮廓上某点的曲率半径及对应曲率中心所在的向径，所以凸轮回转时 ρ、r' 及 β 的大小均不变，即 $\dfrac{\mathrm{d}\rho}{\mathrm{d}\varphi}$、$\dfrac{\mathrm{d}r'}{\mathrm{d}\varphi}$、$\dfrac{\mathrm{d}\beta}{\mathrm{d}\varphi}$ 均为 0。所以

$$\begin{cases} \dfrac{\mathrm{d}L}{\mathrm{d}\varphi} = -r'\sin(\varphi + \beta) \\[2mm] \dfrac{\mathrm{d}s}{\mathrm{d}\varphi} = r'\cos(\varphi + \beta) \end{cases} \tag{1-4-11b}$$

比较式（1-4-11a）和式（1-4-11b），得

$$\begin{cases} L = \dfrac{\mathrm{d}s}{\mathrm{d}\varphi} \\[2mm] \dfrac{\mathrm{d}L}{\mathrm{d}\varphi} = \dfrac{\mathrm{d}^2 s}{\mathrm{d}\varphi^2} \end{cases} \tag{1-4-11c}$$

综合式（1-4-11a）～式（1-4-11c），得

$$\rho = r_{\mathrm{b}} + s + \frac{\mathrm{d}^2 s}{\mathrm{d}\varphi^2} \tag{1-4-11d}$$

因此

$$\rho_{\min} = r_{\mathrm{b}} + \left(s + \frac{\mathrm{d}^2 s}{\mathrm{d}\varphi^2} \right)_{\min}$$

为减小磨损，防止凸轮曲率半径过小而使接触应力过高，通常规定凸轮廓线的最小曲率半径不得小于某一许用值 $[\rho]$。因此上式可写成

$$\rho_{\min} = r_{\mathrm{b}} + \left(s + \frac{\mathrm{d}^2 s}{\mathrm{d}\varphi^2} \right)_{\min} \geqslant [\rho]$$

由此可得

$$r_{\mathrm{b}} \geqslant [\rho] - \left(s + \frac{\mathrm{d}^2 s}{\mathrm{d}\varphi^2} \right)_{\min} \tag{1-4-12}$$

式（1-4-12）就是平底直动从动件盘形凸轮机构基圆半径确定的依据。

凸轮与平底的接触点偏离凸轮轴心的距离 L 等于该瞬时的 $\dfrac{\mathrm{d}s}{\mathrm{d}\varphi}$ 值。因此，为了保证从动件平底与凸轮廓线正常接触，从凸轮转轴算起，平底的最小宽度必须至少向右侧延长 $\left(\dfrac{\mathrm{d}s}{\mathrm{d}\varphi}\right)_{\max}$ 和向左侧延长 $\left|\left(\dfrac{\mathrm{d}s}{\mathrm{d}\varphi}\right)_{\min}\right|$，即

$$平底宽度\ B \geqslant \left(\frac{\mathrm{d}s}{\mathrm{d}\varphi}\right)_{\max} + \left|\left(\frac{\mathrm{d}s}{\mathrm{d}\varphi}\right)_{\min}\right|$$

第六节　圆柱凸轮机构

圆柱凸轮机构属于空间机构，其轮廓曲线为一条空间曲线，不能直接在平面上表示。但是圆柱面可以展开成平面，圆柱凸轮展开后便成为平面移动凸轮。平面移动凸轮是盘形凸轮的一个特例，它可以看作转动中心在无穷远处的盘形凸轮。因此，其轮廓设计可以应用前述盘形凸轮轮廓曲线设计的原理和方法，来绘制圆柱凸轮轮廓曲线的展开图。

一、直动从动件圆柱凸轮机构

图 1-4-18a 所示为一滚子直动从动件圆柱凸轮机构。当圆柱凸轮绕轴线 OO 以等角速度 ω_1 转动时，从动滚子将在凸轮沟槽的推动下，沿平行于 OO 的导路往复移动。将圆柱凸轮沿平均半径 r_{m} 展开，则得到图 1-4-18b 所示的平面移动凸轮。当这一平面凸轮按 $v_1 = r_{\mathrm{m}}\omega_1$ 作等速移动时，从动件将获得与原圆柱凸轮驱动时相同的运动。

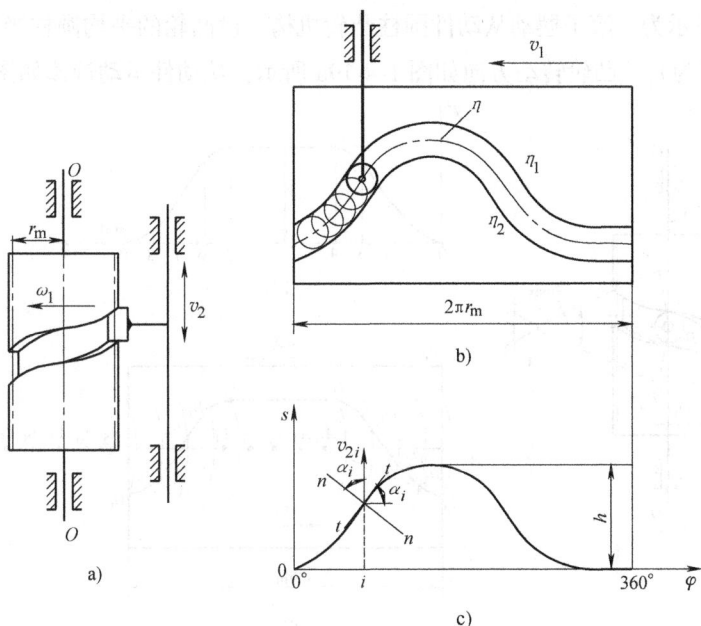

图 1-4-18　直动从动件圆柱凸轮机构设计

从图 1-4-18c 可以看出：该凸轮机构的压力角 α_i 等于凸轮理论轮廓在 i 处的切线 $t\text{-}t$ 的倾角，即

$$\tan\alpha_i = \frac{\mathrm{d}y}{\mathrm{d}x} = \frac{\mathrm{d}s}{r_{\mathrm{m}}\mathrm{d}\varphi} = \frac{1}{r_{\mathrm{m}}}\frac{\mathrm{d}s}{\mathrm{d}\varphi}$$

$\dfrac{\mathrm{d}s}{\mathrm{d}\varphi}$ 为从动件 2 在位置 i 的速度，故机构最大压力角将发生在从动件速度最大处，即

$$\tan\alpha_{\max} = \frac{v_{2\max}}{v_1} = \frac{1}{r_{\mathrm{m}}}\left(\frac{\mathrm{d}s}{\mathrm{d}\varphi}\right)_{\max}$$

若给定许用压力角 $[\alpha]$，则设计圆柱凸轮时，必须满足

$$r_{\mathrm{m}} \geqslant \frac{1}{\tan\alpha}\left(\frac{\mathrm{d}s}{\mathrm{d}\varphi}\right)_{\max}$$

因此，由从动件运动规律 $s=f(\varphi)$ 求得 $\left(\dfrac{\mathrm{d}s}{\mathrm{d}\varphi}\right)_{\max}$ 后，即可确定圆柱凸轮所需的最小平均半径 $(r_{\mathrm{m}})_{\min}$，再结合强度、结构等因素，就可以进一步确定圆柱凸轮的平均半径。

在从动件运动规律和圆柱凸轮平均半径确定之后，仍用反转法设计出圆柱凸轮的沟槽曲线。具体做法是：

1) 按已知条件画出从动件的位移曲线。要求横坐标上代表凸轮回转一周的长度（0° ~ 360°）等于凸轮平均圆柱的圆周长 $2\pi r_{\mathrm{m}}$，如图 1-4-18c 所示。

2) 该位移曲线即为圆柱凸轮在平均圆柱展开面上的理论轮廓 η。然后，以理论轮廓上各点为圆心、滚子半径为半径画一系列滚子圆，这些圆的内外包络线 η_1、η_2 就是该圆柱凸轮在平均圆柱展开面上的实际轮廓。

3) 校验实际轮廓，如发现尖点，则需加大 r_{m} 或减小 r_{T}。

二、摆动从动件圆柱凸轮机构

图 1-4-19a 所示为一滚子摆动从动件圆柱凸轮机构。设凸轮的平均圆柱半径为 r_{m}，摆杆长度为 l，滚子半径为 r_{T}，凸轮转动方向如图 1-4-19a 所示，从动件运动规律如图 1-4-19b 所示。

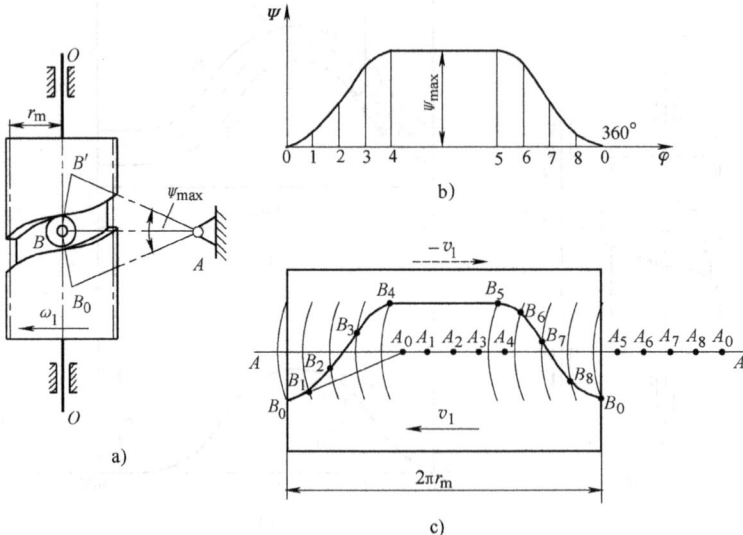

图 1-4-19 摆动从动件圆柱凸轮机构设计

该圆柱凸轮轮廓曲线的设计步骤如下：

1) 将圆柱凸轮沿平均圆柱展开成平面，得到长为 $2\pi r_{\mathrm{m}}$ 的矩形面。

2) 作 AB 线垂直于凸轮的回转轴线 OO，并作 $\angle BA_0B_0 = \dfrac{1}{2}\psi_{\max}$，从而得到从动件摆杆的

初始位置 AB_0。

3）在 AA 线上取线段 $A_0A_0 = 2\pi r_{\mathrm{m}}$，沿 $-v_1$ 方向将线段 A_0A_0 分成与位移曲线横坐标相对应的区间与等份，得到 A_1，A_2，$\cdots$，A_8 诸点。

4）以 A_1，A_2，$\cdots$，A_8 各点为圆心，摆杆长 l 为半径作一系列圆弧，然后作 $\angle AA_1B_1$，$\angle AA_2B_2$，$\cdots$，$\angle AA_8B_8$ 分别等于位移曲线上各对应位置的从动件摆角 ψ_1，ψ_2，$\cdots$，ψ_8，得点 B_1，B_2，$\cdots$，B_8。

5）将 B_1，B_2，$\cdots$，B_8 各点连成光滑的曲线，即得圆柱凸轮在平均圆柱展开面上的理论轮廓，如图 1-4-19c 所示。同样用前述作滚子圆及圆族包络线的方法即可得圆柱凸轮展开轮廓的实际轮廓。

必须注意，由于从动件滚子的摆动圆弧位于一个平面上，而凸轮轮廓位于圆柱曲面上，所以展开面设计凸轮轮廓线是一种近似的方法。摆杆摆角越大，或圆柱平均半径越小，误差越大。为了尽可能减小摆角所产生的设计误差，通常令从动件的中间位置垂直于凸轮轴线，如图 1-4-19 所示的那样。

知识拓展

喷气织机是采用喷射气流牵引纬纱穿越梭口的无梭织机。它的工作原理是利用空气作为引纬介质，以喷射出的压缩气流对纬纱产生摩擦牵引力进行牵引，将纬纱带过梭口，通过喷气产生的射流来达到引纬的目的。

开口机构是织机五大机构之一，是形成织物所必需的重要机构。它的任务是根据织物组织的要求，依次将穿入各页综框上的经纱分成上下两层以形成梭口，待纬纱引入后将梭口闭合，再上下交替以形成新的梭口，如此不断的反复循环，从而实现经、纬纱的交织。经纱随综框上下分开形成梭口的过程即为开口运动，开口机构的作用便是完成经纱的开口，同时还应根据织物上机图所设定的顺序，控制综框（经纱）的升降次序，使织物获得所需要的组织结构。开口机构通常有四种类型：曲柄连杆机构、凸轮机构、多臂机构和提花机构。其中，外侧式共轭凸轮开口机构由于综框的升降具有积极控制、高速运动稳定、机构简单等优点而在无梭织机中广泛应用。

图 1-4-20 所示为共轭凸轮开口机构示意图，2 和 2′ 为共轭凸轮，当主凸轮 2 由小半径转到大半径时，通过滚子 3 带动摆杆 4 逆时针转动，通过连杆 5、双臂杆 6、推拉杆 7 和 7′、角形杆 8 和 8′、竖杆 9 和 9′，使综框 10 在其垂直导轨内下降；主、副凸轮 2、2′ 为一体件，同转向，同转速，当副凸轮 2′ 由小半径转到大半径时，则反之，综框上升；当共轭凸轮曲率半径不变时，综框 10 停止，主、副凸轮 2、2′ 依次轮流工作，如此反复，完成开口运动。由于整个系统靠两凸轮的共轭精度来保证良好的约束条件，

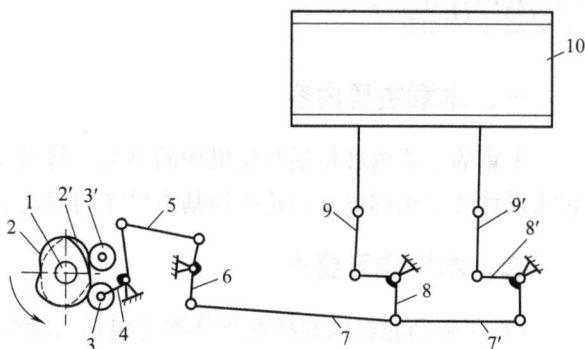

图 1-4-20 共轭凸轮开口机构示意图

1—凸轮轴 2、2′—共轭凸轮 3、3′—滚子 4—摆杆

5—连杆 6—双臂杆 7、7′—推拉杆

8、8′—角形杆 9、9′—竖杆 10—综框

所以综框运动的精度和平稳性较好。

📖 文献阅读指南

1）合理选择或设计从动件运动规律，是凸轮机构设计的关键，它直接影响凸轮机构的运动和动力特性。本章重点介绍了四种常用从动件运动规律的特点和应用场合，简要介绍了组合运动规律的组合原则，列举了中、高速凸轮机构设计中常用的改进型等速、改进型等加速等减速以及改进型正弦运动规律的部分运动线图。关于这些运动规律的特性、详细设计及使用场合，可参阅赵韩、丁爵曾等编著的《凸轮机构设计》（北京：高等教育出版社，1993）或邹慧君、董师予等编译的《凸轮机构的现代设计》（上海：上海交通大学出版社，1991）。

2）在设计凸轮机构时，需要合理选择机构的基本参数，如基圆半径、滚子半径、偏距等。若这些参数选择不当，则可能造成压力角过大和从动件运动失真现象。本章主要讨论了基本参数对直动从动件盘形凸轮机构设计的影响，但对摆动从动件盘形凸轮机构和其他类型的凸轮机构，也需要进行类似的研究，有兴趣的读者可参阅邹慧君、董师予等编译的《凸轮机构的现代设计》。

3）本章在介绍凸轮机构的运动设计时，一直把各构件视为刚体，不考虑弹簧及各构件弹性变形对运动的影响，这种分析或设计称为凸轮机构的静态分析或静态设计，它适用于系统刚度大、构件质量小的中、低速凸轮机构。当凸轮机构运转速度较高、构件刚性较低时，构件的弹性变形将不能忽略，此时应将整个机构看成一个弹性系统，相应的分析设计称为凸轮机构的动态分析或动态设计，有关这方面的情况，可参阅孔午光所著的《高速凸轮》（北京：高等教育出版社，1992）或张策主编的《机械系统动力学》（北京：高等教育出版社，2008）。

4）在凸轮机构的轮廓设计中，本章以反转法的原理为基础，着重介绍了图解法设计凸轮轮廓和解析法建立凸轮轮廓线的方程。关于计算机辅助设计、编制计算机程序、优化设计等方面的知识可参阅赵韩、丁爵曾等编著的《凸轮机构设计》（北京：高等教育出版社，1993）。

✒ 学习指导

一、本章主要内容

本章的主要内容包括凸轮机构的类型、特点及应用，从动件常用运动规律及其特性，反转法设计凸轮轮廓以及凸轮机构基本尺寸的确定。

二、本章学习要求

1）了解凸轮机构的特点及分类（包括凸轮机构的优缺点，从不同角度对凸轮机构进行分类，反映多种信息的凸轮机构名称）。

2）熟悉从动件常用运动规律及其特性（包括凸轮机构的运动学设计参数，各种常用运动规律的运动线图特征，特别是它们的位移线图画法，各种常用运动规律的冲击特性。至于每种运动规律的运动方程，只作一般性了解）。

3）掌握反转法设计盘形凸轮轮廓线的方法（注意比例尺选择的一致性，如在偏置尖顶直动从动件盘形凸轮机构的凸轮轮廓设计中，$\mu_s = \mu_{r_b} = \mu_e$）。反转后从动件导路的方位一定要与偏距圆相切，位移的截取要从导路与基圆的交点开始向外截取。在滚子从动件盘形凸轮机构的凸轮轮廓设计中，还要注意理论轮廓与实际轮廓的区别，基圆一定是指理论轮廓的基圆。

4）了解确定凸轮机构的某些基本尺寸时应考虑的主要因素（包括设计空间、传力特性、运动是否失真等问题），特别是基圆半径与压力角之间的关系，滚子大小对凸轮实际轮廓的影响等。

5）掌握应用反转法确定凸轮机构在不同位置时的位移和压力角。

思 考 题

1.4.1　凸轮机构按凸轮的形状分为哪几种？

1.4.2　凸轮机构按从动件的运动形式分为哪几种？

1.4.3　从动件的常用运动规律有哪几种？它们各有什么特点？

1.4.4　当要求凸轮机构从动件的运动没有冲击时，可选择哪些常用运动规律？

1.4.5　何谓凸轮机构的偏距圆？

1.4.6　何谓凸轮的理论轮廓？何谓凸轮的实际轮廓？两者有何联系与区别？

1.4.7　理论轮廓相同而实际轮廓不同的两个对心移动滚子从动件盘形凸轮机构，其从动件的运动规律是否相同？

1.4.8　在移动滚子从动件盘形凸轮机构中，若凸轮实际轮廓保持不变，而增大或减小滚子半径，从动件的运动规律是否发生变化？

1.4.9　何谓凸轮机构的压力角？为减小推程压力角，可采取哪些措施？

1.4.10　在移动滚子从动件盘形凸轮机构的设计中，采用偏置从动件的主要目的是什么？偏置方向应如何选取？

1.4.11　在移动平底从动件盘形凸轮机构的设计中，采用偏置从动件的主要目的是什么？偏置方向应如何选取？

1.4.12　在滚子型从动件盘形凸轮机构的设计中，可能会出现运动失真现象，造成这种现象的原因可能有哪些？怎么避免？

习 题

1.4.1　在直动从动件盘形凸轮机构中，从动件动程 $h = 50\mathrm{mm}$，其运动规律为：凸轮回转 $\varPhi = 120°$，从动件推程为等加速等减速运动规律；凸轮回转 $\varPhi_s = 90°$，从动件远休止；凸轮继续回转 $\varPhi' = 120°$，从动件回程为简谐运动规律；凸轮继续回转，从动件近休止。写出从动件各阶段的位移方程式，并画出其完整的位移线图。

1.4.2　图 1-4-21 所示为一尖顶直动从动件盘形凸轮机构从动件的部分运动线图。试根据 s、v 和 a 之间的对应关系定性地补全该运动曲线，并指出该凸轮机构工作时，何处有刚性冲击，何处有柔性冲击。

1.4.3　在直动从动件盘形凸轮机构中，已知从动件动程 $h = 50\mathrm{mm}$，凸轮推程运动角 $\varPhi = 90°$。求当凸轮转速 $n = 60\mathrm{r/min}$ 时，从动件分别作等速、等加速等减速、余弦加速度和正弦加速度四种常用运动规律的最大速度 $v_{\max}$、最大加速度 $a_{\max}$ 及所对应的凸轮转角。

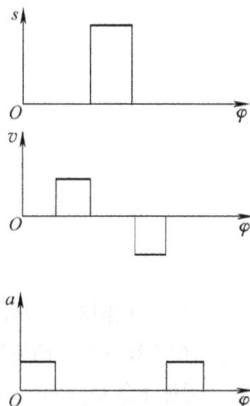

图 1-4-21　习题 1.4.2 图

1.4.4 图 1-4-22 所示为一偏心圆盘凸轮机构，圆盘半径为 R。初始位置时，偏心轮的几何中心 O 与其回转中心 O' 的连线 $\overline{OO'}$ 处于水平位置，偏距 $\overline{OO'}=e$。已知凸轮转动角速度为 ω，试求推杆的运动规律（即求 s、v、a）。

1.4.5 用图解法设计滚子直动从动件盘形凸轮机构，要求：凸轮基圆半径 $r_b=25\text{mm}$，偏距 $e=10\text{mm}$（偏置方向如图 1-4-23 所示），滚子半径 $r_T=10\text{mm}$，从动件行程 $h=20\text{mm}$，从动件运动规律为：推程运动角 $\Phi=120°$，从动件推程作简谐运动；远休止角 $\Phi_s=60°$；回程运动角 $\Phi'=90°$，从动件回程作等加速等减速运动，随后凸轮回转从动件进入近休止。试作：

1）选定凸轮转向 ω_1，简要说明原因。

2）绘制从动件位移曲线。

3）绘制凸轮的理论轮廓与实际轮廓。

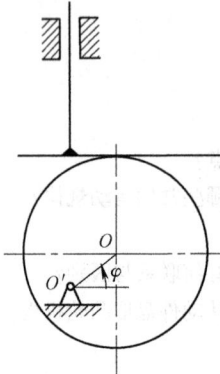

图 1-4-22 习题 1.4.4 图   图 1-4-23 习题 1.4.5 图

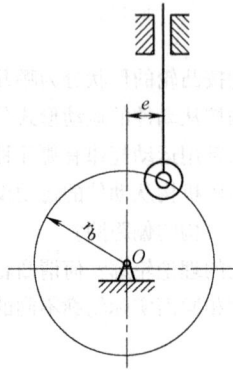

1.4.6 用图解法设计滚子摆动从动件盘形凸轮机构，凸轮回转方向和从动件起始位置如图 1-4-24 所示。要求：凸轮基圆半径 $r_b=15\text{mm}$，滚子半径 $r_T=10\text{mm}$，摆杆长度 $l=50\text{mm}$，摆角 $\psi=25°$，凸轮回转中心与摆杆转动中心之距离 $a=50\text{mm}$。从动件运动规律为：推程运动角 $\Phi=120°$，回程运动角 $\Phi'=90°$，远休止角 $\Phi_s=60°$，近休止角 $\Phi'_s=90°$，从动件推程和回程均作简谐运动。试作：

1）绘制从动件位移曲线。

2）绘制凸轮的理论轮廓与实际轮廓。

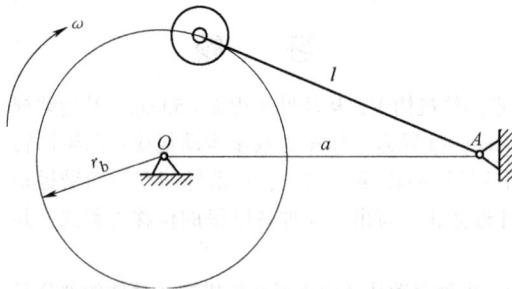

图 1-4-24 习题 1.4.6 图

1.4.7 用图解法设计一对心移动平底从动件盘形凸轮机构。已知：基圆半径 $r_b=50\text{mm}$，从动件平底与导路中心线垂直，凸轮逆时针等速转动。从动件运动规律为：推程运动角 $\Phi=120°$，回程运动角 $\Phi'=90°$，远休止角 $\Phi_s=60°$，近休止角 $\Phi'_s=90°$，从动件推程和回程均作简谐运动，动程 $h=30\text{mm}$。

1.4.8 图 1-4-25 所示两种凸轮机构均为偏心圆盘。圆心为 O，半径 $R=30\text{mm}$，偏心距 $l_{OA}=10\text{mm}$，

偏距 $e = 10$mm。试求：

1）这两种凸轮机构推杆的动程 h 和凸轮的基圆半径 r_b。

2）这两种凸轮机构的最大压力角的数值及发生的位置（均在图上标出）。

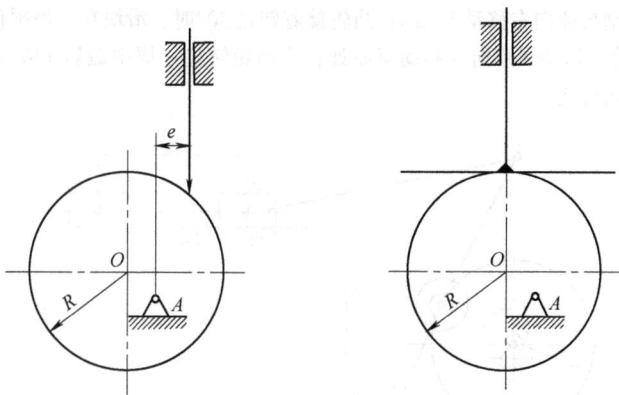

图 1-4-25 习题 1.4.8 图

1.4.9 图 1-4-26 所示为凸轮机构，从动件的起始上升点为 C 点，要求：

1）标出凸轮与从动件接触点从 C 点到 D 点时凸轮转过的角度 φ。

2）标出 C、D 两点接触时的机构压力角 α_C、α_D 及 D 点接触时的位移 s_D。

1.4.10 用作图法求出图 1-4-27 所示凸轮机构中当凸轮从图示位置转过 $90°$ 后机构的压力角及从动件发生的位移。

1.4.11 一对心移动滚子从动件盘形凸轮机构，凸轮的推程运动角 $\Phi = 90°$，从动件动程 $h = 50$mm，若选用摆线运动规律，并要求推程压力角不超过 $30°$，试确定凸轮的基圆半径。

1.4.12 设计一移动平底从动件盘形凸轮机构。要求从动件运动规律为：凸轮转过 $180°$ 时，

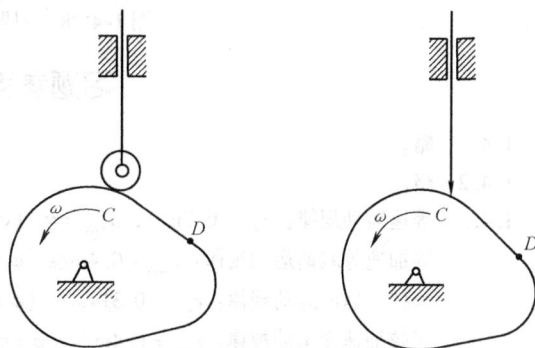

图 1-4-26 习题 1.4.9 图

从动件上升 50mm，凸轮继续转过 $180°$ 时，从动件返回原处。若设计者选择的运动规律均为简谐运动规律，且取基圆半径 $r_h = 35$mm，试确定凸轮轮廓的最小曲率半径 ρ_{min} 和从动件平底的最小宽度 B（每侧加 5mm 的量）。

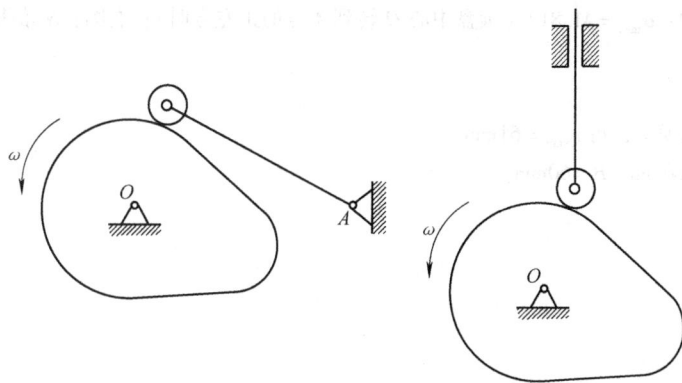

图 1-4-27 习题 1.4.10 图

1.4.13 图 1-4-28 所示为书本打包机的推书机构简图。凸轮逆时针转动，通过摆杆滑块机构带动滑块 D 左右移动，完成推书工作。已知滑块行程 $H=80\text{mm}$，凸轮理论轮廓的基圆半径 $r_b=50\text{mm}$，$l_{AC}=160\text{mm}$，$l_{CD}=120\text{mm}$，其他尺寸如图所示。当滑块处于左极限位置时，AC 与基圆切于 B 点；当凸轮转过 $120°$ 时，滑块以等加速等减速运动规律向右移动 80mm；凸轮接着转过 $30°$ 时，滑块在右极限位置静止不动；凸轮再转过 $60°$ 时，滑块又以简谐运动规律向左移动至原处；当凸轮转过一周中最后 $150°$ 时，滑块在左极限位置静止不动。试设计该凸轮机构。

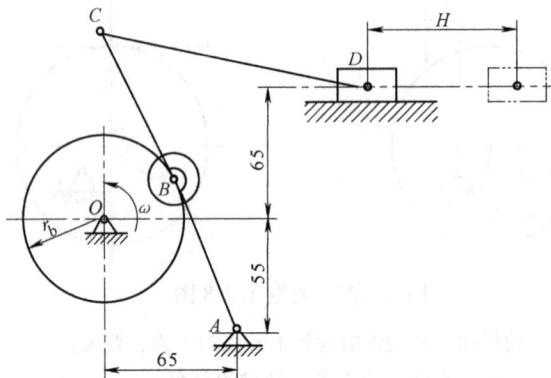

图 1-4-28　习题 1.4.13 图

习题参考答案

1.4.1　略。

1.4.2　略。

1.4.3　等速运动规律：$v_{\max}=0.2\text{m/s}$，$a_{\max}=\infty$（$\varphi=0°$）。

等加速等减速运动规律：$v_{\max}=0.4\text{m/s}$（$\varphi=45°$），$a_{\max}=3.2\text{m/s}^2$（$\varphi=0\sim45°$）。

余弦加速度运动规律：$v_{\max}=0.314\text{m/s}$（$\varphi=45°$），$a_{\max}=3.944\text{m/s}^2$（$\varphi=0°$）。

正弦加速度运动规律：$v_{\max}=0.4\text{m/s}$（$\varphi=45°$），$a_{\max}=5.024\text{m/s}^2$（$\varphi=22.5°$）。

1.4.4　$s=e\sin\varphi+e$，$v=e\omega\cos\varphi$，$a=-e\omega^2\sin\varphi$。

1.4.5　略。

1.4.6　略。

1.4.7　略。

1.4.8　1）左图：$h=21.41\text{mm}$，$r_b=20\text{mm}$；右图：$h=20\text{mm}$，$r_b=20\text{mm}$。

2）左图：$\alpha_{\max}=41.81°$（圆盘中心 O 转到 A 点的正左方时）；右图：α 始终为 $0°$。

1.4.9　略。

1.4.10　略。

1.4.11　根据诺谟图，得 $r_{b\min}=61\text{mm}$。

1.4.12　$\rho_{\min}=60\text{mm}$，$B=60\text{mm}$。

1.4.13　略。

第五章

齿轮机构及其设计

第一节　齿轮机构的应用和分类

齿轮机构是现代机械中应用最广泛的一种高副机构，主要用于传递两轴间的回转运动，还可以实现回转运动和直线运动之间的转换。齿轮传动与其他形式的机械传动相比，具有传动准确、平稳、机械效率高、使用寿命长和工作安全可靠等优点，故广泛用于机械传动中。

齿轮机构的种类很多，按照一对齿轮在啮合过程中的传动比 $i_{12} = \omega_1/\omega_2$（$\omega_1$、$\omega_2$ 分别为主、从动齿轮的角速度）是否恒定，可将齿轮机构分为两大类：

1）定传动比齿轮机构，即瞬时传动比 i_{12} = 常数。由于定传动比齿轮机构中各齿轮都是圆形的（如圆柱形和圆锥形等），所以这类机构又称为圆形齿轮机构。

2）变传动比齿轮机构，即瞬时传动比 i_{12} 是按一定规律变化的。在变传动比齿轮机构中，齿轮一般是非圆形的（如椭圆形和卵形等），所以这类机构又称为非圆齿轮机构。图1-5-47所示的椭圆齿轮机构即为其一例。

圆形齿轮机构因可以保证传动比恒定不变，即当主动轮等速回转时，从动轮按一定的角速比也作等速运动，这样可以使机械运转平稳，避免发生冲击、振动和噪声，而且加工容易，故各种机械中应用最广泛。而非圆齿轮机构由于设计加工较复杂，故仅用于一些具有特殊要求的机械中。例如，在某些计算机构中常用非圆齿轮来实现某种函数关系；在某些流量计中常用卵形齿轮来测量液体流量；在有些机械中则利用非圆齿轮与连杆机构的组合，改善机械的运动和动力性能等。本章主要研究圆形齿轮机构，而对非圆齿轮机构仅作简单介绍。

圆形齿轮机构类型也很多，按照一对齿轮啮合传动时其相对运动是平面运动还是空间运动，可分为平面齿轮机构（两轴平行）和空间齿轮机构（两轴不平行）两类，两类圆形齿轮机构的主要类型、特点和应用详见表1-5-1和表1-5-2。

表 1-5-1　平面齿轮机构类型及特点

类　型	名　称	图　例	特点和应用
平面齿轮机构（齿轮轴线平行）	外啮合直齿圆柱齿轮机构		轮齿与轴线平行，两轮转向相反，传动时无轴向分力 重合度较小，传动平稳性较差，承载能力较低 多用于速度较低的传动，以及变速箱的换档齿轮

机械原理与设计（上册） 第2版

（续）

类　型	名　　称	图　例	特点和应用
平面齿轮机构（齿轮轴线平行）	内啮合直齿圆柱齿轮机构		两轮转向相同 重合度大，轴间距离小，结构紧凑 多用于轮系机构
	外啮合斜齿圆柱齿轮机构		轮齿与轴线不平行，两轮转向相反，传动时有轴向分力 重合度较大，传动较平稳，承载能力较高 适应于速度较高、载荷较大或要求结构较紧凑的场合
	外啮合人字齿圆柱齿轮机构		两轮转向相反，每个齿轮可看成是由两个螺旋角大小相等、方向相反的斜齿轮改为"拼接而成" 承载能力高，轴向力能相互抵消，多用于重载传动
	齿轮齿条机构	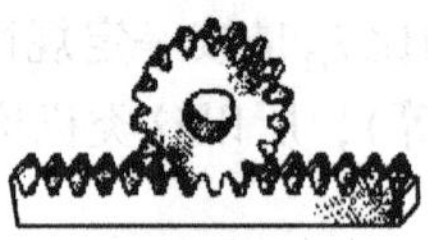	齿条相当于一个半径为无穷大的齿轮 齿轮旋转运动变齿条的直线运动，或相反

表1-5-2　空间齿轮机构类型及特点

类　型	名　　称	图　例	特点和应用
空间齿轮机构（齿轮轴线不平行）	直齿锥齿轮机构		两轴线相交 制造和安装简便，传动平稳性差，承载能力较低 用于速度较低、载荷小而稳定的传动
	斜齿锥齿轮机构	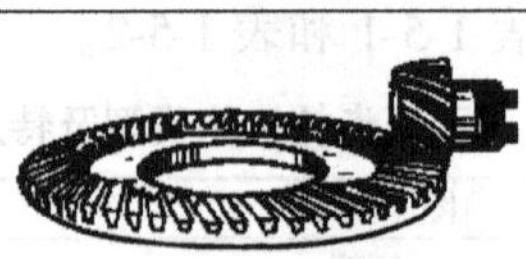	两轴线相交 制造和安装复杂，传动平稳性好；只限于单件或小批量生产
	曲线齿锥齿轮机构	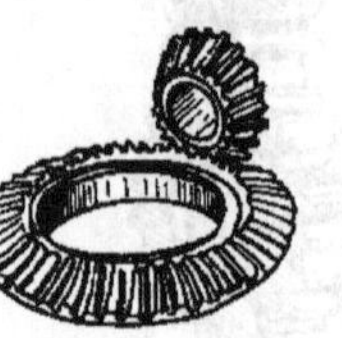	两轴线相交 重合度大，工作平稳，承载能力高，轴向力较大，且与转向有关 用于速度较高及载荷较大的场合

（续）

类　型	名　　称	图　例	特点和应用
空间齿轮机构（齿轮轴线不平行）	交错轴斜齿圆柱齿轮机构		两轴线交错 两齿轮点接触，传动效率低 适用于速度低、载荷小的传动
	蜗杆蜗轮机构		两轴线交错，一般呈90° 传动比 i 大（$i=10\sim80$），结构紧凑 传动平稳，振动小，噪声低 传动效率低，易发热和磨损

第二节　齿廓啮合基本定律

齿轮机构是依靠主动轮的齿廓依次拨动从动轮齿廓来传递运动和动力的。齿轮机构的传动比可以是恒定的，也可以按某一规律变化。如果两轮的转动能实现预定的传动比，则两轮相互接触传动的一对齿廓称为共轭齿廓。显然，齿廓曲线的形状直接影响齿轮的瞬时传动比，齿轮机构的设计首先要根据给定的传动比要求，设计出齿轮的齿廓曲线。

图 1-5-1 所示为一对齿轮传动的局部，着重反映相啮合的一对齿廓。齿轮 1 绕轴 O_1 转动，齿轮 2 绕轴 O_2 转动，过齿廓啮合点 K 作两齿廓的公法线 n-n，它与连心线 O_1O_2 相交于点 P。由三心定理可知，点 P 是这一对齿轮的相对速度瞬心，在啮合原理中，将相对速度瞬心称为啮合节点，简称节点。根据速度瞬心性质，两齿廓曲线在节点 P 处有相同的速度，即

$$v_P = O_1P\omega_1 = O_2P\omega_2$$

由此可得

$$i_{12} = \frac{\omega_1}{\omega_2} = \frac{O_2P}{O_1P} \tag{1-5-1}$$

式（1-5-1）表明：互相啮合传动的一对齿轮，两齿廓在任一位置啮合接触时，过接触点所作两齿廓的公法线必通过节点 P，它们的传动比等于连心线 O_1O_2 被节点 P 所分成的两段线段的反比。这一规律称为齿廓啮合基本定律。凡满足齿廓啮合基本定律的一对齿廓称为共轭齿廓，共轭齿廓的齿廓曲线称为共轭曲线。

由式（1-5-1）可知，要使两轮作定传动比传动，则其齿廓曲线必须满足以下条件：无论两齿廓在何处啮合，过啮合接触点所作的两齿廓公法线必须通过两轮连心线 O_1O_2 上的一固定点 P。此时，O_2P 与 O_1P 的比值始终保持常数。若分别以 r_1' 和 r_2' 表示 O_1P 和 O_2P，则有

$$i_{12} = \frac{\omega_1}{\omega_2} = \frac{O_2P}{O_1P} = \frac{r_2'}{r_1'} = 常数$$

由于两轮作定传动比传动时，节点 P 为连心线上的一个固定点，因此以 O_1 和 O_2 为圆心，以 r_1' 和 r_2' 为半径作圆，则这两个圆分别为点 P 在轮 1 和轮 2 运动平面上的轨迹，称为齿轮 1 与齿轮 2 的节圆，由此两齿轮的啮合传动可视为这一对节圆作无滑动的纯滚动，r_1' 和 r_2' 称为两轮的节圆半径。

图 1-5-1 和图 1-5-2 所示的齿廓都能满足 $i_{12}=$ 常数的要求。在图 1-5-1 中，一对齿廓曲线在任何位置啮合时，过啮合接触点的公法线是一条定直线，所以通过连心线 O_1O_2 上的定点 P。而在图 1-5-2 中，一对齿廓曲线在不同位置啮合时，过啮合接触点的公法线不是一条定直线，但是各条公法线都通过连心线 O_1O_2 上的定点 P。

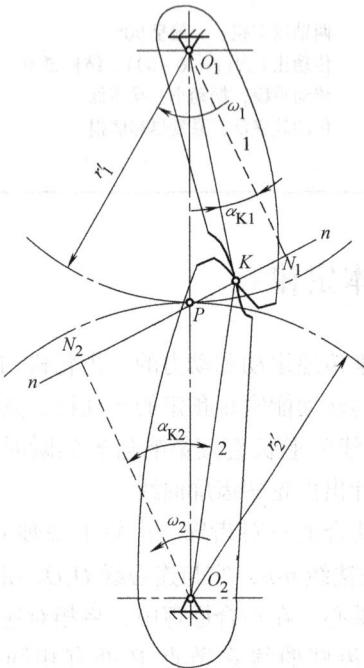

图 1-5-1 齿廓啮合基本定律（一）   图 1-5-2 齿廓啮合基本定律（二）

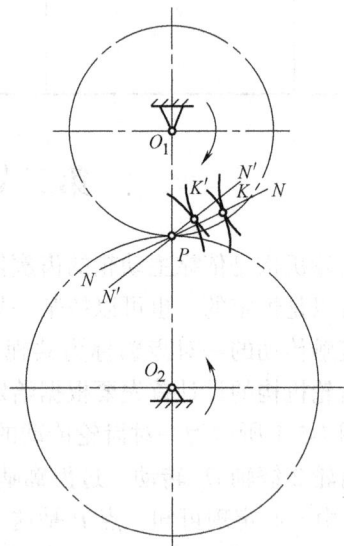

凡是能满足定传动比（或某种变传动比规律）要求的一对齿廓曲线，从理论上说，都可以作为实现定传动比（或某种变传动比规律）传动的齿轮的齿廓曲线。但在生产实际中，必须从制造、安装和使用等各方面综合考虑，选择适当的曲线作为齿廓曲线。目前常用的齿廓曲线有渐开线、摆线和圆弧等。采用渐开线作为齿廓曲线，有容易制造和便于安装等优点，所以目前绝大多数齿轮都采用渐开线齿廓。本章主要介绍渐开线齿轮。

第三节　渐开线齿廓的啮合传动

一、渐开线的形成

如图 1-5-3 所示，当直线 n-n 沿半径为 r_b 的圆周作纯滚动时，直线上任一点 K 的轨迹 $\overset{\frown}{AK}$ 就是该圆的渐开线。这个圆称为渐开线的基圆，半径 r_b 称为基圆半径，直线 n-n 称为渐开线的发生线，$\theta_K = \angle AOK$ 称为渐开线上 K 点的展角。

二、渐开线的性质

（1）发生线沿基圆滚过的长度等于基圆上被滚过的圆弧长度   由于发生线在基圆上作纯滚动，故由图 1-5-3 可知：$KB = \overset{\frown}{AB}$。

（2）渐开线上任一点的法线恒与基圆相切   当发生线 n-n 沿基圆作纯滚动时，发生线与基圆的切点 B 即为发生线上 K 点的速度瞬心，所以发生线 n-n 即为渐开线在 K 点的法线。又由于发生线恒切于基圆，故可得出结论：渐开线上任一点的法线恒与基圆相切。

（3）渐开线上离基圆越远的部分其曲率半径越大，渐开线越平直   由于发生线 n-n 与基圆的切点 B 也是渐开线在 K 点的曲率中心，而线段 BK 是相应的曲率半径，故由图 1-5-3 可知：渐开线上离基圆越远的部分，其曲率半径越大，渐开线越平直；渐开线上离基圆越近的部分，其曲率半径越小，渐开线越弯曲；渐开线在基圆上起始点处的曲率半径为零。

（4）基圆内无渐开线   由于渐开线是由基圆开始向外展开的，所以基圆内无渐开线。

（5）渐开线的形状取决于基圆的大小   如图 1-5-4 所示，基圆越小，渐开线越弯曲；基圆越大，渐开线越平直。当基圆半径为无穷大时，其渐开线将成为一条垂直于 B_3K 的直线，它就是后面将要介绍的齿条形齿廓曲线。

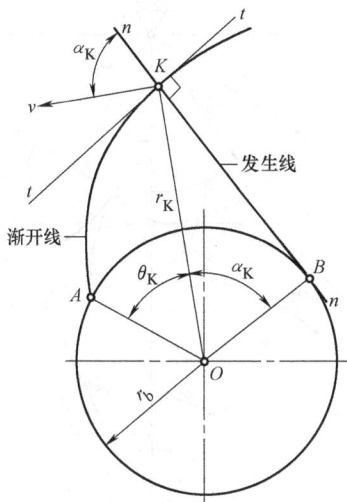

图 1-5-3   渐开线的形成

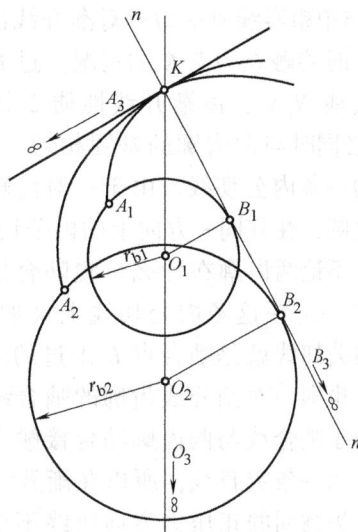

图 1-5-4   渐开线的性质

三、渐开线方程式

在研究渐开线齿轮的啮合原理和几何尺寸计算时，常常要用到渐开线的方程式。以下讨论以极坐标形式表示的渐开线方程式。

如图 1-5-3 所示，点 A 为渐开线在基圆上的起始点，点 K 为渐开线上任意点。它的向径用 r_K 表示，展角用 θ_K 表示。若用此渐开线作齿轮的齿廓，则当齿轮绕 O 点转动时，齿廓上点 K 的速度方向应垂直于直线 OK，法线 BK 与点 K 速度方向线之间所夹的锐角称为渐开线齿廓在该点的压力角，以 α_K 表示，其大小等于 $\angle KOB$，即 $\alpha_K = \angle KOB$。

由 $\triangle OBK$ 可知

$$r_K = \frac{r_b}{\cos\alpha_K}$$

又

$$\tan\alpha_K = \frac{KB}{OB} = \frac{\overset{\frown}{AB}}{r_b} = \frac{r_b(\alpha_K + \theta_K)}{r_b} = \alpha_K + \theta_K$$

即

$$\theta_K = \tan\alpha_K - \alpha_K$$

上式表明展角 θ_K 随压力角 α_K 的变化而变化，所以 θ_K 又称为压力角 α_K 的渐开线函数，工程上用 $\text{inv}\alpha_K$ 表示 θ_K。

综上所述，渐开线的极坐标方程式为

$$\begin{cases} r_K = \dfrac{r_b}{\cos\alpha_K} \\ \theta_K = \text{inv}\alpha_K = \tan\alpha_K - \alpha_K \end{cases} \tag{1-5-2}$$

四、渐开线齿廓的啮合特性

（一）能实现定传动比传动

判断一对渐开线齿廓能否实现定传动比传动，关键是看其节点是否为一固定节点。图 1-5-5 中粗实线所示为一对渐开线齿廓在任意位置啮合时接触点为点 K 的情况。过 K 作这对齿廓的公法线 N_1N_2，由渐开线性质 2 知，此公法线 N_1N_2 必同时与两齿廓的基圆相切，即 N_1N_2 为两基圆的一条内公切线。由于一对齿轮两齿廓的基圆是定圆，在其同一方向上的内公切线只有一条。因此，不论两齿廓在什么位置啮合接触，它们的啮合点一定在这条内公切线上（如图中 K' 点）。这条内公切线就是啮合点 K 走过的轨迹，称为啮合线，也即一对渐开线齿廓的啮合线为一条定直线。由于啮合线与两齿廓啮合接触点的公法线重合，且为一条定直线，所以在渐开线齿轮传动过程中，齿廓间的正压力方向始终不变，这对于齿轮传动的平稳性极为有利。内公切线、公法线与啮合线重合，为一定直线，也称渐开线齿轮传动的"三线合一"特性。如上所述，由于两齿廓在

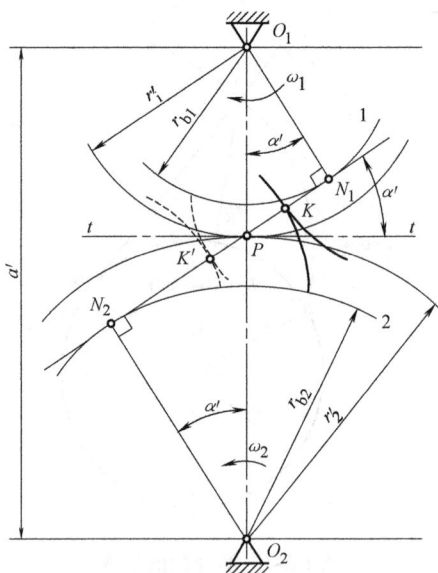

图 1-5-5 渐开线齿廓的啮合特性

任何位置啮合时，啮合接触点的公法线始终是一条定直线，所以其与连心线 O_1O_2 的交点 P 必为一定点，这就说明了渐开线齿廓能实现定传动比传动。

又由图 1-5-5 可知，$\triangle O_1PN_1 \backsim \triangle O_2PN_2$，因此传动比可写成

$$i_{12} = \frac{\omega_1}{\omega_2} = \frac{O_2P}{O_1P} = \frac{r_2'}{r_1'} = \frac{r_{b2}}{r_{b1}} = 常数 \tag{1-5-3}$$

式（1-5-3）表明两渐开线齿廓啮合时，其传动比不仅与两轮的节圆半径成反比，也与

两轮的基圆半径成反比。

在齿轮机构中，啮合线 N_1N_2 与两节圆在节点的公切线 $t\text{-}t$ 之间的夹角 α' 称为啮合角，在图 1-5-5 中有

$$\alpha' = \arccos \frac{r_{b1}}{r_1'} = \arccos \frac{r_{b2}}{r_2'} \tag{1-5-4}$$

（二）中心距变化不影响传动比

由式（1-5-3）可知，传动比取决于两基圆半径的反比。当齿轮加工好以后，两基圆的大小就不变了，即使中心距由原来的 a' 增加 Δa 而成为 a''，节圆半径变为 r_1'' 和 r_2''，但由于基圆半径仍为原来的 r_{b1} 和 r_{b2}，因此传动比仍为

$$i_{12} = \frac{\omega_1}{\omega_2} = \frac{r_{b2}}{r_{b1}} = 常数$$

这说明渐开线齿轮传动即使中心距有所变化，只要一对齿廓仍能啮合传动，就仍能保持原来的传动比不变。渐开线齿廓的这一特性称为中心距可分性（也称中心距可变性），它对渐开线齿轮的加工、安装和使用都十分有利。但是齿轮的中心距一旦改变，将引起两齿轮基圆位置的改变，其啮合线及节点的位置也随之改变，故两轮的节圆半径及啮合角也发生变化。

（三）啮合角恒等于节圆压力角

在图 1-5-5 中，啮合角 α' 的大小标志着啮合线的倾斜程度。由于两个节圆在节点 P 相切，所以当一对渐开线齿廓在节点 P 处啮合时，啮合点 K 与节点 P 重合，这时的压力角称为节圆压力角，可以分别用 $\angle N_1 O_1 P$ 和 $\angle N_2 O_2 P$ 来度量。从图中可知 $\angle N_1 O_1 P = \angle N_2 O_2 P = \alpha'$，因此可得出如下结论：一对渐开线齿廓的齿轮传动，其啮合角恒等于两齿轮的节圆压力角。

渐开线齿轮除具有以上主要优点外，还有工艺性好、互换性好等优点，所以在近代齿轮机构中，广泛地采用渐开线作为齿轮的齿廓曲线。

第四节　渐开线齿轮各部分名称及几何尺寸计算

以直齿圆柱齿轮为例，图 1-5-6 所示为一外齿轮的一部分，其齿顶及齿根分别位于同轴线的两圆柱面上，每个轮齿两侧为形状相同而方向相反的渐开线齿廓。由于直齿轮齿向平行于齿轮轴线，因此，直齿圆柱齿轮的基本参数、几何尺寸计算都在端面内进行。

一、齿轮各部分名称

分度圆　是设计齿轮的基准圆，其半径用 r 表示，直径用 d 表示。

齿顶圆　过所有轮齿顶端的圆称为齿顶圆，其半径用 r_a 表示，直径用 d_a 表示。分度圆与齿顶圆之间的径向距离称为齿顶高，用 h_a 表示。

齿根圆　过所有齿槽底部的圆称为齿根圆，其半径用 r_f 表示，直径用 d_f 表示。分度圆与齿根圆之间的径向距离称为齿根高，用 h_f 表示。

全齿高　齿顶圆与齿根圆之间的径向距离称为全齿高，用 h 表示，$h = h_a + h_f$。

基圆　产生渐开线的圆称为基圆，其半径用 r_b 表示，直径用 d_b 表示。

齿厚　每个轮齿上的圆周弧长称为齿厚。在半径为 r_K 的圆周上度量的弧长称为该圆上的齿厚，用 s_K 表示。在分度圆上度量的弧长称为分度圆齿厚，用 s 表示。

　　齿槽宽　两个轮齿间齿槽上的圆周弧长称为齿槽宽。在半径为 r_K 的圆周上度量的弧长称为该圆上的齿槽宽，用 e_K 表示。在分度圆上度量的弧长称为分度圆齿槽宽，用 e 表示。

　　齿距　相邻两轮齿同侧齿廓之间的圆弧长称为齿距。在半径为 r_K 的圆周上度量的弧长称为该圆上的齿距，用 p_K 表示，显然 $p_K = s_K + e_K$。在分度圆上度量的弧长称为分度圆齿距，用 p 表示，$p = s + e$。在基圆上度量的弧长称为基圆齿距，用 p_b 表示，$p_b = s_b + e_b$，s_b 和 e_b 是基圆上的齿厚与齿槽宽。

　　法向齿距　相邻两轮齿同侧齿廓在法线方向上的距离称为法向齿距，用 p_n 表示。由渐开线性质可知：$p_n = p_b$。

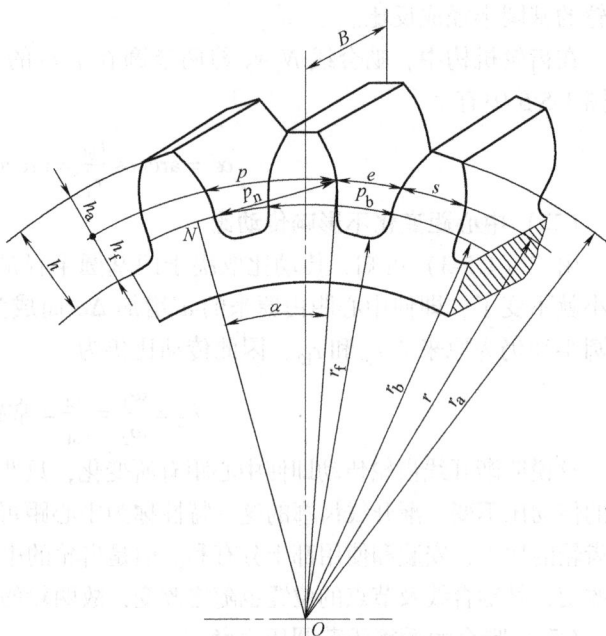

图 1-5-6　渐开线标准直齿轮

二、渐开线齿轮基本参数

　　为了计算齿轮各部分几何尺寸，需要规定若干个基本参数，对于标准齿轮而言，有以下 5 个基本参数：

　　齿数 z　齿轮上每一个用于啮合的凸起部分称为齿，一个齿轮的轮齿总数称为齿轮的齿数。

　　模数 m　为了确定齿轮各部分尺寸计算的基准，在齿顶圆与齿根圆之间规定一直径为 d（半径为 r）的圆，并把这个圆称为齿轮的分度圆。由图 1-5-6 可知，分度圆周长被分度圆齿距按齿数 z 分成了 z 等份，于是可得分度圆直径

$$d = \frac{zp}{\pi}$$

　　由于 π 是无理数，分度圆直径也将为无理数，用一个无理数的尺寸作为设计基准，对设计是很不利的。为了方便设计、加工和检验，人为地把分度圆齿距 p 与 π 的比值规定为一有理数列，并把这个比值称为模数，用 m 表示，单位是 mm。即

$$m = \frac{p}{\pi}$$

由此，分度圆直径 $d = mz$，分度圆齿距 $p = \pi m$。

　　模数是决定齿轮尺寸的一个基本参数。齿数相同的齿轮，模数大，则其尺寸也大，模数就相当于一个齿轮的"长度比例参数"，从图 1-5-7 所示的不同模数的齿形图上可清楚地看出这一点。为了便于计算、制造、检验和互换使用，我国已制定了模数国家标准 GB/T 1357—2008，见表 1-5-3。

表 1-5-3   标准模数（GB/T 1357—2008）   （单位：mm）

第一系列	1	1.25	1.5	2	2.5	3	4	5	6	8	10
	12	16	20	25	32	40	50				
第二系列	1.125	1.375	1.75	2.25	2.75	3.5	4.5	5.5	(6.5)	7	9
	11	14	18	22	28	35	45				

注：1. 本表适用于通用机械和重型机械用渐开线直齿圆柱齿轮，对渐开线斜齿圆柱齿轮是指法向模数。

2. 选用模数时，应优先选用第一系列，其次是第二系列，括号内的模数尽可能不用。

压力角 α   由图 1-5-3 及式（1-5-2）可知，渐开线齿廓上任一点 K 处的压力角 α_K 为

$$\alpha_K = \arccos \frac{r_b}{r_K} \qquad (1-5-5)$$

由式（1-5-5）可知，具有相同基圆的齿轮在不同圆周上的压力角 α_K 是不同的，基圆上的压力角为零，离基圆越远的圆，半径越大，该圆上的压力角也越大。通常所说的齿轮压力角是指分度圆上的压力角，简称压力角，用 α 表示，于是有

$$r_b = r\cos\alpha = \frac{mz}{2}\cos\alpha \qquad (1-5-6)$$

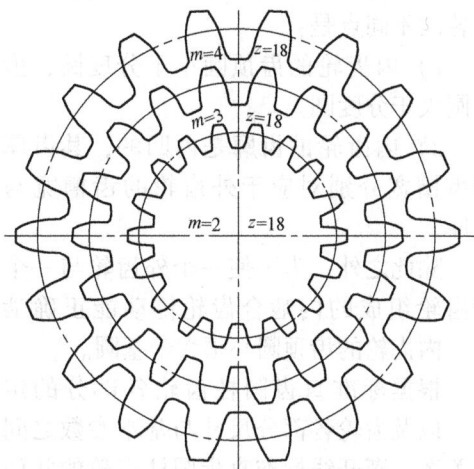

图 1-5-7   不同模数的齿形比较

式（1-5-6）表明，当齿轮模数和齿数一经确定，分度圆的大小也就一定。但是压力角 α 的变化可引起基圆的变化，从而引起齿形的不同。这就为齿轮的设计、测量、尤其是互换带来很多不便，为此人们规定分度圆压力角取标准值。我国规定分度圆压力角标准值一般为 20°。在某些装置中，也有用分度圆压力角为 14.5°、15°、22.5°和 25°等的齿轮。

至此，分度圆的完整定义是：齿轮中具有标准模数和标准压力角的圆称为分度圆。分度圆与节圆有原则性的区别：分度圆是单个齿轮所固有的，每一个齿轮都有一个大小确定的分度圆；而节圆是表示一对齿轮啮合特性的圆，当一对齿轮啮合时，各自节圆的大小随中心距的变化而变化，对于未安装的单个齿轮，节圆是不存在的。

齿顶高系数 h_a^*、顶隙系数 c^*   由图 1-5-6 可以看出，分度圆把齿轮全齿高 h 分成两部分：齿顶高 h_a 和齿根高 h_f。齿顶高 h_a 与齿顶高系数 h_a^* 有关，齿根高 h_f 则与齿顶高系数 h_a^*、顶隙系数 c^* 有关。我国规定了齿顶高系数与顶隙系数的标准值为：

1）正常齿制。当 $m \geq 1mm$ 时，$h_a^* = 1$，$c^* = 0.25$；当 $m < 1mm$ 时，$h_a^* = 1$，$c^* = 0.35$。

2）短齿制。$h_a^* = 0.8$，$c^* = 0.3$。

三、标准直齿圆柱齿轮几何尺寸计算

（一）标准齿轮概念

渐开线标准直齿圆柱齿轮除了模数 m、压力角 α、齿顶高系数 h_a^*、顶隙系数 c^* 是标准值外，还有两个特征：

1）分度圆齿厚与齿槽宽相等，即

$$s = e = \frac{p}{2} = \frac{\pi m}{2}$$

2）具有标准的齿顶高和齿根高，即

$$h_a = h_a^* m, h_f = (h_a^* + c^*) m$$

（二）标准直齿圆柱齿轮几何尺寸计算

直齿圆柱齿轮有外齿轮、内齿轮之分。图1-5-6所示为直齿外齿轮的一部分，图1-5-8所示为直齿内齿轮的一部分。内齿轮与外齿轮的不同点是：

1）内齿轮的齿顶圆小于分度圆，齿根圆大于分度圆。

2）内齿轮的齿廓是内凹的，其齿厚和齿槽宽分别对应于外齿轮的齿槽宽与齿厚。

除此之外，为了使一个外齿轮与一个内齿轮组成的内啮合齿轮传动能正确啮合，内齿轮的齿顶圆必须大于基圆。

根据标准直齿圆柱齿轮各部分的定义，以及齿轮各部分尺寸与基本参数之间的关系，渐开线标准直齿圆柱齿轮的几何尺寸计算公式见表1-5-4。

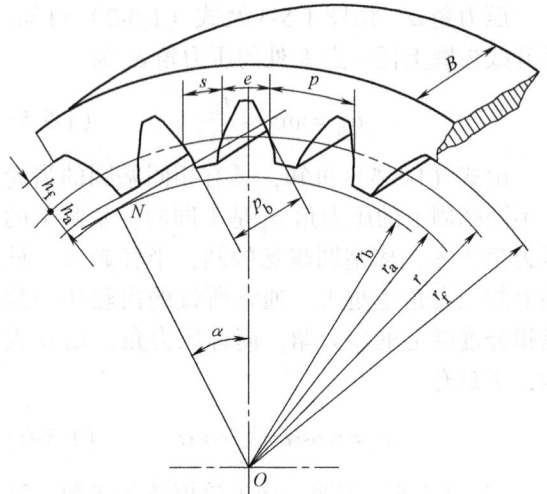

图1-5-8　内齿轮

表1-5-4　标准直齿圆柱齿轮的几何尺寸计算公式

基本参数		z, α, m, h_a^*, c^*
名　称	符　号	公　式
分度圆直径	d	$d = mz$
齿顶高	h_a	$h_a = h_a^* m$
齿根高	h_f	$h_f = (h_a^* + c^*) m$
全齿高	h	$h = h_a + h_f = (2h_a^* + c^*) m$
齿顶圆直径	d_a	$d_a = d \pm 2h_a = (z \pm 2h_a^*) m$
齿根圆直径	d_f	$d_f = d \mp 2h_f = (z \mp 2h_a^* \mp 2c^*) m$
基圆直径	d_b	$d_b = d\cos\alpha = mz\cos\alpha$
齿距	p	$p = \pi m$
齿厚	s	$s = \pi m/2$
齿槽宽	e	$e = \pi m/2$
中心距	a	$a = \frac{1}{2}(d_2 \pm d_1) = \frac{m}{2}(z_2 \pm z_1)$
顶隙	c	$c = c^* m$
基圆齿距	p_b	$p_b = p_n = \pi m\cos\alpha$
法向齿距	p_n	

注：1. "$\pm$""$\mp$"中上面符号用于外齿轮，下面符号用于内齿轮。

2. 中心距计算公式上面符号用于外啮合齿轮传动，下面符号用于内啮合齿轮传动。

3. 根据任意圆齿距定义，得$zp_b = \pi d_b = \pi mz\cos\alpha$，所以$p_b = \pi m\cos\alpha$。

四、齿条的几何特点

由渐开线的形成可知，当外齿轮的齿数增加到无穷多时，齿轮上的基圆半径也趋于无穷大，基圆和其他圆都变成了互相平行的直线，这时由发生线所形成的渐开线已不是一条曲线，而是一条斜直线，同侧渐开线齿廓也变成了互相平行的斜直线齿廓，这样就成了齿条。因此，齿条是齿轮的一种特殊形式，其齿廓面已不是一个曲面，而是一个平面。图1-5-9所示为一标准齿条。齿条与齿轮相比主要有以下两个特点：

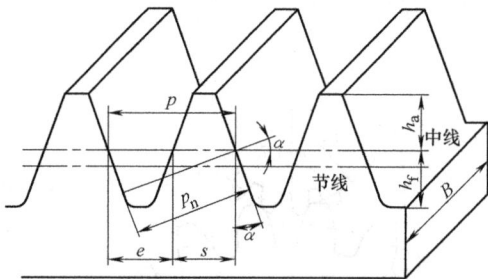

图1-5-9　齿条

1）由于齿条齿廓是直线，所以齿廓上各点的法线是平行的。又由于齿条在传动时作平动，齿廓上各点速度的大小和方向都相同，所以齿条齿廓上各点的压力角都相同，且等于齿廓的倾斜角，此角称为齿形角，标准值为20°。

2）与齿顶线平行的各直线上的齿距都相同，模数为同一标准值，其中齿厚与齿槽宽相等且与齿顶线平行的直线称为中线，它是确定齿条各部分尺寸的基准线。与中线平行的其他线统称为节线。

标准齿条的齿高尺寸 $h_a = h_a^* m$，$h_f = (h_a^* + c^*)m$，与标准齿轮相同。

第五节　渐开线直齿圆柱齿轮传动的正确啮合条件

齿轮传动是依靠齿与齿之间相互啮合来实现的。在第三节中已得出结论：由于齿轮在啮合过程中其啮合点始终落在同一条啮合线上，所以一对渐开线齿轮能够实现定传动比传动。但这并不表明任意两个渐开线齿轮都能正确地啮合传动。例如，一个小齿轮的齿距很小，而另一个齿轮的齿距很大，如图1-5-10所示，显然这对齿轮是无法啮合传动的。一对渐开线齿轮要能正确地啮合传动，必须满足一定的条件，即在啮合过程中，一对渐开线齿轮的工作一侧齿廓的啮合点都应在啮合线 N_1N_2 上，若有两对轮齿同时参加啮合，则两对齿工作一侧齿廓的啮合点必须同时都在啮合线上，如图1-5-11所示。根据渐开线性质1有

$$KK' = N_1K - N_1K' = p_{b1}$$
$$K'K = N_2K' - N_2K = p_{b2}$$

又 KK' 既是齿轮1的法向齿距 p_{n1}，也是齿轮2的法向齿距 p_{n2}，也即 $KK' = p_{n1} = p_{n2}$，由此得一对渐开线齿轮的正确啮合条件为

$$p_{b1} = p_{b2} \tag{1-5-7}$$

式（1-5-7）是一对相啮合齿轮的轮齿分布要满足的几何条件，只有满足这一条件，才有可能使两轮相邻两对轮齿同时正确啮合。

将 $p_{n1} = p_{b1} = \pi m \cos\alpha_1$ 和 $p_{n2} = p_{b2} = \pi m \cos\alpha_2$ 代入式（1-5-7）得

$$\pi m_1 \cos\alpha_1 = \pi m_2 \cos\alpha_2$$

即
$$m_1 \cos\alpha_1 = m_2 \cos\alpha_2$$

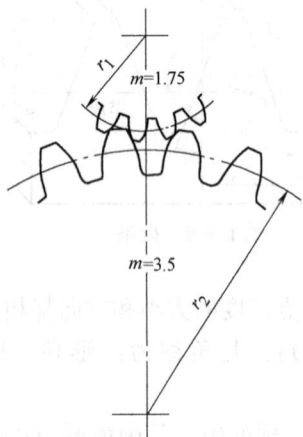

图 1-5-10　齿轮不能正确啮合　　　　图 1-5-11　齿轮正确啮合条件

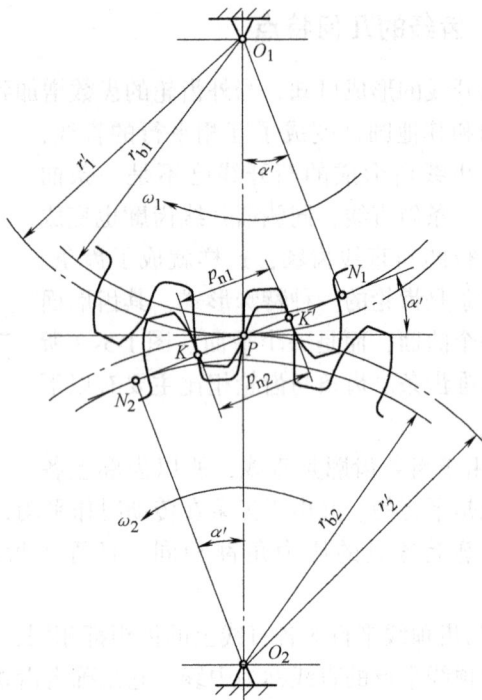

式中，m_1、m_2 和 α_1、α_2 分别为两轮的模数和压力角。该式表明：一轮的模数和分度圆压力角余弦的乘积必须等于另一轮的模数和分度圆压力角余弦的乘积，才有可能使两轮正确啮合。由于齿轮的模数和压力角都已标准化，故欲使上式成立，必须满足

$$\begin{cases} m_1 = m_2 = m \\ \alpha_1 = \alpha_2 = \alpha \end{cases} \tag{1-5-8}$$

因此，渐开线直齿圆柱齿轮传动的正确啮合条件又可表述为：两轮的模数和压力角应分别相等。

第六节　渐开线齿轮传动无侧隙啮合条件

一、齿轮传动的无侧隙啮合条件

齿轮在啮合传动过程中，每个齿的一侧齿廓为工作面，而另一侧齿廓为非工作面，因此当一对渐开线齿轮按一定中心距安装好以后，两轮非工作齿廓之间有可能出现一定的间隙，此间隙称为齿侧间隙，简称侧隙。如图 1-5-12 所示，当主动轮 1 沿逆时针方向转动时，在两轮非工作齿廓之间存在一侧隙 δ，此刻若齿轮 1 反向转动，齿轮的非工作侧齿廓变为工作侧齿廓，而由于存在齿侧间隙，会在接触的瞬间产生换向冲击。齿侧间隙的存在，不仅给齿轮换向传动带来冲击，而且在齿轮起动、停止或在单向连续传动时有载荷变化，都会产生冲击，影响齿轮传动的平稳性。

为了避免上述问题，要求相啮合的轮齿齿侧没有间隙，即所谓的无侧隙啮合。如图 1-5-13 所示，两齿轮处于无侧隙啮合位置，当齿轮沿啮合线 $N_1 N_2$ 啮合，齿廓接触点由 K 移到节点 P 时，两齿廓在其节圆上的对应点 B_1、B_2 应同时到达点 P。因齿轮传动相当于两节圆作纯滚动，故 $\overparen{B_1 P} = \overparen{B_2 P}$。而 $\overparen{B_1 P} = e_1'$，$\overparen{B_2 P} = s_2'$，所以 $e_1' = s_2'$。又根据齿轮正确啮合条件，两轮的基圆齿距应相等，故两轮的节圆齿距也是相等的，因此可得

$$e_1' = s_2' \quad \text{或} \quad e_2' = s_1' \tag{1-5-9}$$

式（1-5-9）表明，齿轮传动的无侧隙啮合条件是：一个齿轮在节圆上的齿厚等于另一个齿轮在节圆上的齿槽宽。但是为了便于在相互啮合的齿廓间进行润滑，避免由于制造和装配误差，以及轮齿受力变形或因摩擦发热而膨胀所引起的挤轧现象，实际上在两轮的非工作齿侧间总要留有一定的间隙，不过这种齿侧间隙一般都很小，通常是由制造公差来保证的，所以齿轮的运动设计仍按无侧隙啮合进行。

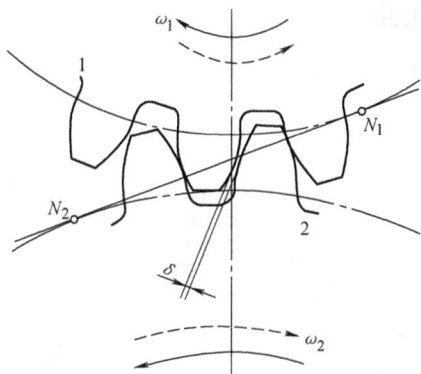

图 1-5-12　无侧隙啮合条件（一）　　　　图 1-5-13　无侧隙啮合条件（二）

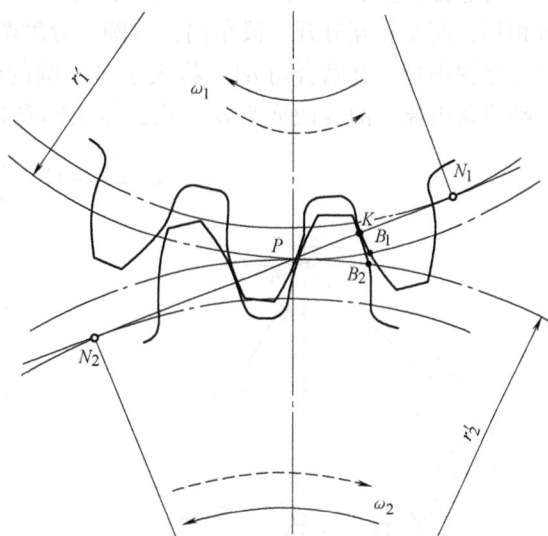

二、标准齿轮的标准安装及无侧隙啮合

在一对齿轮传动时，为了避免一轮的齿顶与另一轮的齿根过渡曲线相抵触，并且为了有一些空隙以便储存润滑油，故在一轮的齿顶圆与另一轮的齿根圆之间留有一定的间隙，称为顶隙。顶隙的标准值为 $c = c^* m$。

设两标准齿轮的中心距为 a，当顶隙为标准值 $c = c^* m$ 时，由图 1-5-14 可知中心距

$$\begin{aligned} a &= r_{a1} + c + r_{f2} = r_1 + h_a^* m + c^* m + r_2 - (h_a^* + c^*) m \\ &= r_1 + r_2 = \frac{1}{2} m (z_1 + z_2) \end{aligned} \tag{1-5-10}$$

即两轮的中心距应等于两轮分度圆半径之和。这种中心距称为标准中心距，其安装则称为标准安装。

式（1-5-10）说明，当一对标准齿轮按标准中心距安装时，其顶隙可保证为标准值，同时在标准安装下，两轮的节圆与分度圆重合，啮合角等于分度圆压力角。即

$$r_1' = r_1,\ r_2' = r_2, \alpha' = \alpha$$

又由于一对齿轮在标准安装下两轮的节圆与其分度圆重合，因此有

$$s_1' = e_1' = s_2' = e_2' = \frac{\pi m}{2}$$

由此可知：标准齿轮在按标准中心距安装时，无齿侧间隙的要求也能得到满足。

对于标准齿轮，当按标准中心距安装时，由于节圆与分度圆重合，啮合角也等于分度圆压力角，由此得外啮合齿轮的标准中心距

$$a = r_1' + r_2' = r_1 + r_2 = \frac{r_{b1} + r_{b2}}{\cos\alpha}$$

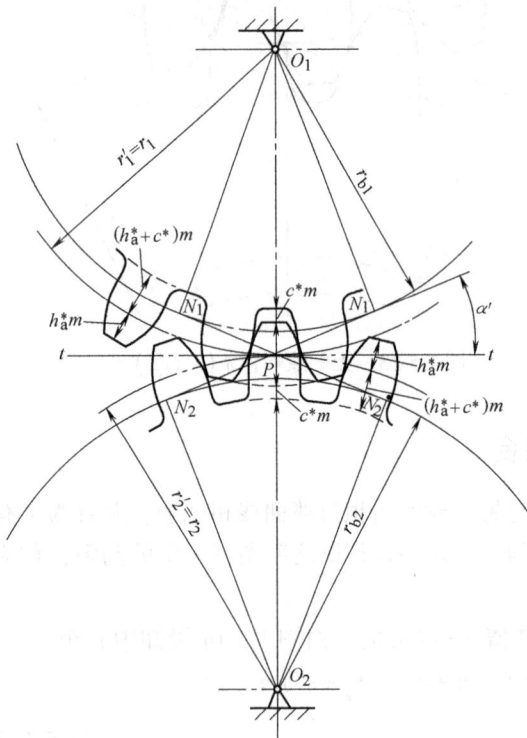

即 $$a\cos\alpha = r_{b1} + r_{b2} \tag{1-5-11}$$

因渐开线齿轮传动具有可分性，故两轮的实际安装中心距 a' 可以不等于标准中心距 a，这时称为非标准安装。如图 1-5-15 所示，将原来的中心距 a 增大至 a'，这时两轮的分度圆不再相切，而是相互分开一段距离，节圆与分度圆也就不再重合，两轮的节圆半径将大于各自的分度圆半径，其啮合角 α' 也将大于分度圆的压力角 α。由图 1-5-15 可知，中心距改变后，啮合角由原来的 α 改变为 α'，由此得实际安装中心距

$$a' = r_1' + r_2' = \frac{r_{b1} + r_{b2}}{\cos\alpha'}$$

图 1-5-14　标准齿轮的标准安装　　　　图 1-5-15　标准齿轮的非标准安装

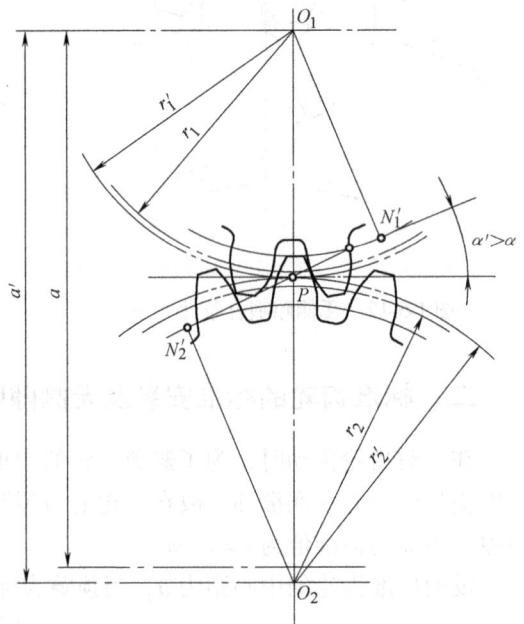

即 $$a'\cos\alpha' = r_{b1} + r_{b2} \tag{1-5-12}$$

式（1-5-12）说明，一对直齿轮无论是标准安装，还是非标准安装，中心距与相应的啮合角余弦的乘积是常数，恒等于两基圆半径之和。比较式（1-5-11）、式（1-5-12），可得中

心距和啮合角关系式为

$$a'\cos\alpha' = a\cos\alpha \tag{1-5-13}$$

对于标准齿轮按实际中心距 $a' > a$ 安装时，必将出现齿侧间隙，如图 1-5-15 所示，从而在传递运动过程中引起两齿廓面的冲击，最终影响齿轮传动质量，因此在设计标准齿轮传动时应该尽量避免。

三、齿轮齿条的标准安装及无侧隙啮合

当标准齿轮与齿条按照齿轮分度圆与齿条中线相切进行安装时，如图 1-5-16 中粗实线所示，此时齿轮分度圆与节圆重合，齿条中线与节线重合，啮合角 α' 等于分度圆压力角 α，这种情况称为齿轮齿条的标准安装。由于标准齿轮分度圆上的齿厚等于齿槽宽，齿条中线上的齿厚也等于齿槽宽，且均等于 $\pi m/2$，所以根据无齿侧间隙啮合条件，标准齿轮与齿条能作无齿侧间隙啮合传动。

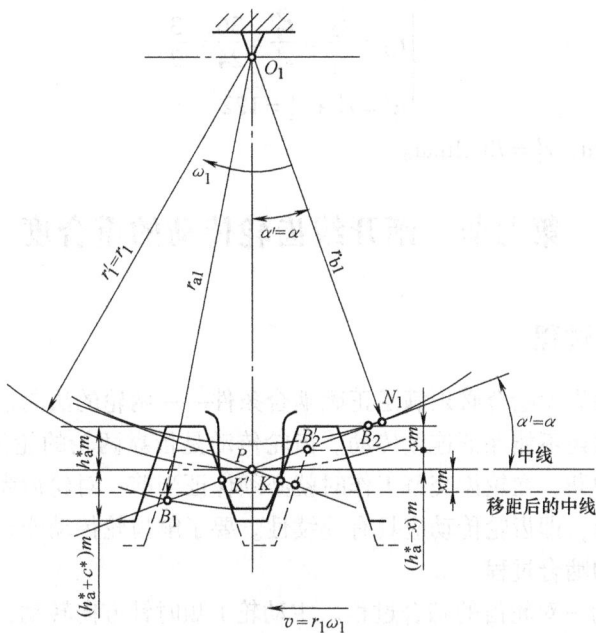

图 1-5-16　标准齿轮齿条传动的标准安装与非标准安装

如果把齿条由图示粗实线位置径向移动一段距离，至图中虚线位置，这时齿轮和齿条将只有一侧接触，另一侧出现间隙，这种安装称为非标准安装。通常，齿条移动的距离可用模数的 x 倍表示，即移距 xm，单位为 mm。由于齿条齿廓各点压力角均为 α，啮合线没有变，节点 P 也没有变，所以齿轮分度圆仍然与节圆重合，但齿条中线与节线不再重合，而是平移了 xm 距离。

综上所述，当齿轮与齿条啮合传动时，无论是标准安装还是非标准安装，都具有下述两个特点，这两个特点在齿轮加工中具有重要意义：

1) 齿轮分度圆永远与节圆重合，即 $r_1' = r_1$。
2) 啮合角 α' 永远等于分度圆压力角，即 $\alpha = \alpha'$。

例1-5-1　一对标准外啮合直齿圆柱齿轮传动，模数 $m = 4\text{mm}$，压力角 $\alpha = 20°$，齿数 $z_1 = 24$，$z_2 = 36$，当中心距 a' 比标准中心距 a 大 2mm 时，试计算这对齿轮的啮合角（节圆压力角）α' 及节圆半径 r_1'，r_2'。

解　这对齿轮的标准中心距 a 为

$$a = \frac{m}{2}(z_1 + z_2) = \frac{4}{2} \times (24 + 36)\,\text{mm} = 120\text{mm}$$

实际中心距 a' 为

$$a' = a + 2\text{mm} = 122\text{mm}$$

因

$$r_{b1} + r_{b2} = a\cos\alpha = a'\cos\alpha'$$

得

$$\cos\alpha' = \frac{a\cos\alpha}{a'} = \frac{120 \times \cos20°}{122} = 0.924$$

$$\alpha' = 22.44°$$

又

$$\begin{cases} i_{12} = \dfrac{z_2}{z_1} = \dfrac{r_2'}{r_1'} = \dfrac{36}{24} = \dfrac{3}{2} \\ a' = r_1' + r_2' = 122 \end{cases}$$

联立解得 $r_1' = 48.8\text{mm}$，$r_2' = 73.2\text{mm}$。

第七节　渐开线齿轮传动的重合度

一、轮齿啮合过程

如前所述，一对齿轮啮合必须满足正确啮合条件——两轮的法向齿距必须相等。但是仅仅满足这个条件有时还不能保证连续传动。齿轮传动是依靠两轮的轮齿依次接触来实现的，为了使传动不至于中断，在轮齿交替工作时就必须保证当前一对轮齿尚未脱离啮合时，后一对轮齿就应进入啮合，即齿轮传动应具有连续性。要了解齿轮传动能否实现连续传动，首先必须了解两轮轮齿的啮合过程。

图 1-5-17 所示为一对轮齿的啮合过程。主动轮 1 顺时针方向转动，推动从动轮 2 逆时针方向转动，这时从动轮齿顶圆与啮合线 N_1N_2 的交点 B_2 是一对轮齿啮合的起始点，主动轮的齿根与从动轮的齿顶接触，如图 1-5-17a 所示。随着啮合传动的进行，两齿廓的啮合点将沿着啮合线向左下方移动，一直到主动轮 1 的齿顶圆与啮合线 N_1N_2 的交点为 B_1 时，两轮齿即将脱离接触，故 B_1 点为两轮齿的啮合终止点，如图 1-5-17a 中细双点画线所示。根据渐开线齿廓啮合性质，啮合点必须落在啮合线 N_1N_2 上，因此一对轮齿在其整个啮合过程中啮合点实际走过的轨迹只是啮合线 N_1N_2 上的一段 B_2B_1 线段，所以把 B_2B_1 称为实际啮合线。当两轮齿顶圆加大时，点 B_2 和 B_1 将分别趋近于点 N_1 和 N_2，实际啮合线将加长。但因基圆内无渐开线，所以实际啮合线不会超过 N_1N_2，即 N_1N_2 是实际啮合线 B_2B_1 理论上可能达到的最大长度，故又把 N_1N_2 称为理论啮合线。

由上面分析可知，在两轮轮齿啮合过程中，并非全部齿廓都参加工作，而只限于从齿顶到齿根的一段齿廓参与啮合，如图 1-5-17a 中的阴影线部分所示，主动轮参与啮合的齿廓范

围是从 B_2 到 C_1，从动轮则是从 C_2 到 B_2，参与啮合的这段齿廓称为齿廓工作段。

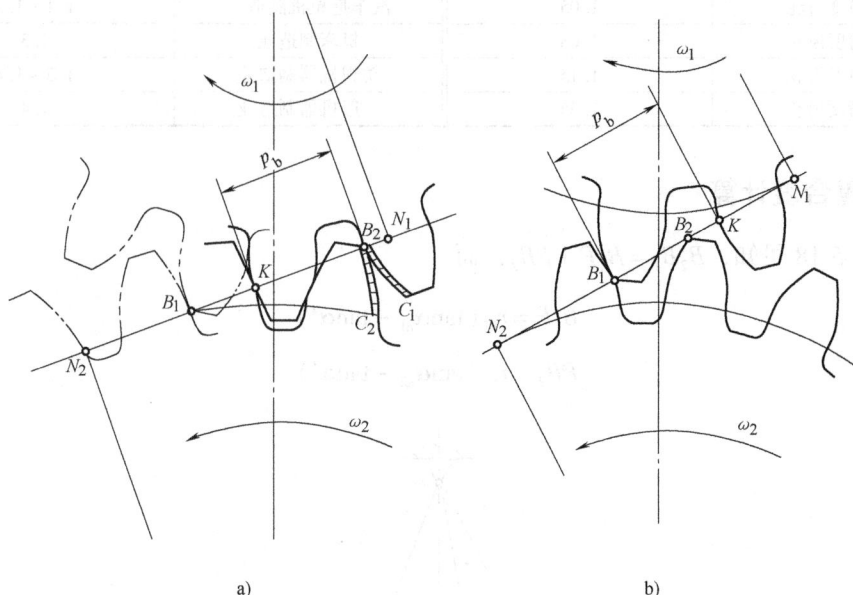

图 1-5-17 轮齿啮合过程

二、连续传动条件

从轮齿的啮合过程可知，每一对齿都是沿啮合线从起始点 B_2 参与啮合，至终止点 B_1 退出啮合，显然前一对齿从 B_1 点退出啮合时，必须有第二对齿已经或刚好参与啮合，这样才能保持齿轮作连续传动。

由图 1-5-17a 可知，若 $B_2B_1 > p_b$，在前一对轮齿从 B_2 点进入啮合运行至 K 点接触时，接触点轨迹刚好走了一个基圆齿距 p_b，此时后一对轮齿刚好从 B_2 点进入啮合，从而保证了这一对齿轮能连续传动；又由于前一对轮齿还没到啮合终止点 B_1，故在实际啮合线上将看到有两对齿同时在参与啮合，直到前一对齿在 B_1 脱离啮合。因此若 $B_2B_1 > p_b$，则有时有一对轮齿啮合，有时有两对轮齿啮合，保证了连续传动。

由图 1-5-17b 可知，若 $B_2B_1 < p_b$，当前一对轮齿在点 B_1 脱离啮合时，后一对轮齿尚未进入啮合，结果将使传动中断，从而引起冲击，影响传动的平稳性。

理论上，若 $B_2B_1 = p_b$，则前一对轮齿在 B_1 点即将脱离啮合时，后一对轮齿正好在 B_2 点啮合，表明传动刚好连续，在传动过程中，始终有一对轮齿啮合。

综上所述，齿轮连续传动的条件是实际啮合线 B_2B_1 大于或至少等于基圆齿距 p_b。B_2B_1 与 p_b 的比值为齿轮传动的重合度，用 ε_α 表示，所以齿轮连续传动的条件为

$$\varepsilon_\alpha = \frac{B_2B_1}{p_b} \geq 1 \qquad (1\text{-}5\text{-}14)$$

理论上重合度 $\varepsilon_\alpha = 1$ 就能保证齿轮刚好连续传动，但考虑到制造、安装误差，为了确保齿轮传动的连续性，应该使计算所得的重合度 $\varepsilon_\alpha > 1$。在实际应用中 ε_α 应大于或至少等于许用值 $[\varepsilon_\alpha]$，即 $\varepsilon_\alpha \geq [\varepsilon_\alpha]$。$[\varepsilon_\alpha]$ 的推荐值见表 1-5-5。

表 1-5-5　[ε_α] 的推荐值

Ⅰ级精度齿轮	1.05	汽车拖拉机制造业	1.1 ~ 1.2
Ⅱ级精度齿轮	1.08	机床制造业	1.3
Ⅲ级精度齿轮	1.15	纺织机器制造业	1.3 ~ 1.4
Ⅳ级精度齿轮	1.35	一般机器制造业	1.4

三、重合度计算

由图 1-5-18 可知，$B_2B_1 = B_1P + PB_2$，而

$$B_1P = r_{b1}(\tan\alpha_{a1} - \tan\alpha')$$

$$PB_2 = r_{b2}(\tan\alpha_{a2} - \tan\alpha')$$

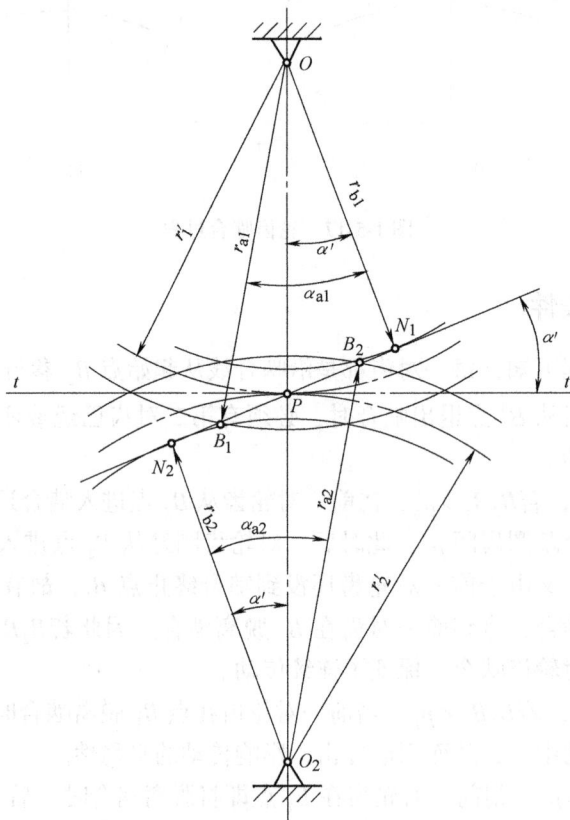

图 1-5-18　齿轮传动的重合度

于是可得

$$\varepsilon_\alpha = \frac{B_2B_1}{p_b} = \frac{B_1P + PB_2}{\pi m\cos\alpha}$$

$$= \frac{1}{2\pi}[z_1(\tan\alpha_{a1} - \tan\alpha') + z_2(\tan\alpha_{a2} - \tan\alpha')] \tag{1-5-15}$$

其中，α' 为啮合角，α_{a1} 和 α_{a2} 是齿轮 1 和 2 的齿顶圆压力角，其值可用下式计算

$$\alpha_{a1} = \arccos \frac{r_{b1}}{r_{a1}}$$

$$\alpha_{a2} = \arccos \frac{r_{b2}}{r_{a2}}$$

当齿轮齿条啮合传动时，由图 1-5-16 所示粗实线位置可知

$$B_1 P = r_{b1}(\tan\alpha_{a1} - \tan\alpha') = \frac{mz_1}{2}\cos\alpha(\tan\alpha_{a1} - \tan\alpha')$$

$$PB_2 = \frac{h_a^* m}{\sin\alpha}$$

所以

$$\varepsilon_\alpha = \frac{B_1 P + PB_2}{\pi m \cos\alpha} = \frac{z_1}{2\pi}(\tan\alpha_{a1} - \tan\alpha') + \frac{2h_a^*}{\pi\sin2\alpha} \tag{1-5-16}$$

由式（1-5-15）和式（1-5-16）可以看出，重合度 ε_α 与齿数有关，而与模数无关。随着齿数的增多，重合度也加大。如果假想将两轮的齿数增加而趋于无穷大，则 ε_α 将趋于理论极限值 $\varepsilon_{\alpha max}$。由于此时

$$B_1 P = PB_2 = \frac{h_a^* m}{\sin\alpha}$$

所以

$$\varepsilon_{\alpha max} = \frac{2\left(\dfrac{h_a^* m}{\sin\alpha}\right)}{\pi m \cos\alpha} = \frac{4h_a^*}{\pi\sin2\alpha} \tag{1-5-17}$$

当 $\alpha = 20°$，$h_a^* = 1$ 时，$\varepsilon_{\alpha max} = 1.981$。事实上，由于两轮均变为齿条，将吻合成一体而无啮合运动，所以这个理论极限值是不可能达到的。

对于内啮合齿轮传动，用类似的方法可导出其重合度的计算公式为

$$\varepsilon_\alpha = \frac{1}{2\pi}\left[z_1(\tan\alpha_{a1} - \tan\alpha') - z_2(\tan\alpha_{a2} - \tan\alpha') \right] \tag{1-5-18}$$

四、重合度的物理意义

一对齿轮啮合传动时，其重合度的大小表明了同时参与啮合的轮齿对数的多少。$\varepsilon_\alpha = 1$ 表示齿轮传动过程中始终只有一对齿在啮合，同理 $\varepsilon_\alpha = 2$ 表示在啮合区间始终有两对齿同时啮合。若 ε_α 不是整数，如 $\varepsilon_\alpha = 1.6$，表示有时是一对轮齿啮合，有时是两对轮齿啮合，如图 1-5-19 所示。由图可知，当前一对齿从起始啮合点 B_2 进入运行到 K 点啮合时，啮合点刚好走过一个法向齿距 p_n，也是一个基圆齿距 p_b，此时后一对齿在起始啮合点刚好进入啮合；当前一对齿继续

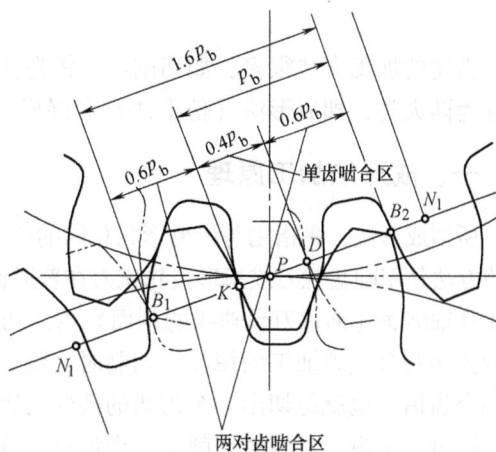

图 1-5-19 重合度的物理意义

运行 $0.6p_b$ 到终了啮合点 B_1 时，该对齿将退出啮合，此时后一对齿啮合点也运行 $0.6p_b$，到达图中细双点画线位置，啮合点在 D 点，因此当啮合点处在实际啮合线 B_2D 和 KB_1 这两段线段上时，有两对轮齿同时参与啮合，而在 DK（$DK = 0.4p_b$）这一段长度上只有一对轮齿参与啮合。DK 段称为单（对）齿啮合区，而 B_2D 和 KB_1 段称为两对齿啮合区。

齿轮传动的重合度越大，表明同时参与啮合的轮齿对数越多，传动越平稳，每对轮齿所承受的载荷越小。因此，重合度是衡量齿轮传动性能的重要指标之一。

例 1-5-2　有一对外啮合渐开线标准直齿圆柱齿轮，已知 $z_1 = 20$，$z_2 = 56$，$\alpha = 20°$，$h_{an}^* = 1$，$m = 5\text{mm}$，按标准中心距安装，试求这对齿轮传动的重合度 ε_α。

解　两轮的分度圆半径分别为
$$r_1 = mz_1/2 = 5 \times 20/2 \text{mm} = 50 \text{mm}$$
$$r_2 = mz_2/2 = 5 \times 56/2 \text{mm} = 140 \text{mm}$$

两轮的齿顶圆半径分别为
$$r_{a1} = r_1 + h_a = 50 \text{mm} + 1 \times 5 \text{mm} = 55 \text{mm}$$
$$r_{a2} = r_2 + h_a = 140 \text{mm} + 1 \times 5 \text{mm} = 145 \text{mm}$$

两轮的基圆半径分别为
$$r_{b1} = r_1 \cos\alpha = 50 \text{mm} \times \cos 20° = 46.98 \text{mm}$$
$$r_{b2} = r_2 \cos\alpha = 140 \text{mm} \times \cos 20° = 131.56 \text{mm}$$

两轮的齿顶圆压力角分别为
$$\alpha_{a1} = \arccos(r_{b1}/r_{a1}) = \arccos(46.98/55) = 31.33°$$
$$\alpha_{a2} = \arccos(r_{b2}/r_{a2}) = \arccos(131.56/145) = 24.86°$$

又因两轮按标准中心距安装，故啮合角 $\alpha' = \alpha$，于是由式（1-5-15）得重合度
$$\varepsilon_\alpha = \frac{1}{2\pi}\left[z_1(\tan\alpha_{a1} - \tan\alpha') + z_2(\tan\alpha_{a2} - \tan\alpha')\right]$$
$$= \frac{1}{2\pi}\left[20 \times (\tan 31.33° - \tan 20°) + 56 \times (\tan 24.86° - \tan 20°)\right] = 1.665$$

第八节　渐开线齿廓切削加工原理

齿轮的加工方法很多，如切削法、铸造法、热轧法、电加工法等。但就加工原理来看，可分为两大类，即成形法（仿形法）和展成法。

一、成形法加工原理

所谓成形法，是指用与齿槽形状相同的成形刀具或模具将轮坯齿槽的材料去掉的方法。常用的方法是用圆盘铣刀或指形齿轮铣刀在普通铣床上进行加工。这种方法的特点是所采用的刀具在其轴剖面（通过刀具轴线的剖面）内，切削刃的形状和被切齿槽的形状相同。图 1-5-20 所示为用圆盘铣刀加工的情况。切制时，铣刀转动，同时毛坯沿自身的轴线方向移动，待切出一个齿槽，也就是切出一个齿槽的两侧齿廓后，将毛坯退回到原来的位置，并用分度头将毛坯转过一个齿，再继续切削第二个齿槽。这样就可依次切出齿轮的所有轮齿。

图 1-5-21 所示为用指形齿轮铣刀加工的情况，加工方法与用圆盘铣刀时相似。不过指

形齿轮铣刀常用于加工大模数（如 $m > 20\text{mm}$）的齿轮，并可用于切制人字齿轮。

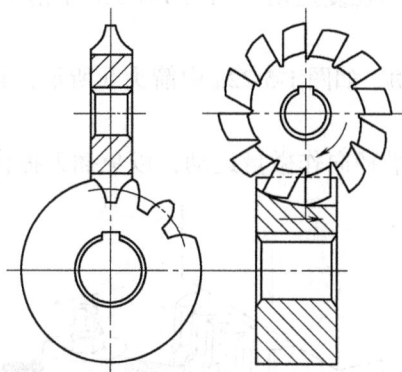

图 1-5-20　圆盘铣刀加工齿轮

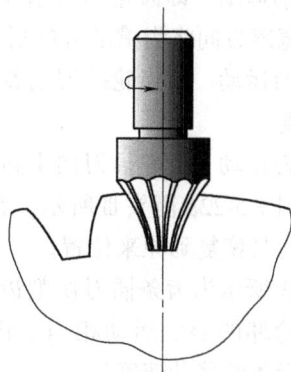

图 1-5-21　指形齿轮铣刀加工齿轮

由于渐开线的形状是随基圆大小的不同而不同的，而基圆半径 $r_b = mz\cos\alpha/2$。因此，要想切出完全准确的渐开线齿廓，则在加工相同 m、α 而 z 不同的齿轮时，每一种齿数的齿轮就需要有一把刀具，这样，需要的刀具数量就很多。为了减少刀具数量，在工程上加工同样 m、α 的齿轮时，一般只备有 $1 \sim 8$ 号八种齿轮铣刀，根据被铣切齿轮的齿数，选择铣刀的号数。表 1-5-6 所列为各号铣刀切制齿轮的齿数范围。

表 1-5-6　各号铣刀切制齿轮的齿数范围

铣刀号数	1	2	3	4	5	6	7	8
齿轮齿数	12 ~ 13	14 ~ 16	17 ~ 20	21 ~ 25	26 ~ 34	35 ~ 54	55 ~ 134	≥135

由于铣刀的号数有限，而且每一把铣刀的齿形都是按该号铣刀所切制齿轮齿数中最少齿数齿轮的齿形制成的。因此，在用这把铣刀切制同号中其他齿数的齿轮时，其齿形就有误差，所以成形法在修配和小批量生产中被采用，而不宜用于大量生产。

二、展成法切制齿轮的基本原理

所谓展成法，是指利用一对齿轮作无侧隙啮合传动时，两轮的齿廓互为包络线的原理来加工齿轮的方法，因而又称为包络法，是目前齿轮加工中最常用的一种切削加工方法。用展成法加工齿轮齿廓时，常用的刀具有齿轮插刀或齿条插刀。

齿轮插刀是一个齿数为 z_i 的具有切削刃的外齿轮，用它可加工出模数、压力角与插刀相同而齿数为 z 的齿轮。图 1-5-22a 所示为用齿轮插刀加工齿轮的情形。齿轮插刀与轮坯之间的相对运动有：

（1）展成运动　即齿轮插刀与轮坯以恒

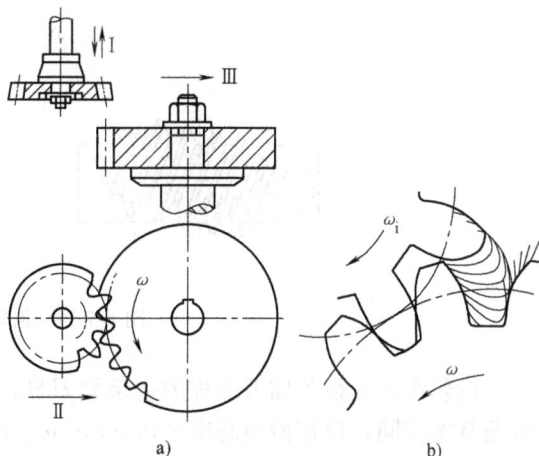

图 1-5-22　展成法加工齿轮的基本原理

定的传动比 $i = \omega_i/\omega = z/z_i$ 作回转运动，犹如一对齿轮啮合传动一样，如图 1-5-22b 所示。

（2）切削运动　即齿轮插刀沿轮坯轴线方向作往复运动，如图 1-5-22a 中箭头 I 所示。其目的是沿宽度方向将齿槽部分的材料切去。

（3）进给运动　即齿轮插刀向着轮坯方向移动，如图 1-5-22a 中箭头 II 所示，其目的是切出轮齿高度。

（4）让刀运动　齿轮插刀向上运动时，轮坯沿径向作微量运动，以免插刀擦伤已形成的齿面，如图 1-5-22a 箭头 III 所示，在插刀向下切削到轮坯前又恢复到原来位置。

图 1-5-23 所示为齿条插刀切削齿轮的情况。齿条插刀与轮坯的展成运动相当于齿轮齿条的啮合运动，齿条的移动速度为

$$v = r\omega = \frac{mz}{2}\omega$$

此式即为用齿条型刀具加工齿轮的运动条件。由该式可知，只有当刀具的移动速度与轮坯的转动角速度满足上述关系时，才能加工出所需齿数的齿轮，即被加工齿轮的齿数 z 取决于 v 与 ω 的比值。其切齿原理与用齿轮插刀加工齿轮的原理相同。

图 1-5-23　齿条插刀切削齿轮

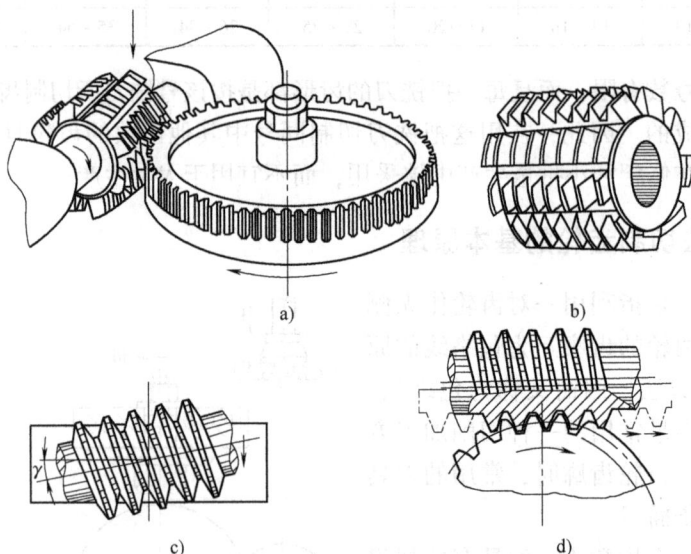

用齿轮插刀或齿条插刀加工齿轮，由于其切削都是不连续的，因而影响了生产率的提高。为此，在生产中更广泛地采用齿轮滚刀来加工齿轮，如图 1-5-24 所示。

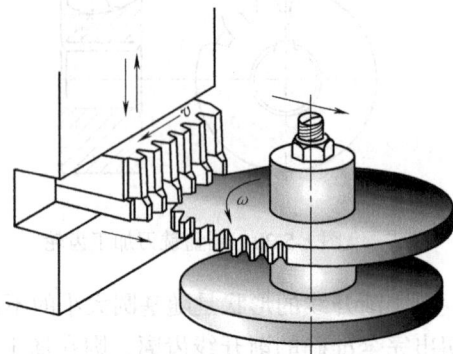

图 1-5-24　齿轮滚刀加工齿轮

齿轮滚刀和齿条插刀统称为齿条型刀具，其齿形如图 1-5-25a 所示。齿条型刀具与普通齿条基本相同，仅在齿顶高出一段 $c = c^* m$，用来切制齿轮的齿根圆及齿根的过渡曲线部分，以保证齿轮传动时具有标准顶隙 c。用齿条型刀具加工标准齿轮时，刀具的中线（或称分度

线）与轮坯分度圆相切并作纯滚动，由于刀具中线的齿厚 s 和齿槽宽 e 均为 $\pi m/2$，如图1-5-25b所示，故加工出的齿轮在分度圆上具有 $s=e=\pi m/2$，同时被切制齿轮的齿顶高为 $h_a^* m$，齿根高为 $h_a^* m + c^* m$，这样切出的齿轮为标准齿轮。

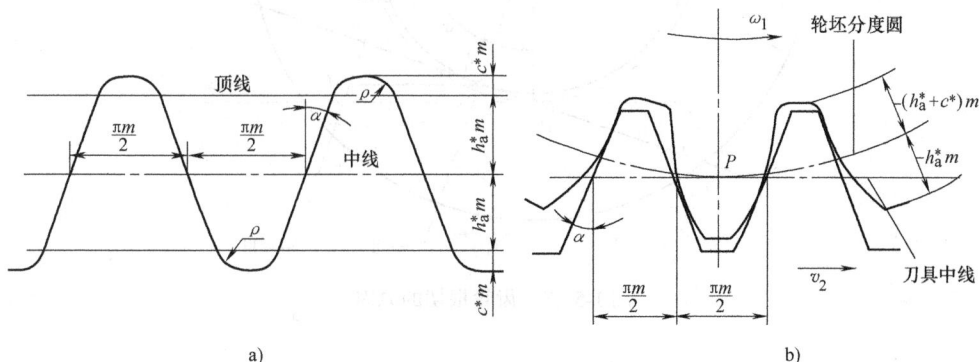

图1-5-25 齿条型刀具

用展成法加工齿轮时，只要刀具和被加工齿轮的模数 m 和压力角 α 相同，则不管被加工齿轮齿数的多少，都可以用同一把刀具来加工，而且生产率较高，所以在大批量生产中多采用这种方法。

第九节 渐开线齿轮的根切和变位

一、渐开线齿廓的根切

用展成法加工齿轮时，有时会发现刀具的齿顶部分把被加工齿轮齿根部分已经切制出来的渐开线齿廓切去了一部分，这种现象称为根切，如图1-5-26所示。产生严重根切的齿轮，一方面削弱了轮齿的抗弯强度，另一方面会使实际啮合线缩短，从而使重合度降低，影响传动的平稳性。因此，在设计齿轮时应尽量避免发生根切现象。

要避免根切，首先必须了解根切产生的原因。图1-5-27所示为用齿条型刀具加工标准齿轮的情况。图中刀具中线与轮坯分度圆相切，切点 N_1 是轮坯基圆与啮合线的切点。被加工齿轮分度圆与刀具中线作无滑动的纯滚动，$v_i=r\omega$。刀具在位置Ⅰ开始切制齿廓的渐开线部分，而当刀具到达位置Ⅱ时，刀具切削刃通过理论

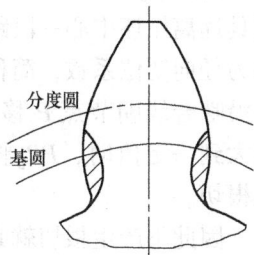

图1-5-26 根切现象

啮合点 N_1，此时齿廓的渐开线已全部切出。因此，如果刀具的齿顶线正好通过点 N_1，由轮齿啮合过程可知，该切削刃恰好与切好的渐开线齿廓脱离，因而不会发生根切现象。但图中刀具的齿顶线超过了点 N_1，与啮合线交于点 B_2，所以当刀具由第Ⅱ位置继续以 $v_i=r\omega$ 向右移动至Ⅲ位置时，轮坯继续转过 φ 角，渐开线的初始点由点 N_1 到达点 N_1'。由于点 N_1' 始终落在切削刃的左下方，因而从渐开线与切削刃的交点至 N_1' 点之间的渐开线将被切去，如图1-5-27中的阴影部分，使原本已切好的根部渐开线被切去了一部分，从而形成根切。

由以上分析可知，只要齿条刀具的齿顶线超过被加工齿轮的基圆与啮合线的切点 N_1，也即只要

$PB_2 > PN_1$就会发生根切现象。所以不发生根切的几何条件是$PB_2 \leqslant PN_1$。

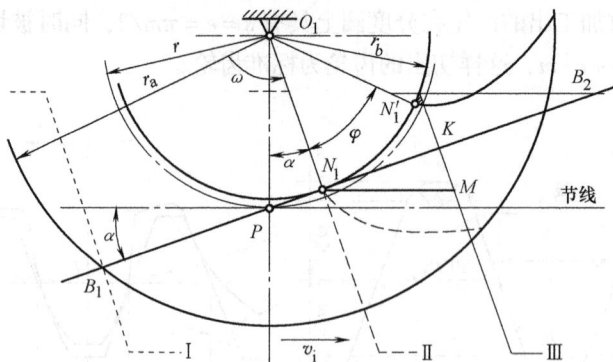

图1-5-27　齿轮根切的原因

二、齿轮变位及避免根切的措施

如上所述，要不产生根切就应使$PB_2 \leqslant PN_1$，也即刀具齿顶线不超过理论啮合点N_1。由于刀具的m、α和h_a^*与被加工齿轮是相同的，所以要使PN_1大于PB_2有两个途径：一是增加被加工齿轮的齿数。随着齿数的增加，基圆将随之加大，点N_1将远离节点P外移，从而使PN_1增大，当z增加到一定值时，PN_1将大于PB_2，从而可避免根切。二是增大刀具与轮坯中心的距离，使刀具齿顶线向外移动，改变啮合点B_2的位置。由图1-5-28可知，若将刀具远离轮坯中心一段距离xm（m为模数，x称为径向变位系数，简称变位系数），则点B_2将沿啮合线朝节点P移动，使PB_2减小。当x增大到一定值时，PB_2将小于PN_1，从而可避免根切。

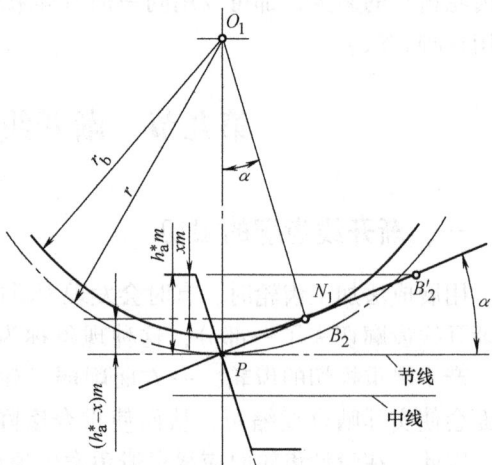

图1-5-28　齿轮避免根切的措施

因此不产生根切就必须使被加工齿轮的齿数z或径向变位系数x满足一定的条件。

由图1-5-28可知

$$PN_1 = r\sin\alpha = \frac{mz}{2}\sin\alpha$$

$$PB_2 = \frac{(h_a^* - x)m}{\sin\alpha}$$

不产生根切需要满足

$$PN_1 \geqslant PB_2$$

即

$$\frac{mz}{2}\sin\alpha \geqslant \frac{(h_a^* - x)m}{\sin\alpha}$$

由此得

$$x \geqslant h_{\mathrm{a}}^{*} - \frac{z \sin^2 \alpha}{2} \tag{1-5-19}$$

于是可得不发生根切的最小变位系数为

$$x_{\min} = h_{\mathrm{a}}^{*} - \frac{z \sin^2 \alpha}{2} \tag{1-5-20}$$

对于正常齿的齿轮，$\alpha = 20°$，$h_{\mathrm{a}}^{*} = 1$，故最小变位系数

$$x_{\min} = \frac{17 - z}{17} \tag{1-5-21}$$

由式（1-5-19）也可得不产生根切的齿数

$$z \geqslant \frac{2(h_{\mathrm{a}}^{*} - x)}{\sin^2 \alpha}$$

当 $\alpha = 20°$，$h_{\mathrm{a}}^{*} = 1$ 时，不产生根切的最小齿数为

$$z_{\min} = 17(1 - x) \tag{1-5-22}$$

由以上分析知，用标准齿条型刀具加工标准齿轮（$x = 0$）而不发生根切的最少齿数为 17。若 $z < 17$，$x_{\min}$ 为正值，这说明为了避免根切，要采用正变位，其变位系数 $x \geqslant x_{\min}$；当齿数 $z > 17$ 时，$x_{\min}$ 为负值，这说明该齿轮在 $x \geqslant x_{\min}$ 的条件下采用负变位也不会产生根切。

用标准齿条型刀具加工齿轮，按刀具中线与被加工齿轮分度圆的相对位置，可分为三种情况：

1）刀具中线与被加工齿轮分度圆相切，加工出来的齿轮是标准齿轮。

2）刀具中线由与被加工齿轮分度圆相切位置远离轮坯中心移动一段径向距离 xm，这样加工出来的齿轮称为正变位齿轮。

3）刀具中线靠近轮坯中心移动一段径向距离 xm，$xm < 0$，刀具中线与轮坯分度圆相割，这样加工出来的齿轮称为负变位齿轮。

由上述三种情况加工出来的齿数相同的齿轮，虽然其齿顶高、齿根高、齿厚和齿槽宽各不相同，但是其模数、压力角、分度圆、齿距和基圆均相

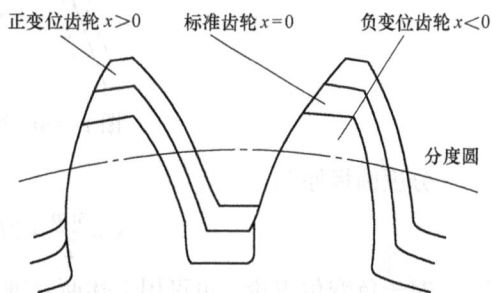

图 1-5-29　标准齿轮与变位齿轮的比较

同。它们的齿廓曲线是由相同基圆展出的渐开线，只不过截取的部位不同，如图 1-5-29 所示。

第十节　变位齿轮传动概述

一、变位齿轮的几何尺寸计算

如上所述，用同一把齿条型刀具加工相同齿数的变位齿轮和标准齿轮，其模数、压力角、分度圆和基圆分别相同，只是刀具变位后切制的变位齿轮的齿厚、齿根高、齿根圆、齿顶高和齿顶圆等几何尺寸均与相应的标准齿轮有所不同。

（一）分度圆齿厚和齿槽宽

以加工正变位齿轮为例，图 1-5-30 所示的刀具中线远离轮坯中心移动了 xm 距离，相应

的刀具节线上的齿厚一边减小了 KJ。由图中直角三角形 $\triangle IKJ$ 可以得出，$KJ = xm\tan\alpha$。由于用展成法加工齿轮的过程相当于齿轮齿条作无齿侧间隙啮合传动，轮坯分度圆与刀具节线作纯滚动，所以被加工齿轮分度圆上的齿槽宽 e 等于刀具节线上的齿厚 $s'_刀$，即被加工齿轮分度圆上的齿槽宽也减少了 $2KJ$，即正变位齿轮分度圆上的齿槽宽为

$$e = \frac{\pi m}{2} - 2KJ = \left(\frac{\pi}{2} - 2x\tan\alpha\right)m \tag{1-5-23}$$

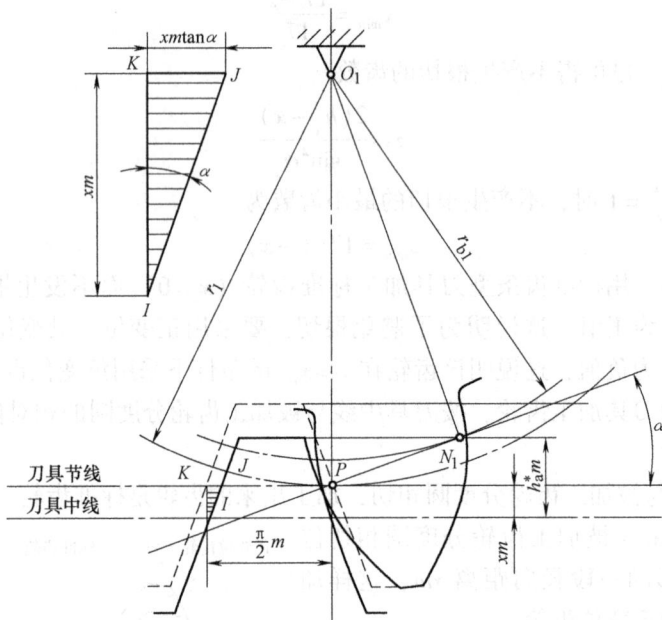

图 1-5-30　变位齿轮几何尺寸计算

分度圆齿厚为

$$s = \frac{\pi m}{2} + 2KJ = \left(\frac{\pi}{2} + 2x\tan\alpha\right)m \tag{1-5-24}$$

对于负变位齿轮，也可用上述两式进行计算，只是变位系数 x 为负值。

（二）齿根圆和齿顶圆半径

如图 1-5-30 所示，加工正变位齿轮时，刀具中线移出 xm 距离，被切齿轮的齿根圆半径随之增大 xm，即

$$r_f = \frac{m}{2}(z - 2h_a^* - 2c^*) + xm \tag{1-5-25}$$

由于分度圆半径保持不变，故齿根高比标准齿轮反而减小了 xm，即

$$h_f = (h_a^* + c^* - x)m \tag{1-5-26}$$

若为了保持全齿高不变，仍等于 $(2h_a^* + c^*)m$，则正变位齿轮的齿顶高为

$$h_a = (h_a^* + x)m \tag{1-5-27}$$

齿顶圆半径为

$$r_a = \frac{m}{2}(z + 2h_a^*) + xm \tag{1-5-28}$$

如果是负变位齿轮，则将变位系数 x 用负值代入就可以了。

必须指出，被切齿轮的齿顶圆在加工前已由轮坯决定，与刀具径向移动位置无关。尤其是一对变位齿轮要实现无侧隙啮合传动时，由于齿顶高尺寸发生了变化，其轮坯齿顶圆半径应设计为

$$r_a = \frac{m}{2}(z + 2h_a^* + 2x - 2\Delta y) \tag{1-5-29}$$

式中　Δy——齿高变动系数。

二、变位齿轮的无侧隙啮合

变位齿轮传动与标准齿轮传动一样，除了要满足正确啮合条件和连续传动条件外，也应满足无侧隙啮合和标准顶隙的要求。对于一对标准齿轮，因其分度圆齿厚等于齿槽宽，故按标准中心距安装时，自然可以满足无侧隙啮合条件。对于变位齿轮，因其分度圆齿厚有所增加或减小，需进一步探讨其满足无侧隙啮合的条件。

如第六节所述，当一对齿轮作无侧隙啮合时，一轮的节圆齿厚应等于另一轮的节圆齿槽宽，即 $e_1' = s_2'$，$e_2' = s_1'$，所以节圆齿距为

$$p' = s_1' + e_1' = s_2' + e_2' = s_1' + s_2' \tag{1-5-30}$$

由渐开线任意圆齿厚计算公式[1,2]，得齿轮两轮节圆齿厚为

$$s_1' = s_1 \frac{r_1'}{r_1} - 2r_1'(\text{inv}\alpha' - \text{inv}\alpha)$$

$$s_2' = s_2 \frac{r_2'}{r_2} - 2r_2'(\text{inv}\alpha' - \text{inv}\alpha)$$

两轮分度圆齿厚为

$$s_1 = m\left(\frac{\pi}{2} + 2x_1\tan\alpha\right)$$

$$s_2 = m\left(\frac{\pi}{2} + 2x_2\tan\alpha\right)$$

又　　　　　$$\frac{r_1'}{r_1} = \frac{r_2'}{r_2} = \frac{p'}{p} = \frac{\cos\alpha}{\cos\alpha'}, \ p = \pi m$$

将以上关系式代入式（1-5-30）整理后得

$$\text{inv}\alpha' = \frac{2(x_1 + x_2)\tan\alpha}{z_1 + z_2} + \text{inv}\alpha \tag{1-5-31}$$

该式称为齿轮无侧隙啮合方程式，是变位齿轮传动的重要方程式。它反映了一对相啮合齿轮的变位系数和 $x_1 + x_2$ 与啮合角 α' 之间的关系。该式和中心距与啮合角关系式 $a'\cos\alpha' = a\cos\alpha$ 是变位齿轮传动设计的基本关系式，通常成对使用。

三、变位齿轮传动类型

按照一对齿轮的变位系数之和 $x_1 + x_2$ 的不同，变位齿轮传动可分为三种类型。

（一）零传动　$(x_1 + x_2 = 0)$

如果一对齿轮的变位系数之和等于零，则这种齿轮传动称为零传动。零传动又可分为两

种情况：

（1）标准齿轮传动　两轮的变位系数都为零，即 $x_1 = x_2 = 0$。

根据标准齿轮作无齿侧间隙啮合条件可知，当两标准齿轮作无齿侧间隙啮合传动时，啮合角 α' 等于分度圆压力角 α，节圆与分度圆重合，中心距等于两轮分度圆半径之和。为了避免根切，两轮的齿数需满足 $z_1 > z_{min}$，$z_2 > z_{min}$ 的条件。

这种齿轮传动具有设计计算简单、重合度较大、不会发生过渡曲线干涉和齿顶厚度较大等优点，但也存在一些较严重的缺点：

1）抗弯曲强度能力较弱。由于齿根圆齿厚随齿数 z 减少而减薄，所以小齿轮的齿根圆齿厚比大齿轮的齿根圆齿厚小，小齿轮根部成为抗弯曲强度的薄弱环节，容易损坏，从而限制了一对齿轮的承载能力和使用寿命。

2）小齿轮齿数受到不发生根切条件的限制，因而限制了结构尺寸的减小和重量的减轻。

3）不能凑配中心距。在齿轮变速箱中，常常要求两对及两对以上齿轮具有相同的中心距，然而它们各自的标准中心距往往不等，使实际安装中心距不能与多对齿轮各自的标准中心距相等。若齿轮不变位，则标准中心距小于安装中心距的一对齿轮将产生齿侧间隙，而且重合度也会减小，影响齿轮传动的平稳性；反之，标准中心距大于安装中心距的一对齿轮将无法安装。

（2）高度变位齿轮传动（或称等变位齿轮传动）　这种齿轮传动中两轮的变位系数之和 $x_1 + x_2 = 0$，但 $x_1 = -x_2 \neq 0$。由无侧隙啮合方程式、中心距与啮合角关系式可知：

啮合角　　　　　　　　　　　　　　$\alpha' = \alpha$

中心距　　　　　　　　　　　　　　$a' = a$

为了避免根切，两轮的齿数必须满足以下条件

$$z_1 \geq \frac{2(h_a^* - x_1)}{\sin^2\alpha}$$

$$z_2 \geq \frac{2(h_a^* - x_2)}{\sin^2\alpha}$$

$$z_1 + z_2 \geq \frac{4h_a^* - 2(x_1 + x_2)}{\sin^2\alpha}$$

因为 $x_1 + x_2 = 0$，所以

$$z_1 + z_2 \geq \frac{4h_a^*}{\sin^2\alpha} = 2z_{min}$$

上式表明，在高度变位齿轮传动中，两轮的齿数之和必须大于或等于两倍的不发生根切的最少齿数。

在这种传动中，虽然两轮的全齿高不变，但每个齿轮的齿顶高和齿根高已不是标准值，它们分别为

$$h_{a1} = (h_a^* + x_1)m, h_{a2} = (h_a^* + x_2)m$$

$$h_{f1} = (h_a^* + c^* - x_1)m, h_{f2} = (h_a^* + c^* - x_2)m$$

故这种齿轮传动称为高度变位齿轮传动。又由于两个齿轮的变位量绝对值相等，所以又称为

等变位齿轮传动。

在一对齿数不等的高度变位齿轮传动中，通常小齿轮采用正变位，大齿轮采用负变位。与标准齿轮传动相比，这种传动有以下优点：

1）可以减小机构的尺寸。因为小齿轮正变位，齿数 z_1 可以少于 z_{1min} 而不产生根切，在传动比一定的情况下，大齿轮的齿数可相应减少，从而减小齿轮机构尺寸。

2）可以相对地提高两轮的承载能力。由于小齿轮正变位，齿根厚度增加，大齿轮负变位而齿根厚度减小，从而使大、小齿轮的抗弯曲能力接近，相对地提高了齿轮传动的承载能力。

3）可以改善齿轮的磨损情况。由于小齿轮正变位，齿顶圆半径增大；大齿轮负变位，齿顶圆半径减小，这样就使实际啮合线向远离 N_1 点的方向移动一段距离，从而减轻了小齿轮齿根部的齿面磨损。

由以上分析可知，与标准齿轮传动相比，高度变位齿轮传动具有较多的优点，因此，在安装中心距与标准中心距相等的情况下，应该优先考虑采用高度变位齿轮传动，以改善传动性能。

（二）正传动 $(x_1 + x_2 > 0)$

如果一对齿轮的变位系数之和大于零，则这种齿轮传动称为正传动。由于 $x_1 + x_2 > 0$，所以两轮的齿数和可以小于 $2z_{min}$，同时：啮合角，$\alpha' > \alpha$；中心距，$a' > a$。

正传动有以下优点：

1）由于 $x_1 + x_2 > 0$，两轮中必有一个齿轮采用正变位，因此两轮齿数不受 $z_1 + z_2 \geqslant 2z_{min}$ 的限制，这样齿轮机构可以设计得更为紧凑。

2）由于两轮都可以正变位，所以可以使两轮的齿根厚度均增加，从而提高了轮齿的抗弯能力。或者小齿轮正变位，大齿轮负变位，也可以相对提高齿轮机构的承载能力。

3）由于 $a' > a$，所以在节点啮合时的齿廓综合曲率半径增加，从而降低了齿廓接触应力，提高了接触强度。

4）适当选择两轮的变位系数 x_1 和 x_2，在保证无齿侧间隙啮合传动的情况下可配凑的中心距。

但是，由于正传动的啮合角 $\alpha' > \alpha$，所以实际啮合线将会缩短，重合度会有所下降，因此在设计正传动时，需要校核 ε_α，以保证 $\varepsilon_\alpha \geqslant [\varepsilon_\alpha]$。此外，正变位齿轮的齿顶易变尖，在设计时也需要校核齿顶厚 s_a，以保证 $s_a \geqslant [s_a]$。

（三）负传动 $(x_1 + x_2 < 0)$

若一对齿轮的变位系数之和小于零，则这种齿轮传动称为负传动。由于 $x_1 + x_2 < 0$，故在无齿侧间隙啮合传动时，啮合角，$\alpha' < \alpha$；中心距，$a' < a$。

由于正传动的优点正好是负传动的缺点，因此负传动是一种缺点较多的传动。通常只是在实际安装中心距 $a' < a$ 的情况下，才利用它来配凑中心距。此外，与其他传动相比，负传动的重合度会略有增加。需要注意的是，由于 $x_1 + x_2 < 0$，所以两轮的齿数之和必须大于 $2z_{min}$。

由于正传动和负传动啮合角均不等于分度圆压力角，即啮合角发生了变化，所以这两种传动又统称为角变位齿轮传动。

从以上介绍的各种齿轮传动特点可以看出：正传动的优点较多，传动质量较高，所以应多采用正传动；负传动的缺点较多，除用于配凑中心距外，一般情况下尽量不用；在传动中心距等于标准中心距时，为了提高传动质量，可采用等变位齿轮传动代替标准齿轮传动。

四、变位齿轮传动应用

变位齿轮是在渐开线标准齿轮的基础上发展而来的，它不需要特殊的机床、刀具和工艺，只需合理选定变位系数即可获得比标准齿轮传动更优越的性能。它不仅解决了齿轮齿数 $z < z_{\min}$ 而不根切的问题，而且可提高齿轮的承载能力和传动质量。下面从工程实际应用的几个方面作扼要介绍。

（一）配凑中心距

在主动轴与从动轴的轴线重合的回归轮系中，广泛应用变位齿轮传动。图 1-5-31 所示为机床变速齿轮传动，共有三档变速，三对齿轮的齿数：$z_1 = 21$，$z_2 = 68$，$z_3 = 30$，$z_4 = 60$，$z_5 = 41$，$z_6 = 50$，各轮模数 $m = 2$，压力角 $\alpha = 20°$。由于三对齿轮只能有一个公共中心距，因此三对齿轮不可能同时按标准中心距设计安装，必须配凑中心距。假设三对齿轮中只允许一对为标准齿轮传动，则可选的传动方案有：

方案 1：设轮 1 和轮 2 为一对标准齿轮，则各对齿轮的实际安装中心距 $a' = a_{12} = 89\text{mm}$，而

$$a_{34} = \frac{m}{2}(z_3 + z_4) = 90\text{mm} > 89\text{mm}$$

$$a_{56} = \frac{m}{2}(z_5 + z_6) = 91\text{mm} > 89\text{mm}$$

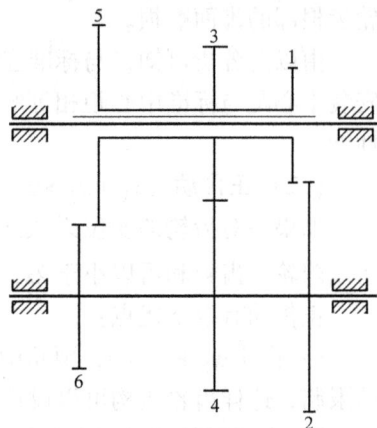

图 1-5-31　回归轮系

由此可知，齿轮 3、4 和齿轮 5、6 均为负传动。

方案 2：设轮 3 和轮 4 为一对标准齿轮，则各对齿轮的实际安装中心距 $a' = a_{34} = 90\text{mm}$，而 $a_{12} = 89\text{mm} < 90\text{mm}$，$a_{56} = 91\text{mm} > 90\text{mm}$，故齿轮 1、2 为正传动，而齿轮 5、6 为负传动。

方案 3：设轮 5 和轮 6 为一对标准齿轮，则各对齿轮的实际安装中心距 $a' = a_{56} = 91\text{mm}$，而 $a_{12} = 89\text{mm} < 91\text{mm}$，$a_{34} = 90\text{mm} < 91\text{mm}$，故齿轮 1、2 和齿轮 3、4 均为正传动。

综合以上分析，按上节所述宜采用方案 3。

（二）提高齿轮的承载能力和抗磨能力

正传动将增大轮齿在节点的曲率半径与齿根厚度，有助于提高齿轮的承载能力。此外，一对齿轮传动时，两轮齿数往往不同，渐开线齿廓的形状也随之不同，小齿轮的根部尺寸较小，强度较弱，而其工作次数却比大齿轮多，故易于磨损。为了改善这一状况，在标准中心距下可采用高度变位齿轮传动，大齿轮采用负变位，小齿轮为正变位，从而使两轮的承载能力较为接近。

（三）修复已磨损的旧齿轮

在一对齿轮传动中，小齿轮磨损较多，大齿轮磨损较少，利用负变位将大齿轮已磨损的齿面切去一部分加以修复，再按设计要求重配小齿轮。尽管齿轮正变位及正传动具有许多优点，但其变位系数受到齿顶变尖和重合度减小等条件的限制，在设计变位齿轮传动时应予以注意。

第十一节　斜齿圆柱齿轮机构

一、斜齿轮齿廓的形成及啮合特点

齿轮都是有一定宽度的，如图 1-5-32a 所示，在端面上的点和线，实际上代表着齿轮上的线和面：基圆代表基圆柱，发生线 NK 代表切于基圆柱面的发生面 S。因此，当发生面与基圆柱作纯滚动时，它上面的一条与基圆柱母线 NN 相平行的直线 KK 所展成的渐开线曲面，就是直齿圆柱齿轮的齿廓曲面，称为渐开面。由于直齿轮的轮齿方向与齿轮轴线相平行，在所有与轴线相垂直的平面内的齿形完全相同，也即

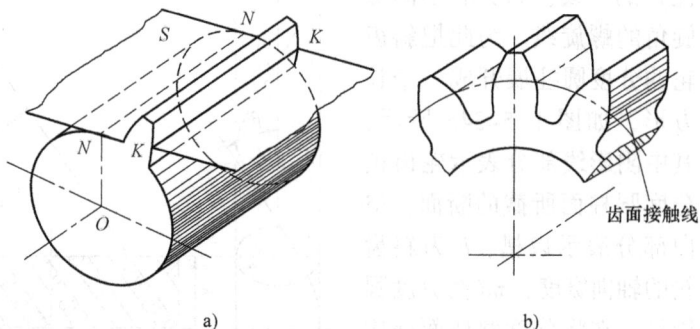

图 1-5-32　直齿轮齿廓曲面的形成

其端面齿形就能代表整个齿轮的齿形，所以前面在研究直齿圆柱齿轮时，是仅就轮齿的端面加以研究的。直齿轮在进入、退出啮合时，在理论上是以整个齿宽同时进入和同时退出的，如图 1-5-32b 所示，也就是说是突然加载和突然卸载的，这就使得传动的平稳性较差，而冲击、振动和噪声较大。

斜齿圆柱齿轮齿面的形成原理与直齿圆柱齿轮相似，所不同的是，发生面上展成渐开面的直线 KK 不再与基圆柱母线 NN 平行，而是相对于 NN 偏斜一个角度 β_b，如图 1-5-33a 所示。当发生面 S 绕基圆柱作纯滚动时，斜直线 KK 上的每一点在空间所描出的轨迹，都是一条位于与齿轮轴线垂直的平面内的渐开线，这些渐开线的初始点均在基圆柱面的螺旋线 AA 上。这些渐开线的集合，就形成了以螺旋线 AA 为起始线的渐开线曲面，称为渐开螺旋面。斜直线 KK 与基圆柱母线 NN 所夹角度 β_b 称斜齿轮基圆柱上的螺旋角。显然 β_b 越大，轮齿的齿向越偏斜；而当 $\beta_b = 0°$ 时，斜齿轮就变成了直齿轮，所以可以认为直齿圆柱齿轮是斜齿

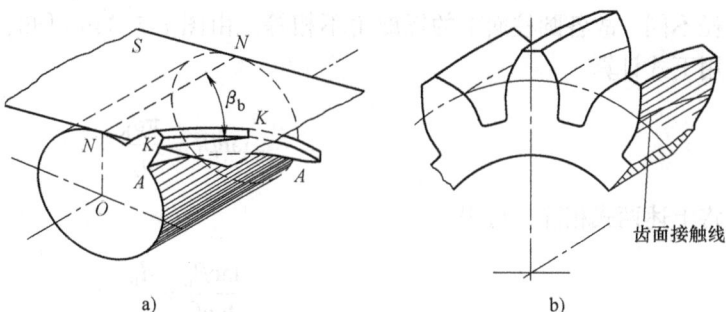

图 1-5-33　斜齿轮齿廓曲面的形成

圆柱齿轮的一个特例。斜齿轮轮齿参与啮合时，其一端先进入啮合，另一端要滞后一个角度才能进入啮合，即轮齿是先由一端进入啮合，到另一端退出啮合，其接触线由短变长，再由长变短，如图 1-5-33b 所示。因此斜齿轮轮齿在交换啮合时，载荷是逐渐增加的，再逐渐卸掉的，故传动较平稳，冲击、振动和噪声较小，适宜于高速、重载传动。

二、斜齿圆柱齿轮的基本参数

（一）斜齿圆柱齿轮在不同圆柱面上的螺旋角

如前所述，斜齿轮与直齿轮的根本区别在于其有一螺旋角。斜齿圆柱齿轮的渐开螺旋面与同轴线的各圆柱面（如分度圆柱、基圆柱及齿顶圆柱）的交线，为具有不同螺旋角的螺旋线。为此把斜齿轮的分度圆柱展开成一个长方形，如图 1-5-34a 所示，其中阴影线部分表示轮齿被分度圆柱面所截的断面，空白部分表示齿槽，b 为斜齿轮的轴向宽度，πd 为分度圆周长。在将分度圆柱面展成平面后，分度圆柱面与轮齿齿面相贯所得的螺旋线便成为一条斜直线，它与轴线的夹角 β 称为斜齿轮分度圆柱面上的螺旋角，简称斜齿轮的螺旋角，通常用它来表示斜齿轮轮齿的倾斜程度。

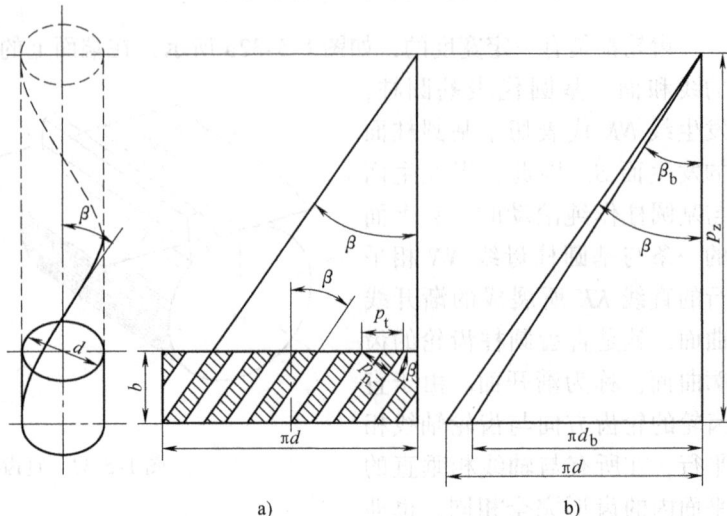

图 1-5-34　斜齿圆柱齿轮的螺旋角

设螺旋线的导程为 p_z，则由图 1-5-34a 可知

$$\tan\beta = \frac{\pi d}{p_z}$$

对于同一个斜齿轮，任一圆柱面上螺旋线的导程 p_z 都是相同的。但因不同圆柱面的直径不同，故各圆柱面上的螺旋角不相等。由图 1-5-34b 可知，其基圆柱面上的螺旋角 β_b 可用下式计算

$$\tan\beta_b = \frac{\pi d_b}{p_z}$$

将上述两式相除，可得

$$\frac{\tan\beta_b}{\tan\beta} = \frac{d_b}{d} \tag{1-5-32}$$

同理，可导出斜齿轮在直径 d_i 的圆柱面上的螺旋角 β_i 为

$$\frac{\tan\beta_i}{\tan\beta} = \frac{d_i}{d}$$

（二）法向模数与端面模数

由于斜齿圆柱齿轮的齿面为渐开螺旋面，因而在不同方向的截面上其轮齿的齿形各不相同，从端面看一对斜齿轮的啮合与直齿轮的情况相同，所以斜齿轮的分度圆、基圆、齿顶

圆、齿根圆等几何参数计算可套用直齿轮几何参数计算的所有公式。但由于在加工斜齿轮时，刀具通常是沿着螺旋线方向进刀的，所以斜齿轮的法向参数应该是与刀具参数相同的标准值。因此必须建立法向参数与端面参数之间的换算关系。

在图 1-5-34a 中，直角三角形两条边 p_t 与 p_n 的夹角为 β，由此可得

$$p_n = p_t \cos\beta \tag{1-5-33}$$

式中　p_n——法向齿距；

　　　p_t——端面齿距。

考虑到 $p_n = \pi m_n$，$p_t = \pi m_t$，故有

$$m_n = m_t \cos\beta \tag{1-5-34}$$

式中　m_n——法向模数（标准值）；

　　　m_t——端面模数（不是标准值）。

（三）法向压力角与端面压力角

为便于分析，用斜齿条来说明法向压力角与端面压力角之间的换算关系。在图 1-5-35 中，平面 ABB' 为端面，平面 ACC' 为法平面，$\angle ACB$ 为直角。

在直角三角形 ABB'、ACC' 和 $\angle ACB$ 中

$$\tan\alpha_t = \frac{AB}{BB'}, \quad \tan\alpha_n = \frac{AC}{CC'}, \quad AC = AB\cos\beta$$

考虑到 $BB' = CC'$，可得

$$\frac{\tan\alpha_n}{\tan\alpha_t} = \frac{AC}{CC'} \cdot \frac{BB'}{AB} = \cos\beta$$

则

$$\tan\alpha_n = \tan\alpha_t \cos\beta \tag{1-5-35}$$

式中　α_n——法向压力角（标准值）；

　　　α_t——端面压力角（不是标准值）。

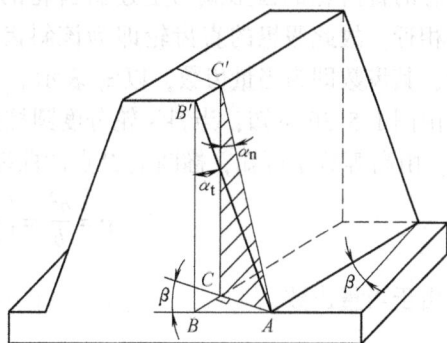

图 1-5-35　法向压力角与端面压力角之间的关系

（四）齿顶高系数和顶隙系数

无论从法向还是端面来看，轮齿的齿顶高和顶隙都是分别相等的，即

$$h_a = h_{an}^* m_n = h_{at}^* m_t \quad 及 \quad c = c_n^* m_n = c_t^* m_t$$

考虑到 $m_n = m_t \cos\beta$，故有

$$\begin{cases} h_{at}^* = h_{an}^* \cos\beta \\ c_t^* = c_n^* \cos\beta \end{cases} \tag{1-5-36}$$

式中　h_{an}^*、c_n^*——法向齿顶高系数和顶隙系数（标准值）；

　　　h_{at}^*、c_t^*——端面齿顶高系数和顶隙系数（不是标准值）。

三、斜齿圆柱齿轮的当量齿数

斜齿圆柱齿轮的法向齿形与端面齿形不同，用成形法切制斜齿轮时，刀具是沿螺旋形齿

槽方向进刀的，因此不仅要知道所要切制的斜齿轮的法向模数和法向压力角，还需要按照法向齿形来选择刀号。在计算斜齿轮的轮齿弯曲强度时，由于作用力作用在法平面内，所以也需要知道它的法向齿形。这就需要找出一个与斜齿轮法向齿形相当的直齿轮来，这个假想的直齿轮称为斜齿轮的当量齿轮，其齿数称为斜齿轮的当量齿数。

图1-5-36所示为实际齿数为 z 的斜齿轮分度圆柱。过斜齿轮分度圆柱螺旋线上的一点 P 作此轮齿螺旋线的法平面 n-n，将此斜齿轮的分度圆柱副剖开，得一椭圆剖面。在此断面上，P 点附近的齿形可以近似地视为该斜齿轮的法向齿形。如果以椭圆上 P 点的曲率半径 ρ 为半径作一个圆作为假想的直齿轮的分度圆，并设此假想的直齿轮的模数和压力角分别等于该斜齿轮的法向模数和法向压力角，则该假想的直齿轮的齿形就与上述斜齿轮的法向齿形十分相近。故此假想的直齿轮即为该斜齿轮的当量齿轮，其齿数即为当量齿数，以 z_v 表示。

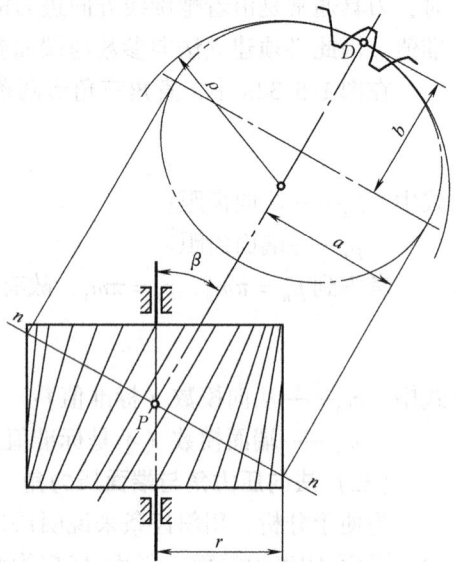

图 1-5-36　斜齿轮的当量齿数

由图1-5-36可知，当斜齿轮分度圆柱的半径为 r 时，椭圆的长半轴 $a = r/\cos\beta$，短半轴 $b = r$。由高等数学可知，椭圆上 P 点的曲率半径为

$$\rho = \frac{a^2}{b} = \left(\frac{r}{\cos\beta}\right)^2 \frac{1}{r} = \frac{r}{\cos^2\beta}$$

由于当量齿数

$$z_\mathrm{v} = \frac{2\rho}{m_\mathrm{n}}$$

因而

$$z_\mathrm{v} = \frac{2\rho}{m_\mathrm{n}} = \frac{2r}{m_\mathrm{n}\cos^2\beta} = \frac{m_\mathrm{t}z}{m_\mathrm{n}\cos^2\beta}$$

将 $m_\mathrm{n} = m_\mathrm{t}\cos\beta$ 代入上式，则得

$$z_\mathrm{v} = \frac{z}{\cos^3\beta} \tag{1-5-37}$$

按式（1-5-37）求得的 z_v 值一般不是整数，也不必圆整为整数。根据计算所得的当量齿数数值，既可用于选取铣刀刀号，又可用于计算斜齿轮轮齿的弯曲疲劳强度、选取变位系数以及测量齿厚等。

四、平行轴斜齿圆柱齿轮的正确啮合条件

为了使一对斜齿轮能够传递两平行轴之间的运动，两轮啮合处的轮齿倾斜方向必须一致，这样才能使一轮的齿厚落在另一轮的齿槽内，从而使两齿廓螺旋面相切。图1-5-37所示为一对齿廓啮合的情况，由图中可以看出，外啮合时，两轮的螺旋角 β 应大小相等，方向相反，即

$$\beta_1 = -\beta_2$$

而当内啮合时，两轮的螺旋角 β 应大小相等，方向相同，即

$$\beta_1 = \beta_2$$

平行轴斜齿圆柱齿轮机构在端面内的啮合相当于直齿轮啮合，所以一对相啮合的斜齿轮的端面模数 m_{t1}、m_{t2} 和端面压力角 α_{t1}、α_{t2} 必须分别相等，即

$$m_{t1} = m_{t2}, \quad \alpha_{t1} = \alpha_{t2}$$

由于相互啮合的两轮的螺旋角 β 大小相等，所以法向模数 m_n 和法向压力角 α_n 也应分别相等，即

$$m_{n1} = m_{n2}, \quad \alpha_{n1} = \alpha_{n2}$$

综上所述，一对平行轴斜齿圆柱齿轮的正确啮合条件为

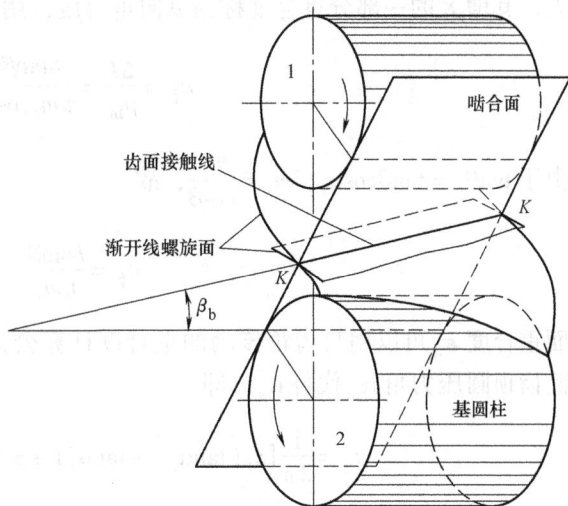

图 1-5-37 平行轴斜齿轮的啮合情况

$$\begin{cases} \beta_1 = -\beta_2 (外啮合) \quad \beta_1 = \beta_2 (内啮合) \\ m_{n1} = m_{n2} = m_n \text{ 或 } m_{t1} = m_{t2} = m_t \\ \alpha_{n1} = \alpha_{n2} = \alpha_n \text{ 或 } \alpha_{t1} = \alpha_{t2} = \alpha_t \end{cases} \quad (1\text{-}5\text{-}38)$$

五、平行轴斜齿圆柱齿轮连续传动条件

与渐开线直齿圆柱齿轮啮合传动一样，要保证一对平行轴斜齿圆柱齿轮能够连续传动，其重合度也必须大于或等于1。

下面来分析其重合度计算公式。为便于分析，特把端面参数相同的一对直齿圆柱齿轮传动和一对平行轴斜齿圆柱齿轮传动加以对比。图 1-5-38a 所示为直齿圆柱齿轮传动的啮合面，图 1-5-38b 所示为平行轴斜齿圆柱齿轮的啮合面。直线 B_2B_2 表示一对轮齿开始进入啮合的位置，直线 B_1B_1 为一对轮齿开始脱离啮合的位置。

对于直齿轮传动，轮齿是沿整个齿宽 b 在 B_2B_2 进入啮合，到 B_1B_1 处整个轮齿脱离啮合，B_2B_2 与 B_1B_1 之间为轮齿啮合区。

对于平行轴斜齿轮传动，轮齿也是在 B_2B_2 位置进入啮合，但不是沿整个齿宽同时进入啮合，而是由轮齿一端到达位置1时开始进入啮合，随着齿轮转动，直至到达位置2时才沿全齿宽进入啮合，当到达位置3时由前端面开始脱离啮合，直至到达位置4时才沿全齿宽脱离啮合。显然，平行轴斜齿轮传动的实际啮合区比直齿轮传动增大了 $\Delta L = b\tan\beta_b$。因此，其重合度也就比直齿轮

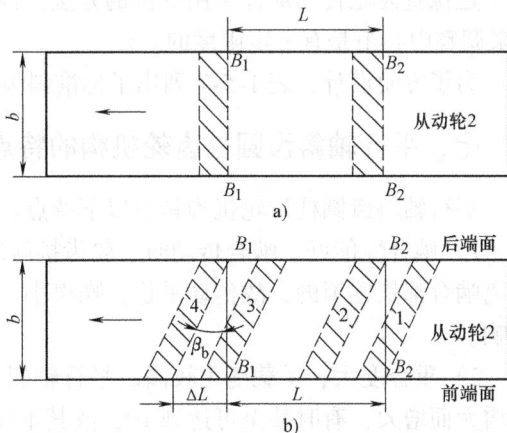

图 1-5-38 平行轴斜齿圆柱齿轮的重合度

传动大。其增大的一部分重合度称为纵向重合度,用 ε_β 表示,即有

$$\varepsilon_\beta = \frac{\Delta L}{p_{bt}} = \frac{b\tan\beta_b}{\pi m_t \cos\alpha_t}$$

由于 $\tan\beta_b = \tan\beta\cos\alpha_t$,$m_t = \dfrac{m_n}{\cos\beta}$,故

$$\varepsilon_\beta = \frac{b\sin\beta}{\pi m_n} \tag{1-5-39}$$

而端面重合度 ε_α 可以用直齿轮传动的重合度计算公式求得,但要用端面啮合角 α_t' 代替 α',用端面齿顶圆压力角 α_{at} 代替 α_a,即

$$\varepsilon_\alpha = \frac{1}{2\pi}\left[z_1\left(\tan\alpha_{at1} - \tan\alpha_t'\right) + z_2\left(\tan\alpha_{at2} - \tan\alpha_t'\right)\right]$$

平行轴斜齿圆柱齿轮传动的总重合度 ε_γ 为

$$\varepsilon_\gamma = \varepsilon_\alpha + \varepsilon_\beta \tag{1-5-40}$$

由于 ε_β 随 β 和齿宽 b 的增大而增大,所以斜齿轮传动的重合度比直齿轮传动的重合度大得多。但是 β 和 b 也不能任意增加,有一定限制。

六、平行轴斜齿圆柱齿轮机构的传动设计

如前所述,一对平行轴斜齿圆柱齿轮啮合传动时,从端面看与一对直齿圆柱齿轮传动一样,因此其设计方法也基本相同。不同的是,由于螺旋角 β 的存在,斜齿轮有端面参数与法向参数之分,且法向参数为标准值,因此在设计计算时,要把法向参数换算成端面参数。

一对平行轴标准斜齿圆柱齿轮传动的中心距为

$$a = \frac{1}{2}m_t(z_1 + z_2) = \frac{m_n}{2\cos\beta}(z_1 + z_2) \tag{1-5-41}$$

由该式可知,在 z_1、z_2 和 m_n 一定时,也可以用改变螺旋角 β 的办法来调整中心距,而不一定像直齿轮传动那样采用变位的方法。当然,由于 β 有一定的取值范围,用改变螺旋角 β 来调整中心距是有一定限度的。

为了方便设计,表1-5-7列出了标准斜齿圆柱齿轮机构几何尺寸的计算公式。

七、平行轴斜齿圆柱齿轮机构的特点及应用

平行轴斜齿圆柱齿轮机构具有以下特点:

1)啮合性能好。啮合传动时,轮齿接触线是与轴线不平行的斜直线,轮齿开始啮合和脱离啮合都是逐渐的,故传动平稳,噪声小。这种啮合方式也减小了轮齿制造误差对传动的影响。

2)重合度大,承载能力较高。平行轴斜齿圆柱齿轮机构的重合度随齿宽 b 和螺旋角 β 的增大而增大,有时甚至可达到10,故其不仅传动平稳,而且减轻了每对轮齿承受的载荷,提高了承载能力。

表 1-5-7　标准斜齿圆柱齿轮机构的几何尺寸计算公式

名　称	代　号	公　式
螺旋角	β	$\beta_1 = \mp\beta_2$（一般 $\beta = 8° \sim 15°$）
端面模数	m_t	$m_t = m_n/\cos\beta$（m_n 为标准值）
端面压力角	α_t	$\tan\alpha_t = \tan\alpha_n/\cos\beta$（$\alpha_n = 20°$）
端面齿顶高系数	h_{at}^*	$h_{at}^* = h_{an}^* \cos\beta$（$h_{an}^* = 1$ 或 0.8）
端面顶隙系数	c_t^*	$c_t^* = c_n^* \cos\beta$（$c_n^* = 0.25$ 或 0.3）
分度圆直径	d	$d = m_t z = m_n z/\cos\beta$
基圆直径	d_b	$d_b = d\cos\alpha_t$
齿顶高	h_a	$h_a = h_{an}^* m_n = h_{at}^* m_t$
齿根高	h_f	$h_f = (h_{an}^* + c_n^*)m_n = (h_{at}^* + c_t^*)m_t$
齿顶圆直径	d_a	$d_a = d \pm 2h_a$
齿根圆直径	d_f	$d_f = d \mp 2h_f$
标准中心距	a	$a = \dfrac{1}{2}m_t(z_1 \pm z_2) = \dfrac{m_n}{2\cos\beta}(z_1 \pm z_2)$
实际中心距	a'	$a' = a\dfrac{\cos\alpha_t}{\cos\alpha_t'}$
当量齿数	z_v	$z_v = z/\cos^3\beta$
无根切最小齿数	z_{min}	$z_{min} = \dfrac{2h_{at}^*}{\sin^2\alpha_t}$

注：1. 齿顶圆直径和齿根圆直径计算公式中的"±"，上面符号用于外齿轮，下面符号用于内齿轮。

2. 螺旋角和标准中心距计算公式中的"±"，上面符号用于外啮合齿轮传动，下面符号用于内啮合齿轮传动。

3）可获得更为紧凑的机构。由于标准斜齿圆柱齿轮不产生根切的最少齿数比直齿轮少，故采用平行轴斜齿圆柱齿轮传动，可使机构尺寸更为紧凑。

4）制造成本与直齿轮相同。

由于具有以上特点，平行轴斜齿圆柱齿轮机构的传动性能和承载能力都优于直齿圆柱齿轮机构，因而广泛应用于高速、重载的传动中。

平行轴斜齿圆柱齿轮机构的主要缺点是：由于螺旋角的存在，在运动时会产生轴向推力 $F_x = F\sin\beta$，对传动不利，如图 1-5-39a 所示。为了既能发挥平行轴斜齿圆柱齿轮机构传动的优点，又不致使轴向推力过大，一般采用的螺旋角为 $\beta = 8° \sim 20°$。若要消除轴向推力，可以采用图 1-5-39b 所示的人字齿轮，这种齿轮左右两排轮齿的螺旋角大小相等，方向相反，可以使左右两侧所产生的轴向力抵消。人字齿轮的螺旋角可以做得大一些，一般 $\beta = 25° \sim 35°$。但人字齿轮加工制造比较困难一些。

例 1-5-3　某机器上有一对标准外啮合直齿圆柱齿轮，已知 $z_1 = 40$，$z_2 = 80$，$m = 4\text{mm}$，$\alpha = 20°$，$h_a^* = 1$。为了提高齿轮传动的平稳性，要求在传动比、模数及中心距不变的前提下，把直齿圆柱齿轮改为斜齿圆柱齿轮，试确定这对斜齿轮的齿数 z_1、z_2 及螺旋角 β。

解 给定的一对标准直齿轮中心距为

$$a = \frac{m}{2}(z_1 + z_2) = \frac{4}{2} \times (40 + 80)\,\text{mm}$$

$$= 240\,\text{mm}$$

而一对标准斜齿轮中心距为

$$a = \frac{m_n}{2\cos\beta}(z_1 + z_2) = 240\,\text{mm}$$

根据题意，$m_n = m = 4\,\text{mm}$，而 $\cos\beta < 1$，故改用斜齿轮的齿数和必小于直齿轮的齿数和，即 $z_1 + z_2 < 120$。从保持传动比不变考虑，即 $z_2/z_1 = 2$，取 $z_1 = 38$，则 $z_2 = 76$，算得螺旋角 β 为

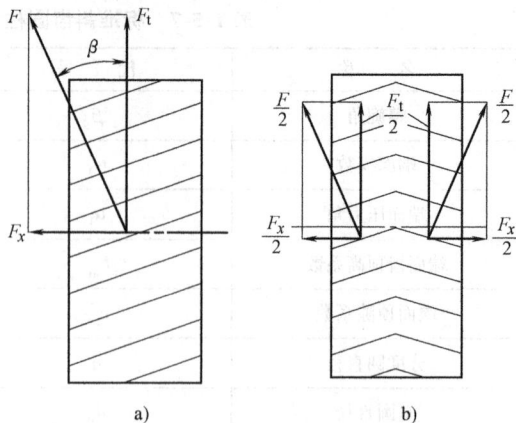

图 1-5-39 平行轴斜齿圆柱齿轮机构的特点

$$\cos\beta = \frac{m_n}{2a}(z_1 + z_2) = \frac{4}{2 \times 240}(39 + 78) = 0.975$$

$$\beta = 12.84°$$

螺旋角大小比较合适。

八、交错轴斜齿圆柱齿轮机构*

若将一对斜齿圆柱齿轮安装成其轴线既不平行又不相交，就成为交错轴斜齿圆柱齿轮机构，两轮轴线之间的夹角 Σ 称为交错角。

（一）交错轴斜齿圆柱齿轮机构的啮合传动

（1）交错角 Σ 与螺旋角的关系 图 1-5-40 所示为一对交错轴斜齿圆柱齿轮机构，若两轮均为标准齿轮，则其分度圆柱面和节圆柱面重合，且两分度圆柱面在节点 P 处相切。过点 P 作两轮分度圆柱面的公切面（此面在图 1-5-40a 中与纸平面平行），并将两轮投影在该公切面上，即可得到两轮轴线在公切面上的投影间的夹角，即交错角 Σ。过节点 P 在公切面上作两轮分度圆柱面上螺旋线的公切线 t-t，它与两轮轴线的夹角 β_1 和 β_2 分别为齿轮 1 和齿轮 2 的螺旋角。从图中可知

$$\Sigma = |\beta_1 + \beta_2| \tag{1-5-42}$$

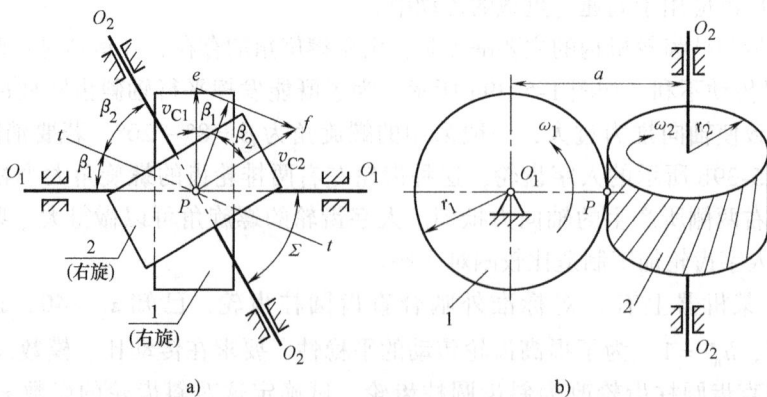

图 1-5-40 交错轴斜齿圆柱齿轮的交错角

在式（1-5-42）中，若两轮的螺旋线方向相同，即均为右旋（图1-5-40b）或均为左旋，则 β_1 和 β_2 均用正值（或均用负值）代入；若两轮的螺旋线方向相反，即一轮为右旋而另一轮为左旋（图1-5-41），则 β_1 和 β_2 中一个用正值代入，另一个用负值代入。

当交错角 $\Sigma = 0$ 时，$\beta_1 = -\beta_2$，即两轮螺旋角大小相等，方向相反，变成平行轴斜齿圆柱齿轮机构。所以，平行轴斜齿圆柱齿轮机构是交错轴斜齿圆柱齿轮机构的一个特例。

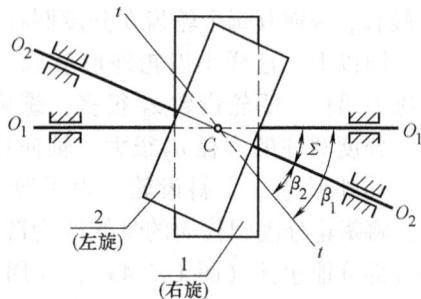

图1-5-41　交错轴斜齿圆柱齿轮的交错角

（2）正确啮合条件　由于一对交错轴斜齿圆柱齿轮的轮齿仅在法平面内啮合，因此其正确啮合条件为

$$\begin{cases} m_{n1} = m_{n2} = m_n \\ \alpha_{n1} = \alpha_{n2} = \alpha_n \end{cases} \tag{1-5-43}$$

由于两轮的螺旋角 β_1 和 β_2 不一定相等，故两轮的端面模数、端面压力角也不一定相等。这是交错轴斜齿圆柱齿轮机构与平行轴斜齿圆柱齿轮机构的不同之处。

（3）传动比　设两轮的齿数分别为 z_1、z_2，端面模数分别为 m_{t1}、m_{t2}，因为 $z = d/m_t$，$m_t = m_n/\cos\beta$，故交错轴斜齿圆柱齿轮机构的传动比为

$$i_{12} = \frac{\omega_1}{\omega_2} = \frac{z_2}{z_1} = \frac{d_2 \cos\beta_2}{d_1 \cos\beta_1} \tag{1-5-44}$$

式（1-5-44）表明，交错轴斜齿圆柱齿轮机构的传动比是由两轮的分度圆半径和螺旋角两个参数来确定的，这是它与平行轴斜齿圆柱齿轮机构的另一不同之处。

（二）交错轴斜齿圆柱齿轮机构的特点及应用

1）容易实现交错角 Σ 为任何值的两交错轴之间的传动。由于两轮螺旋角的大小和旋向都不一定相同，因而可以通过改变 β_1 和 β_2 的办法来调整中心距，改变传动比或从动轮的转向。这就使交错轴斜齿圆柱齿轮机构在传动几何关系上有较大的灵活性，易于满足交错角为任何值时两交错轴之间的传动要求。

2）轮齿之间相对滑动严重，传动效率较低。一对交错轴斜齿圆柱齿轮相啮合的轮齿间除了与其他齿轮机构一样沿齿高方向有相对滑动外，沿齿槽方向也有较大的相对滑动速度，故轮齿易磨损，传动效率较低。

3）两轮啮合齿面间为点接触，接触应力大，接触强度低，促使磨损加剧。

第十二节　蜗杆蜗轮机构

蜗杆蜗轮机构由交错轴斜齿圆柱齿轮机构演变而来，用来传递空间交错轴之间的运动和动力，通常其交错角 $\Sigma = 90°$，且蜗杆与蜗轮的旋向相同。

一、蜗杆蜗轮的形成及传动特点

如图1-5-42所示，在一对交错角为 $\Sigma = 90°$、且 β_1 和 β_2 旋向相同的蜗杆蜗轮机构中，小齿轮齿数 z_1 很少（一般 $z_1 = 1 \sim 4$）、螺旋角 β_1 很大，分度圆柱的直径 d_1 较小，其轴向长度

b_1 较长，因而其每个轮齿在分度圆柱面上能缠绕一周以上，这样小齿轮外形就像一根螺杆，故称为蜗杆。蜗轮齿数 z_2 很多，螺旋角 β_2 较小，分度圆柱的直径 d_2 很大，轴向长度 b_2 较短，其外形像一个斜齿轮。为了改善啮合状况，将蜗轮分度圆柱面的母线改为圆弧形，将蜗杆部分地包住（图1-5-43），并用与蜗杆形状和参数相同的蜗轮滚刀展成加工蜗轮，这样加工出来的蜗轮与蜗杆啮合传动时，其齿廓间为线接触，可传递较大的动力。

蜗杆蜗轮机构具有以下两个明显的特征：其一，它是一种特殊的交错轴斜齿轮机构，其特殊之处在于交错角 $\Sigma = 90°$，蜗杆齿数很少，一般 $z_1 = 1 \sim 4$；其二，它具有螺旋机构的某些特点，蜗杆相当于螺杆，蜗轮相当于螺母，蜗轮部分地包容蜗杆。

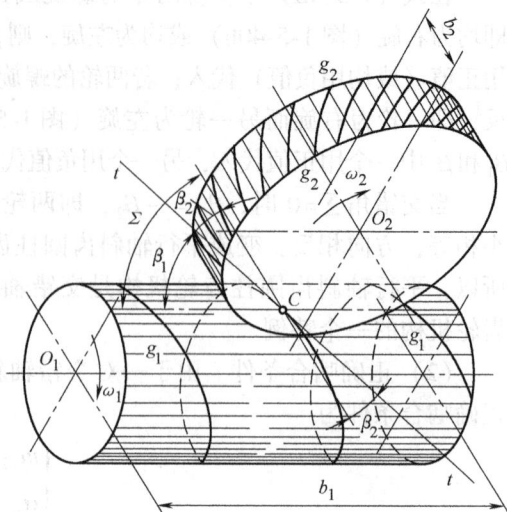

图 1-5-42　蜗杆蜗轮机构的形成

蜗杆分单头蜗杆和多头蜗杆，蜗杆的头数就是其齿数 z_1。蜗杆按螺旋线旋向又分左旋蜗杆和右旋蜗杆。工程中通常采用右旋蜗杆。由于蜗杆螺旋线的导程角 $\gamma_1 = 90° - \beta_1$，而 $\Sigma = \beta_1 + \beta_2 = 90°$，故 $\gamma_1 = \beta_2$，即蜗轮的螺旋角 β_2 等于蜗杆的导程角 γ_1。

二、蜗杆蜗轮机构的正确啮合条件

图1-5-43 所示为阿基米德蜗杆蜗轮机构的啮合传动情况。过蜗杆轴线作一垂直于蜗轮轴线的平面，该平面称为蜗杆传动的中间平面。由图中可以看出，在该平面内蜗杆与蜗轮的啮合传动相当于齿条与齿轮的传动。因此，蜗杆蜗轮机构的正确啮合条件为：在中间平面中，蜗杆与蜗轮的模数和压力角分别相等，即

$$m_{x1} = m_{t2} = m, \ \alpha_{x1} = \alpha_{t2} = \alpha$$

$$(1\text{-}5\text{-}45)$$

式中　m_{x1}、α_{x1}——蜗杆的轴面模数和轴面压力角；

　　　m_{t2}、α_{t2}——蜗轮的端面模数和端面压力角。

三、传动比

由于蜗杆蜗轮机构是由交错角 $\Sigma = 90°$ 的交错轴斜齿圆柱齿轮机构演变而来的，故其传动比

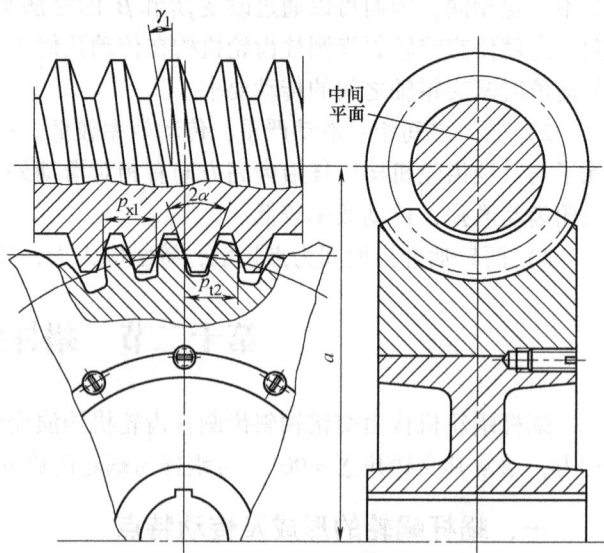

图 1-5-43　阿基米德蜗杆蜗轮机构的啮合传动

$$i_{12} = \frac{\omega_1}{\omega_2} = \frac{z_2}{z_1} = \frac{d_2\cos\beta_2}{d_1\cos\beta_1} = \frac{d_2\cos\gamma_1}{d_1\sin\gamma_1} = \frac{d_2}{d_1\tan\gamma_1} \quad (1\text{-}5\text{-}46)$$

蜗杆蜗轮转动方向，既可按交错轴斜齿轮机构判断，也可借助于螺杆螺母来确定，即把蜗杆看做螺杆，蜗轮视为螺母，当螺杆只能转动而不能移动时，螺母移动的方向即表示蜗轮圆周速度的方向，由此即可确定蜗轮的转向。

四、蜗杆蜗轮机构的特点及应用

1）传动比大，结构紧凑。因 z_1 很小，而 z_2 可以很大，故传动比 i_{12} 可以很大。一般情况下，$i_{12} = 10 \sim 100$，在不传递动力的分度机构中，i_{12} 可达 500 以上。

2）传动平稳，无噪声。因啮合时为线接触，且具有螺旋机构的特点，故其承载能力比交错轴斜齿轮机构大得多，且传动平稳，几乎无噪声。

3）反行程具有自锁性。当蜗杆的导程角 γ_1 小于啮合轮齿间的当量摩擦角时，机构反行程具有自锁性。即只能以蜗杆为主动件带动蜗轮传动，而不能以蜗轮带动蜗杆运动。

4）传动效率较低，磨损较严重。由于啮合轮齿间相对滑动速度大，故摩擦损耗大，因而传动效率较低（一般为 $0.7 \sim 0.8$，反行程具有自锁性的蜗杆传动，效率小于 0.5），易出现发热和温升过高现象，且磨损较严重。为保证有一定使用寿命，蜗轮常需采用价格较昂贵的减磨材料，因而成本高。

5）蜗杆轴向力较大，致使轴承摩擦损失较大。

第十三节　锥齿轮机构

一、锥齿轮机构的特点及应用

锥齿轮机构是用来传递空间两相交轴之间运动和动力的一种齿轮机构，其轮齿分布在截圆锥体上，齿形从大端到小端逐渐变小，如图 1-5-44 所示。由于这一特点，对应于圆柱齿轮中的各有关圆柱均变成了圆锥，故有分度圆锥、基圆锥、齿顶圆锥、齿根圆锥和节圆锥等。由于锥齿轮大端和小端参数不同，为计算和测量方便，通常取大端参数为标准值。

一对锥齿轮两轴线间的夹角 Σ 称为轴交角。其值可根据传动需要任意选择，在一般机械中，多取轴交角 $\Sigma = 90°$。

锥齿轮的轮齿有直齿、斜齿和曲线齿（圆弧齿、螺旋齿）等多种形式。其中，直齿锥齿轮机构由于其设计、制造和安装均较简便，故应用最为广泛。曲线齿锥齿轮机构由于传动平稳、承载能力强，常用于高速重载的传动中，如汽车、飞机、拖拉机等的传动机构中。本节仅介绍直齿锥齿轮机构。

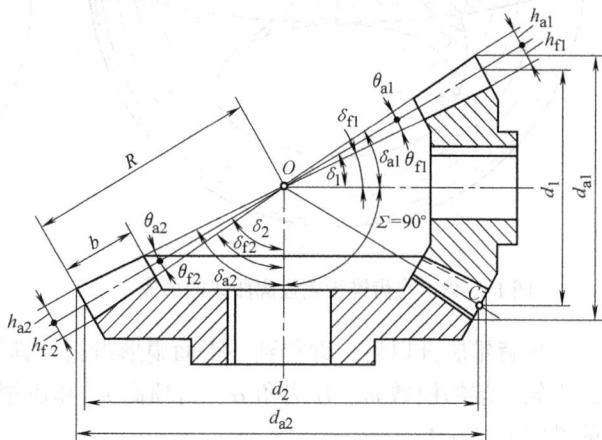

图 1-5-44　锥齿轮机构

二、直齿锥齿轮齿廓的形成

直齿锥齿轮齿廓曲面的形成如图 1-5-45 所示，一个圆平面 S 与一个基圆锥相切于直线 OC。设圆平面的半径 R' 与基圆锥的锥距 R 相等，且圆心 O 与锥顶重合。当该圆平面 S 绕基圆锥作纯滚动时，该平面上的任意一点 B 将在空间展出一条渐开线 AB。因该渐开线上任一点到锥顶的距离均为 R，故此渐开线必在以 O 为中心、锥距 R 为半径的球面上，称为球面渐开线。所以直齿锥齿轮大端的齿廓曲线理论上应在以锥顶 O 为中心，锥距 R 为半径的球面上。

三、直齿锥齿轮的背锥与当量齿数

由于球面曲线不能展开成平面曲线，这就给锥齿轮的设计和制造带来很多困难。为了在工程上应用方便，人们采用一种近似的方法来处理这一问题。

图 1-5-46 所示为一标准直齿锥齿轮的半个轴向剖面图。$\triangle OAB$ 表示分度圆锥，线段 OA 称为锥距，$\widehat{Ab}$ 和 $\widehat{Aa}$ 为大端球面上轮齿的齿顶高和齿根高。过 A 点作球面的切线 AO' 与轴线交于 O'，以 OO' 为轴线、$O'A$ 为母线作一圆锥，该圆锥称为锥齿轮的大端背锥。由于背锥面上的母线垂直于分度圆锥面的母线，故背锥面垂直于分度圆锥面。由图 1-5-46 可见，在大端背锥面上的母线 Ab' 和 Aa' 与大端球面上的圆弧 $\widehat{Ab}$ 和 $\widehat{Aa}$ 非常接近。因此，可近似地用背锥面上的齿形来代替球面上的理论齿形。因背锥面可展开成平面，这样就可以把球面渐开线的问题简化成平面渐开线问题进行研究了。

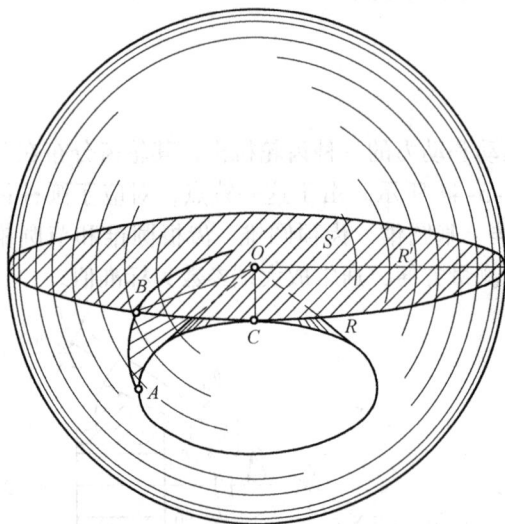

图 1-5-45 直齿锥齿轮齿廓曲线的形成

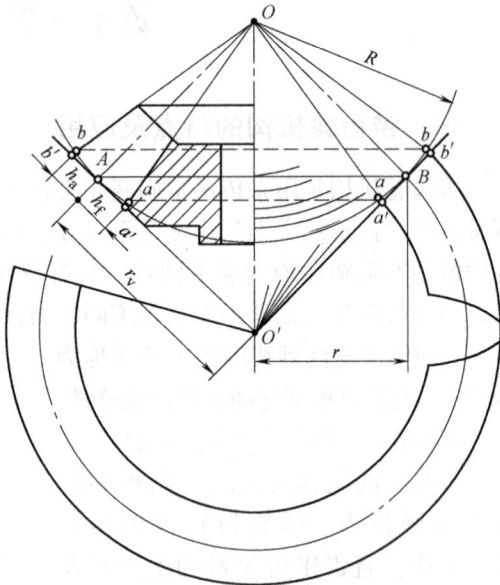

图 1-5-46 直齿锥齿轮的背锥

将背锥展开以后，即得到一平面扇形齿轮。其模数、压力角、齿顶高和齿根高分别等于锥齿轮大端的模数 m、压力角 α、齿顶高 h_a 和齿根高 h_f，分度圆半径等于锥齿轮大端背锥的锥距 $r_v = O'A$。

若将扇形齿轮补足为一个完整的假想直齿圆柱齿轮，则原有齿数 z 将增加为 z_v，人们把

这个虚拟的直齿圆柱齿轮称为这一锥齿轮的当量齿轮，其齿数 z_v 称为锥齿轮的当量齿数。由图 1-5-46 可知

$$r_v = \frac{r}{\cos\delta} = \frac{mz}{2\cos\delta}$$

而

$$r_v = \frac{1}{2}mz_v$$

故得直齿锥齿轮当量齿数 z_v 与锥齿轮实际齿数 z 的关系为

$$z_v = \frac{z}{\cos\delta} \tag{1-5-47}$$

式中　δ——锥齿轮的分度圆锥角。

由式（1-5-47）求得的 z_v 一般不是整数，也无需圆整为整数。

由于当量齿轮是一个齿形与直齿锥齿轮大端齿形十分相近的虚拟直齿圆柱齿轮，所以，引入当量齿轮的概念后，就可以将直齿圆柱齿轮的某些原理近似地应用到锥齿轮上。例如，用成形法加工直齿锥齿轮时，可按当量齿数来选择铣刀的号数；在进行锥齿轮的齿根弯曲疲劳强度计算时，按当量齿数来查取齿形系数。此外，标准直齿锥齿轮不发生根切的最少齿数可根据其当量齿轮不发生根切的最少齿数来换算，即锥齿轮的最少齿数为

$$z_{min} = z_{vmin}\cos\delta \tag{1-5-48}$$

四、直齿锥齿轮的啮合传动

如上所述，一对直齿锥齿轮的啮合传动，就相当于其当量齿轮的啮合传动，所以可通过其当量齿轮的啮合传动来研究。

（一）正确啮合条件

一对直齿锥齿轮的正确啮合条件为：两个锥齿轮的当量齿轮的模数和压力角分别相等，也即两个锥齿轮大端的模数和压力角应分别相等；此外，还应保证两轮的锥距相等、锥顶重合。

（二）连续传动条件

为保证一对直齿锥齿轮能够实现连续传动，其重合度也必须大于或等于 1，重合度可按其当量齿轮进行计算。

（三）传动比

一对直齿锥齿轮传动的传动比为

$$i_{12} = \frac{\omega_1}{\omega_2} = \frac{z_2}{z_1} = \frac{r_2}{r_1} = \frac{\sin\delta_2}{\sin\delta_1}$$

当轴交角 $\Sigma = \delta_1 + \delta_2 = 90°$ 时，则有

$$i_{12} = \frac{\sin(90° - \delta_1)}{\sin\delta_1} = \cot\delta_1 = \tan\delta_2 \tag{1-5-49}$$

五、直齿锥齿轮传动的主要参数和几何尺寸

（一）基本参数

由于锥齿轮大端的尺寸最大，计算和测量的相对误差最小，同时也便于确定齿轮的外廓尺寸，因此其几何尺寸的计算以大端为基准。取大端的模数为标准值，按表 1-5-8 选取，压

力角 $\alpha = 20°$，齿顶高系数和顶隙系数如下：

$$正常齿 \begin{cases} m < 1\text{mm 时}, h_a^* = 1, c^* = 0.25 \\ m \geqslant 1\text{mm 时}, h_a^* = 1, c^* = 0.2 \end{cases}$$

短齿 $h_a^* = 1$，$c^* = 0.3$

表 1-5-8 锥齿轮模数（GB/T 12368—1990）

0.10	0.35	0.9	1.75	3.25	5.5	10	20	36
0.12	0.4	1	2	3.5	6	11	22	40
0.15	0.5	1.125	2.25	3.75	6.5	12	25	45
0.2	0.6	1.25	2.5	4	7	14	28	50
0.25	0.7	1.375	2.75	4.5	8	16	30	—
0.3	0.8	1.5	3	5	9	18	32	—

（二）几何尺寸计算

图 1-5-44 所示为一对标准直齿锥齿轮传动，其分度圆锥与节圆锥重合，轴交角 $\Sigma = 90°$。根据国家标准规定，直齿锥齿轮多采用等顶隙锥齿轮传动，即两轮顶隙从轮齿大端到小端都是相等的，它的各部分名称与几何尺寸计算公式见表 1-5-9。其中齿宽 b 不宜过大，最佳范围为 $(0.25 \sim 0.3)R$。这是因为小端的齿厚很小，对提高承载能力作用不大；齿宽过大反而造成加工困难。

表 1-5-9 $\Sigma = 90°$ 时标准直齿锥齿轮传动的几何尺寸计算公式

名 称	符 号	计算公式及参数的选择
模数	m	以大端模数为标准（参见 GB/T 12368—1990）
传动比	i	$i = z_2/z_1 = \tan\delta_2 = \cot\delta_1$，单级 $i < 6 \sim 7$
分度圆直径	d_1，d_2	$d_1 = mz_1$，$d_2 = mz_2$
分度圆锥角	δ_1，δ_2	$\delta_2 = \arctan(z_2/z_1)$，$\delta_1 = 90° - \delta_1$
齿顶高	h_a	$h_a = h^* m$
齿根高	h_f	$h_f = (h_a^* + c^*)m$
全齿高	h	$h = (2h_a^* + c^*)m$
齿顶圆直径	d_{a1}，d_{a2}	$d_{a1} = d_1 + 2h_a\cos\delta_1$，$d_{a2} = d_2 + 2h_a\cos\delta_2$
齿根圆直径	d_{f1}，d_{f2}	$d_{f1} = d_1 - 2h_f\cos\delta_1$，$d_{f2} = d_2 - 2h_f\cos\delta_2$
锥距	R	$R = \sqrt{\left(\dfrac{d_1}{2}\right)^2 + \left(\dfrac{d_2}{2}\right)^2} = \dfrac{m}{2}\sqrt{z_1^2 + z_2^2}$
齿宽	b	$b \leqslant R/3$
齿顶角	θ_a	$\theta_a = \arctan(h_a/R)$
齿根角	θ_f	$\theta_f = \arctan(h_f/R)$
顶锥角	δ_{a1}，δ_{a2}	$\delta_{a1} = \delta_1 + \theta_a$，$\delta_{a2} = \delta_2 + \theta_a$
根锥角	δ_{f1}，δ_{f2}	$\delta_{f1} = \delta_1 - \theta_f$，$\delta_{f2} = \delta_2 - \theta_f$

第十四节　其他齿轮机构

一、非圆齿轮机构

非圆齿轮机构是一种用来实现变传动比传动的齿轮机构。由齿廓啮合基本定律可知，若要求一对齿轮作变传动比传动，则其节线将不再是圆，而是非圆曲线。工程实际中用得较多的是椭圆齿轮，此外还有对数螺线齿轮、卵形齿轮和偏心圆齿轮等。

图 1-5-47 所示为一对椭圆齿轮机构的两个节椭圆曲线作纯滚动的情况。两椭圆的长轴均为 $2a$，短轴均为 $2b$，两焦点之间的距离均为 $2d$。两轮分别绕各自的焦点 O_1 和 O_2 转动。在图示位置时，其节点为 C'。当主动轮 1 绕其回转中心 O_1 转过 φ_1 角时，其椭圆节线上的点 C_1 将到达连心线 O_1O_2 上的 C 点，此时从动轮 2 椭圆节线上的对应点 C_2 也将到达 C 点。由于两椭圆节线作纯滚动，故有

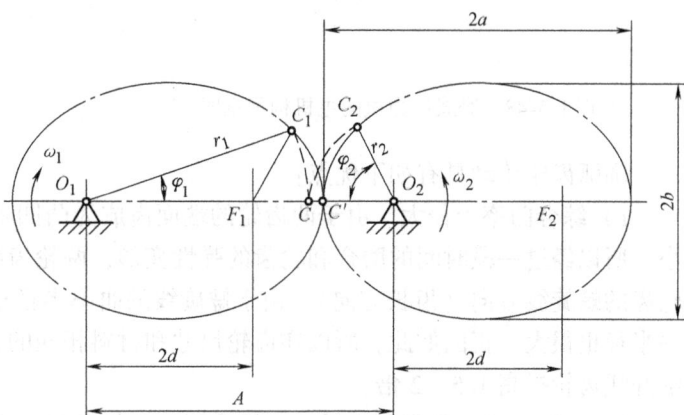

$$\overset{\frown}{C_2C'} = \overset{\frown}{C_1C'}$$

图 1-5-47　椭圆齿轮机构

而在点 C 啮合时，两轮传动比为

$$i_{12} = \frac{\omega_1}{\omega_2} = \frac{O_2C}{O_1C} = \frac{r_2}{r_1}$$

非圆齿轮机构常用于某些自动化仪表、解算装置、印刷机械、纺织机械等各种专用机械中，用以实现某种特定的运动要求，或改善运动性能和动力特性。

图 1-5-48 所示为一卧式压力机的主机构示意图，它是在对心曲柄滑块机构前串联了一对椭圆齿轮机构。椭圆齿轮机构的引入不仅使机构具有急回特性，节省了空回行程的时间，而且使工作行程的速度比较均匀，改善了机构的受力状况。

二、圆弧齿廓齿轮机构

圆弧齿轮传动如图 1-5-49a 所示，它的端面齿廓或法向齿廓为圆弧。小齿轮为凸圆弧，大齿轮为凹圆弧。设两齿廓在 K 点接触，如图 1-5-49b 所示。这时凸圆弧的圆心在轮 1 的节圆 j_1 的 P 点处，凹圆弧的圆心在轮 2 的节圆 j_2 以外的 M 点处。K、P、M 三点应共线，即齿廓公法线应通过节点 P。除了这一位置，两圆弧齿廓再也不能啮合，因此圆弧齿轮机构其端面重合度 $\varepsilon_\alpha = 0$。为了保证两轮传动的连续性，这种齿轮只能做成斜齿，如图 1-5-49a 所示。

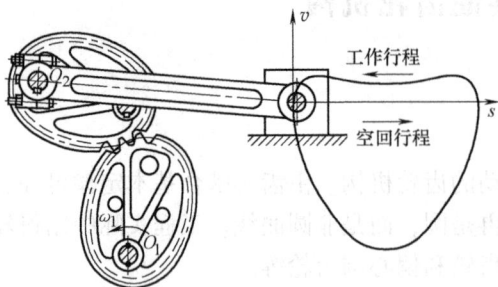

图 1-5-48　卧式压力机的主机构示意图　　图 1-5-49　圆弧齿轮机构

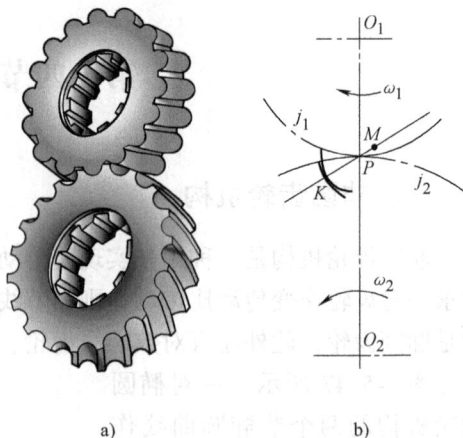

圆弧齿轮传动具有如下优点：

1）综合曲率半径大。由于两齿轮的端面齿成为凸凹啮合，兼之两齿廓圆弧半径相差甚小，所以经过一段时间的磨合和轮齿的弹性变形，两轮齿廓沿齿高方向将变成线接触。而在轮齿的螺旋线方向（齿长方向），由于螺旋线的曲率半径很大，所以两齿廓接触处的综合曲率半径也很大。正因如此，所以在齿轮尺寸和材料相同的情况下，圆弧齿轮的接触强度可比渐开线齿轮提高 1.5～2 倍。

2）对制造误差和变形不敏感。因为圆弧齿轮最初为点接触，故制造误差和变形对接触情况影响不大。经磨合后，虽逐渐变为线接触，但这种线接触是在承载后经磨合而形成的，因而它能适应受载情况，对制造误差和变形的影响都不敏感。

3）径向尺寸小。由于圆弧齿轮没有根切问题，所以其最小齿数不受根切的限制，故径向尺寸可以更小。

圆弧齿轮传动也有下列一些缺点：

1）圆弧齿轮传动没有可分性，中心距的误差将使其承载能力显著降低，故对中心距的精度要求较高，这就提高了加工及安装的精度要求。

2）轴向尺寸较大。由以上所述可知，圆弧齿轮的轮齿必须做成斜齿，而且由于其端面重合度 $\varepsilon_\alpha = 0$。因此，要使圆弧齿轮机构能够连续传动，则须使其轴面重合度

$$\varepsilon_\beta = B\sin\beta / \pi m_n > 1$$

为了提高重合度，就要增大螺旋角 β 及齿宽 B。但增大 β 将引起轴向推力增大，并使综合曲率半径 ρ_Σ 减小，故主要是靠增大齿宽 B 来解决。

知识拓展

由于章节篇幅的限制，本章重点论述了圆形齿轮传动的特点和设计计算，特别是渐开线标准齿轮的设计计算问题，但在某些场合需要机构作变速比传动，传统的圆形齿轮不能满足这一要求。于是人们突破圆形齿轮的局限，提出了非圆形齿轮的概念。非圆形齿轮传动以其特有的非匀速比传动，满足了实际需求。非圆形齿轮主要运用在两轴变速比传动中，可实现主动机构与从动机构的非线性关系。它的节曲线形状是按运动要求设计的，和其他能得到非

匀速的机构相比，具有明显的优点。非圆形齿轮机构可以实现主动件和从动件转角间的非线性关系，在仪器和机器制造业越来越多地采用非圆形齿轮机构来代替凸轮机构、连杆机构和其他运动机构。非圆形齿轮机构具有结构紧凑，传动精确、平稳，容易实现动平衡等优点，已广泛应用于自动机械、运输、仪器仪表、泵类、流量计等工业装置中。因此对非圆形齿轮的分析与研究也变得日益重要。

📖 文献阅读指南

1）在工程实际中，渐开线圆柱齿轮是应用最为广泛的一种齿轮，目前高校教材中几乎涉及了所有齿轮，但对每种齿轮设计的介绍均有限，即使是最主要的圆柱齿轮设计也仅从原理角度介绍了部分主要参数设计，但从工厂加工生产的角度来看，需要系统、全面地论述渐开线齿轮，特别是渐开线圆柱齿轮详细参数设计的内容，田培棠、田凌等编著的《圆柱齿轮几何计算原理及其实用算法》（北京：国防工业出版社，2012）对此问题进行了详细的论述，为企业的生产、检测等提供了详细的依据。

2）由于渐开线齿轮的固有特性，在啮合传动中，为凸轮廓与凸轮廓的接触，接触强度低，不适于高速、重载、低噪声的齿轮传动发展方向。可以满足上述要求的凸轮廓与凹轮廓接触的其他线型的齿廓曲线较多，但教材一般涉及的计算很少，在厉海祥编著的《点线啮合齿轮传动》（北京：机械工业出版社，2011）中详细论述了可以实现凸、凹齿廓接触的点线啮合齿轮传动的详细设计计算，相关内容可参考该书。

🧭 学习指导

一、本章主要内容

本章内容较多，包含了直齿圆柱齿轮、斜齿轮、蜗杆蜗轮、锥齿轮等啮合传动的基本理论与设计计算，但以渐开线标准直齿圆柱齿轮为重点，其他类型的齿轮及其啮合传动，只需掌握它们与直齿圆柱齿轮的关系及其自身的特点。具体内容包括：

1）齿轮机构的特点和类型。
2）齿廓啮合基本定律。
3）渐开线的形成、性质及其方程。
4）渐开线齿廓的啮合特性。
5）渐开线标准直齿圆柱齿轮的基本参数和几何尺寸。
6）渐开线直齿圆柱齿轮机构的啮合传动。
7）渐开线齿轮的切削加工原理。
8）变位齿轮传动。
9）渐开线直齿圆柱齿轮的传动设计。
10）斜齿圆柱齿轮齿廓的形成与啮合特点。
11）斜齿圆柱齿轮的基本参数和几何尺寸。
12）斜齿圆柱齿轮的啮合传动。
13）斜齿圆柱齿轮传动的特点。

14）蜗杆蜗轮的形成及其传动特点。

15）直齿锥齿轮机构的特点及应用。

16）直齿锥齿轮齿廓的形成与啮合特点。

17）直齿锥齿轮的啮合传动。

18）直齿锥齿轮的基本参数和几何尺寸。

19）其他齿轮机构简介。

二、本章学习要求

1）了解齿轮机构的特点和圆形齿轮机构的类型。

2）掌握齿廓啮合基本定律及有关共轭齿廓的含义（包括节点、节圆的含义，一对齿轮传动的传动比与两轮节圆半径之间的关系，定传动比传动与变传动比传动时节圆的区别，共轭齿廓的含义，齿廓曲线的选择）。

3）掌握渐开线的基本性质及其方程（包括五条重要性质，向径 r_K、展角 θ_K、压力角 α_K、曲率半径 ρ_K 等概念以及彼此之间的关系）。

4）掌握渐开线齿廓的啮合特性（即啮合线为一条定直线，能实现定传动比传动，中心距可分性，啮合角恒等于节圆压力角）。

5）掌握渐开线标准直齿圆柱齿轮的基本参数和几何尺寸（包括五个基本参数和十个基本尺寸，特别注意分度圆与标准齿轮的特征）。

6）掌握渐开线直齿圆柱齿轮啮合传动的内容（包括正确啮合条件、无侧隙啮合条件、连续性条件。正确啮合条件是齿轮配对使用的依据。标准齿轮的标准安装能实现无侧隙啮合，此时两轮的节圆与分度圆重合，啮合角等于分度圆压力角。但标准齿轮的非标准安装不能实现无侧隙啮合，此时的安装中心距只能大于标准中心距，对应两轮的节圆大于分度圆，啮合角也大于分度圆压力角。在齿轮运动连续性中，了解一对齿轮的啮合过程、起始啮合点、终止啮合点、实际啮合线、理论啮合线等基本概念，进而掌握重合度的定义及其物理意义）。

7）了解渐开线齿轮的切削加工原理（包括成形法和展成法切齿原理、根切现象及其产生的原因、避免根切的方法）。

8）了解齿轮变位的目的，齿轮径向变位的加工特点，它与标准齿轮的关系。

9）了解渐开线直齿圆柱齿轮的传动类型及其特点（即零传动、正传动和负传动）。

10）了解斜齿圆柱齿轮齿廓的形成与啮合特点，斜齿轮法向参数与端面参数之间的关系，斜齿轮尺寸计算的基准面，斜齿轮当量齿轮与当量齿数的概念。

11）了解蜗杆蜗轮的形成及其传动特点。

12）了解直齿锥齿轮齿廓的形成与啮合特点，掌握背锥、当量齿轮与当量齿数的概念。

思　考　题

1.5.1　渐开线有哪些重要性质？一对渐开线齿廓相啮合的啮合特性是什么？

1.5.2　齿距的定义是什么？何谓模数？为什么要规定模数的标准值？在直齿圆柱齿轮、斜齿圆柱齿轮、蜗杆蜗轮和直齿锥齿轮上，何处的模数是标准值？

1.5.3　渐开线直齿圆柱齿轮基本参数有哪几个？哪些是有标准的，其标准值为多少？

1.5.4　分度圆与节圆有什么区别？在什么情况下节圆与分度圆重合？

1.5.5 啮合线是一条什么线？啮合角与压力角有什么区别？什么情况下两者相等？

1.5.6 渐开线直齿圆柱齿轮机构需满足哪些条件才能相互啮合正常运转？

1.5.7 一对渐开线外啮合直齿圆柱齿轮机构的实际中心距大于标准中心距，其传动比是否变化？节圆与啮合角是否变化？这一对齿轮能否正确啮合？重合度是否有变化？

1.5.8 重合度的物理意义是什么？有哪些参数会影响重合度？这些参数的增加会使重合度增大还是减小？

1.5.9 何谓齿廓的根切现象？根切的原因是什么？根切有何危害？如何避免根切？

1.5.10 正传动类型中的齿轮是否一定都是正变位齿轮？负传动类型中的齿轮是否一定都是负变位齿轮？

1.5.11 平行轴斜齿圆柱齿轮机构的基本参数有哪些？基本参数的标准值是在端面还是在法平面上，为什么？

1.5.12 何谓蜗杆蜗轮机构的中间平面？在中间平面内，蜗杆蜗轮机构相当于什么传动？

1.5.13 平行轴斜齿圆柱齿轮机构、蜗杆蜗轮机构和直齿锥齿轮机构的正确啮合条件与直齿圆柱齿轮机构的正确啮合条件相比较有何异同？

1.5.14 何谓斜齿圆柱齿轮和直齿锥齿轮的当量齿数？当量齿数有什么用途？

习 题

1.5.1 已知半径 $r_b = 30$mm 的基圆上所展成的两条同向渐开线如图 1-5-50 所示。其 $r_K = 35$mm。$KK' = 15$mm，试求：

1）点 K' 处的向径 $r_{K'}$ 和压力角 $\alpha_{K'}$。

2）以 O 为圆心，$r_{K'}$ 为半径画圆弧，与另一条渐开线相交于 K'' 点，求弧长 $\overarc{K'K''}$。

1.5.2 今测得一渐开线标准直齿轮的齿顶圆直径 $d_a = 208$mm，齿根圆直径 $d_f = 172$mm，齿数 $z = 24$，试确定该齿轮的模数 m、齿顶高系数 h_a^* 及顶隙系数 c^*。

1.5.3 有一个渐开线直齿圆柱齿轮如图 1-5-51 所示，用卡尺测量出三个齿和两个齿的反向渐开线之间的法向距离（即公法线长度）分别为 $W_3 = 61.84$mm 和 $W_2 = 37.56$mm，齿顶圆直径 $d_a = 208$mm，齿根圆直径 $d_f = 172$mm，齿数 $z = 24$。试求：

1）齿轮的模数 m、分度圆压力角 α、齿顶高系数 h_a^* 和顶隙系数 c^*。

2）该齿轮的基圆齿距 p_b 和基圆齿厚 s_b。

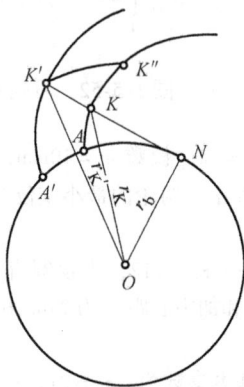

图 1-5-50 习题 1.5.1 图   图 1-5-51 习题 1.5.3 图

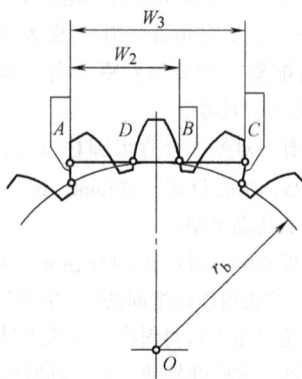

1.5.4 已知一对直齿圆柱齿轮的中心距 $a = 320$mm，两轮基圆直径 $d_{b1} = 187.94$mm，$d_{b2} = 375.88$mm，试求两轮的节圆半径 r_1'、r_2'，啮合角 α'。若将中心距加大 2mm，传动比、节圆半径是否变化？

1.5.5　设一对渐开线外啮合直齿圆柱齿轮，其 $m=10\text{mm}$，$\alpha=20°$，$h_a^*=1$，$z_1=28$，$z_2=38$，试求当中心距 $a'=340\text{mm}$ 时，两轮的啮合角 α'。又当 $\alpha'=22.5°$ 时，中心距 a' 又为多少？

1.5.6　当 $\alpha=20°$、$h_a^*=1$ 的渐开线标准外啮合直齿轮的齿根圆和基圆重合时，其齿数应为多少？当齿数大于所求出的数值时，基圆与齿根圆哪个大？为什么？

1.5.7　一对渐开线外啮合标准直齿圆柱齿轮机构，已知模数 $m=10\text{mm}$，压力角 $\alpha=20°$，齿数 $z_1=26$，$z_2=87$，试计算这对齿轮的传动比、标准中心距、分度圆直径、基圆直径、齿顶圆直径、齿根圆直径、齿厚、齿槽宽。

1.5.8　已知一对渐开线外啮合标准直齿圆柱齿轮，$\alpha=20°$，$h_a^*=1$，$c^*=0.25$，$m=4\text{mm}$，$z_1=18$，$z_2=54$，试求：

1）两轮的分度圆、齿顶圆、齿根圆及基圆直径。

2）该对齿轮按 145mm 中心距安装时两轮的节圆半径及啮合角。

3）按中心距 145mm 安装时，这对齿轮能否实现无侧隙啮合传动？请说明理由。

1.5.9　已知一对渐开线外啮合标准直齿圆柱齿轮机构，$m=5\text{mm}$，压力角 $\alpha=20°$，齿顶高系数 $h_a^*=1$，顶隙系数 $c^*=0.25$，齿数 $z_1=19$，$z_2=42$，试求：

1）两轮的几何尺寸，标准中心距 a，以及重合度 ε_α。

2）用长度比例尺 $\mu_l=0.002\text{m/mm}$ 作出理论啮合线 N_1N_2，实际啮合线 B_2B_1，并标出一对齿啮合区和两对齿啮合区。

1.5.10　用齿条插刀按展成法加工一渐开线齿轮，其基本参数为：$h_a^*=1$，$c^*=0.25$，压力角 $\alpha=20°$，模数 $m=4\text{mm}$。若刀具的移动速度 $v=0.001\text{m/s}$，试求：

1）切制齿数 $z=12$ 的标准齿轮时，刀具分度线与轮坯中心的距离 L 应为多少？被切齿轮的转速 n 应为多少？

2）为避免发生根切，切制齿数 $z=12$ 的变位齿轮时，其最小变位系数 $x_{\min}$ 应为多少？此时的 L 应为多少？

1.5.11　一对变位齿轮，已知：模数 $m=3\text{mm}$，压力角 $\alpha=20°$，$h_a^*=1$，$c^*=0.25$，两轴中心距为 121.5mm，两轮齿数 $z_1=z_2=40$，轮 2 变位系数 $x_2=0$，两轮按标准顶隙及无侧隙啮合，试确定轮 1 的变位系数 x_1，以及两轮的齿根圆半径、齿顶圆半径和全齿高。

1.5.12　在图 1-5-52 所示的回归轮系中，已知 $z_1=27$，$z_2=60$，$z_3=63$，$z_4=25$，压力角 $\alpha=20°$，模数均为 $m=4\text{mm}$。试问有几种传动类型配置设计方案？哪一种方案较合理？为什么？（不要求计算齿轮几何尺寸）

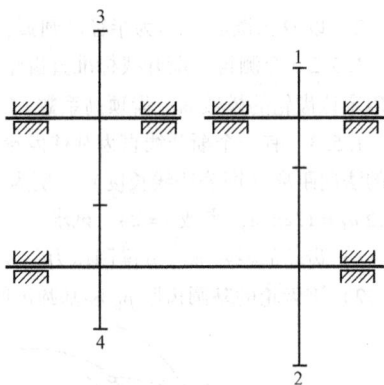

图 1-5-52　习题 1.5.12 图

1.5.13　设有一对外啮合直齿圆柱齿轮，已知：齿数 $z_1=z_2=12$，模数 $m=10\text{mm}$，压力角 $\alpha=20°$，$h_a^*=1$，$c^*=0.25$，中心距 $a'=130\text{mm}$，试确定这对齿轮的啮合角 α'，两轮的最小变位系数 $x_{\min}$，并说明该对齿轮属于什么传动类型。

1.5.14　某机器中一对斜齿圆柱齿轮，测得两轮齿数 $z_1=23$，$z_2=112$，齿顶圆直径 $d_{a1}=50.7\text{mm}$，$d_{a2}=231.44\text{mm}$，两轮齿顶圆之间的最大距离（两轮齿顶圆半径之和加中心距）为 278.16mm，试求两轮的模数及螺旋角，选择加工这对斜齿轮的铣刀号数。

1.5.15　设计一对标准外啮合平行轴斜齿圆柱齿轮机构。其基本参数为：$z_1=21$，$z_2=51$，$m_n=4\text{mm}$，$\alpha_n=20°$，$h_{an}^*=1$，$c_n^*=0.25$，$\beta=20°$，齿宽 $b=30\text{mm}$，试求：

1）法向齿距 p_n 和端面齿距 p_t。

2）当量齿数 z_{v1}、z_{v2}。

3）中心距 a。

4）重合度 $\varepsilon_{\gamma} = \varepsilon_{\alpha} + \varepsilon_{\beta}$。

1.5.16 一对渐开线标准平行轴外啮合斜齿圆柱齿轮机构，其齿数 $z_1 = 23$，$z_2 = 53$，$m_n = 6mm$，$\alpha_n = 20°$，$h_{a_n}^* = 1$，$c_n^* = 0.25$，中心距 $a = 236mm$，齿宽 $b = 25mm$，试求：

1）分度圆螺旋角 β 和两轮分度圆直径 d_1、d_2。

2）两轮齿顶圆直径 d_{a1}、d_{a2}，齿根圆直径 d_{f1}、d_{f2} 和基圆直径 d_{b1}、d_{b2}。

3）当量齿数 z_{v1}、z_{v2}。

4）重合度 $\varepsilon_{\gamma} = \varepsilon_{\alpha} + \varepsilon_{\beta}$。

1.5.17 已知一对直齿锥齿轮机构，$z_1 = 15$，$z_2 = 30$，$m = 5mm$，$h_a^* = 1$，$c^* = 0.25$，$\Sigma = 90°$，试确定这对锥齿轮的分度圆直径、齿顶圆直径、齿根圆直径，分度圆锥角和锥距。

1.5.18 一对标准直齿锥齿轮传动，试问：

1）当 $z_1 = 14$，$z_2 = 30$，$\Sigma = 90°$，小齿轮是否会发生根切？

2）当 $z_1 = 14$，$z_2 = 20$，$\Sigma = 90°$，小齿轮是否会发生根切？

习题参考答案

1.5.1 1）$r_K' = 44.62mm$，$\alpha_K' = 47.75°$；2）$\overparen{K'K''} = 22.31mm$。

1.5.2 $m = 8mm$，$h_a^* = 1$，$c^* = 0.25$。

1.5.3 1）$m = 8mm$，$\alpha = 15°$，$h_a^* = 1$，$c^* = 0.25$；2）$p_b = 24.28mm$，$s_b = 13.28mm$。

1.5.4 $r_1' = 106.67mm$，$r_2' = 213.33mm$，$\alpha' = 28.24°$；中心距加大，传动比不变，节圆半径增大。

1.5.5 $\alpha' = 24.21°$，$a' = 335.65mm$。

1.5.6 $z = 41.45$，$r_f > r_b$。

1.5.7 $i = 3.35$；$a = 565mm$；$d_1 = 260mm$，$d_2 = 870mm$；$d_{b1} = 244.32mm$，$d_{b2} = 817.53mm$；$d_{a1} = 280mm$，$d_{a2} = 890mm$，$d_{f1} = 235mm$，$d_{f2} = 845mm$；$s = e = 15.7mm$。

1.5.8 1）$d_1 = 72mm$，$d_2 = 216mm$；$d_{a1} = 80mm$，$d_{a2} = 224mm$；$d_{f1} = 62mm$，$d_{f2} = 206mm$；$d_{b1} = 67.7mm$，$d_{b2} = 202.97mm$；2）$r_1' = 36.25mm$，$r_2' = 108.75mm$，$\alpha' = 21.05°$；3）略。

1.5.9 1）$d_1 = 95mm$，$d_2 = 210mm$；$d_{a1} = 105mm$，$d_{a2} = 220mm$；$d_{f1} = 82.5mm$，$d_{f2} = 197.5mm$；$d_{b1} = 89.3mm$，$d_{b2} = 197.3mm$；$h_a = 5mm$，$h_f = 6.25mm$，$h = 11.25mm$；$p = 15.7mm$；$s = e = 7.85mm$；$a = 152.5mm$；$\varepsilon_{\alpha} = 1.63$。

2）略。

1.5.10 1）$L = 24mm$，$n = 0.4r/min$；2）$x_{min} = 0.294$，$L = 25.2mm$。

1.5.11 $x_1 = 0.523$；$r_{f1} = 57.82mm$，$r_{f2} = 56.25mm$；$r_{a1} = 64.5mm$，$r_{a2} = 62.93mm$；$h = 6.68mm$。

1.5.12 略。

1.5.13 $\alpha' = 29.84°$，$x_{min} = 0.294$。

1.5.14 $m = 2mm$，$\beta = 10.02°$。

1.5.15 1）$p_n = 24.28mm$，$p_t = 13.373mm$；2）$z_{v1} = 25.31$，$z_{v2} = 61.46$；3）$a = 153.242mm$；4）$\varepsilon_{\gamma} = 2.34$。

1.5.16 1）$\beta = 14.96°$；$d_1 = 142.841mm$，$d_2 = 329.156mm$；2）$d_{a1} = 154.841mm$，$d_{a2} = 341.156mm$；$d_{f1} = 127.841mm$，$d_{f2} = 314.156mm$；$d_{b1} = 133.506mm$，$d_{b2} = 308.027mm$；3）$z_{v1} = 25.51$，$z_{v2} = 58.78$；4）$\varepsilon_{\gamma} = 1.94$。

1.5.17 $d_1 = 75mm$，$d_2 = 150mm$；$d_{a1} = 83.94mm$，$d_{a2} = 154.47mm$；$d_{f1} = 63.82mm$，$d_{f2} = 144.41mm$；$\delta_1 = 26.57°$，$\delta_2 = 63.43°$；$R = 83.85mm$。

1.5.18 略。

第六章

轮系及其传动比计算

第一节 轮系的分类

由一对相互啮合的齿轮组成的机构是齿轮传动最简单的形式。在实际机械中，仅采用一对齿轮传动往往不能满足工作需要。例如，在各种机床中，需要将电动机的一种转速变为主轴的多级转速；在机械式钟表中，要使时针、分针、秒针的转速具有一定的比例关系；在汽车后桥传动中，要根据汽车转弯时道路弯曲程度的不同，将发动机的转速分解为两个后轮的不同转速。所有这些都需要由多个基本齿轮机构用一定的方式组合成一齿轮系统来进行传动。这种由一系列齿轮组成的传动系统称为轮系。它通常介于原动机和执行机构之间，把原动机的运动和动力传给执行机构。

轮系可以由圆柱齿轮、锥齿轮、圆柱螺旋齿轮及蜗杆蜗轮等多种类型的基本齿轮机构组成。轮系的分类方式有两种：一种是按照各轮的轴线是否平行，可分为平面轮系和空间轮系；一种是按照运转时各轮轴线位置是否固定，分为定轴轮系、周转轮系和混合轮系。一般采用后一种分类方式，可以兼顾前一种。

一、定轴轮系

轮系运转时，若各齿轮的轴线位置都是固定不变的，则这种轮系称为定轴轮系。图1-6-1和图1-6-2所示即为定轴轮系。

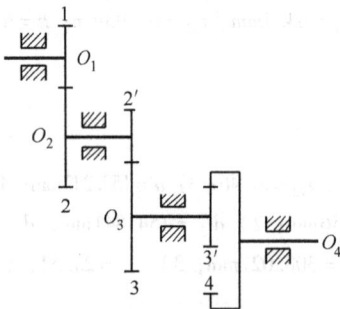

图1-6-1 平面定轴轮系   图1-6-2 空间定轴轮系

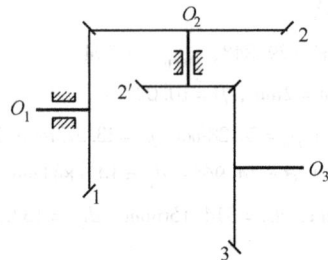

按定轴轮系中各轮轴线位置是否平行，又可以将定轴轮系划分为两类。

（一）平面定轴轮系

在图 1-6-1 所示的轮系中，各齿轮均为圆柱齿轮，各轮轴线相互平行，称这类全部由圆柱齿轮组成、各轮轴线相互平行的定轴轮系为平面定轴轮系。

（二）空间定轴轮系

图 1-6-2 所示的轮系包含有锥齿轮，即双联齿轮 2-2′ 和齿轮 1、3，它们的轴线位置固定，但不是互相平行，称这类至少包含一对锥齿轮、或圆柱螺旋齿轮或蜗杆蜗轮等空间齿轮、各轮轴线不全互相平行的定轴轮系为空间定轴轮系。

二、周转轮系

轮系运转时，若其中至少有一个齿轮的轴线位置不固定，而是绕某一固定轴线回转，则称这类轮系为周转轮系。图 1-6-3 所示即为周转轮系。齿轮 2 的轴线位置不固定，活套在构件 H 上，且与齿轮 1 和 3 啮合。当构件 H 绕轴线 O_H 转动时，齿轮 2 一方面绕自身轴线 O_2 转动，同时又随构件 H 绕固定轴线 O_H 转动，整个轮系的运转犹如行星绕着太阳的运行。

可见周转轮系中除机架外有下列三部分：

1）行星轮。可作自转和公转的齿轮，其轴线绕机架上的固定轴线回转，如齿轮 2。

2）太阳轮。轴线位置固定且与行星轮相啮合的齿轮，如齿轮 1 和 3，常用 K 表示。

3）系杆（又称转臂或行星架）。轴线位置固定且支承行星轮的活动构件，常用 H 表示。

为了使机构结构紧凑和传递较大的功率，也为了减轻轮齿所受到的载荷和平衡惯性力等，周转轮系常采用几个完全相同的行星轮均匀分布在太阳轮的周围，这些行星轮的运动完全相同，所以在研究周转轮系的运动或计算自由度时，只需考虑其中一个行星轮。

由上述可知，一个周转轮系一般具有一个（或多个）行星轮、一个系杆及与行星轮相啮合的太阳轮。通常太阳轮和系杆的轴线重合，能够承受外载荷，故常用来作为运动的输入和输出构件，称其为周转轮系的基本构件。

按照周转轮系自由度数目的不同，周转轮系又可分为两类。

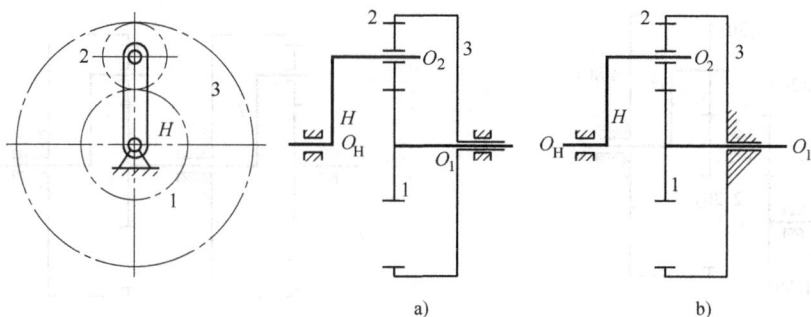

图 1-6-3 周转轮系
a）差动轮系 b）行星轮系

（一）差动轮系

图 1-6-3a 所示的周转轮系，太阳轮 1 和 3 都是转动的，机构自由度 $F = 3 \times 4 - 2 \times 4 - 1 \times 2 = 2$，称这类自由度为 2 的周转轮系为差动轮系。这表明，需要有两个独立运动的原动件，机构的运动才能确定。

（二）行星轮系

图 1-6-3b 所示的周转轮系，是将差动轮系中的太阳轮 3 固定，此时机构自由度 $F = 3 \times 3 - 2 \times 3 - 1 \times 2 = 1$，称这类自由度为 1 的周转轮系为行星轮系。这表明，只需要有一个独立运动的原动件，机构的运动就能确定。

此外，周转轮系还常根据基本构件的不同来分类。图 1-6-3 所示的两周转轮系称为 2K-H 型周转轮系，该轮系的特点是有两个太阳轮；图 1-6-4 所示的周转轮系则称为 3K 型周转轮系，该轮系中有三个太阳轮，其系杆 H 仅起支承行星轮2-2'的作用，不传递外力矩，因此不作为基本构件。图 1-6-5 所示的 K-H-V 行星轮系，只有一个太阳轮，运动通过等角速度机构（图示为双万向联轴器）由 V 轴输出。

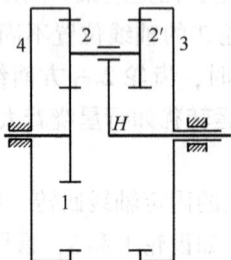

图 1-6-4　3K 型周转轮系

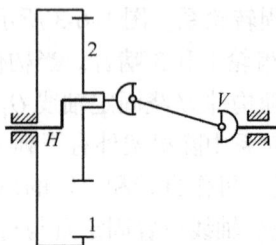

图 1-6-5　K-H-V 行星轮系

三、混合轮系

在实际机构中，经常遇到的轮系不单纯是简单的定轴轮系或周转轮系，而是由定轴轮系和周转轮系或者由两个或两个以上周转轮系组成的更加复杂的组合轮系，这样的轮系称为混合轮系。图 1-6-6 所示就是由一定轴轮系和一周转轮系组成的混合轮系，图 1-6-7 所示则是由两个周转轮系组成的混合轮系。

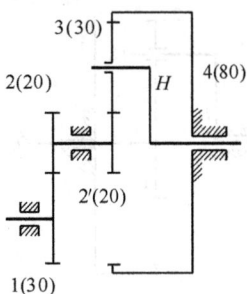

图 1-6-6　混合轮系

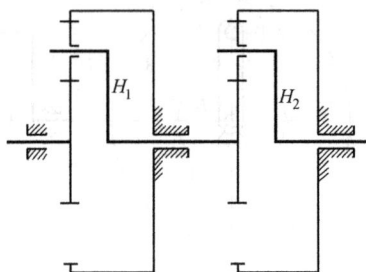

图 1-6-7　混合轮系

第二节　定轴轮系的传动比

轮系运转时，首末两轮的角速度（或转速）之比称为轮系的传动比。由于角速度有方向性，所以轮系的传动比包含首末两轮角速度比的大小和两轮的转向关系两部分。首轮（输入轮）和末轮（输出轮）是相对的，在计算时可以按实际需要指定。

一、传动比大小计算

定轴轮系中，每一对相互啮合的齿轮称为轮系中的一级。图 1-6-8 所示的定轴轮系是由四对啮合齿轮组成，即分为四级。将各轮齿数用 z 加数字下标区分，同一轴上运动相同的不同齿轮用同一数字及其右上角加撇区分。该定轴轮系中，各级齿轮的传动比大小是：

第一级（1-2） $i_{12} = \dfrac{\omega_1}{\omega_2} = \dfrac{z_2}{z_1}$

第二级（2′-3） $i_{2'3} = \dfrac{\omega_{2'}}{\omega_3} = \dfrac{z_3}{z_{2'}}$

第三级（3′-4） $i_{3'4} = \dfrac{\omega_{3'}}{\omega_4} = \dfrac{z_4}{z_{3'}}$

第四级（4-5） $i_{45} = \dfrac{\omega_4}{\omega_5} = \dfrac{z_5}{z_4}$

图 1-6-8 定轴轮系传动比计算

从首轮 1 到末轮 5 总的传动比大小为 $i_{15} = \dfrac{\omega_1}{\omega_5}$

将以上各级齿轮对的传动比相乘并考虑到 $\omega_2 = \omega_{2'}$，$\omega_3 = \omega_{3'}$，得

$$i_{12} i_{2'3} i_{3'4} i_{45} = \frac{\omega_1}{\omega_2} \frac{\omega_{2'}}{\omega_3} \frac{\omega_{3'}}{\omega_4} \frac{\omega_4}{\omega_5} = \frac{\omega_1}{\omega_5} = i_{15} = \frac{z_2}{z_1} \frac{z_3}{z_{2'}} \frac{z_4}{z_{3'}} \frac{z_5}{z_4}$$

即为所求的传动比大小。

上式表明，定轴轮系的传动比大小等于组成该轮系的各级齿轮对的传动比大小的连乘积，也等于各级齿轮对中所有从动轮齿数的连乘积与所有主动轮齿数的连乘积之比。

设 A 表示首轮轴，B 表示末轮轴，则定轴轮系的传动比大小计算公式为

$$i_{AB} = \frac{\omega_A}{\omega_B} = \frac{\text{从 } A \text{ 到 } B \text{ 所有从动轮齿数的连乘积}}{\text{从 } A \text{ 到 } B \text{ 所有主动轮齿数的连乘积}} \tag{1-6-1}$$

二、首末轮转向的确定

（一）平面定轴轮系

对于平面定轴轮系，首末两轮的转向不是相同就是相反，所以规定：当两轮转向相同时，用在其传动比前加"＋"号来表示；当两轮转向相反时，用在其传动比前加"－"号来表示。其转向的异同取决于轮系中外啮合齿轮的对数，因为每经过一次外啮合，转向就改变一次，而内啮合则转向不变。若该轮系中有 m 对外啮合齿轮，则在式（1-6-1）右侧的分式前加注 $(-1)^m$。图 1-6-8 所示的轮系有三对外啮合齿轮，所以传动比为

$$i_{15} = \frac{\omega_1}{\omega_5} = (-1)^3 \frac{z_2}{z_1} \frac{z_3}{z_{2'}} \frac{z_4}{z_{3'}} \frac{z_5}{z_4} = -\frac{z_2 z_3 z_5}{z_1 z_{2'} z_{3'}}$$

传动比为负，说明轮 1 与轮 5 的转向相反。

考虑到方向问题，将式（1-6-1）推广到一般情况。设 A 表示首轮轴，B 表示末轮轴，则平面定轴轮系中首轮轴与末轮轴间传动比计算公式为

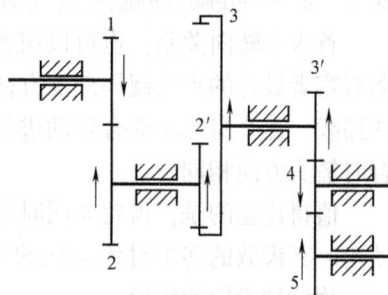

$$i_{AB} = \frac{\omega_A}{\omega_B} = (-1)^m \frac{\text{从 } A \text{ 到 } B \text{ 所有从动轮齿数的连乘积}}{\text{从 } A \text{ 到 } B \text{ 所有主动轮齿数的连乘积}} \qquad (1\text{-}6\text{-}2)$$

式中　m——外啮合的圆柱齿轮对数。

　　首末轮转向关系，也可以用直接在图上标注箭头的方法来确定（箭头方向表示齿轮上离观察者最近的点的圆周速度方向），即从首轮开始假设其转向并用箭头表示，循着运动传递路线，逐个对齿轮啮合传动进行转向判断。对于圆柱齿轮，外啮合时箭头方向相反，内啮合时箭头方向相同。

　　值得注意的是，齿轮 4 同时与齿轮 3 和 5 啮合，既是前一级的从动轮，又是后一级的主动轮，其齿数的多少对传动比的大小没有影响，只是改变末轮转向及首末轮间中心距的大小，称这种齿轮为惰轮。

（二）空间定轴轮系

　　空间定轴轮系传动比大小的计算同平面定轴轮系，按式（1-6-1）进行，但其转动方向要分别讨论。

　　（1）首末两轮轴线平行　对于首末两轮轴线平行的空间定轴轮系，应通过画箭头来确定传动比的符号，如图 1-6-9 所示。

　　对于锥齿轮，由于在节点处的圆周速度相同，所以表示转向的箭头是同时指向节点（即箭头对箭头）或同时背离节点（即箭尾对箭尾）。

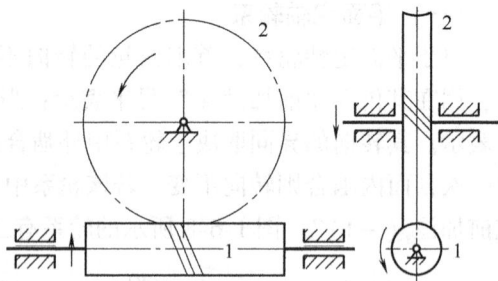

　　对于图 1-6-10 所示的蜗杆蜗轮传动，蜗杆蜗轮旋向相同，其交错角一般为 90°。若已知蜗杆转向，欲求蜗轮转向，可以应用螺旋运动法则：将蜗杆 1 视为螺杆，而将蜗轮 2 上与蜗杆相啮合的部分视为螺母。若为左旋，则伸出左手抓住蜗杆轴线，四指方向与蜗杆转向相同，大拇指指向应为蜗杆沿其轴线前进方向。但蜗杆不能沿轴向移动，根据相对运动原理可知蜗轮啮合点必朝相反方向运动，由此可确定蜗轮的转向；若为右旋，则改用右手按上述同样方法判断。如果已知蜗轮 2 转向、旋向，欲求蜗杆转向，上述螺旋法则仍然适用。如果已知蜗杆与蜗轮转向，欲确定其旋向，可以先假定一个旋向（如左旋），按蜗杆转向求蜗轮转向，如该转向与实际转向相同则说明假设正确，否则旋向反向。

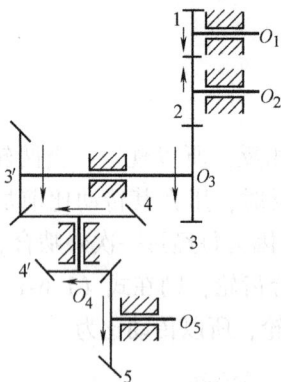

图 1-6-9　首末两轮轴线平行的空间定轴轮系　　　　图 1-6-10　蜗杆蜗轮传动转向的判别

　　（2）首末两轮轴线不平行　对于首末两轮轴线不平行的空间定轴轮系，在计算时不必考虑传动比符号，但应按上述方法通过画箭头来确定各轮的转向。

三、定轴轮系传动比的计算举例

例1-6-1 图1-6-9所示空间定轴轮系，主动轴 O_1 的运动通过圆柱齿轮1、2、3传给传动轴 O_3，再通过锥齿轮 $3'$、4、$4'$、5传给传动轴 O_5，轴 O_1 与 O_5 平行，各轮齿数分别为 $z_1 = z_{3'} = z_{4'} = 20$，$z_2 = 30$，$z_3 = 40$，$z_4 = z_5 = 30$。求传动比 i_{15}。

解 该空间定轴轮系首末两轮1和5所在轴线平行，传动比 i_{15} 的大小为

$$i_{15} = \frac{\omega_1}{\omega_5} = \frac{z_2 z_3 z_4 z_5}{z_1 z_2 z_{3'} z_{4'}} = \frac{z_3 z_4 z_5}{z_1 z_{3'} z_{4'}} = \frac{40 \times 30 \times 30}{20 \times 20 \times 20} = \frac{9}{2}$$

方向通过画箭头来确定：假设表示首轮1的转向箭头向下，则轮2向上，双联齿轮3和 $3'$ 向下，双联锥齿轮4和 $4'$ 向左，锥齿轮5向下，所以轮1与5的转向相同，即 i_{15} 为正值。所以，传动比 i_{15} 也可写成

$$i_{15} = \frac{\omega_1}{\omega_5} = + \frac{z_2 z_3 z_4 z_5}{z_1 z_2 z_{3'} z_{4'}} = + \frac{9}{2}$$

例1-6-2 图1-6-11所示为定轴轮系，主动轴 O_1 的转速为 $n_1 = 200\text{r/min}$，转向如图所示，各轮齿数分别为 $z_1 = 15$，$z_2 = 30$，$z_{2'} = 2$，$z_3 = 28$，$z_{3'} = 30$，$z_4 = 45$。求从动轴 O_4 的转速 n_4 的大小与方向。

解 该空间定轴轮系首末两轮1和4所在轴线不平行，传动比 i_{14} 的大小为

$$i_{14} = \frac{\omega_1}{\omega_4} = \frac{n_1}{n_4} = \frac{z_2 z_3 z_4}{z_1 z_{2'} z_{3'}} = \frac{30 \times 28 \times 45}{15 \times 2 \times 30} = 42$$

则

$$n_4 = \frac{n_1}{i_{14}} = \frac{200}{42}\text{r/min} = 4.76\text{r/min}$$

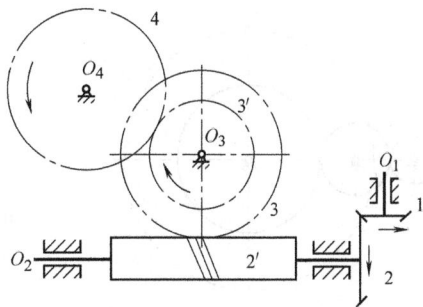

图1-6-11 首末两轮轴线不平行的空间定轴轮系

按照给定轴 O_1 的转向，依次通过画箭头的方法确定轴 O_2、O_3、O_4 的转向，如图所示。因轴 O_1 与轴 O_4 不平行，故无需考虑 i_{14} 与 n_4 的符号。

第三节 定轴轮系的应用及设计

一、定轴轮系的应用

定轴轮系作为传递和转换旋转运动的装置，广泛应用于各种机械设备中。其主要用途如下。

(一) 获得较大的传动比

在齿轮传动中，一对齿轮的传动比一般不大于5；在各类仪表中，齿轮的载荷较小，速度较低，其传动比可允许大些，但一般也不超过10。否则由于两轮尺寸的悬殊而使机构外廓尺寸庞大，小齿轮易损坏，大齿轮的工作能力得不到有效发挥。如果需要更大传动比，就可以采用轮系。如图1-6-12中

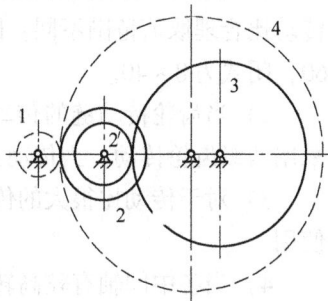

图1-6-12 获得较大的传动比

所示 1-2-2′-3 轮系的传动比就比单对齿轮 1-4 的大。

（二）实现相距较远轴间的运动

用一对齿轮可以实现相距较远的两轴间的传动，如图 1-6-13 中虚线所示，但传动机构庞大，不如改用定轴轮系，如图中实线所示，能实现同样的功能，但所占空间较小，可节省材料、降低成本。

（三）实现变速、换向传动

图 1-6-14 所示的轮系，在轴 I 转速不变的情况下，移动其上双联齿轮 1-2 使其分别与轴 II 上齿轮 1′ 和 2′ 相啮合，就可得到两种不同转速。

（四）实现多路传动

图 1-6-15 所示为滚齿机传动装置，来自输入轴 I 的运动分成两路传出，一路经锥齿轮 2 到滚刀 11，一路经 3-4（5）-6-7（8）-9 传到待加工轮坯 10，带动滚刀 11 和轮坯 10 同时工作。

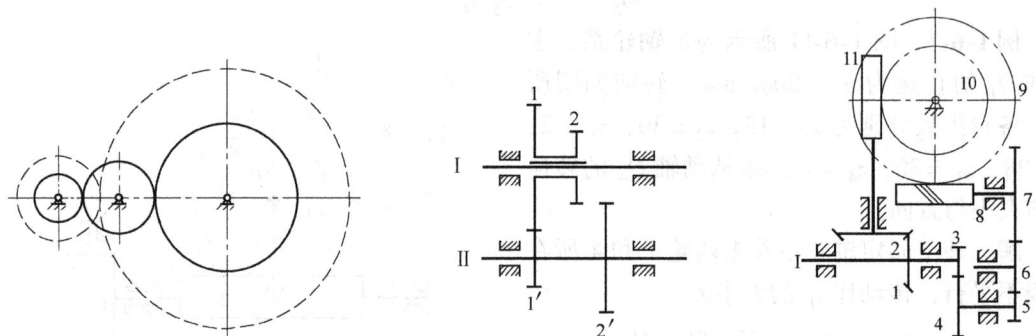

图 1-6-13　实现相距较远轴间的运动　　图 1-6-14　实现变速、换向传动　图 1-6-15　滚齿机实现多路传动

二、定轴轮系传动比的分配

将定轴轮系的总传动比合理分配到各级传动中，是定轴轮系传动系统方案设计的重要一步。它既可以使各级齿轮机构尺寸协调和传动系统结构匀称，又可以减小零件尺寸和机构质量，降低造价，还可以降低转动构件的圆周速度和等效转动惯量，从而减小动载荷，改善传动性能，减小传动误差。

1）根据传动系统的组成方案，将总传动比合理分配至各级传动机构。不同齿轮传动的传动比合理取值范围不同：圆柱齿轮传动比一般为 5~7；蜗杆蜗轮传动比对于开式为 15~60，闭式为 8~40。

2）当齿轮传动链的传动比较大时，通常采用多级齿轮传动；当传动比大于 8~10 时，采用两级齿轮传动；当传动比大于 30 时，则采用两级以上的齿轮传动。

3）对于传动比很大的传动链，可以考虑将周转轮系与定轴轮系或其他类型的传动结合使用。

4）当各中间轴有较高转速和较小转矩时，轴及轴上零件可取较小的尺寸，从而使整个结构较为紧凑。若为减速装置，按照由低速级向高速级传动比逐级增大的原则分配，通常取 $i_{高} = (1.3~1.4) i_{低}$；若为增速装置，则开始就采用较大增速比，以后增速比逐渐减小。

第四节　周转轮系的传动比

在定轴轮系中，每一对相互啮合齿轮的轴线均固定，其传动比可以直接引用一对齿轮传动比的计算公式，从而推导出整个定轴轮系的传动比计算公式。而在周转轮系中，行星轮的轴线位置不固定，不能直接用定轴轮系传动比公式。但是如果将轮系中的系杆固定，并保持周转轮系中各构件间相对运动不变，则周转轮系转化为定轴轮系，就可间接利用定轴轮系的传动比计算公式来求解周转轮系的传动比。下面以图 1-6-16 所示的周转轮系为例，说明转化机构法的基本思想和计算方法。

在图示周转轮系中，设 ω_1、ω_2、ω_3 及 ω_H 分别表示齿轮 1、2、3 及系杆 H 的角速度。若给整个周转轮系加上一个与系杆 H 的角速度大小相同、方向相反的公共角速度 $-\omega_H$ 后，系杆 H 的角速度变为零，即系杆 H 将变为静止不动，如图 1-6-17 所示。根据相对运动原理，这样并不影响轮系中各构件间的相对运动关系。此时，整个周转轮系便转化为一个假想的定轴轮系，称其为原周转轮系的转化机构。这种求解法称为反转法或转化机构法。

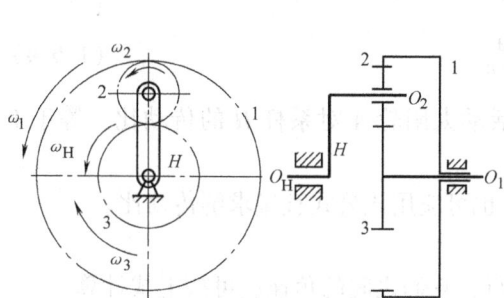

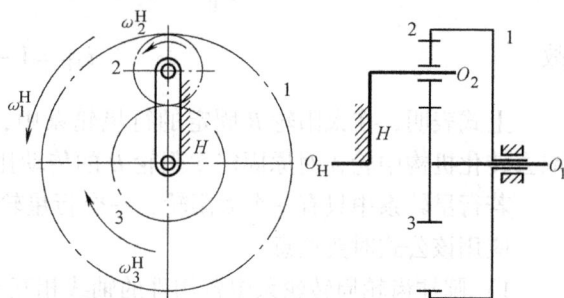

图 1-6-16　周转轮系　　　　　　　图 1-6-17　周转轮系的转化机构

表 1-6-1 列出了转化前后各构件的角速度，转化后各构件的角速度的右上方都标注角标 H，表示这是该构件相对于系杆 H 的角速度。

表 1-6-1　周转轮系转化前后角速度对比表

构件代号	原角速度	转化后角速度	构件代号	原角速度	转化后角速度
1	ω_1	$\omega_1^H = \omega_1 - \omega_H$	3	ω_3	$\omega_3^H = \omega_3 - \omega_H$
2	ω_2	$\omega_2^H = \omega_2 - \omega_H$	H	ω_H	$\omega_H^H = \omega_H - \omega_H = 0$

周转轮系转化后为一定轴轮系，机构转化后输入轴和输出轴的传动比可用定轴轮系传动比的计算方法求出，转向也用定轴轮系的判断方法来确定。图示转化机构中齿轮 1 相对齿轮 3 的传动比为

$$i_{13}^H = \frac{\omega_1^H}{\omega_3^H} = \frac{\omega_1 - \omega_H}{\omega_3 - \omega_H} = (-1)^1 \frac{z_3}{z_1} = -\frac{z_3}{z_1}$$

等式右边的"－"号表示在转化机构中轮 1 与轮 3 的转向相反，即 ω_1^H 与 ω_3^H 转向相反，并不代表原周转轮系中轮 1 与 3 的转向相反。

将以上分析推广到一般情况。设周转轮系的两个太阳轮分别为 A、B，系杆为 H，它们的轴线互相平行，则转化机构中齿轮 A 与 B 之间的传动比计算公式为

$$i_{AB}^{H} = \frac{\omega_A^H}{\omega_B^H} = \frac{\omega_A - \omega_H}{\omega_B - \omega_H} = \pm \frac{\text{从} A \text{到} B \text{所有从动轮齿数连乘积}}{\text{从} A \text{到} B \text{所有主动轮齿数连乘积}} \tag{1-6-3}$$

式中 $\pm$——转化机构中 A、B 齿轮的转向相同或相反。

对于差动轮系，给定三个基本构件的角速度 ω_A、ω_B、ω_H 中的任意两个，便可由式（1-6-3）求出第三个，从而可求出三个中任意两个之间的传动比。

在行星轮系中，两个太阳轮中一个固定，如太阳轮 B 固定，则其角速度 $\omega_B = 0$，给定另外两个基本构件的角速度 ω_A、ω_H 中的任意一个，便可由式（1-6-3）求出另一个，也可以直接由式（1-6-3）求出两者之间的传动比 i_{AH}。

将 $\omega_B = 0$ 代入式（1-6-3）得

$$i_{AB}^{H} = \frac{\omega_A^H}{\omega_B^H} = \frac{\omega_A - \omega_H}{\omega_B - \omega_H} = \frac{\omega_A - \omega_H}{0 - \omega_H} = 1 - \frac{\omega_A}{\omega_H} = 1 - i_{AH}$$

故

$$i_{AH} = 1 - i_{AB}^{H} \tag{1-6-4}$$

上式表明，在太阳轮 B 固定的行星轮系中，活动太阳轮 A 对系杆 H 的传动比，等于 1 减去转化机构中轮 A 对原固定太阳轮 B 的传动比。

若行星轮系中只有一个太阳轮，一个行星轮，也可应用该公式直接求解传动比。

应用该公式时要注意：

1）圆柱齿轮周转轮系中各构件的轴线相互平行，它们之间的角速度可按上式计算。

2）对于含有锥齿轮的空间周转轮系，其中各基本构件的轴线相互平行，它们之间的角速度可按上式计算。但行星轮相对于系杆的轴线与系杆本身轴线不平行，两者的角速度不能用代数法相加减，而需要用矢量合成的方法来求解，故该公式不适用于计算该类周转轮系中太阳轮与行星轮的传动比。

3）将各个角速度的数值代入时，必须带有"±"号。可先假定某一已知构件的转向为正号，则另一构件的转向与其相同时取正号，与其相反时取负号。

例1-6-3 图 1-6-18 所示的 2K-H 型行星轮系中，已知 $z_1 = 100$，$z_2 = 101$，$z_{2'} = 100$，$z_3 = 99$，求输入件 H 对输出轮 1 的传动比 i_{H1}。

解 齿轮 1、双联齿轮 2-2'、齿轮 3、系杆 H 和机架组成行星轮系，由式（1-6-4）有

$$i_{1H} = 1 - i_{13}^{H}$$

因为

$$i_{13}^{H} = (-1)^2 \frac{z_2 z_3}{z_1 z_{2'}} = \frac{101 \times 99}{100 \times 100} = \frac{9999}{10000}$$

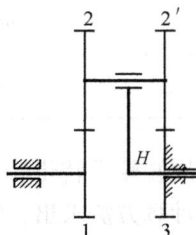

图 1-6-18 2K-H 型行星轮系

$$i_{1H} = \frac{\omega_1}{\omega_H} = 1 - \frac{9999}{10000} = \frac{1}{10000}$$

所以
$$i_{H1} = \frac{1}{i_{1H}} = 10000$$

这种转化机构传动比 i_{13}^H 为正值的行星轮系称为正号机构。该轮系各轮齿数相差不多，系杆 H 为主动件时可以获得很大的传动比，但是效率很低，而反行程（齿轮1主动）时可能发生自锁。一般适用于轻载下的运动及某些微调机构，不宜用于传递动力。

现将齿轮3的齿数 z_3 由99改为100，则 $i_{H1} = -100$。

本例中，齿轮3的齿数只增加一齿，齿轮1就反向运动，且传动比大小为原来的 $\frac{1}{100}$，可见在周转轮系中，齿轮的转向不仅与原动件的转向有关，还与各轮的齿数有关，这与定轴轮系是不同的。

例1-6-4 图1-6-19所示的2K-H型周转轮系中，已知 $z_1 = 50$，$z_2 = 30$，$z_{2'} = 20$，$z_3 = 100$，$n_1 = 100 \text{r/min}$，$n_3 = 200 \text{r/min}$。求当1）n_1 与 n_3 为同向转动时；2）n_1 与 n_3 为反向转动时，系杆 H 的转速 n_H。

解 由式（1-6-3）有
$$i_{13}^H = \frac{n_1^H}{n_3^H} = \frac{n_1 - n_H}{n_3 - n_H} = -\frac{z_2 z_3}{z_1 z_{2'}} = -\frac{30 \times 100}{50 \times 20} = -3$$

此轮系是差动轮系，给定了两个主动件的运动 n_1 和 n_3 后，可以求得 n_H。

1）当 n_1 与 n_3 转向相同时（n_1 和 n_3 可同时取正号）
$$i_{13}^H = \frac{n_1 - n_H}{n_3 - n_H} = \frac{100 \text{r/min} - n_H}{200 \text{r/min} - n_H} = -3$$
得
$$n_H = 175 \text{r/min}$$

求得的 n_H 为正号，说明系杆 H 的转向与太阳轮1和3的转向相同。

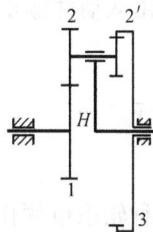

图1-6-19 2K-H型周转轮系

2）当 n_1 与 n_3 转向相反时（n_1 可取正号，n_3 则取负号）
$$i_{13}^H = \frac{n_1 - n_H}{n_3 - n_H} = \frac{100 \text{r/min} - n_H}{-200 \text{r/min} - n_H} = -3$$
$$n_H = -125 \text{r/min}$$

求得的 n_H 为负号，说明系杆 H 的转向与太阳轮1的转向相反，与太阳轮3的转向相同。

如 n_1 取负号，n_3 则取正号，求得 n_H 为正号，仍说明系杆 H 的转向与太阳轮1的转向相反，与太阳轮3的转向相同。

第五节 周转轮系的应用及设计

一、周转轮系的应用

周转轮系具有体积小、传动比大、自由度可以为1或2、行星轮的轴线不固定的特点，应用很广。

（一）用于增速（减速）传动

周转轮系用很少几个齿轮却能得到很大的传动比，因此在仪表、计时、计量等一些精密微调机构中常采用。由周转轮系构成的减速器已经系列化，在各个行业中普遍应用。

例1-6-5 图1-6-20所示为 K-H-V 行星减速器，内齿轮 2固定，系杆 H 与行星轮1分别为主动件和从动件，$z_1 = 39$，$z_2 = 40$，求传动比 i_{H1}。

图1-6-20　K-H-V 行星减速器

解　$$i_{12}^H = \frac{n_1 - n_H}{n_2 - n_H} = \frac{n_1 - n_H}{-n_H} = 1 - \frac{n_1}{n_H} = \frac{z_2}{z_1} = \frac{40}{39}$$

得　$$i_{H1} = \frac{n_H}{n_1} = \frac{1}{1 - i_{12}^H} = \frac{1}{1 - \frac{40}{39}} = -39$$

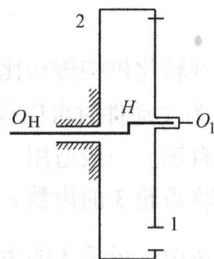

由上式可知，当轮1与轮2的齿数相差很少时，该机构可以获得很大传动比，故称其为少齿差行星轮系。两轮一般相差 $1 \sim 3$ 齿。

将减速器中的主、从动轮对调，则变成传动比很大的增速器，但其机械效率很低，并应注意其自锁问题。

（二）用于运动的合成

差动轮系是自由度为2的周转轮系，故应在该机构中指定两个主动件，才能保证其具有确定的运动，即将两个主动件的运动合成后，由从动件输出。最简单的用作运动合成的轮系如图1-6-21所示。

图1-6-21　加减法机构

由于　$$i_{13}^H = \frac{n_1 - n_H}{n_3 - n_H} = -\frac{z_3}{z_1} = -1$$

所以　　　　　　$$n_1 + n_3 = 2n_H$$

这种轮系可用作加法（减法）机构。利用差动轮系进行运动的合成，在机床、计算机构和补偿机构中得到了应用。

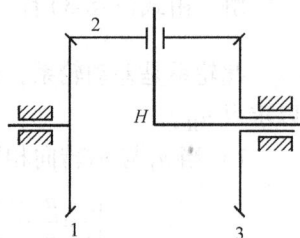

（三）用于运动的分解

在差动轮系中，如指定一个主动件，并附加一个约束，则仍能使该机构具有确定的运动。此时主动件的一个输入运动可以分解为两个从动件的按附加约束条件确定的输出运动。

图1-6-22所示为汽车后桥差速器的传动简图，运动由锥齿轮5的轴输入，通过一对锥齿轮5、4传动到系杆 H（H 与4固连），由系杆支承的行星轮2-2'分别与太阳轮1、3啮合，在齿轮1和3的轴上分别固装左、右后轮。在该传动装置中，以汽车车身为动参考系来观察，齿轮4（H）、5属于定轴轮系，行星轮2-2'、太阳轮1、3及系杆 H 构成差动轮系。汽车依靠这个差动轮系，能使其两个后轮在转弯时以不同的转速转动，从而避免轮胎与地面间产生滑动。

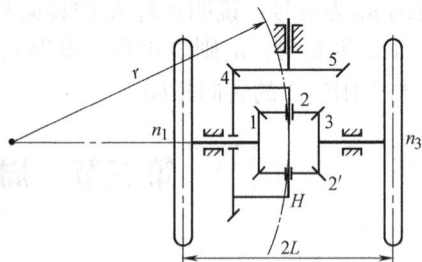

图1-6-22　汽车后桥差速器

当汽车在直道行驶时，由轮5驱动轮4，轮4上的系杆 H 通过行星轮2-2'带动轮1和轮3等速同向回转，故左右两轮也是等速同向回转。此时差动轮系中各构件不发生相对运动。

当汽车行驶在平均半径为 r 的弯道左转弯时，两轮原来同速回转已不能适用这种情况，右轮嫌慢，左轮嫌快，均有打滑的趋势。但因车轮与地面间的滑动摩擦较大，在车轮还没有打滑时就导致行星轮2-2′在作公转时自转，使轮1减速、轮3加速，自动地满足了两轮之间的差速要求。

$$i_{13}^{H} = \frac{n_1 - n_H}{n_3 - n_H} = -\frac{z_3}{z_1} = -1$$

即
$$n_1 + n_3 = 2n_H$$

欲使左右轮不打滑，应满足的附加条件是

$$\frac{n_3}{n_1} = \frac{r+L}{r-L}$$

联立解以上两式得

$$n_1 = \frac{r-L}{r}n_H, \quad n_3 = \frac{r+L}{r}n_H$$

（四） 实现结构紧凑的大功率传动

采用行星轮系作动力传动时，通常都采用内啮合以便充分利用空间，而且输入轴与输出轴共线，所以机构结构非常紧凑。轮系中均匀分布的几个行星轮共同承受载荷，行星轮公转产生的离心惯性力与齿廓啮合处的径向力相平衡，受力状况良好，效率较高。与普通定轴轮系相比，采用行星轮系能做到结构尺寸更小、传递功率更大。

二、行星轮系的设计

行星轮系设计时，其各轮齿数和行星轮数目的选择必须满足一定条件，才能装配起来正常运转并实现预定的传动比。对于不同的行星轮系，满足条件的关系式将有所不同。以图1-6-3b所示常见的单排2K-H型行星轮系为例加以分析。

（1）传动比条件　即行星轮系必须能实现给定的传动比。

因 $i_{1H} = 1 + \frac{z_3}{z_1}$，故 $\frac{z_3}{z_1} = i_{1H} - 1$。

由此可得，$z_3 = (i_{1H} - 1)z_1$，可根据齿数z_1选择合适的齿数z_3。

（2）同心条件　太阳轮1与行星轮2组成外啮合传动，太阳轮3与行星轮2组成内啮合传动，同心条件就是要求这两组传动的中心距必须相等，即 $a'_{12} = a'_{23}$。

因 $a'_{12} = r'_1 + r'_2$，$a'_{23} = r'_3 - r'_2$，故 $r'_1 + r'_2 = r'_3 - r'_2$。

若三个齿轮均采用标准齿轮或高度变位齿轮传动，则上式可用各轮的分度圆半径来表示，即

$$r_1 + r_2 = r_3 - r_2$$

而分度圆半径可用齿数和模数来表示，因各轮模数相等，故

$$z_1 + z_2 = z_3 - z_2$$

即

$$z_2 = \frac{z_3 - z_1}{2}$$

上式表明，两太阳轮1和3的齿数应同时为奇数或偶数。

代入传动比公式，可得

$$z_2 = \frac{i_{1H} - 2}{2}z_1$$

如采用高度变位齿轮传动，则同心条件按节圆半径计算。由于变位后的中心距分别为

$$a'_{12} = a_{12}\frac{\cos\alpha}{\cos\alpha'_{12}} = \frac{m}{2}(z_1 + z_2)\frac{\cos\alpha}{\cos\alpha'_{12}}$$

$$a'_{23} = a_{23}\frac{\cos\alpha}{\cos\alpha'_{23}} = \frac{m}{2}(z_3 - z_2)\frac{\cos\alpha}{\cos\alpha'_{23}}$$

故同心条件的关系式变为

$$\frac{z_1 + z_2}{\cos\alpha'_{12}} = \frac{z_3 - z_2}{\cos\alpha'_{23}}$$

（3）装配条件　为使各个行星轮都能均匀地装入两个太阳轮之间，行星轮的数目与各轮齿数之间必须有一定的关系。否则，当第一个行星轮装好后，太阳轮 1 与 3 的相对位置就确定了，而均布的各行星轮中心的位置也是确定的，在一般情况下其余行星轮轮齿便可能无法同时装入内、外两太阳轮的齿槽中。

如图 1-6-23 所示，设均布的行星轮数目 k、行星轮齿数 z_2 均为偶数，则相邻两行星轮间所夹的中心角为 $\varphi = \dfrac{360°}{k}$。采用"依次轮流装入法"来安装各行星轮，即让每个行星轮都依次从位置Ⅰ处装入。为此先装第一个行星轮，让系杆转动 φ 角，使Ⅰ处的行星轮转到位置Ⅱ，同时太阳轮 1 将按传动比 i_{1H} 的关系转过 θ 角，这时它上面的 A 点将到达 A'，由于 $i_{1H} = \dfrac{\theta}{\varphi}$，所以

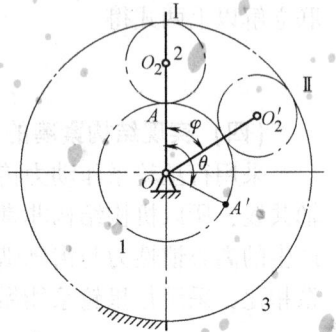

图 1-6-23　装配关系

$$\theta = i_{1H}\varphi = i_{1H}\frac{360°}{k} \tag{1-6-5}$$

这时，若在空出的位置Ⅰ，齿轮 1 和 3 的相对位置关系与装入第一个行星轮时完全相同，则在该处一定能顺利地装入第二个行星轮。为此要求在太阳轮转过 θ 角后，正好转过整数个齿距 N，即

$$\theta = N\frac{360°}{z_1} \tag{1-6-6}$$

联立求解式（1-6-5）和式（1-6-6），得装配条件的关系式

$$z_1 = \frac{kN}{i_{1H}} \tag{1-6-7}$$

若行星轮的个数为奇数，经过类似的推导，可得到同样的结果。

装入第二个行星轮后，再将系杆转过 φ 角，太阳轮 1 则相应转过 θ 角，一定能装入第三个行星轮。同样的过程，可以装入直至第 k 个行星轮。

将 $i_{1H} = 1 + \dfrac{z_3}{z_1}$ 代入式（1-6-7），得 $\dfrac{z_1 + z_3}{k} = N$。该式表明，要满足均布安装条件，两个太阳轮的齿数和（$z_1 + z_3$）应能被行星轮个数 k 整除。

（4）邻接条件　即保证相邻两行星轮不致相碰。相邻两行星轮的转轴中心距 $O_2O'_2$ 应大于行星轮齿顶圆直径，行星轮齿顶才不致相碰。若采用标准齿轮，则 $O_2O'_2 > d_{a2}$。

对于标准齿轮传动有

$$2(r_1 + r_2)\sin\frac{180°}{k} > 2(r_2 + h_a^* m)$$

或

$$(z_1 + z_2)\sin\frac{180°}{k} > z_2 + 2h_a^*$$

对于图 1-6-24 所示的双排 2K-H 行星轮系，经过类似推导，可得相应的关系式为（对标准齿轮传动）：

1）传动比条件。$\dfrac{z_2 z_3}{z_1 z_2'} = i_{1H} - 1$。

2）同心条件（设各齿轮的模数相同）。$z_3 = z_1 + z_2 + z_2'$。

3）均布安装条件。设 N 为整数，则 $\dfrac{z_1 z_2' + z_2 z_3}{k z_2'} = N$。

4）邻接条件。假设 $z_2 > z_2'$，则 $(z_1 + z_2)\sin\left(\dfrac{180°}{k}\right) > z_2 + 2h_a^*$。

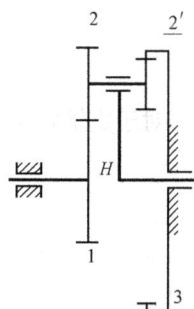

图 1-6-24　双排 2K-H
行星轮系

以上讨论的四个条件关系式，若将 $z_2 = z_2'$ 代入上式，即可得到单排 2K-H 型行星轮系的关系式，这说明单排 2K-H 型行星轮系是双排 2K-H 行星轮系的特例。

第六节　混合轮系传动比计算

混合轮系传动比既不能直接按定轴轮系的传动比来计算，也不能直接按周转轮系的传动比来计算，而应当将其区分为"定轴轮系 + 周转轮系"或"单一周转轮系 + 单一周转轮系"，并分别计算各自的传动比，同时找出各轮系间的关系，联立求解。具体步骤是：

1）划分轮系。先找出轴线位置不固定的齿轮即为行星轮，由此找出支承行星轮的系杆以及与行星轮相啮合的太阳轮。这样由行星轮、太阳轮与系杆构成一个单一周转轮系。再看还有没有轴线位置不固定的齿轮，若有，继续划分出新的周转轮系；若无，则剩下的即为定轴轮系。

2）分轮系列出计算公式。应严格按公式分别列出算式，并检查方程数与其中未知数的个数是否相符：如求角速度或转速，则需要方程数与未知数相等；如求传动比，则需要方程数比未知数少一个。

3）鉴别符号，联立求解。

例 1-6-6　图 1-6-25 所示轮系中，已知 ω_6 及各轮齿数为：$z_1 = 50$，$z_{1'} = 30$，$z_{1''} = 60$，$z_2 = 30$，$z_{2'} = 20$，$z_3 = 100$，$z_4 = 45$，$z_5 = 60$，$z_{5'} = 45$，$z_6 = 20$，求 ω_3 的大小和方向。

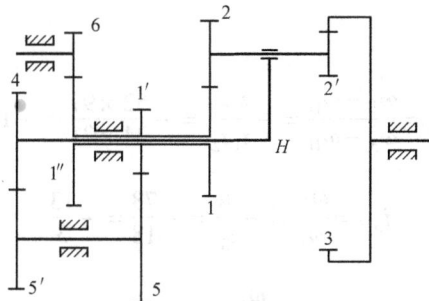

图 1-6-25　混合轮系

解 轴线位置不固定的双联齿轮2-2′是行星轮,与其啮合的齿轮1和3为太阳轮,H为系杆共同组成一差动轮系。由于无其他行星轮,所以其余的齿轮6、1″-1、5-5′、4组成一定轴轮系。

周转轮系的传动比为

$$i_{13}^{H} = \frac{\omega_1 - \omega_H}{\omega_3 - \omega_H} = -\frac{z_2 z_3}{z_1 z_{2'}} = -\frac{30 \times 100}{50 \times 20} = -3$$

对于定轴轮系1″-6 有

$$i_{1''6} = \frac{\omega_{1''}}{\omega_6} = -\frac{z_6}{z_{1''}}$$

则

$$\omega_1 = \omega_{1'} = \omega_{1''} = \omega_6 \times \left(-\frac{z_6}{z_{1''}} \right) = \omega_6 \times \left(-\frac{20}{60} \right) = -\frac{1}{3}\omega_6$$

对于定轴轮系4-5′-5-1′-1″-6 有

$$i_{64} = \frac{\omega_6}{\omega_4} = -\frac{z_{1''} z_5 z_4}{z_6 z_{1'} z_{5'}}$$

则

$$\omega_H = \omega_4 = \omega_6 \times \left(-\frac{z_6 z_{1'} z_{5'}}{z_{1''} z_5 z_4} \right) = \omega_6 \times \left(-\frac{20 \times 30 \times 45}{60 \times 60 \times 45} \right) = -\frac{1}{6}\omega_6$$

代入得

$$i_{13}^{H} = \frac{\omega_1 - \omega_H}{\omega_3 - \omega_H} = \frac{-\frac{1}{3}\omega_6 - \left(-\frac{1}{6}\omega_6 \right)}{\omega_3 - \left(-\frac{1}{6}\omega_6 \right)} = -3$$

解得 $\omega_3 = -\frac{1}{9}\omega_6$,齿轮3与6的转动方向相反。

例1-6-7 在图1-6-26所示的电动卷扬机减速器中,各轮齿数为:$z_1 = 24$,$z_2 = 52$,$z_{2'} = 21$,$z_3 = 97$,$z_{3'} = 18$,$z_4 = 30$,$z_5 = 78$,求 i_{1H}。

解 在该轮系中,双联齿轮2-2′的几何轴线随着构件H(卷筒)转动,所以是行星轮;支持它运动的构件H是系杆,和行星轮相啮合的齿轮1和3是太阳轮。这两个太阳轮都能转动,所以齿轮1、2-2′、3和系杆H组成一个差动轮系。剩下齿轮3′、4和5组成一定轴轮系。齿轮3和3′是同一构件,齿轮5和系杆H是同一构件,即差动轮系的两个基本构件系杆H和太阳轮3被定轴轮系封闭了起来,该轮系总的自由度为1,称这类复杂行星轮系为封闭式行星轮系。

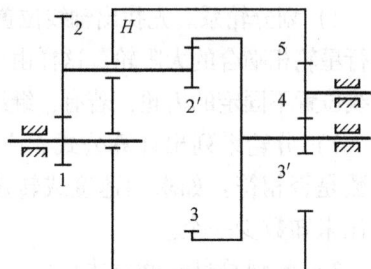

图1-6-26 电动卷扬机减速器

在差动轮系中有

$$i_{13}^{H} = \frac{\omega_1 - \omega_H}{\omega_3 - \omega_H} = -\frac{z_2 z_3}{z_1 z_{2'}} = -\frac{52 \times 97}{24 \times 21} \approx -10$$

在定轴轮系中有

$$i_{3'5} = \frac{\omega_{3'}}{\omega_5} = -\frac{z_5}{z_{3'}} = -\frac{78}{18} = -\frac{13}{3}$$

考虑到 $\omega_5 = \omega_H$,$\omega_3 = \omega_{3'}$,求得 $i_{1H} = \frac{\omega_1}{\omega_H} \approx 54.4$

正号表明齿轮 1 与系杆 H 的转向相同。

第七节 其他行星传动简介

一、谐波齿轮传动

谐波齿轮传动是建立在弹性变形基础上的一种新型传动，如图 1-6-27 所示。该机构一般由波发生器 H（由转臂和滚轮组成，相当于行星轮系中的系杆）、具有外齿的柔性齿轮 2（简称柔轮，相当于行星轮，可产生较大的弹性变形，齿数为 z_2）和具有内齿的刚轮 1（相当于太阳轮，齿数为 z_1）三个基本构件组成。使用时刚轮通常固定，主动件通常是波发生器 H。

波发生器 H 的长度比未变形的柔轮内孔直径大。当波发生器装入柔轮内孔时，迫使柔轮产生弹性变形而呈椭圆状，使其长轴处柔轮轮齿插入刚轮的轮槽内，成为完全啮合状态；而其短轴处两轮轮齿完全不接触，处于脱开状态。由啮合到脱开的过程中则处于啮出或啮入状态。当波发生器连续转动时，迫使柔轮不断产生变形，两轮轮齿处于啮入、啮合、啮出、脱开的状态，产生错齿运动，实现主动波发生器与柔轮的运动传递。

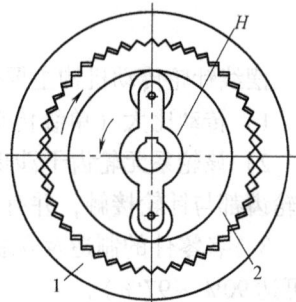

图 1-6-27 谐波齿轮传动

由于柔轮齿数比刚轮少 $(z_1 - z_2)$ 个，所以当波发生器转过一周时，柔轮相对刚轮少啮合 $(z_1 - z_2)$ 个齿，也即柔轮与原位比较相差 $(z_1 - z_2)$ 个齿距角，从而反转 $\frac{z_1 - z_2}{z_2}$ 周，因此得传动比为

$$i_{H2} = \frac{n_H}{n_2} = -\frac{z_2}{z_1 - z_2}$$

按照波发生器上装的滚轮数不同，分为双波传动和三波传动，其中以双波传动应用较多。它具有传动比大（单级 $60 \sim 400$）、传动平稳、承载能力大、传动效率高（单级 $\eta = 0.7 \sim 0.9$）等优点。但柔轮和波发生器的制造较复杂，需用特殊钢材，生产成本较高，其传动比不能过小，且柔轮易发生疲劳损坏，需要的起动力矩大。

谐波传动广泛应用于军工机械、精密机械、自动化机械等传动系统中。

二、摆线针轮行星传动

摆线针轮行星传动的工作原理与少齿差行星轮系相类似，如图 1-6-28 所示。它由系杆 H、摆线行星轮 2 和太阳轮（内齿轮）1 组成，3 为输出机构。由于行星轮 2 的齿廓曲线是短幅外摆线，太阳轮 1 是由固定在机壳上带有滚动销套的小圆柱针销组成（称为针轮），故得名摆线针轮行星轮系。

摆线针轮行星轮系的行星轮与太阳轮只相差一齿 $(z_2 - z_1 = 1)$，故属于一齿差的行星轮系，其传动比为

$$i_{H2} = \frac{n_H}{n_2} = \frac{-z_2}{z_1 - z_2} = -z_2$$

式中，"$-$" 表示行星轮 2 与系杆 H 的转向相反，可见利用摆线针轮行星传动可获得大传动比。

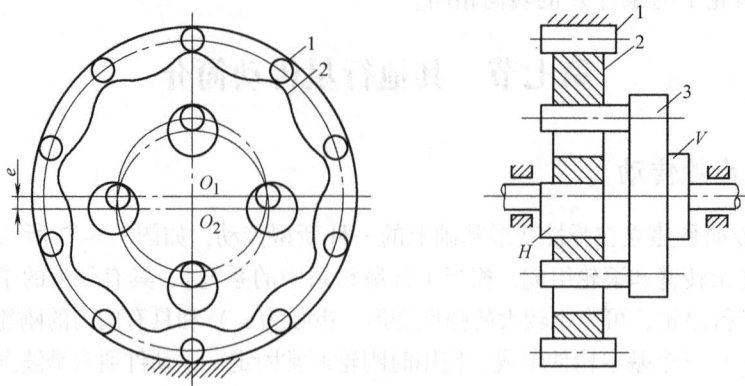

图 1-6-28　摆线针轮行星轮系

摆线针轮传动机构主要优缺点如下：

1）传动比大（单级传动比可达 11~87），结构紧凑。

2）该轮系无轮齿干涉现象。啮合传动时，同时啮合的齿对数较多，理论上行星轮的所有轮齿都与针轮接触，并有一半以上承受载荷，故传动平稳，承载能力较高。

3）各零件的制造及安装精度要求较高，齿轮副处的摩擦为滚动摩擦，故传动效率较高（可达 90%~97%）。

4）摆线齿廓需要专门设备制造；主要零件需用优质材料；加工及安装精度要求较高，故其成本较高。

5）行星架轴承受径向力较大。

6）需要输出机构。

摆线针轮传动机构是一种较新颖的传动机构，目前在国防、冶金、化工、纺织等行业中得到广泛的应用。

知识拓展

从行星轮系的效率考虑，减速传动高于增速传动，负号机构高于正号机构。因此，一般行星轮系用作减速装置。当所设计的轮系用于动力传动，则应选择负号机构。正号机构一般多用于传动比较大但效率要求不高的辅助机构中。当行星轮系用作增速装置时，随着增速比的增大，传动效率迅速降低，当达到一定值时，正号机构容易发生自锁。

文献阅读指南

本章重点介绍了轮系的分类及其传动比的计算方法，讨论了行星轮系的几何设计问题，简单介绍了几种特殊的传动。

对于具体行星轮系的设计及其注意事项，可参阅张少名编著的《行星传动》（西安：陕西科学技术出版社，1988）。

对于新型的行星轮系的工作原理及其设计计算，可参阅饶振纲编著的《行星传动机构设计》（第2版）（北京：国防工业出版社，1994）。

一、本章主要内容

1）轮系的概念、分类及其应用。

2）轮系传动比的计算，包括大小和方向。

3）行星轮系的同心条件。

二、本章学习要求

1）了解轮系的概念并会划分各种轮系。

2）会求解轮系的传动比，包括大小和方向的判断。

3）了解轮系的功用并会按工作条件选择轮系。

4）会设计行星轮系。

思 考 题

1.6.1 在定轴轮系中，如何确定首、末两轮的转向？

1.6.2 周转轮系由哪几部分组成？什么是周转轮系的"转化机构"？它在计算周转轮系的传动比中起什么作用？

1.6.3 周转轮系中两轮传动比的正负号与该周转轮系转化机构中两轮传动比的正负号意义相同吗？为什么？

1.6.4 如何从复杂的混合轮系中划分出基本轮系？

1.6.5 计算混合轮系传动比的基本思路是什么？能否通过给整个轮系加上一个公共的角速度（$-\omega_\text{H}$）来计算整个轮系的传动比？为什么？

1.6.6 定轴轮系和周转轮系各有哪些功能？

1.6.7 周转轮系中各轮齿数的确定需要满足哪些条件？

习 题

1.6.1 图 1-6-29 所示轮系中各轮的齿数分别为 $z_1 = z_3 = 15$，$z_2 = 30$，$z_4 = 25$，$z_5 = 20$，$z_6 = 40$，试求传动比 i_{16}，并指出如何改变 i_{16} 的符号。

1.6.2 图 1-6-30 所示的蜗杆传动中，试分别在图上标出蜗杆 1 的旋向和转向。

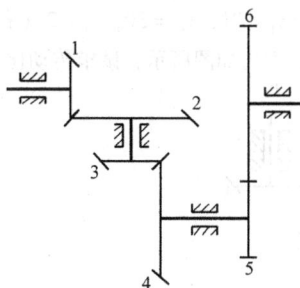

图 1-6-29 习题 1.6.1 图   图 1-6-30 习题 1.6.2 图

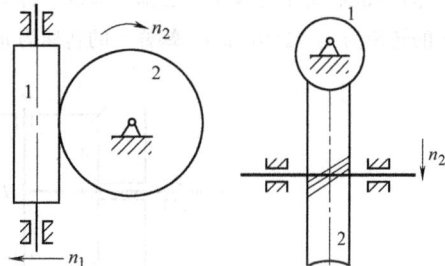

1.6.3 图 1-6-31 所示的轮系中，已知 $z_1 = 40$，$z_2 = 50$，$z_3 = 40$，$z_4 = 50$，$z_5 = 35$，$z_6 = 30$，若 $n_\text{II} = 140$

r/min, $n_{\mathrm{III}} = 70\mathrm{r/min}$, 两轴转向相同, 试求 n_1 的大小, 并判断其转向。

1.6.4 图 1-6-32 所示的大速比减速机构中, 已知右旋蜗杆 1 和 5 的头数均为 1, 各轮齿数分别为 $z_{1'} = 101$, $z_2 = 99$, $z_{2'} = z_4$, $z_{4'} = z_{5'} = 100$。

1) 试求传动比 i_{1H}。

2) 若主动蜗杆由转速为 1375r/min 的电动机带动, 问输出轴 H 转一周需要多长时间?

1.6.5 图 1-6-33 所示为手动提升机构, 已知 $z_1 = z_3 = 18$, $z_2 = z_6 = 60$, $z_4 = 36$, $z_5 = 1$, 试求 i_{16}, 并指出提升重物时手柄的转向。

1.6.6 图 1-6-15 所示为一滚齿机工作台的传动机构, 工作台 9 与轮坯 10 相固连。已知 $z_1 = z_3 = 20$, $z_2 = 28$, $z_4 = 35$, $z_8 = 1$ (右旋), $z_9 = 40$, 滚刀 $z_{11} = 1$ (左旋)。若要加工一个 $z_{10} = 64$ 的齿轮, 试决定交换齿轮组齿数 z_5 和 z_7 之比。

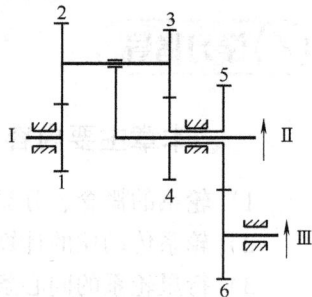

图 1-6-31 习题 1.6.3 图

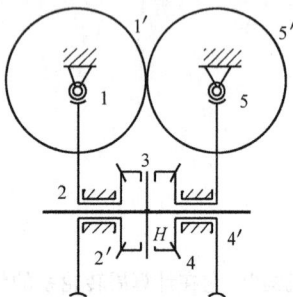

图 1-6-32 习题 1.6.4 图

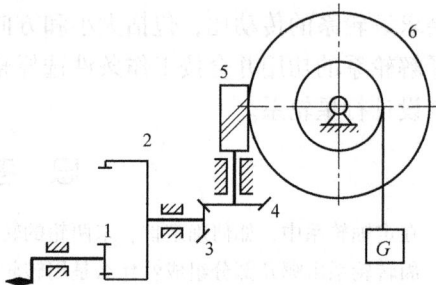

图 1-6-33 习题 1.6.5 图

1.6.7 图 1-6-34 所示为一车床尾架进给机构, 已知 $z_1 = z_2 = z_4 = 18$, $z_3 = 54$, 试判断图 a、b 所示两种轮系各属于什么轮系? 当 $n_1 = 10\mathrm{r/min}$ 时分别求出各丝杠的转速。

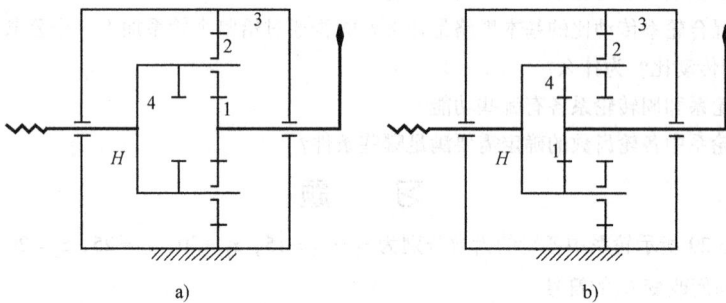

a)   b)

图 1-6-34 习题 1.6.7 图

1.6.8 图 1-6-35 所示轮系中, 已知 $z_1 = 30$, $z_2 = 26$, $z_{2'} = z_3 = z_4 = 21$, $z_{4'} = 30$, $z_5 = 2$ (右旋蜗杆), 又知齿轮 1 的转速为 $n_1 = 260\mathrm{r/min}$, 蜗杆 5 的转速为 $n_5 = 600\mathrm{r/min}$, 方向如图所示, 试求传动比 i_{1H}。

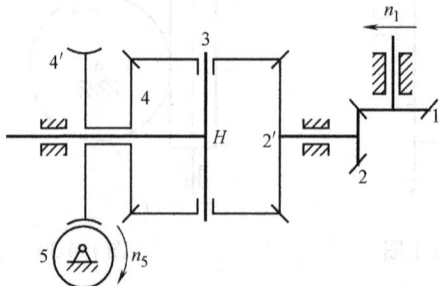

图 1-6-35 习题 1.6.8 图

1.6.9 一轮系由三根轴组成，在主动轴 A 上固连有齿轮 1 和 2，在中间轴 B 上装有可滑移的三联齿轮 3-4-5，在从动轴 C 上固连有齿轮 6 和 7。这些齿轮在轴上的排列顺序均是从左到右，且各轮均为直齿圆柱齿轮，模数 $m = 5$。轴 A、B 和轴 B、C 的中心距皆为 300mm。当三联滑移齿轮向左移动时，通过齿轮 1、4、3、6 得传动比 $i_{AC} = \dfrac{\omega_A}{\omega_C} = 5$；当三联齿轮向右移动时，通过齿轮 2、4、5、7 得传动比 $i_{AC} = \dfrac{25}{9}$。试画出该轮系的简图。又若假定 $z_2 = z_5$，试确定该轮系中各轮的齿数。

1.6.10 在图 1-6-36 所示的轮系中，已知 $z_1 = z_2 = z_3 = z_4 = 20$，$z_{2'} = z_{3'} = 40$，$z_5 = 60$，$z_6 = z_7 = z_{7'} = 30$，$z_{6'} = z_8 = 15$。各轮均为标准齿轮，求齿数 z_9 和传动比 i_{1H}。

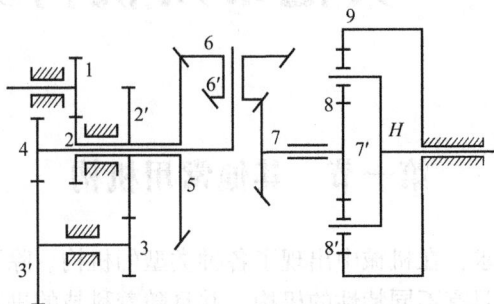

图 1-6-36 习题 1.6.10 图

习题参考答案

1.6.1 $i_{16} = -\dfrac{20}{3}$。

1.6.2 略。

1.6.3 $n_1 = -172.5 \text{r/min}$ （↓）。

1.6.4 1）$i_{1H} = 1.98 \times 10^6$；2）24h。

1.6.5 $i_{16} = 400$。

1.6.6 $\dfrac{z_5}{z_7} = \dfrac{25}{32}$。

1.6.7 a）行星轮系，$n_H = 2.5 \text{r/min}$ （与 n_1 同向）；
　　　b）定轴轮系，$n_H = 10 \text{r/min}$ （与 n_1 同向）。

1.6.8 $i_{1H} = 1.53$。

1.6.9 略。

1.6.10 $z_9 = 60$，$i_{1H} = -\dfrac{3}{7}$。

第七章

其他常用机构及组合机构

第一节 其他常用机构

为满足工程上不同要求，在机械中出现了各种类型的机构。除了连杆机构、凸轮机构和齿轮机构以外，还有其他具有不同特性的机构，并且随着科技的进步，新机构仍在不断地被创造出来并应用到工程中去。本节将对另外几种常用机构的工作原理、特点及应用等进行简单介绍，其具体设计可参照相关资料和手册。

一、间歇运动机构

在许多机械设备中，特别是各类自动、半自动机械和仪器中，由于生产工艺的要求，常需要某些构件实现周期性的转位、分度、进给等时动时停的间歇运动，能够将原动件的连续运动转换成输出构件周期性间歇运动的机构通称为间歇运动机构。

间歇运动机构的形式很多，常见类型的组成、运动特点及应用简介如下。

（一）棘轮机构

（1）棘轮机构的组成及工作原理 图1-7-1所示为一典型的棘轮机构，主要由棘轮3、主动棘爪4、止回棘爪5和机架2组成。棘轮3固定于轴上，而主动摇杆1空套于该轴上。当主动摇杆1逆时针摆动时，由铰接于摇杆上的主动棘爪4推动棘轮3逆时针转动一定角度。当主动摇杆1顺时针反向摆动时，止回棘爪5阻止棘轮3的反向转动，主动棘爪将沿棘轮3的齿背滑动。当主动摇杆1及主动棘爪4再次逆时针摆动时，重复以上动作，从而将主动件的往复摆动变换为棘轮的单向间歇转动。

（2）棘轮机构的类型 棘轮机构的常见类型及特点见表1-7-1。

（3）棘轮机构的应用 棘轮机构的运动形式多种多样，在工程中的应用非常广泛。但无论是轮齿式还是摩擦式棘轮机构，一般情况下，并不适用于高速或运动精度要求很高的场合。棘轮机构的主要应用有：

1）间歇进给。图1-7-2所示为牛头刨床，利用棘轮机构带动螺旋机构，实现工作台的间歇进给运动。

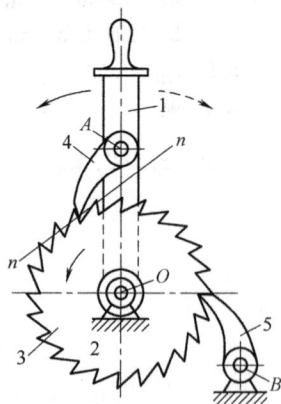

图1-7-1 外啮式棘轮机构
1—主动摇杆 2—机架 3—棘轮
4—主动棘爪 5—止回棘爪

表 1-7-1 棘轮机构的常见类型及特点

分类原则	类型		简图	特点
结构	轮齿式		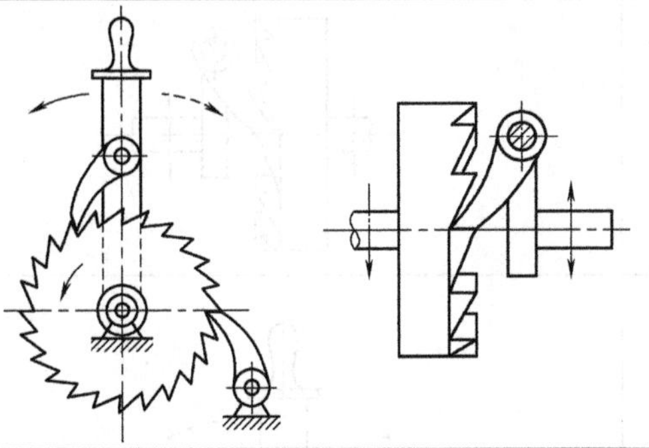	结构简单，制造方便；转角准确，运动可靠；动停比易调节。但动程只能有级调节，棘爪在齿背滑行引起噪声、冲击与磨损，不适于高速
	摩擦式	偏心楔块式	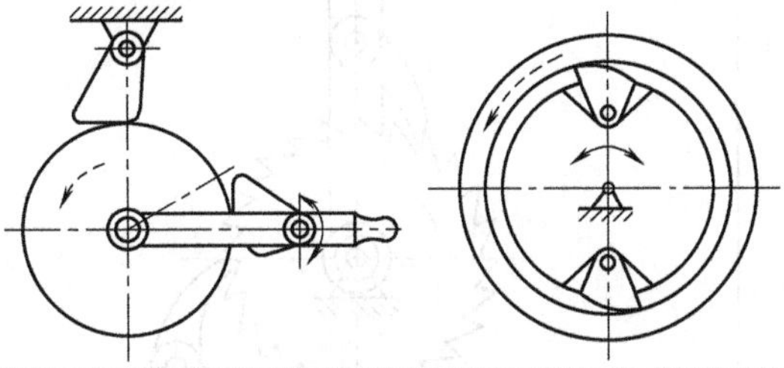	以偏心扇形楔块代替棘爪，以摩擦轮代替棘轮。传动平稳，噪声小，可无级调节。但易打滑，难以实现高精度传动，适于低速、轻载的场合
		滚子楔紧式	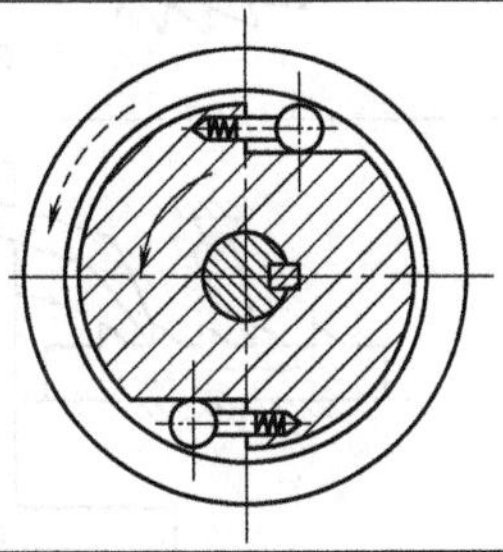	
啮合方式	外啮合		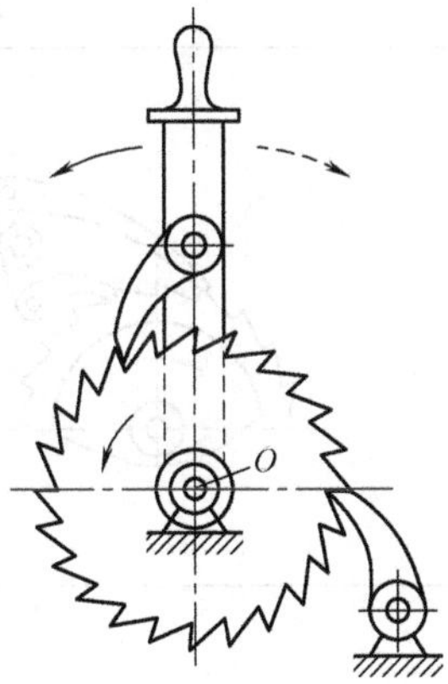	棘爪置于棘轮外侧，安装方便，应用较广
	内啮合		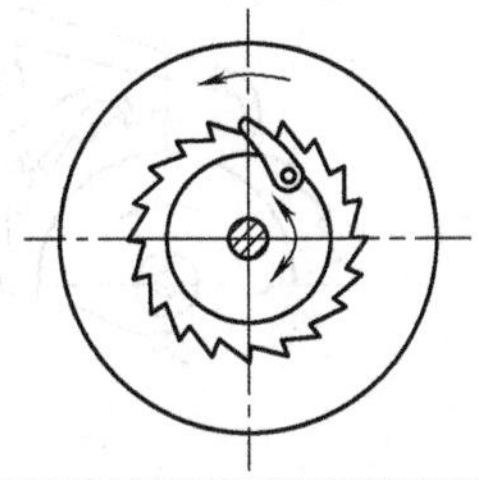	棘爪置于棘轮内侧，结构紧凑，外形尺寸较小

（续）

分类原则	类　型	简　图	特　点
啮合方式	端面式	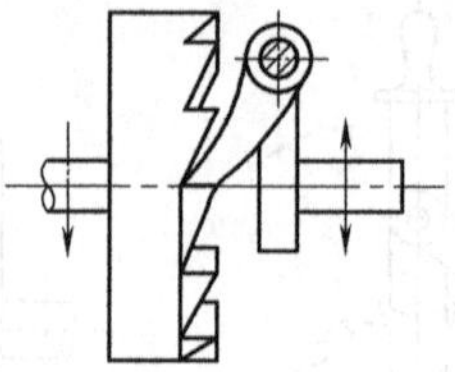	棘轮轮齿做在棘轮的端面上，主动转轴与棘轮同轴线转动
运动形式	单动式　单向间歇转动	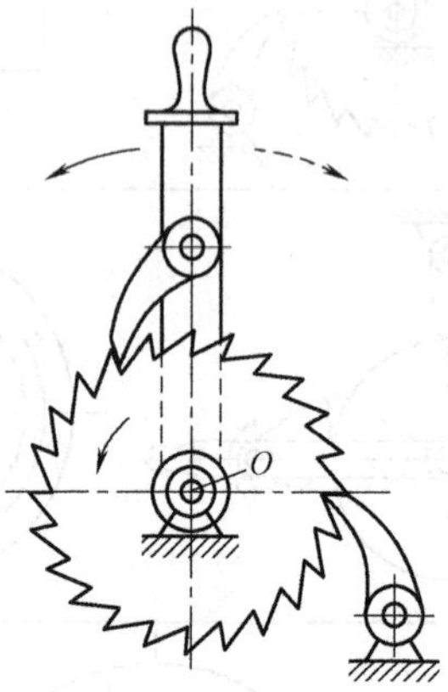	原动件往复摆动一次，棘轮单向间歇转动一次
	单动式　单向间歇移动	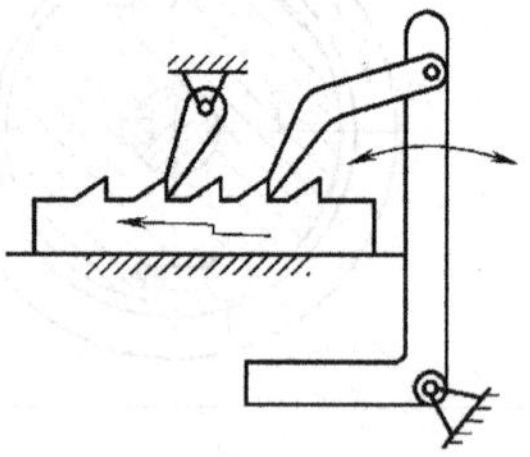	原动件往复摆动一次，棘轮单向间歇移动一次
	双动式　推动式	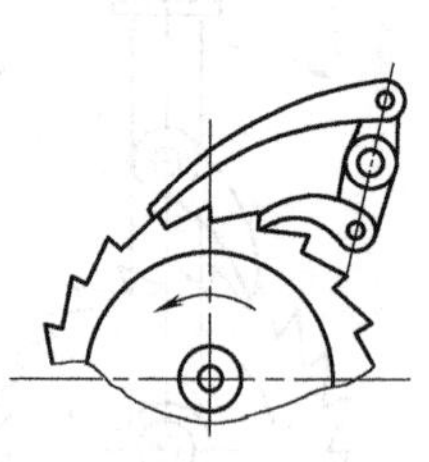	原动件正反两个方向摆动，都可带动棘轮同一方向间歇运动一次，故原动件往复摆动一次，可以两次带动棘轮间歇运动。适用于棘轮齿数较少或摇杆摆角小于齿距角时
	双动式　拉动式	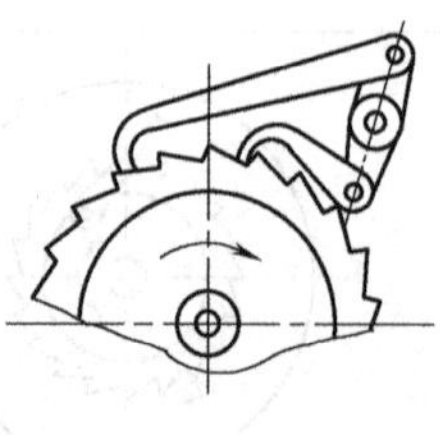	原动件正反两个方向摆动，都可带动棘轮同一方向间歇运动一次，故原动件往复摆动一次，可以两次带动棘轮间歇运动。适用于棘轮齿数较少或摇杆摆角小于齿距角时

（续）

分类原则	类 型	简 图	特 点
运动形式	双向式		棘轮轮齿为对称的矩形或梯形，通过棘爪的调整，可实现棘轮双向间歇运动

2）转位分度。图 1-7-3 所示为电影放映机的抓片轮分度头，棘爪 1 进入棘轮 2 的齿槽，棘轮 2 运动的同时，凸轮 3 顶起定位销 4，使棘轮实现准确转位分度。图 1-7-4 所示为手枪转盘分度机构，滑块 1 向上运动，带动棘爪 4，棘爪 4 推动棘轮 5 连同与其固连的手枪转盘 3 转过一个角度，此时挡销 a 上升，棘爪 2 在弹簧力作用下进入手枪转盘 3 的槽中，使手枪转盘静止并防止其反向转动。当滑块 1 向下运动时，棘爪 4 从棘轮 5 齿背上滑过而进入下一齿槽，同时挡销 a 下降推动棘爪 2 逆时针转动脱离手枪转盘 3 的凹槽，使手枪转盘 3 解脱止动状态。

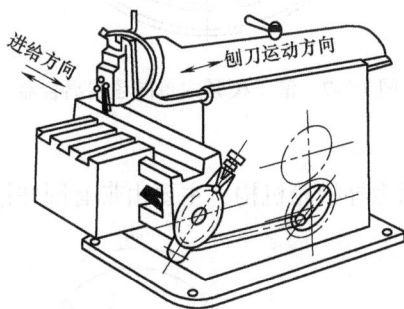

图 1-7-2　牛头刨床

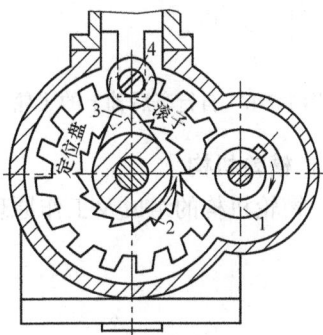

图 1-7-3　电影放映机的抓片轮分度头
1—棘爪　2—棘轮　3—凸轮　4—定位销

3）制动。图 1-7-5 所示为卷扬机制动机构，卷筒与棘轮一起由链传动带动，在链条突然断裂时，链条导板下摆带动棘爪顺时针摆动而与棘轮啮合，可以阻止卷筒逆转，起到制动作用。

4）超越离合。图 1-7-6 所示为自行车后轴上的飞轮，利用内啮合棘轮机构实现从动链轮与后轴的超越离合。图 1-7-7 所示为滚子楔紧式单向超越离合器。

5）计数。图 1-7-8 所示为香皂自动装箱机的计数装置，箱内每装入一块香皂，气缸 1 进气使活塞右移带动棘爪 2，推动棘轮 3 转过一齿。每箱装入香皂达到指定数量，行程开关 6 进入棘轮 3 上固连胶木板 4 的缺口 5，接通推箱机构的电源，即自动将箱子推出。

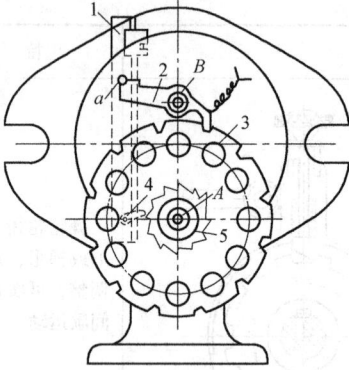

图 1-7-4　手枪转盘分度机构

1—滑块　2、4—棘爪　3—手枪转盘　5—棘轮

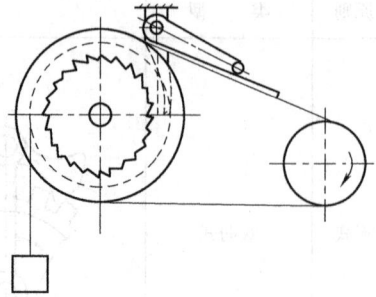

图 1-7-5　卷扬机制动机构

图 1-7-6　自行车后轴上的飞轮

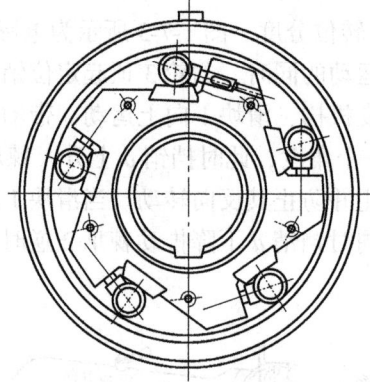

图 1-7-7　滚子楔紧式单向超越离合器

(二)　槽轮机构

(1) 槽轮机构的组成及工作原理　图 1-7-9 所示为外槽轮机构，主要由带有圆柱销的主

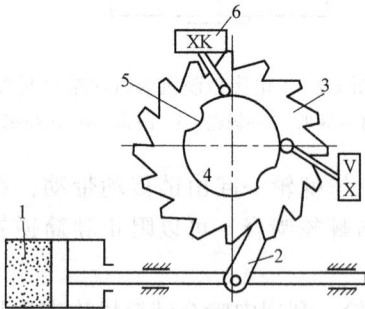

图 1-7-8　香皂自动装箱机的计数装置

1—气缸　2—棘爪　3—棘轮　4—胶木板

5—胶木板上的缺口　6—行程开关

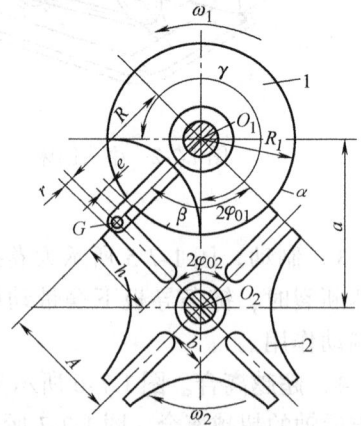

图 1-7-9　外槽轮机构

1—主动拨盘　2—从动槽轮

动拨盘 1、具有径向槽的从动槽轮 2 和机架组成。当主动拨盘连续转动时，圆柱销进入径向槽并推动槽轮运动；当圆柱销从径向槽脱出后，槽轮因其内凹锁止弧 β 被主动拨盘上的外凸锁止弧 α 锁住而静止。当主动拨盘继续转动，锁止弧松开，圆柱销再次进入径向槽推动槽轮运动，如此往复，使槽轮获得间歇运动。

（2）槽轮机构的类型、特点及应用　槽轮机构的常见类型及特点见表 1-7-2。总体来说，槽轮机构结构简单，制造容易，工作可靠，分度准确，机械效率高，可以正反向运动。但在起动和停止时加速度变化大，存在冲击，且动程不可调节，槽数不宜过多，故常用于转角较大，转速不高的自动机械、轻工机械及仪器仪表中。

表 1-7-2　槽轮机构的常见类型及特点

类　型		简　图	特　点
平面槽轮机构	外槽轮机构	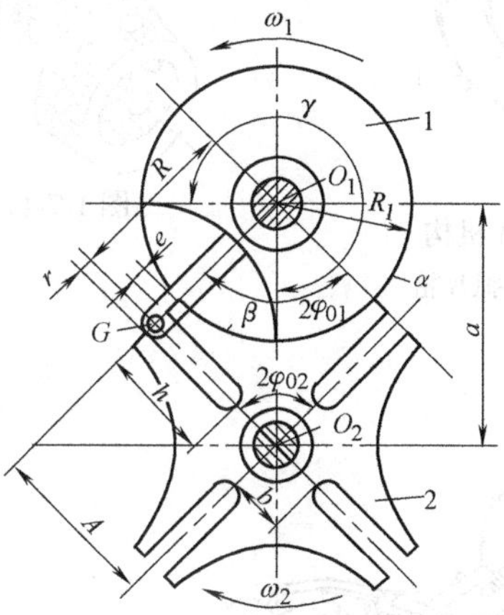	外槽轮机构的主动拨盘与槽轮转向相反
	内槽轮机构	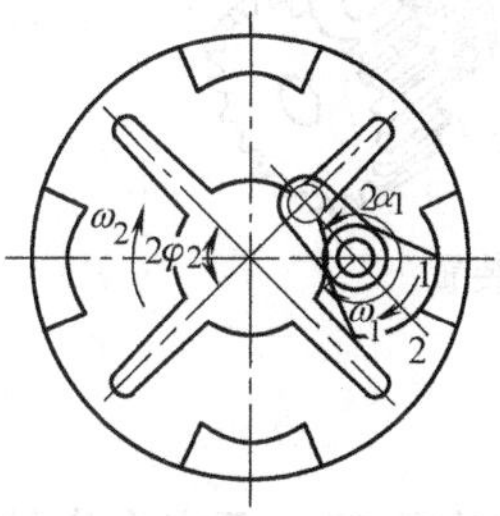	内槽轮机构的主动拨盘与槽轮转向相同。内槽轮机构传动较平稳，停歇时间短，外形尺寸较小
空间槽轮机构		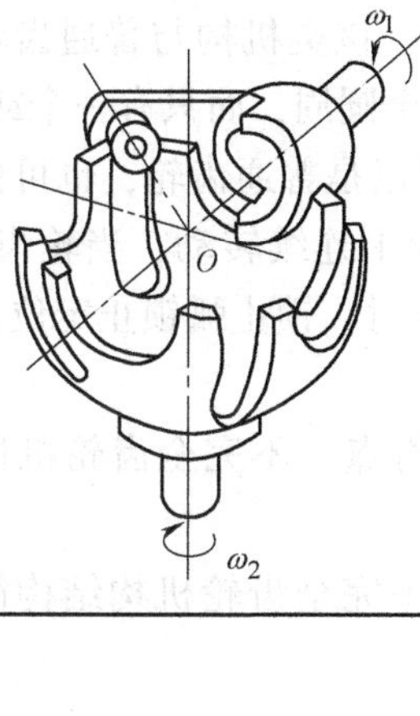	用于传递两相交轴间的运动。主动拨盘、圆销的回转轴线均汇交于半球形槽轮的球心。通常圆销只有一个，不论槽数多少，其运动与停歇时间总是相等的

例如，图1-7-10所示为电影放映机的送片机构，主动拨盘1连续转动带动从动槽轮2间歇转动，并通过与槽轮固连的抓片轮3将胶片间歇地送入电影机。

图1-7-11所示为转塔车床刀架转位机构，刀架上装有六种刀具，主动拨盘每转动一周，带动槽轮和刀架转过60°，从而实现不同工序的换刀。而在图1-7-12所示的磨床分度装置上也利用槽轮机构实现准确分度。图1-7-13所示为自动线上应用的自动传送链装置，可以满足其流水作业的需要。

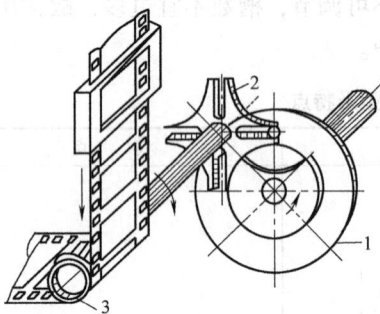

图1-7-10 电影放映机的送片机构

1—主动拨盘 2—从动槽轮 3—抓片轮

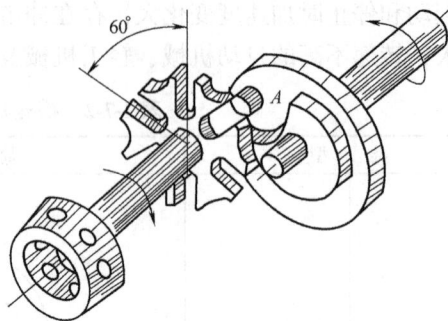

图1-7-11 转塔车床刀架转位机构

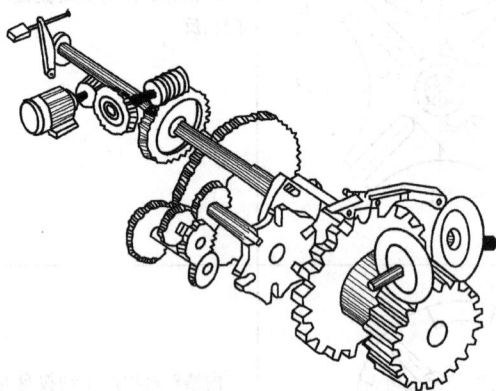

图1-7-12 磨床分度装置

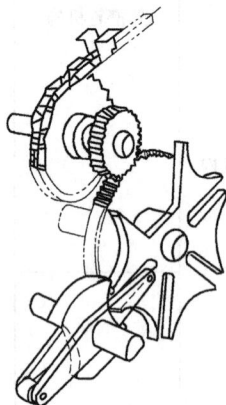

图1-7-13 自动传送链装置

（三）不完全齿轮机构

（1）不完全齿轮机构的组成及工作原理 不完全齿轮机构（图1-7-14）是由普通齿轮机构演变而来的。该类机构与普通齿轮机构的区别在于主动轮1的轮齿并没有布满整个圆周，而只有一个或几个轮齿，其余部分为外凸锁止弧。从动轮2可以是普通齿轮，也可由数个轮齿和内凹锁止弧相间布置组成。主动轮1连续转动，当轮齿相啮合时，带动从动轮2转动；当轮齿退出啮合时，锁止弧锁止定位，从而实现从动轮的间歇运动。

（2）不完全齿轮机构的类型及特点 不完全齿轮机构的常见类型及特点见表1-7-3。

（3）不完全齿轮机构的应用 不完全齿轮机构结构简单，设计

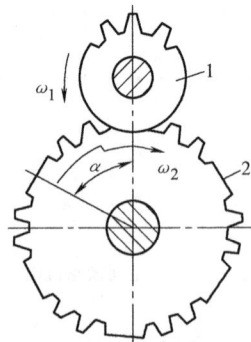

图1-7-14 外啮合不完全齿轮机构

1—主动轮 2—从动轮

灵活，但进入和退出啮合时存在冲击，故不适于高速。不完全齿轮机构常用于多工位、多工序的自动机械或生产线的间歇转位、进给机构或计数装置中。

表1-7-3　不完全齿轮机构的常见类型及特点

类　　型	简　　图	特　　点
外啮合	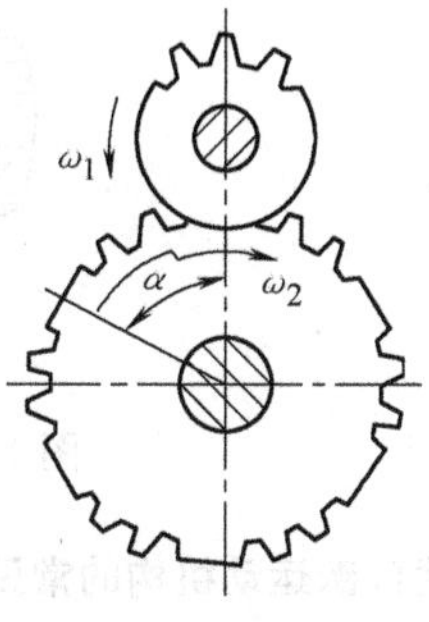	主、从动轮转向相反
内啮合	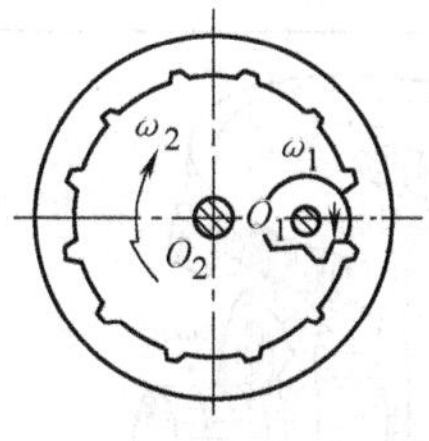	主、从动轮转向相同
不完全齿轮齿条	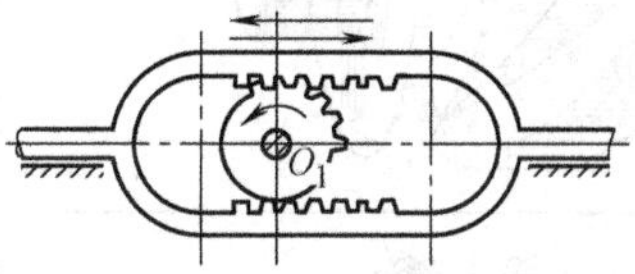	从动齿条间歇往复移动
不完全锥齿轮机构	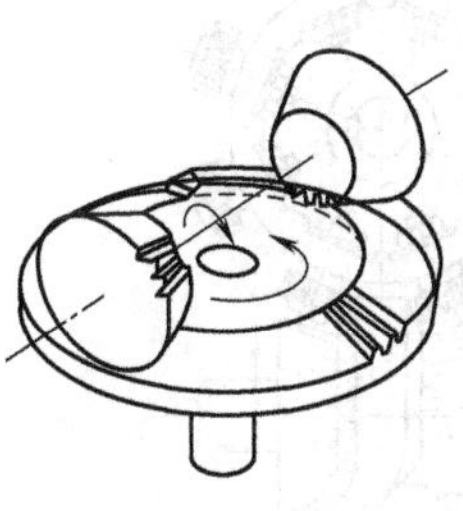	主、从动轮轴线相交，从动轴间歇往复转动

　　例如，在图1-7-15所示的蜂窝煤饼压制机中，利用不完全齿轮机构来实现工作台五个工位的间歇转位。

（四）凸轮式间歇运动机构

　　（1）凸轮式间歇运动机构的组成及工作原理　凸轮式间歇运动机构一般由主动凸轮、从动转盘和机架组成。图1-7-16所示为圆柱凸轮式间歇运动机构，原动件为在一圆柱体表面开有曲线状凹槽的圆柱凸轮，从动件为端面上均匀分布若干圆柱销的转盘。当凸轮匀速转动时，通过其曲线沟槽拨动从动转盘的圆柱销，使从动转盘作间歇转动。

　　（2）凸轮式间歇运动机构的类型及特点　凸轮式间歇运动机构的常见类型及特点见表1-7-4。

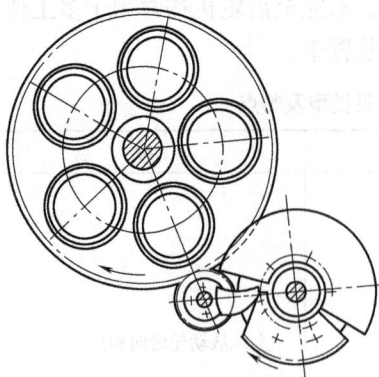

图 1-7-15　蜂窝煤饼压制机

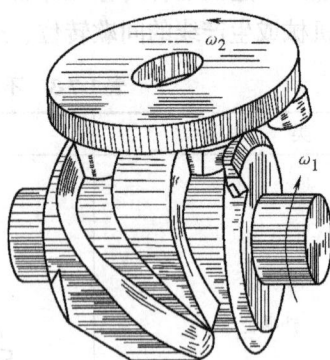

图 1-7-16　圆柱凸轮式间歇运动机构

表 1-7-4　凸轮式间歇运动机构的常见类型及特点

类　型	简　图	特　点
圆柱凸轮间歇运动机构		结构比较紧凑，定位可靠、转位精确，可用于较高速场合。但凸轮的加工比较复杂，而且装配、调整要求严格
蜗杆凸轮间歇运动机构		传动精度较高，具有良好的动力学性能，在要求高速、高精度的分度转位机械中应用日益广泛，但其制造成本较高
共轭盘形分度凸轮机构		具有良好的几何封闭性能，能保证正确定位；从动转盘的间歇运动规律可以由凸轮廓线精确实现，适用于转速较高的场合

（3）凸轮式间歇运动机构的应用　由于凸轮式间歇运动机构均具有传动平稳、动力特性好、转位精确、且不需要专门定位装置的优点，因而广泛应用于轻工机械、冲压机械等高速、高精度的转位分度机构、步进机构和间歇进给机构中。如在多色印刷机、高速压力机、拉链嵌齿机、火柴包装机等机械中，都应用了凸轮间歇运动机构来实现高速分度运动。

（五）星轮机构

星轮机构是由针轮与摆线齿轮组成的不完全齿轮机构，如图 1-7-17 所示。主动轮 1 为不完全针轮，针轮设有若干个柱销，从动轮 2 为若干摆线齿和锁止弧间隔分布的摆线齿轮，称为星轮。针轮 1（即主动轮）连续转动一周，星轮实现一个运动周期的间歇运动。星轮机构的动停比可方便地由增减主动针轮的柱销数来改变。星轮机构具有槽轮机构的起动性能，又兼有齿轮机构等速转位的优点，但星轮的加工制造较为困难。星轮机构多用于转速不高和载荷较轻的场合。

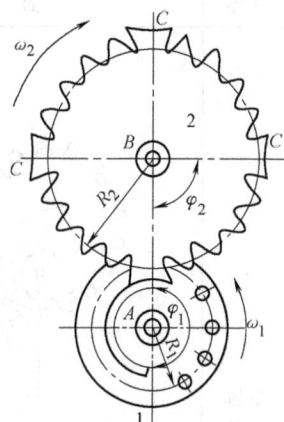

图 1-7-17　星轮机构

二、其他常见机构类型

其他常见机构类型见表 1-7-5。

表 1-7-5　其他常见机构类型

类型		简图	应用实例	说明
万向联轴器	单万向联轴器		多头钻床	万向联轴器可以传递相交轴线间的运动和远距离传动。单万向联轴器可在两轴夹角变化时继续工作，但其瞬时传动比不恒定而是作周期性变化；工程中常用两个单万向联轴器串接，成为双万向联轴器，其传动比恒为 1，且便于转动过程中调整主、从动轴的相对位置，并能适应振动情况下工作，因而在汽车、机床及轻纺等装备中获得了广泛使用
	双万向联轴器		汽车驱动系统	

（续）

类型	简　图	应用实例	说　明
非圆齿轮机构	椭圆齿轮机构 偏心圆形齿轮及其共轭齿轮机构	自动机床转位机构	非圆齿轮机构是以非圆曲线为节圆作无滑动的纯滚动，其节点在中心连线上以一定规律变动，实现变角速度的非匀速转动。节圆一般为椭圆、卵形曲线、偏心圆及共轭曲线等 　　与连杆机构相比，非圆齿轮机构结构紧凑、简单，容易平衡，已广泛用于印刷机、剪切机、龙门刨床等作为急回传动装置或某些自动进给机构。在仪器仪表和计算机械的解算装置中，也得到广泛应用
螺旋机构		微调机构 螺旋式压榨机构	螺旋机构是利用螺旋副传递运动和动力的机构。螺旋机构可以将转动转换为直线移动，其结构简单、制造方便、运动准确，能获得很大的降速比和力的增益，工作平稳、无噪声，有自锁作用；但其效率较低，且实现往复运动需要有反向机构。螺旋机构在压力机、千斤顶、测微器、夹具等机械和装置中得到广泛应用

（续）

类型	简 图	应用实例	说 明
摩擦传动机构			摩擦传动机构由两相互压紧的圆柱（锥）形摩擦轮及压紧装置等组成，并依靠接触面间的摩擦力传递运动和动力。不仅能作平行轴传动、相交轴传动，还能将转动转变成直线移动和螺旋运动 其结构简单、制造容易、运转平稳、过载可以打滑、能无级变速；但运动中有滑动，传动效率低，结构尺寸较大，故只适用于传递动力较小的场合。通常用在压力机械、输送线、无级变速器等装置中
挠性传动机构	带传动机构		带传动机构主要由主动轮、从动轮和张紧在两带轮上的传动带及机架组成，通过带与带之间的摩擦进行传动 其结构简单，传动平稳，成本低廉，可缓冲、吸振，过载可以打滑；但传动比不准确，不适于高温及有腐蚀性介质的环境。在近代机械中应用广泛
	链传动机构		链传动机构由主、从动链轮和链条及机架组成，并依靠链轮轮齿与链节的啮合传递运动和动力 链传动机构兼有齿轮机构和带轮机构的一些特点，其制造与安装精度要求较低，承载能力较大，有一定的缓冲和减振性能，平均传动比较为准确，传动效率较高，能在恶劣环境下工作；但有瞬时传动比不恒定、工作时有噪声、容易跳齿等缺点。在机械中应用广泛

无级变速器

三、广义机构

随着科学技术的发展，工程中除了各类机械机构外，还利用液、气、电、磁、声、光、温度等的致动原理而发展了液压、气动、电磁、光电、微位移等各种机构。构件的形态从刚性发展到柔性，产生柔顺机构，这些极大地扩展了机构的内涵，统称为广义机构。由于利用了新的工作原理和构件形态变化，广义机构比传统机构能更简便精确地实现运动或动力转换，因而获得了日益广泛的应用。表1-7-6所列为各种广义机构的应用实例和特点。

表1-7-6　广义机构的应用实例及特点

类　型	应　用　实　例	特　点
液压机构	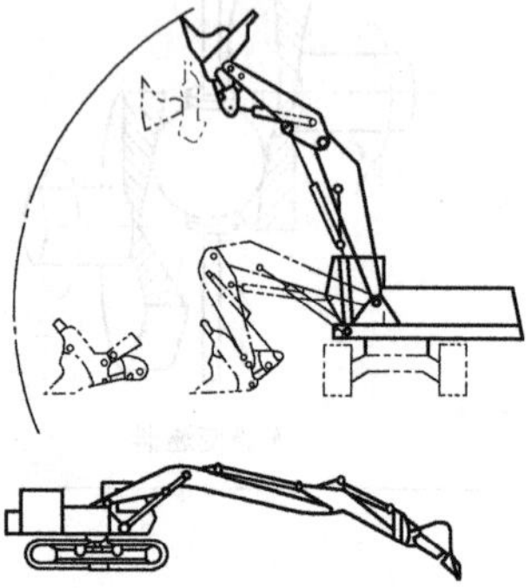 液压挖掘机 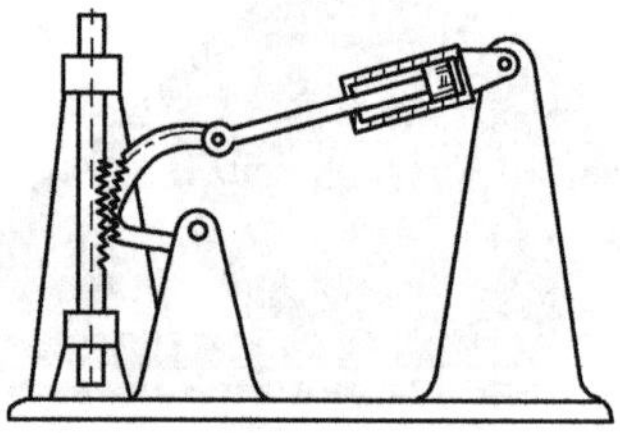 压紧机构	液压机构是液压系统中的执行构件和工作机构部分，利用液体压力使执行构件（液压缸或液压马达）的容积发生变化而传动 　液压机构体积小，输出功率大，工作平稳，冲击、振动和噪声较小，易于实现快速、频繁的起动、制动和转向；无级调速方便，调速范围大，便于自动化操纵；易于实现过载保护，工作寿命长。但液体对温度敏感，不宜于低温和高温环境使用 　液压机构可与电力、机械、气动等机构联合使用，应用广泛
气动机构	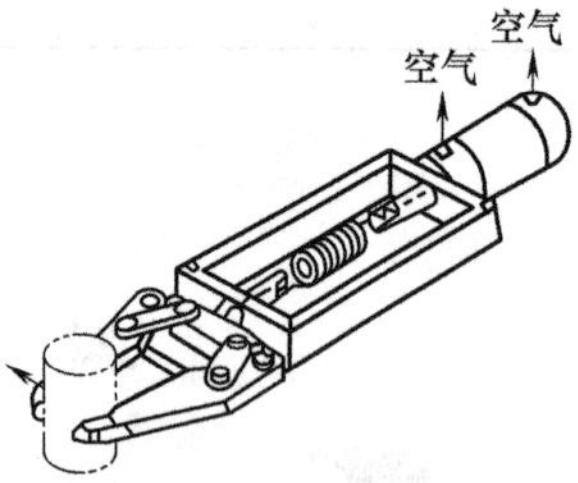 机械手抓取机构 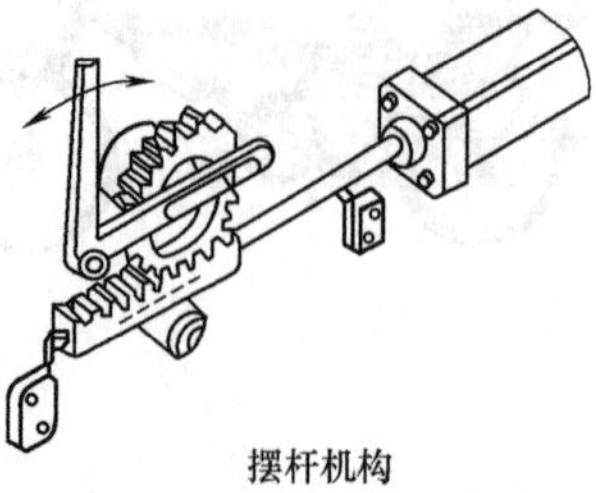 摆杆机构	气动机构是利用空气压缩机，通过空气的压力，经由机械能→空气压力能→机械能的转换而带动执行机构完成各种功能和动作 　气动机构以压缩空气为工作介质，清洁方便，适于远距离操纵，响应快，适于恶劣环境下工作，易于实现过载保护。但由于空气的可压缩性，工作速度稳定性稍差，且难以获得较大输出力，并有较大噪声 　气动机构已得到日益广泛的应用

（续）

类　型	应用实例	特　点
电磁传动机构	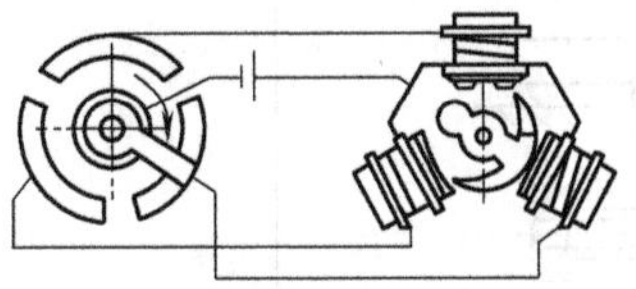 电磁回转机构 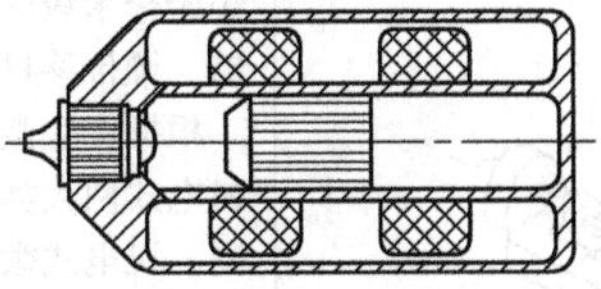 电锤机构	电磁传动机构是通过电与磁的相互作用来完成所需动作的机构，以电和磁来产生驱动力，可方便地控制和调节执行机构的动作 　　电磁传动机构可实现转动、移动、摆动、振动等动作，已广泛应用于继电器机构、传动机构、仪器仪表机构中
光电机构	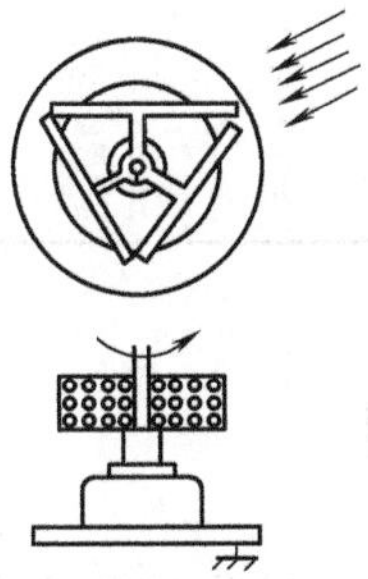 光电动机 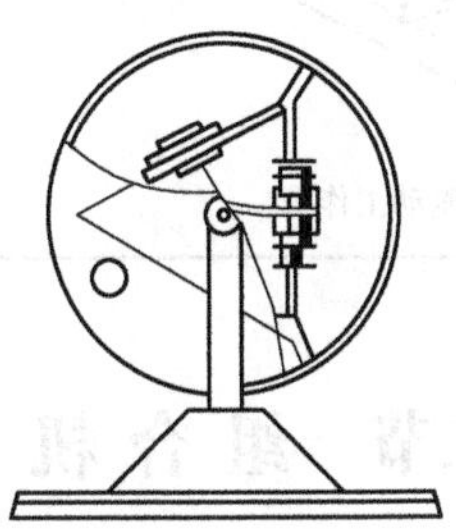 光化学回转活塞式行星电动机	光电机构是利用光电特性进行工作的机构，在自动控制领域应用极广。它通常是由各类光电传感器加上各种机械式或机电式机构而组成
柔顺机构	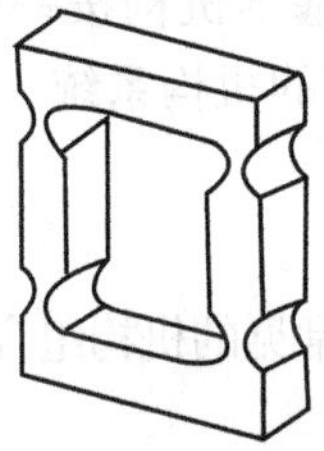 柔性四杆机构 　　微型发动机中传动机构	柔顺机构是利用柔性构件的变形进行运动和力传递的机构，可以不用或少用铰链运动副，减少构件数，简化制造、装配过程，提高机构的运动精度，易于实现精密和微小的运动，在航空航天、传感检测等方面有广泛的应用前景
微型机构	微型尺寸机构	 带叶轮的多晶硅蜗轮机 （叶轮直径125μm）	微型尺寸机构是以微米/纳米技术为核心技术，通过硅平面加工和体加工工艺、LIGA加工、超微细加工、微细电火花加工（EDM）、等离子束加工、电子束加工、快速原型制造（RPM）以及键合技术等微细加工技术而加工得到的尺寸微小的机构。微型机械的体积可以缩小到微米级甚至亚微米级，质量小至纳克，加工精度为微米级或纳米级 　　20世纪90年代以来，微型机构技术高速发展，多种微型机械装置相继涌现，并已在光信息处理、生物医学、机器人、汽车、航空航天、军事和日用消费电器等领域得到广泛应用

（续）

类　型		应 用 实 例	特　点
微型机构	微位移机构	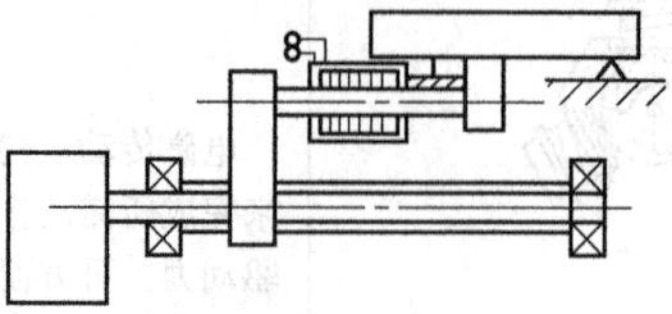 磁致伸缩微位移机构 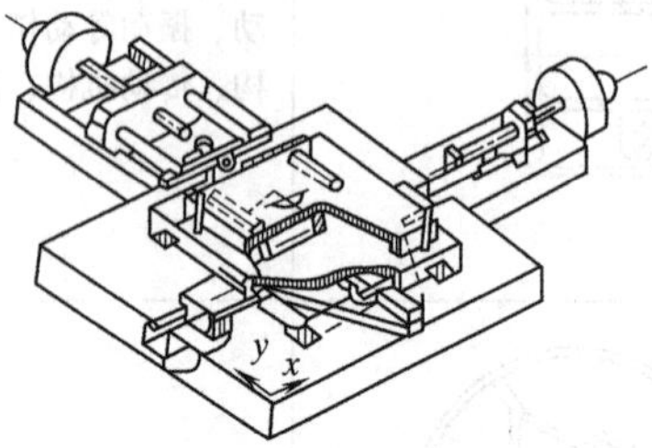 压电式三自由度微动工作台	微位移机构是指工作时机构产生的位移小于毫米级的机构，其核心部件是微位移器。微位移机构有极高的灵敏度和精度 　根据产生微位移的原理可分为机械式和机电式两大类。根据产生微位移的原理不同，机电式微位移机构又有电热式、电磁式和压电电致伸缩式等类型

第二节　组 合 机 构

　　随着科学技术的进步和工业生产的发展，对生产过程的机械化和自动化程度的要求越来越高，单一的基本机构（诸如简单的连杆机构、凸轮机构和齿轮机构等）越来越难以满足自动机、自动生产线的复杂多样的运动要求，这时可将多个基本机构按一定的方式组合起来，从而形成结构简单、性能优良、能满足预期复杂运动要求的机构系统。

一、机构的组合方式

　　在机构组合系统中，单个基本机构称为组合系统的子机构。常见的机构组合方式见表 1-7-7。

表 1-7-7　常见的机构组合方式

机构组合方式	组合实例	组合关系图	说　明
串联式	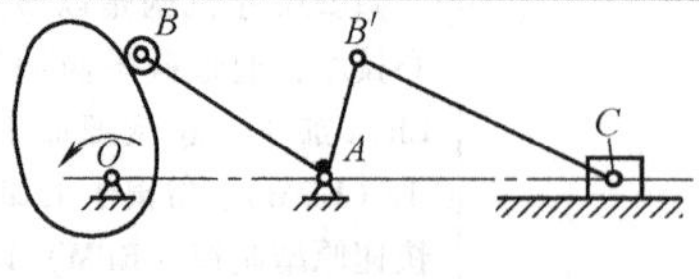 凸轮机构+曲柄滑块机构	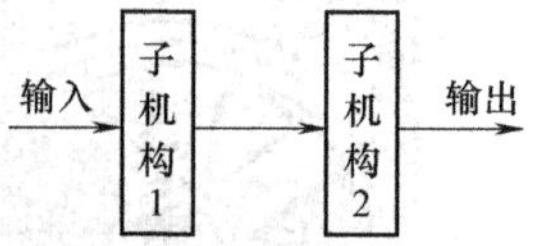	多个子机构串联组合，各子机构相对独立，通常前一机构的输出件即为后一机构的输入件
并联式	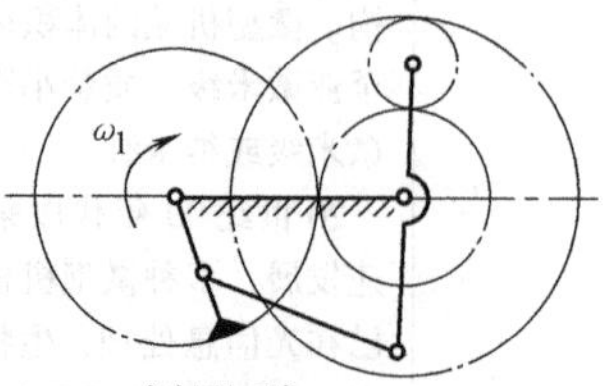 定轴轮系 曲柄摇杆机构 +差动轮系	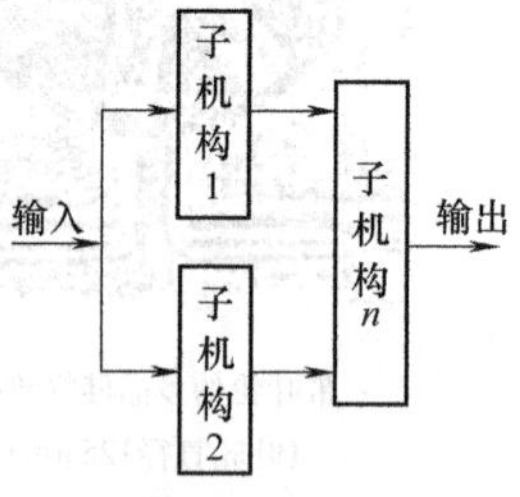	多个子机构共用相同输入件，其输出运动又同时传给一多自由度机构，合成为运动输出

（续）

机构组合方式	组合实例	组合关系图	说　明
复合式	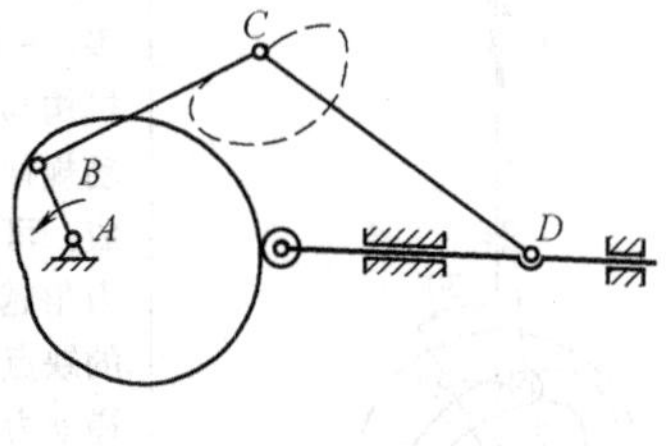 凸轮机构+五杆机构	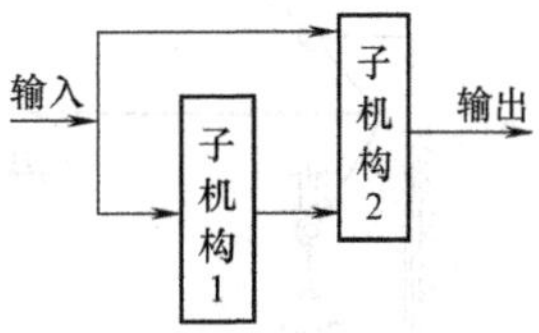	原动件的运动一方面经一单自由度机构转换后传给一个二自由度机构，同时原动件的运动又直接传递给该二自由度机构
反馈式	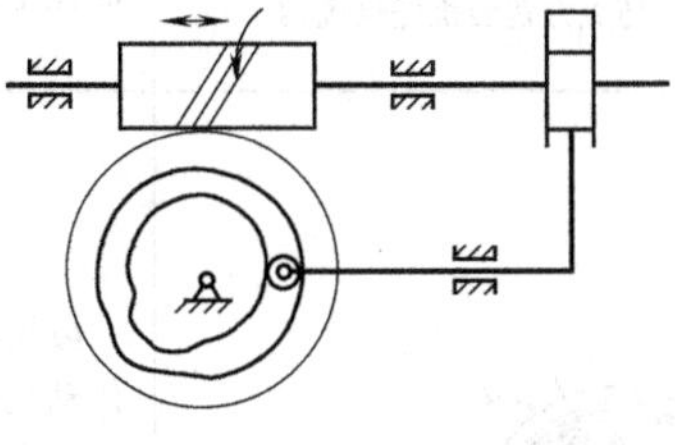 蜗轮蜗杆机构+凸轮机构	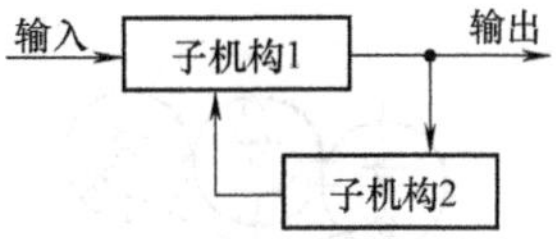	一多自由度子机构的运动输出又通过一单自由度子机构反馈给该多自由度子机构
叠联式	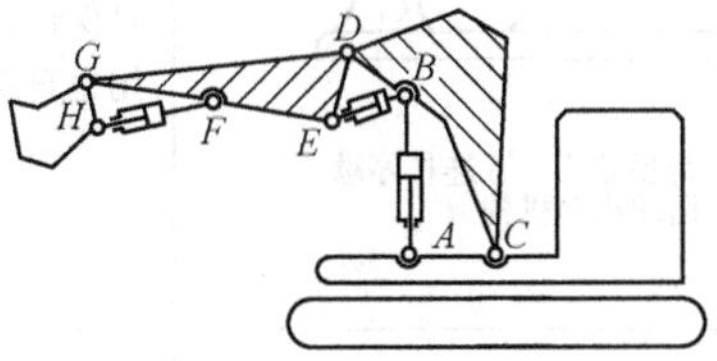 三液压缸机构叠联	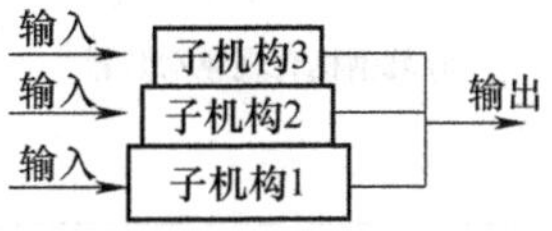	各子机构没有共同机架，每个子机构各有一个动力源，前一子机构的输出件作为后一子机构的相对机架

二、常见组合机构的类型

组合机构通常指用一种机构去约束和影响另一个多自由度机构所形成的封闭式机构系统，或是由几种基本机构有机联系、互相协调和配合所组成的机构系统。组合机构中自由度大于1的机构称为基础机构，而自由度为1的机构称为附加机构。组合机构可由若干同类基本机构组合而成，但更多是由不同类型的基本机构组合而成，这样可以充分发挥各类机构的优点，克服其局限，以实现更为复杂和精确的运动规律。组合机构的类型很多，常以组合机构中包含的子机构的种类来命名，如凸轮-连杆机构。常见组合机构类型见表1-7-8。

除此之外，在工程中还应用着其他各类组合机构形式，如连杆-螺旋组合机构，连杆-蜗杆组合机构，联动凸轮机构等。组合机构的设计是机构创新设计思维的重要体现，各种新的组合机构形式将会不断出现并应用于工程实际中。

表1-7-8　常见组合机构类型

类　型	应　用　实　例	说　明
凸轮-连杆机构	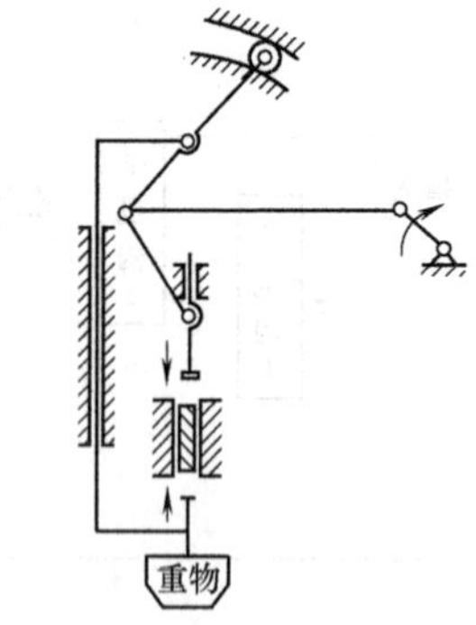 a) 压砖机成形机构 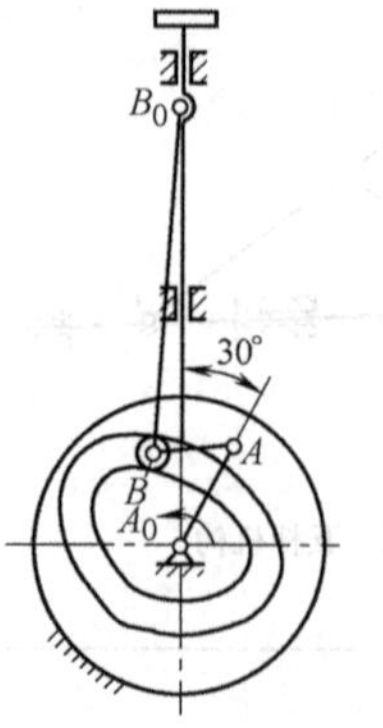　　b) 巧克力包装机托包机构	凸轮-连杆机构形式很多，一般是由简单的连杆机构与可实现任意给定运动规律的凸轮机构组合而成，可以克服凸轮机构压力角越小而机构尺寸越大的缺点，改善凸轮机构传递动力的性能，使机构结构紧凑。由于凸轮-连杆机构能较容易地精确实现复杂的运动规律和轨迹，因而在工程中得到广泛应用
齿轮-连杆机构	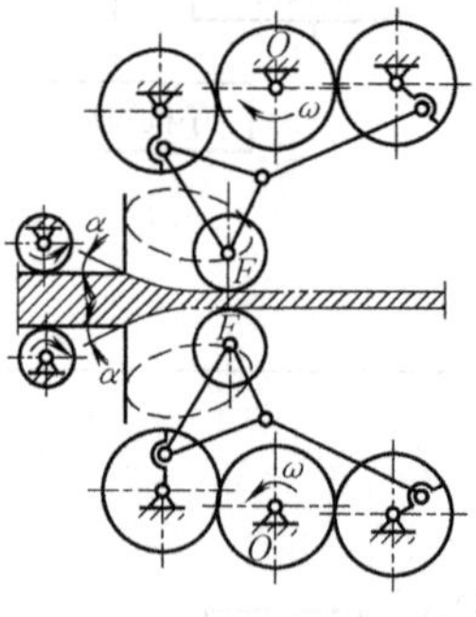 a) 轧钢机轧辊驱动装置 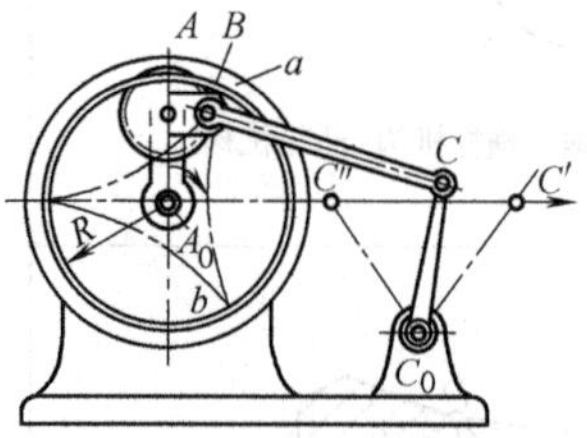　　b) 行星轮系-五连杆停歇运动组合机构	齿轮-连杆组合机构由定传动比的齿轮机构和变传动比的连杆机构组合而成。齿轮-连杆机构不但运动特性多种多样，而且齿轮和连杆便于加工，精度易保证，运转可靠，其应用也日益广泛
齿轮-凸轮机构	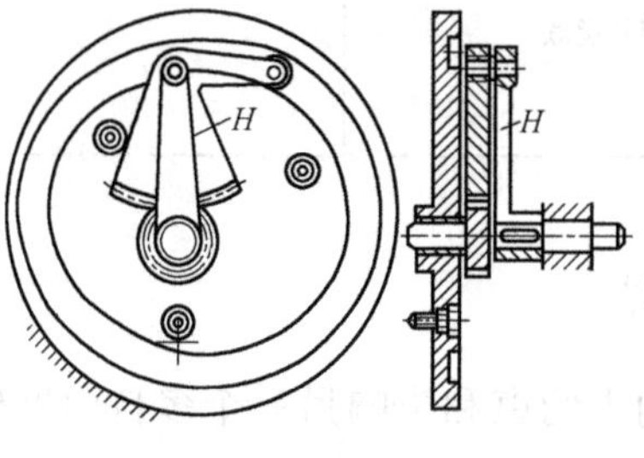 a) 差动轮系-摆动从动件凸轮机构的组合机构，可实现具有任意停歇时间的间歇运动 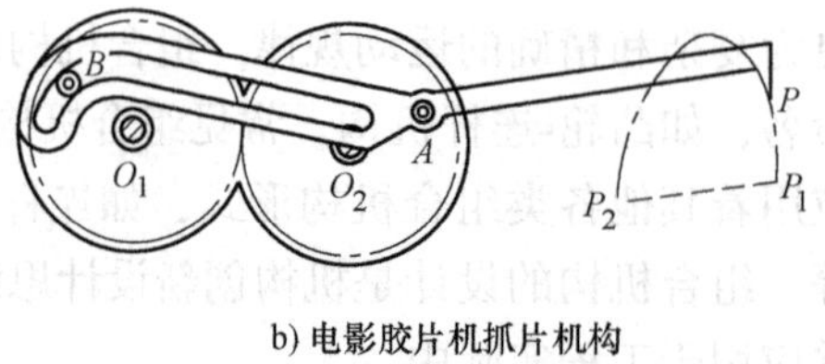 b) 电影胶片机抓片机构	齿轮-凸轮组合机构一般由二自由度的差动轮系和单自由度的凸轮机构组成。该组合机构多用来使从动件产生多种复杂运动规律的转动。例如，在输入轴等速转动的情况下，可使输出轴按一定的规律作周期性的增速、减速、反转和步进运动，也可使从动件实现具有任意停歇时间的间歇运动，还可以实现机械传动校正装置中所要求的补偿运动等

在人类社会和文明发展中，人们设计出新颖、合理、有用的机构。机构的创新是机械设计中永恒的主题。机构创新设计的方法很多，其中可以应用折纸艺术研究机构创新，将折痕视为铰链，连接纸板视为杆件，按照不同的规律折叠组合而形成不同的机构。下面看一个例子。人们平常购买面包、蛋糕时会使用到一种漂亮、实用、构造巧妙的"开心乐园"餐盒，如图1-7-18所示，图1-7-19所示为餐盒的平面展开示意图。通过"开心乐园"餐盒，将连接纸板视为杆件，折痕视为铰链来研究这类机构。这个餐盒的4个主要的面作为构件，4个平行折痕作为转动副，形成盒子的主体结构。这个主体结构上附加了一个由8个面板和12个折痕组成的运动平台，这8个面板和12个折痕又组成了5个额外的环。同时，构件5上附加了两个用来提取盒子的构件，与构件6上的一个构件相配合形成了一个具有锁紧装置的提手。这样，餐盒是由19个转动副及14个活动构件组成的一个空间机构。

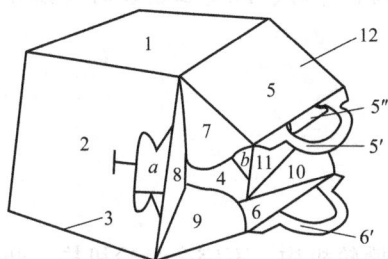

图1-7-18 "开心乐园"餐盒

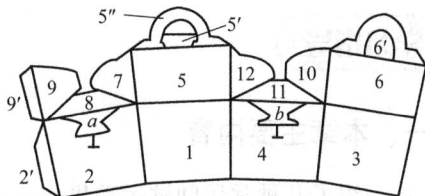

图1-7-19 餐盒的平面展开示意图

当构件5和构件6分别绕各自于主体结构间的转动副旋转，直至构件5和构件6运动到极限位置，双方互相接触，限制了构件5和构件6的转动，形成约束结构。此时构件7和构件9的一部分插入空心a处固定，形成一个锁紧装置。同理，构件10和构件12插入空心b处固定形成另外一个锁紧装置。对于提手部分，构件5″连接了构件5和构件6，同时限制了构件5相对构件6的远离运动，如图1-7-20所示。此时，机构变为主体是一个构件，提手部分为另外一个构件，两者之间通过一个转动副连接的结构。

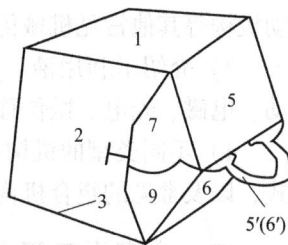

图1-7-20 封闭的餐盒

餐盒从敞开到封闭，整个机构的有效构件数和自由度均发生了变化，不同于基于固定数目的构件和固定的自由度的传统机构学理论。这种在运动过程中自由度和构件数目可改变的机构称为变胞机构。变胞机构的提出给传统的机构学带来了生机与活力，它改变了传统机构学概念和机构设计方法。变胞机构可变的特殊性能使其在航空航天、机器人和包装等领域具有重要的应用前景，如用变胞机构取代卫星太阳能帆板的伸展/折叠机构、应用球面变胞机构设计变结构腿轮式探测车的车身，使这种探测车能够更好地适应星球等复杂环境的探测。

文献阅读指南

1）随着科技的进步和工业生产的发展，出现了各种类型的机构。为开阔读者思路，本章介绍其他形式的机构。但限于篇幅，仅介绍这些机构的工作原理、类型和特点。关于这些机构的应用实例，可参阅孟宪源主编的《现代机构手册》（北京：机械工业出版社，1994）。

2）间歇运动机构广泛应用于自动化机械和自动生产线中。除本章介绍的常用间歇运动机构之外，还有其他间歇运动形式，如中途停歇、摆动停歇等。间歇运动形式不同，相应的机构类型也不同，其设计方法也不相同。关于间歇运动机构的设计理论和方法可参阅殷鸿梁、朱邦贤编著的《间歇运动机构设计》（上海：上海科学技术出版社，1996）。

3）随着信息技术和机电一体化技术的发展，产生现代机器和广义机构。广义机构使机械结构更为简单，使用更加方便。广义机构类型很多，关于这方面的内容，可参阅邹慧君、张青编著的《广义机构设计与应用创新》（北京：机械工业出版社，2009）。

4）机构组合是机构创新的重要方法之一。本章介绍了常见的机构组合方式和组合机构类型。除此之外，还有时序组合，带有气、液的组合机构等。关于这方面的内容，可参阅孟宪源主编的《现代机构手册》（北京：机械工业出版社，1994）。由于组合机构的各子机构运动相互关联，故组合机构的设计方法比较复杂，但相同组合方式形成的组合机构具有类似的分析设计方法。关于组合机构的分析与设计，可参阅吕庸厚、沈爱红编著的《组合机构设计与应用创新》（北京：机械工业出版社，2008）。

学习指导

一、本章主要内容

1）介绍了几种常用间歇运动机构——棘轮机构、槽轮机构、不完全齿轮机构、凸轮式间歇运动机构、星轮机构的组成、工作原理、主要类型及各自特点和应用。

2）介绍了万向联轴器、非圆齿轮机构、螺旋机构、摩擦传动机构、带传动机构、链传动机构等其他常见机械传动机构的主要特点和应用。

3）介绍了利用液、气、电、磁、声、光、温度等的致动原理而发展起来的液压、气动、电磁、光电、微位移等各类广义机构的工作原理、特点及应用。

4）不同类型的机构可以进行组合，以满足复杂多样的运动要求。介绍了机构的组合方式，以及常见的组合机构类型的特点与应用。

二、本章学习要求

1）了解棘轮机构、槽轮机构、不完全齿轮机构、凸轮式间歇运动机构、星轮机构的工作原理、特点和应用场合，具备根据工程实际选择合适间歇运动机构类型并结合手册进行运动设计的能力。

2）了解万向联轴器、非圆齿轮机构、螺旋机构、摩擦传动机构、带传动机构、链传动机构的工作原理、特点和应用场合。

3）了解液压、气动、电磁、光电、微位移等各类广义机构的工作原理、特点和应用场合。

4）了解机构组合的概念、目的及组合方式，了解常见组合机构的类型、特点和功能。

思 考 题

1.7.1 棘轮机构与槽轮机构均可实现从动轴的单向间歇转动，但在具体的使用选择上，有什么不同？

1.7.2 在槽轮机构和棘轮机构中，如何保证从动件在停歇时间里不动？

1.7.3 棘轮每次转过的角度可以通过哪几种方法来调节？

1.7.4 槽轮机构中，为避免刚性冲击，设计时应保证什么条件？

1.7.5 在间歇运动机构中，当需要从动件的行程可无级调节时，可采用哪些机构？

1.7.6 欲将一匀速旋转的运动转换成单向间歇的旋转运动，有哪些可采用的机构类型？其中哪类间歇回转角可调？

1.7.7 与棘轮机构、槽轮机构相比，凸轮式间歇运动机构的最大优点是什么？

1.7.8 不完全齿轮机构与普通齿轮机构的啮合过程有何异同？

1.7.9 在高速、高精度机械中，通常采用哪些机构来实现间歇运动？

1.7.10 螺旋机构的运动特点是什么？如何实现微动和快动？

1.7.11 万向联轴器在传动过程中有何特点？其传动比的变化范围与什么参数有关？万向联轴器一般用在什么场合？

1.7.12 双万向联轴器要满足什么条件才能保证传动比恒为1？

1.7.13 液压、气动机构各有哪些特点？试列举它们的应用实例。

1.7.14 试述机构组合的方式及组合机构的特点。

1.7.15 图1-7-21所示为包装机械的物料推选机构。为了提高劳动生产率，要求其推头 M 按图所示的轨迹行走，即推头 M 不按原路返回，以便下一个被送物料能提前送到被推处。试分析该机构的组合方式，并画出组合方式的框图。

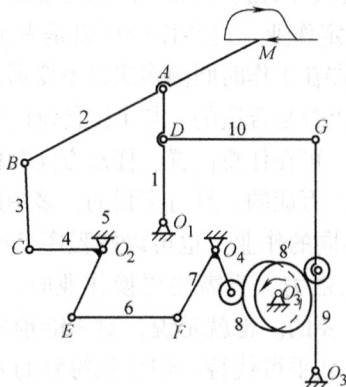

图1-7-21 思考题1.7.15图

第八章

机器人机构

第一节　机器人机构的特点

随着机械化、自动化、机电一体化技术的迅速发展，机器人正在工程实际中及日常生活中得到日益广泛的应用。机器人机构与传统的闭式运动链机构所组成的机械化和自动化系统存在着实质性区别。由前面所述的连杆、凸轮、齿轮等闭式运动链所组成的一般自动机，它们通常多用于多次完成相同的重复的固定作业。这些作业可以是多种多样的，可以是简单的、复杂的、断续的或连续的。当要求机器在工作时间内多次以不变形式重复相同作业时，采用这类自动机无论是在性能上还是在经济上都是合适的。与上述传统的自动机不同，由开式链机构及并联机构所组成的机器人和机械手，可在任意位置、任意方向和任意环境下独立地或协同地进行工作，组成一种柔性的、灵活的、万能的，具有多目的、多用途的自动化系统。

机器人可用于完成一系列不同的作业，也可以按程序迅速地调整它能实现的所有其他作业，还可以对环境具有自适应的能力，当需要更换作业时自行进行调整。这对于产品更新快、生产周期短的今天是十分重要的。也就是说，对不能预见作业进程，不能预见改换生产的产品都是十分必需的。机器人几乎可代替一切变化纷繁的人类劳动已为期不远。

机器人由于其灵活性和柔性，在柔性制造系统中起到了不可替代的作用。串联式机器人和并联式机器人与传统的开链机构和闭链机构有明显的区别，机器人表现了更大的柔性、灵活性和多用途。它的智能化功能表现在人们可以通过传感器及相应的控制软件进行调整，来适应各种变化或临时确定的一些作业。机器人的这一特性，被人们称为柔性自动化。把传统的由闭链连杆、齿轮、凸轮等机构组成的自动机称为固定自动化。

机器人在柔性制造系统中得到了广泛的应用。除此之外，机器人还在单机自动化、生产装配线、焊接、涂装、货物装卸、搬运、核工业、海底作业、深水资源开发、太空航行、卫星空间回收、外层空间活动、采矿、排险救灾、有害有毒场合代替人工操作。为避免人工介入造成污染的微电子工业、制药工业、食品工业等领域，都应用着各种机器人与机械手。机器人还将在医疗、康复、护理、公务、家务劳动等方面发挥重要作用。

随着机器人机构学的发展，工业机器人的种类越来越多，但从机器人机构学的角度范围来分，可分为串联式机器人、并联式机器人以及串联并联混合式的混联机器人三大类。

传统的工业机器人一般是由机座、腰部（或肩部）、大臂、小臂、腕部和手部以串联方式联接而成的开式链机器人机构，也称为串联式机器人。该类机器人的形式很多，大体上可分为直角坐标型、圆柱坐标型、球坐标型、全铰链的多关节型等。这类机器人各自的性能特点将在本书后续章节中提到。作为整体来考虑，它们均属于串联式机器人。相对于并联式机器人而言，串联机器人的性能特点是工作空间大、手腕关节灵活、各关节驱动解耦性好。例如，平面关节型机器人，其手臂只作平面运动，可适用于只做平面范围的工作。该机器人结构简单，刚度、精度好，控制容易，响应快，成本低，在电子行业中用来进行装配接插件的工作，且得到了迅速发展。具有冗余度的串联式机器人具有更大的灵活性，且有避障功能，减少了产生奇异位置的可能性。近年来，对机器人各杆件及运动副等零部件所作的特殊研究，进一步改进了机器人各关键部件的结构，对机器人的性能提高及推广应用具有十分重要的意义。

串联式机器人也有明显不足，如各关节为悬臂结构，刚度较低，在相同自重或体积下与并联式机器人相比，承载能力低，且由于末端杆误差是各个关节误差的积累和放大，其误差大、精度低。驱动电动机及传动系统大都放在运动的大小臂上，这样增加了系统惯性，使系统的动力性能下降。位置求解正解容易，反解难。因机器人在线实时计算主要是计算反解问题，而串联式机器人恰恰是反解较困难，这也给串联式机器人的推广应用提出了研究课题。

与串联式机器人不同，并联式机器人是由单开链或复合开式链用并联形式联接于动、静两个平台之间的并联机构所组成的。并联式机器人机构有其独特的优点：机构末端动平台作为输出构件由并联支路杆件支承，与串联式机器人悬臂结构相比，刚性好，结构稳定；承载能力大；误差小，精度高；电动机可置于固定平台，减少了运动构件质量及系统惯性，改善了系统动力性能；机构位置求解与串联式机器人机构相反，并联机构位置求解反解容易正解难，这给机器人在线实时计算，位置反解计算带来了方便。

并联式机器人机构的缺点是工作空间相对较小，其机构末端输出构件动平台的灵活性不如串联式机器人机构末端输出机器人手部灵活。

由以上分析可见：串联式机器人机构与并联式机器人机构各有优缺点，且为互补关系，应视具体情况，取长补短，选择最佳方案。

混联机器人机构是将上述两种机器人机构按一定方法组合在一起的一种机器人机构，它可充分发挥两者的优点，弥补各自的缺点。

第二节　串联式机器人

在运动链中有一类不含回路的运动链，如图 1-8-1a 所示，由构件和运动副串联组成的开式运动链，称为单开链。这类开式运动链机构，除应用于机器人、机械手外，还在其他领域如通用夹具、舰船雷达天线、导航陀螺仪等得到应用。图 1-8-1b 所示为树状开链。

由开式运动链所组成的机构称为开式链机构。通常，串联式机器人是由单个开式链所组成的。

单开链有平面单开链及空间单开链之分。若运动副全在同一平面内运动，为平面单开链；若运动副在不同平面内运动，则为空间单开链。由平面单开链组成的串联式机器人为平面串联式机

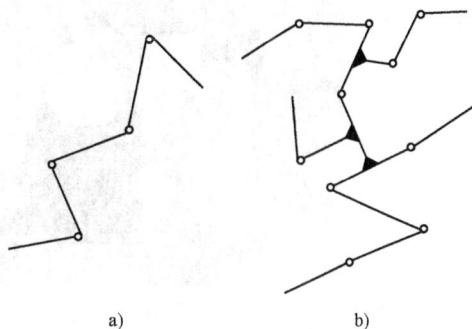

a)　　　　　　　b)

图 1-8-1　开式链

a）单开链　b）树状开链

器人；由空间单开链组成的串联式机器人为空间串联式机器人。

机器人是一门跨学科的综合性的科学技术，是机电一体化最典型的一门专业技术，包含了机械、电子、控制、传感器等各类学科。但在机器人研究中，最基本、也是最重要的问题之一是：机器人操作器的机构学问题，即需要确定机器人操作器中运动副的种类、数量，以及机器人能产生给定运动所需的各构件的几何尺寸，以保证最终能实现机器人所能产生的运动，并完成有用功。

由于串联式机器人的最基本机构为单开链，因此研究串联式机器人，必须先了解单开链机构及研究单开链机构的方法，以便为进一步深入研究机器人打下良好的基础。

一、单开链机器人机构的结构分析

下面以机器人操作器为例，介绍单个开式运动链机构的组成和结构。

（一）串联式机器人的组成

串联式工业机器人的最典型结构是将开式运动链装在固定的机架上。这类机器人称为关节型工业机器人。图1-8-2a所示为典型的6自由度关节型机器人，除手爪部由气动驱动外，其他各关节运动均由伺服电动机（或步进电动机）驱动。图1-8-2b所示为5自由度关节型机器人。该类机器人机构的组成元素主要是刚性连杆及运动副（关节），称为机械手或操作器。在开式链的末端，即自由端，固结着一个夹持式手爪，称为末端执行器。末端执行器也可为焊枪、油漆喷枪、钻头、自动螺母扳手、真空吸头、电磁吸头等，并可按工作需要随时更换。由此可知，串联式机器人是指机器人的执行系统。它包括末端执行器握持工具或工件的机械装置，各种为完成所需运动和操作任务的全部机械部分。如图1-8-3a所示，对于典型的关节型串联式机器人而言，它由机身、臂部、腕部、手部（末端执行器）等组成。这些部分的功能是模仿人的手臂来描述并定义的。其中机身相当于人的身躯，用来支撑手臂，并安装驱动装置等部件，相当于一个机架，有时把它与臂部合并考虑，不单独列出。臂部相当于人的大臂与小臂，是操作器的主要执行部件，用来支撑腕部和手部，并带动它们一起在空间运动，从而使手部按一

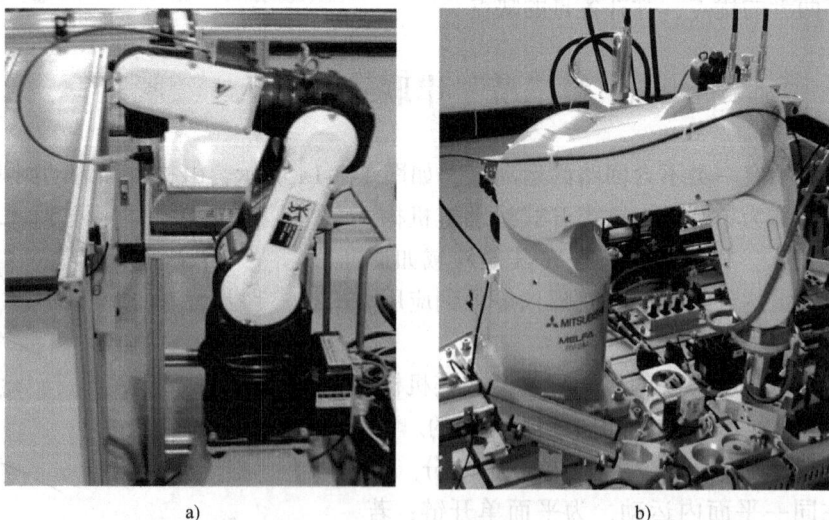

a)　　　　　　　　b)

图1-8-2　关节型机器人

a)　6自由度关节型机器人　b)　5自由度关节型机器人

定的运动轨迹从一个指定位置到达另一个指定位置。腕部相当于人们的手腕，是连接臂部和手部的部件，其作用是调整和改变手部在空间的方位，从而使手爪中所握的物件或对象取得指定的姿态。手部相当于人的手部，是操作器的末端执行部件，其作用是握住所需的物件或对象。由此可见，串联式机器人的工作是握住所需物件或对象后完成所需的运动。

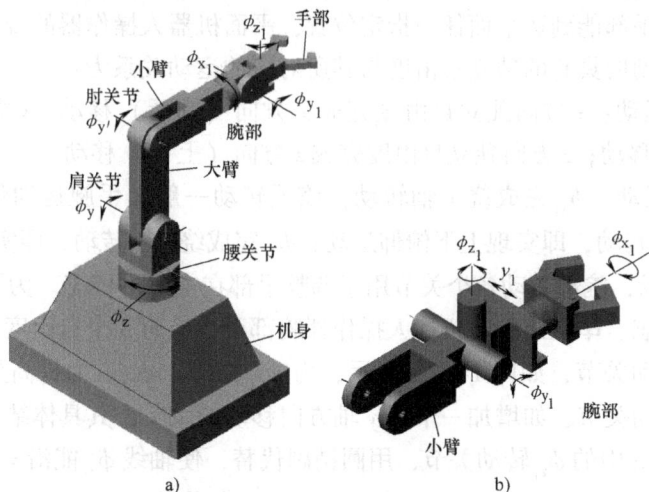

图 1-8-3　关节型串联式机器人

（二）串联式机器人操作器的自由度

串联式机器人操作器的自由度是指确定操作器所有构件的位置所需给定独立运动的数目，它与闭链机构自由度的定义相同。在典型的串联式机器人中，其操作器的主运动链是安装在固定机架上的一个开式运动链（单开链）。为驱动方便，每个转动关节（转动副）或移动关节（移动副）的位置都由单个变量来确定。每个转动关节及移动关节的自由度为1，故串联式机器人操作器的自由度数目等于操作器中各运动部件自由度的总和。

令 F 为操作器自由度数，f_i 为操作器中第 i 个运动部件的自由度，则有

$$F = \sum f_i \qquad (1\text{-}8\text{-}1)$$

图 1-8-3a 所示为关节型串联式机器人，其中臂部是由腰关节 ϕ_z、肩关节 ϕ_y 及肘关节 $\phi_{y'}$ 3 个关节，合计 3 个自由度所组成。腕部是由绕腕部自身轴旋转 ϕ_{x_1}、腕的上下摆动 ϕ_{y_1} 及腕的左右摆动 ϕ_{z_1} 3 个关节，合计也由 3 个自由度所组成。这样，整个操作器的总自由度为 6 个，再加上手部的开合运动，有时称它为半个自由度。腕部还可能有 1 个移动关节，如图 1-8-3b 所示为带 y_1 方向移动关节的腕部。

从广义来讲，操作器属于空间机构。因此，操作器的自由度计算也可用空间机构的自由度计算公式进行计算。

串联式机器人的主要运动是由臂与腕的运动来实现的。臂部运动用于完成主运动，腕部运动用于调整手部在空间的姿态。

通常，操作器手部在空间的位置和运动范围，主要取决于臂部的自由度及大臂小臂的臂长、转角范围。因此，臂部运动也称为操作器的主运动，臂部各关节称为操作器的基本关节。

根据臂部结构及关节运动形式，不同的关节自由度数以及臂部几种自由度的不同组合，可以得到不同的工作空间运动。

当臂部只有 1 个自由度时，其工作空间为一维线空间，即为直线或圆弧曲线。当臂部有 2 个自由度时，其工作空间为二维面空间，即为平面、圆柱面或球面。当臂部有 3 个自由度时，其工作空间为三维立体空间，即为长方体或回转球体。由此可得出结论：为使机器人操作器手部能到达空间任一指定位置，空间机器人操作器的臂部至少应有 3 个自由度。同理，为使机器人操作器手部能到达平面任一指定位置，平面机器人操作器的臂部至少应有 2 个自由度。臂部各运动副所具有的独立自由度与其所对应的运动关系为：

1) 独立移动运动：x 方向独立自由度完成 x 方向（前后）移动；y 方向独立自由度完成 y 方向（左右）移动；z 方向独立自由度完成 z 方向（上下）移动。

2) 独立回转运动：ϕ_{x_1} 完成绕 x 轴转动，该项转动一般由手腕运动代替，臂部通常不用；ϕ_{y_1} 完成绕 y 轴转动，即实现上下俯仰运动；ϕ_{z_1} 完成绕 z 轴转动，即实现左右摆动运动。

如图 1-8-3 所示，腕部运动各个关节用于调整手部在空间的姿态。为了使手爪在空间能取得任意指定的姿态，串联式空间机器人操作器腕部至少应有 3 个自由度。通常取 3 个轴线互相垂直的 3 个转动关节，如图 1-8-3a 所示，为 ϕ_{x_1}、ϕ_{y_1}、ϕ_{z_1}。为提高灵活性，也可在此基础上增加 1 个移动关节，如增加一个沿 y 轴方向移动的关节，其具体结构可视不同情况决定。如可将图 1-8-3a 中的 ϕ_{z_1} 转动关节，用圆销副代替，使轴线 ϕ_{z_1} 能沿 y_1 方向的槽内移动，同时又能绕轴线 ϕ_{x_1} 方向转动。如图 1-8-3b 所示，腕部能绕 ϕ_{x_1}、ϕ_{y_1}、ϕ_{z_1} 3 个独立方向转动，同时又能沿 y_1 方向移动。

同理，为使手爪在平面中能取得任意指定的姿态，平面串联式机器人操作器腕部至少应有 1 个转动关节。

腕部各运动副所具有的独立自由度与其所对应的运动关系为：沿 x_1、y_1、z_1 方向的移动通常不用或少用。沿 x_1、y_1、z_1 方向轴的自身转动如图 1-8-3a 所示：ϕ_{x_1} 为绕 x_1 轴自身转动；ϕ_{y_1} 为沿 y_1 轴上下摆动；ϕ_{z_1} 为绕 z_1 轴转动，即实现左右摆动。

手部运动的作用是夹持或握住所需搬运物件、工件或工具。由于其运动不会改变所握物体在空间的位置和姿态，故其运动自由度通常不算作机器人操作器的自由度。

为了使所设计的串联式机器人适用于各种应用场合，对于一般通用串联式空间机器人操作器至少应具有 6 个自由度。其中，3 个为臂部自由度，用来决定手部末端执行器在空间的位置；另 3 个为腕部自由度，用来确定手部末端执行器在空间的姿态。为了使末端执行器在三维空间中能取得任意指定的姿态，腕部的运动必须至少要有 3 个独立转动关节。对于通用的平面串联式机器人操作器，必须至少具有 3 个自由度。其中，臂部 2 个自由度决定末端执行器在平面中的位置；另 1 个腕部自由度决定末端执行器在平面中的姿态。为使末端执行器能在二维平面内取得任意指定的姿态，必须至少要有 1 个转动关节。

由以上分析可知，对于通用型串联式机器人操作器，无论是空间型或平面型，都必须有转动关节，仅仅只用移动关节是无法满足各种位置及姿态要求的。对于特殊的专用机器人，可要求空间操作器只具有 4 个或 5 个自由度。工程中常用的操作器，其自由度数约为 4~7 个。当空间操作器自由度数大于 6 时，这种操作器的自由度称为具有冗余自由度。这种具有冗余自由度的串联式机器人操作器具有机动性及灵活性，可适用于避障场合。当机器人工作区内存在着障碍时，具有冗余自由度的机器人能将手臂绕过障碍，进入通常机械臂难以到达的工作区域。图 1-8-4 所示的避障关节式机器人，其自由度数大于 6。当它碰到障碍时，可适当调整手臂的位置，使其绕过各种障碍，到达所需要的空间。

（三）串联式机器人操作器的结构分类

串联式机器人操作器的分类方法很多。例如，按原动件动力源不同可分为气动、液压、步进电动机、伺服电动机等。按操作器结构坐标系的特点来分，可分为以下几类。

（1）直角坐标型 直角坐标型机器人如图1-8-5所示，其基本关节（臂部关节）全部由移动副组成，故又称为直移型。臂部的独立运动为沿 x 方向伸缩，沿 z 方向升降和沿 y 方向平移。该机构的可能运动图形为直线、矩形或长方体。该机型的优点是结构简单，运动形式为三个平移，直观性强，便于实现高精度。该机型的缺点是机器人操作器所占据的空间大，相应地机器人工作空间范围小。

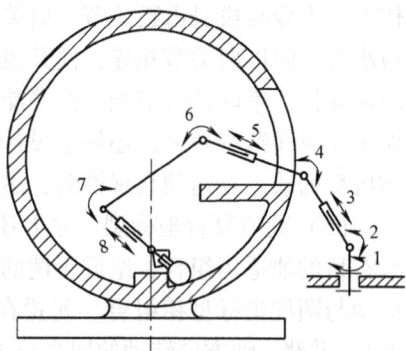

图 1-8-4 避障关节式机器人

（2）圆柱坐标型 圆柱坐标型机器人如图1-8-6所示，其基本关节有两个独立移动关节，即沿 x 方向伸缩及沿 z 方向升降。另外还有一个转动关节，即绕 z 轴的水平转动 ϕ_z。故该机型又称为回转型。该机构可能的运动图形为圆弧曲线、扇形平面、圆柱面或空心圆柱体。

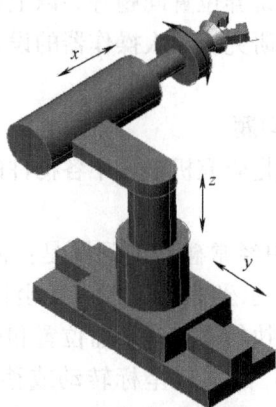

图 1-8-5 直角坐标型机器人

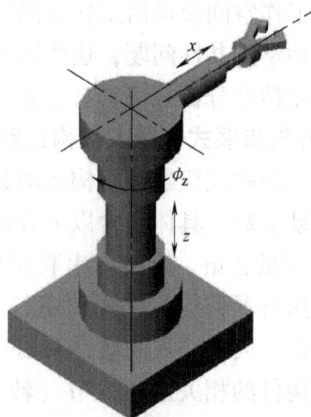

图 1-8-6 圆柱坐标型机器人

该机型的优点是有两个移动，直观性强，且占据空间较小，结构紧凑，工作范围大，缺点是其结构限制了升降范围，不能提升离地面较低位置的工件。

（3）球坐标型 球坐标型机器人如图 1-8-7 所示，其基本关节有两个独立转动关节，即绕 z 轴的水平转动 ϕ_z 和绕 y 轴的俯仰摆动 ϕ_y。另外还有一个移动关节，即沿 x 轴的伸缩运动。故该机型又称为俯仰型。该机构可能的运动图形为直线、圆弧、圆环面、球面或空心球体。该机型的优点是在占有相同空间的情况下比圆柱坐标型机器人操作器具有更大的工作空间。由于该操作器具有俯仰摆动自由度，因此能将臂摆向地面，拾取地面的工件。该机型的缺点是结构较复杂，

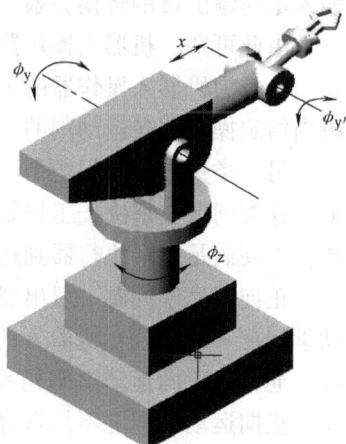

图 1-8-7 球坐标型机器人

运动直观性差，臂末端的位置误差将随臂的伸长而增大。

（4）关节型 关节型机器人如图1-8-3a所示，其基本关节臂全部由转动副组成。其臂部由大臂和小臂两部分组成。从形态上看，小臂相对于大臂作屈伸运动，故又称为屈伸型操作器。大臂与机身由腰关节及肩关节相连，使其具有水平旋转和俯仰摆动2个自由度。大臂与小臂之间以肘关节相连，使其也具有俯仰摆动自由度。该机构可能的运动图形为圆弧、球面或球体。串联式关节型操作器能模拟人手臂的动作。其优点是操作器本身所占空间最小，而工作空间范围较大，还便于设计成具有避障功能，可避开障碍物到达所需空间进行操作。该机型的缺点是运动直观性差，运动非线性耦合性强，因此其解耦性差，驱动控制复杂。

（5）其他复合坐标型 除上述四种基本坐标形式外，还可根据工作需要将上述各坐标型有目的地适当组合，组成所谓的复合坐标型，以满足特殊工作的需要。例如，可将直角坐标型与圆柱坐标型相组合。配置在两机床之间的机械手，有 x、y、z 方向移动（直角坐标型），并绕 z 轴方向转动的四个自由度，可用来完成夹持和运送工件的工作。

二、单开链串联式机器人机构运动学

单开链串联式机器人机构的运动学研究内容包括：机器人各杆件的位置、速度、加速度等运动参数的分析计算，运动学的正解问题，运动学的反解问题，串联式机器人操作器的工作空间、可达工作空间及灵活工作空间问题，操作器的奇异位置问题等。以上这些问题都是一般机器人运动学的共性问题，这些问题的研究对深入研究机器人操作器的设计、编程和动力学计算、误差精度分析等都具有重要意义。

（一）单开链串联式机器人机构运动学研究的主要问题

如上所述，串联式机器人机构运动分析的主要问题是研究机器人中各构件的位置、速度和加速度等运动参数。具体包含以下方面：

（1）运动学的正解、反解 串联式机器人在使用中经常碰到的问题是：需要输出的量是机器人末端执行器到达的位置和姿态，它们是用笛卡尔坐标系（即直角坐标系）来表达的，这是已知值。而要输入的量是驱动和测量控制末端执行器到达所需位置和姿态，它们是通过机器人各构件的相关运动关节（转动量或移动量）的关节坐标转动或移动来达到的。这就需要对整个机器人机构进行分析研究，建立起这些输入量与输出量之间的函数关系，即输入量与输出量的转换关系。

由此可知，机器人操作器的运动学研究包含两类问题：

一类为机器人操作器的正向运动学问题，又称为直接问题或运动学正解。这类问题要解决当给定操作器各运动副的一组关节参数，如何来求得末端执行器的位置和姿态。

另一类更重要的问题是，机器人操作器的反向运动学问题，又称为间接问题或运动学反解。这类问题要解决按工作要求给定了末端执行器的一个给定位置和姿态，求解一组关节参数，以便满足末端执行器到达这一给定的位置和姿态。

正向运动学问题一般出现在对机器人进行运动分析和检验运动效果的过程中。而反向运动学问题一般出现在机器人的设计及对机器人进行运动控制的过程中。对串联式机器人而言，通常是正向运动学问题容易求解，而反向运动学问题不易求解。并联式机器人正好相反，正向运动学问题不易求解，反向运动学问题容易求解。

（2）机器人的工作空间 机器人操作器运动分析的另一个研究的重要问题是确定机器

人的工作空间问题。

所谓工作空间，是指机器人在整个运动过程中其臂部末端（通常不含末端执行器或工具末端）所能到达的全部点所构成的空间。工作空间的形状和大小说明了该机器人的工作范围及所能到达的区域。工作空间又可分为可达工作空间及灵活工作空间。

可达工作空间是指机器人末端执行器至少可以在一个方位上能达到的空间范围。灵活工作空间是指机器人末端执行器能实现所有方位的能达到的空间范围。也就是说，在灵活工作空间的每一点，末端执行器都可以取得任意可能的姿态。因此，灵活工作空间一定是可达工作空间，而可达工作空间不一定是灵活工作空间，即灵活工作空间是可达工作空间的一个子集。

必须强调的是，机器人工作空间是指操作器的臂部末端所能达到的全部点的集合所构成的空间。臂部末端不是指末端执行器，即不包含腕部及手部。这样定义的目的是使描述的工作空间是机器人本身的特性，而不希望把腕部和手部的不确定因素考虑进去。因为末端执行器或工具等随机器人使用场合的改变而将随时进行调整，它们可以更换，且各自具有不同的形状和不同的尺寸，如考虑末端执行器的工作空间，这时将因末端执行器的改变而使机器人的实际工作空间的形状和尺寸都会发生改变，将不利于分析机器人本身的固有特性。

（3）机器人解的存在性　对于单开链所组成的串联式机器人操作器，当各关节坐标和其各阶导数已知时，通过正向运动学分析，可得到机器人操作器末端执行器的位置、速度及加速度的一组唯一确定解。

对于反向运动学情况就有所不同。由于反向运动学的运动方程通常是一组含有几个三角函数的非线性方程，所以对其运动方程的求解十分困难，有时还有解的存在性及多解等问题，甚至有的解还无法以封闭形式给出。

通过对解的存在性问题研究可以得出机器人操作器工作空间的大小，如果无解将得出此机器人操作器不能达到要求的位置和姿态。对于自由度少于6的机器人操作器，其工作空间必将减少，不可能在三维空间内到达全部的目标位置和姿态。

（4）机器人多重解　机器人多重解是串联式机器人在反向运动学问题求解时，对应于工作所要求的末端执行器的一个给定的位置和姿态，有可能存在多个解，即可能有多组关节参数与其对应，其中每一组关节参数都能满足末端执行器的给定位置和姿态。对于具有冗余自由度的机器人而言，这种多重解的情况就更多。在多重解问题出现时，通常的解决方法是求出所有可能的解，再根据具体情况，选择其中一个最合理的解作为最后所要求的解。

由上述分析可知：与单自由度闭式链机构不同，由单开链所组成的串联式机器人，其运动学研究所涉及的内容要广泛得多。下面以简单的关节型串联式机器人为例进行分析，以期对较复杂的串联式机器人的相关问题有进一步的了解。

（二）平面二构件关节型串联式机器人操作器

图 1-8-8 所示为平面二构件关节型串联式机器人操作器的机构运动简图。若在此机构基础上，再增加一个绕 y 轴的转动，即成为一般三维空间的关节型机器人。

（1）正向运动学　正向运动学是指已知构件长度 l_1、l_2，位置关节坐标转角 θ_1、θ_2 及其各阶导数，构件角速度 $\dot{\theta}_1$、$\dot{\theta}_2$ 和角加速度 $\ddot{\theta}_1$、$\ddot{\theta}_2$，求解机器人操作器臂的端点 B 的位置、速度、加速度及末端执行器的姿态角 φ。

1）正向运动学的位置问题。如图 1-8-8 所示，令矢量 S_1^*、S_2^* 分别表示各构件从运动副中心到相应构件末端的矢量，矢量 S_1、S_2 分别表示从固定坐标系原点 O 到构件 1、2 末端的位置矢量。由图可知，有

$$S_1 = S_1^* \tag{1-8-2}$$

$$S_2 = S_1^* + S_2^* \tag{1-8-3}$$

矢量 S_1^*、S_2^* 分别向 Oxy 坐标投影，分别得矢量的两个分量 $(S_1^*)_x$、$(S_1^*)_y$ 及 $(S_2^*)_x$、

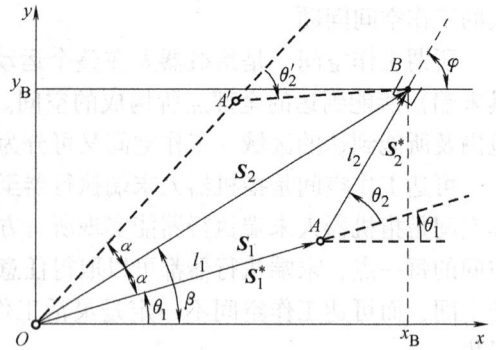

图 1-8-8　平面二构件关节型串联式机器人操作器

$(S_2^*)_y$，由此可将矢量写成矩阵形式，即

$$S_1^* = \begin{bmatrix} (S_1^*)_x \\ (S_1^*)_y \end{bmatrix} = l_1 \begin{bmatrix} \cos\theta_1 \\ \sin\theta_2 \end{bmatrix} \tag{1-8-4}$$

$$S_2^* = \begin{bmatrix} (S_2^*)_x \\ (S_2^*)_y \end{bmatrix} = l_2 \begin{bmatrix} \cos(\theta_1+\theta_2) \\ \sin(\theta_1+\theta_2) \end{bmatrix} \tag{1-8-5}$$

操作器臂末端目标点 B 点的位置可用矢量 S_2 的两个分量 x_B、y_B 以矩阵形式描述，即

$$S_2 = \begin{bmatrix} x_B \\ y_B \end{bmatrix} = \begin{bmatrix} l_1\cos\theta_1 + l_2\cos(\theta_1+\theta_2) \\ l_1\sin\theta_1 + l_2\sin(\theta_1+\theta_2) \end{bmatrix} \tag{1-8-6}$$

臂末端处 B 点固连的末端执行器姿态角 φ 由图可知有关系

$$\varphi = \theta_1 + \theta_2 \tag{1-8-7}$$

2）正向运动学的速度问题。将式（1-8-6）两边对时间求导，可得操作器臂末端 B 点的直角坐标速度的求解式

$$\dot{S}_2 = \begin{bmatrix} \dot{x}_B \\ \dot{y}_B \end{bmatrix} = \begin{bmatrix} -l_1\dot{\theta}_1\sin\theta_1 - l_2(\dot{\theta}_1+\dot{\theta}_2)\sin(\theta_1+\theta_2) \\ l_1\dot{\theta}_1\cos\theta_1 + l_2(\dot{\theta}_1+\dot{\theta}_2)\cos(\theta_1+\theta_2) \end{bmatrix} = \begin{bmatrix} \dfrac{\partial x}{\partial\theta_1} & \dfrac{\partial x}{\partial\theta_2} \\ \dfrac{\partial y}{\partial\theta_1} & \dfrac{\partial y}{\partial\theta_2} \end{bmatrix} \begin{bmatrix} \dot{\theta}_1 \\ \dot{\theta}_2 \end{bmatrix}$$

$$\tag{1-8-8}$$

$$= \begin{bmatrix} -l_1\sin\theta_1 - l_2\sin(\theta_1+\theta_2) & -l_2\sin(\theta_1+\theta_2) \\ l_1\cos\theta_1 + l_2\cos(\theta_1+\theta_2) & l_2\cos(\theta_1+\theta_2) \end{bmatrix} \begin{bmatrix} \dot{\theta}_1 \\ \dot{\theta}_2 \end{bmatrix} = J \begin{bmatrix} \dot{\theta}_1 \\ \dot{\theta}_2 \end{bmatrix}$$

上式

$$J = \begin{bmatrix} -l_1\sin\theta_1 - l_2\sin(\theta_1+\theta_2) & -l_2\sin(\theta_1+\theta_2) \\ l_1\cos\theta_1 + l_2\cos(\theta_1+\theta_2) & l_2\cos(\theta_1+\theta_2) \end{bmatrix} = \begin{bmatrix} \dfrac{\partial x}{\partial\theta_1} & \dfrac{\partial x}{\partial\theta_2} \\ \dfrac{\partial y}{\partial\theta_1} & \dfrac{\partial y}{\partial\theta_2} \end{bmatrix} \tag{1-8-9}$$

式中　　J——操作器的雅可比矩阵；

$(\dot{\theta}_1 \quad \dot{\theta}_2)^T$——操作器的角速度（关节速度）矩阵。

由式（1-8-8）可知

$$\dot{S}_2 = \begin{bmatrix} \dot{x}_B \\ \dot{y}_B \end{bmatrix} = J \begin{bmatrix} \dot{\theta}_1 \\ \dot{\theta}_2 \end{bmatrix} \tag{1-8-10}$$

式（1-8-10）表示了串联式机器人操作器正向运动学求解的一个重要关系式，即表示了操作器臂末端的直角坐标速度矩阵，可以由关节速度矩阵左乘雅可比矩阵求得。所以，在机器人领域中，雅可比矩阵可视为关节速度矩阵和操作器臂末端直角坐标速度矩阵之间的转换矩阵。由式（1-8-9）可知，该机构在任何特定时刻，当 θ_1、θ_2 具有某一确定值时，雅可比矩阵 J 就是一个线性变换矩阵，它为一确定的矩阵。在每一个新的时刻，θ_1、θ_2 已改变，这时线性变换矩阵 J 也随之改变。所以雅可比矩阵为一个随时间变化的时变线性变换矩阵。该矩阵将串联机器人的关节速度矩阵与臂末端直角坐标速度矩阵的关系联系在一起。

操作器臂末端 B 点的加速度，可将式（1-8-8）两边对时间再一次求导数求得。

（2）反向运动学　反向运动学是指已知工作所要求的串联式机器人操作器末端执行器的位置、速度及加速度，要求解操作器各运动副关节的运动参数。

1）反向运动学的位置问题。设已知工作要求臂的末端的位置坐标为 (x_B, y_B)，要求解各关节坐标转角参数 θ_1、θ_2。

由式（1-8-6）可知

$$x_B^2 + y_B^2 = [l_1\cos\theta_1 + l_2\cos(\theta_1+\theta_2)]^2 + [l_1\sin\theta_1 + l_2\sin(\theta_1+\theta_2)]^2$$
$$= l_1^2 + l_2^2 + 2l_1 l_2\cos\theta_2$$

可得

$$\cos\theta_2 = \frac{x_B^2 + y_B^2 - l_1^2 - l_2^2}{2l_1 l_2} \tag{1-8-11}$$

式（1-8-11）有解的条件为：$-1 \le \cos\theta_2 \le +1$，因此在求解 θ_2 值时，必须验算式（1-8-11）等式右边的值是否在 -1 与 $+1$ 值之间，即判断式（1-8-11）是否有解的条件，称为"约束条件"。若不满足该约束条件，表明所给的臂末端 (x_B, y_B) 的目标点位置已超出该机器人操作器的工作空间范围，或过远或过近。若所给的目标点在该操作器的工作空间范围之内，则必有解。式（1-8-11）的解法很多，为了保证求出所有的解，不丢根，同时又能保证所求得的解的角度在正确的象限之内，可采用求反正切函数的方法来求解。其求解步骤为：

① 按式（1-8-11）求出 $\cos\theta_2$ 值。

② 计算 $\sin\theta_2$ 值

$$\sin\theta_2 = \pm\sqrt{1 - \cos^2\theta_2} \tag{1-8-12}$$

③ 由 $\sin\theta_2$ 及 $\cos\theta_2$ 值，可求得 θ_2 值

$$\theta_2 = \arctan\frac{\sin\theta_2}{\cos\theta_2} \tag{1-8-13}$$

式（1-8-13）有两个解，其值大小相等，符号相反。表明能满足所给定的目标点 (x_B, y_B) 的机构可能构形有两个位置。如图 1-8-8 所示，其中实现位置 OAB，θ_2 为正，另一个构形如图中虚线所示位置 $OA'B$，θ_2' 为负。可见，两个自由度平面关节型串联式机器人操作器，两组解所对应的末端执行器的姿态是不同的。

④ 求 θ_1 值。由图 1-8-8 可知

$$\theta_1 = \beta \pm \alpha \qquad (1\text{-}8\text{-}14)$$

上式正、负号选取原则为：当 $\theta_2 < 0$ 时，取正号；当 $\theta_2 > 0$ 时，取负号。可见为求 θ_1，须先求 β 及 α。

由图 1-8-8 可知

$$\beta = \arctan \frac{y_B}{x_B} \qquad (1\text{-}8\text{-}15)$$

β 的象限由给定目标点 B 点坐标 (x_B, y_B) 的正负号决定，可以在任一象限内，由 $\triangle AOB$ 可知 α 有关系

$$l_2^2 = l_{OB}^2 + l_1^2 - 2l_1 l_{OB}\cos\alpha = x_B^2 + y_B^2 + l_1^2 - 2l_1\sqrt{x_B^2 + y_B^2}\cos\alpha$$

$$\alpha = \arccos \frac{x_B^2 + y_B^2 + l_1^2 - l_2^2}{2l_1\sqrt{x_B^2 + y_B^2}} \qquad (1\text{-}8\text{-}16)$$

α 的取值范围为 $0° \leqslant \alpha \leqslant 180°$。

求得 α、β 值后代入式（1-8-14）即可求得 θ_1 值。

2）反向运动学的速度问题。反向运动学的速度问题求解，可直接由式（1-8-8）或式（1-8-10）等式两边同乘雅可比矩阵的逆矩阵 $\boldsymbol{J}^{-1}$ 求得

$$\begin{bmatrix} \dot{\theta}_1 \\ \dot{\theta}_2 \end{bmatrix} = \boldsymbol{J}^{-1} \begin{bmatrix} \dot{x}_B \\ \dot{y}_B \end{bmatrix} \qquad (1\text{-}8\text{-}17)$$

式（1-8-17）表明，串联式机器人操作器的关节速度 $\dot{\theta}_1$、$\dot{\theta}_2$ 可通过求解雅可比矩阵的逆矩阵 $\boldsymbol{J}^{-1}$，然后与操作器臂末端在直角坐标系中的速度矩阵左乘求得。式（1-8-17）是否有解的关键是判断雅可比矩阵的逆阵是否存在。若存在，说明该位置能够按给定的臂的末端速度要求以正常的机器人关节速度到达该目标点。若雅可比矩阵的逆阵不存在，则表明在该位置机器人无法以某一关节速度达到给定的臂的末端速度要求，即属于机器人的奇异位置。这方面的内容将在后续奇异位置一节中详细讨论。

反向运动学的加速度问题可通过对式（1-8-17）两边对时间再一次求导而得。

（三）平面三构件关节型串联式机器人

平面三构件关节型串联式机器人操作器的简图如图 1-8-9 所示。与图 1-8-8 平面二构件关节型机器人操作器相比，这里增加了一个构件 l_3，构成了常用的通用平面关节型串联式机器人。

（1）运动学正解 已知构件长度 l_1、l_2、l_3，它们的位置关节坐标转角 θ_1、θ_2、θ_3 及其各阶导数（构件角速度 $\dot{\theta}_1$、$\dot{\theta}_2$、$\dot{\theta}_3$；构件角加速度 $\ddot{\theta}_1$、$\ddot{\theta}_2$、$\ddot{\theta}_3$），求解机器人操作器臂的端点 C 点的位置坐标 x_C、y_C，速度 $\dot{x}_C$、$\dot{y}_C$，加速度 $\ddot{x}_C$、$\ddot{y}_C$ 和末端执行器的姿态角 φ。

由与平面二构件关节型串联式机器人操作器正向运动学类似的方法可得 C 点的位置和姿态为

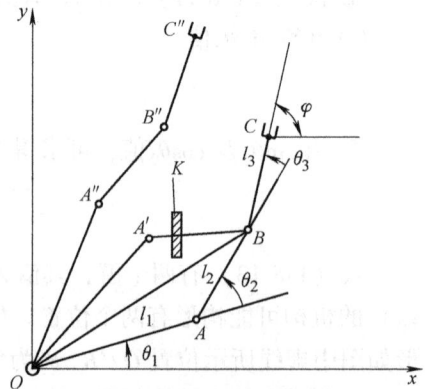

图 1-8-9　平面三构件关节型串联式机器人操作器简图

$$\begin{bmatrix} x_C \\ y_C \\ \varphi \end{bmatrix} = \begin{bmatrix} l_1\cos\theta_1 + l_2\cos(\theta_1+\theta_2) + l_3\cos(\theta_1+\theta_2+\theta_3) \\ l_1\sin\theta_1 + l_2\sin(\theta_1+\theta_2) + l_3\sin(\theta_1+\theta_2+\theta_3) \\ \theta_1 + \theta_2 + \theta_3 \end{bmatrix} \qquad (1\text{-}8\text{-}18)$$

臂末端 C 点速度及 $\dot{\varphi}$

$$\begin{bmatrix} \dot{x}_C \\ \dot{y}_C \\ \dot{\varphi} \end{bmatrix} = \boldsymbol{J} \begin{bmatrix} \dot{\theta}_1 \\ \dot{\theta}_2 \\ \dot{\theta}_3 \end{bmatrix} \qquad (1\text{-}8\text{-}19)$$

上式 $\boldsymbol{J}$ 为该操作器的雅可比矩阵

$$\boldsymbol{J} = \begin{bmatrix} \dfrac{\partial x}{\partial \theta_1} & \dfrac{\partial x}{\partial \theta_2} & \dfrac{\partial x}{\partial \theta_3} \\ \dfrac{\partial y}{\partial \theta_1} & \dfrac{\partial y}{\partial \theta_2} & \dfrac{\partial y}{\partial \theta_3} \\ \dfrac{\partial \varphi}{\partial \theta_1} & \dfrac{\partial \varphi}{\partial \theta_2} & \dfrac{\partial \varphi}{\partial \theta_3} \end{bmatrix}$$

$$\boldsymbol{J} = \begin{bmatrix} -l_1\sin\theta_1 - l_2\sin(\theta_1+\theta_2) - l_3\sin(\theta_1+\theta_2+\theta_3) & -l_2\sin(\theta_1+\theta_2) - l_3\sin(\theta_1+\theta_2+\theta_3) & -l_3\sin(\theta_1+\theta_2+\theta_3) \\ l_1\cos\theta_1 + l_2\cos(\theta_1+\theta_2) + l_3\cos(\theta_1+\theta_2+\theta_3) & l_2\cos(\theta_1+\theta_2) + l_3\cos(\theta_1+\theta_2+\theta_3) & l_3\cos(\theta_1+\theta_2+\theta_3) \\ 1 & 1 & 1 \end{bmatrix}$$

$$(1\text{-}8\text{-}20)$$

臂末端 C 点加速度可由式（1-8-19）两边对时间求导求得。

（2）运动学反解 已知工作要求臂末端 C 点的位置坐标（x_C，y_C）和末端执行器的姿态角 φ，及 C 点的速度、加速度，求解操作器各关节坐标转角参数 θ_1、θ_2、θ_3，$\dot{\theta}_1$、$\dot{\theta}_2$、$\dot{\theta}_3$ 及 $\ddot{\theta}_1$、$\ddot{\theta}_2$、$\ddot{\theta}_3$。

反向运动学求解方法可通过式（1-8-18）联立求解得出，但此法较为复杂。较简单的方法是利用平面二构件串联式机器人操作器的求解结果，在此基础上再来求解，这种方法更加简单、方便。求解步骤为：

1）求出 B 点的位置坐标（x_B，y_B）

$$x_B = x_C - l_3\cos\varphi$$
$$y_B = y_C - l_3\sin\varphi$$

2）这时相当于又回到前面已讨论过的平面二构件关节型串联式机器人操作器的这种情况，故可按前述的式（1-8-11）~式（1-8-16）求得 θ_2 角和 θ_1 角。

3）求关节角 θ_3

$$\theta_3 = \varphi - \theta_1 - \theta_2 \qquad (1\text{-}8\text{-}21)$$

与平面二构件关节型串联式机器人操作器相同，在反向运动学求解时，对应于臂末端同一个目标点可解得两组关节角。与二构件操作器不同，这里的两组关节角所对应的末端执行器的姿态相同，而二构件操作器两组关节角所对应的末端执行器的姿态是不同的。如图1-8-9所示，为了使机械手的手部能达到所要求的位置和姿态，有两组关节角 $OABC$ 及 $OA'BC$ 同时都能满足要求，且其手部姿态角均为 φ。这就是多重解。在设计及控制时应合理选择其中的一个解作为实际使用的解。选取的原则应按实际情况确定。通常有下述两种情况：当没有障碍物及其他特殊要求时，一般选择每个关节运动量变化比较小的一组解，作为实际所取解。图 1-8-9 中设由手部初始位置 $B''C''$（$OA''B''C''$）运动到手部 BC 位置。若无障碍物 K 时，应选 $OA'BC$ 这组关节角解；若有障碍物 K 时，为避免碰撞，应选取 $OABC$ 这组关节角解。综上所述，当机器人操作器出现多重解时，首先必须求出所有的可能解，再根据具体情况、具体约束条件，进行优化选择，找出最合适的一个解作为实际使用解。反向运动学的速度求解，可由式（1-8-19）两边同时左乘雅可比矩阵的逆矩阵 $\boldsymbol{J}^{-1}$ 求得，即

$$\begin{bmatrix} \dot{\theta}_1 \\ \dot{\theta}_2 \\ \dot{\theta}_3 \end{bmatrix} = \boldsymbol{J}^{-1} \begin{bmatrix} \dot{x}_C \\ \dot{y}_C \\ \dot{\varphi} \end{bmatrix} \tag{1-8-22}$$

将上式再对时间求导一次即可求得反向运动学的加速度。

三、单开链串联式机器人机构的工作空间及奇异位置分析

（一）工作空间分析

（1）平面二构件关节型串联式机器人操作器的工作空间分析 该类机器人操作器由两个构件 l_1、l_2 所组成。由图 1-8-8 可知，臂末端轨迹为以 O 为圆心、OB 为半径的圆。当 θ_2 角一定时，OB 半径即确定，这时圆轨迹就一定。随着 θ_2 角改变，OB 半径也随之改变。OB 半径的变化范围：最长为 $|l_1 + l_2|$，最短为 $|l_1 - l_2|$。

由以上分析可知，该机器人操作器的工作空间可用下式来描述

$$|l_1 - l_2| \leqslant \sqrt{x_B^2 + y_B^2} \leqslant |l_1 + l_2| \tag{1-8-23}$$

用图形来描述，该工作空间为一圆环面积，其圆心在 O 点，内半径为 $|l_1 - l_2|$，外半径为 $|l_1 + l_2|$，如图 1-8-10a 所示。由图 1-8-8 可知，在该工作区间内每一点，其末端执行器只能取得两个可能的姿态，而在工作空间边界上的每一点，末端执行器只能取得一个姿态，都不能取平面中任意姿态。因此，该工作空间为该操作器的可达工作空间。

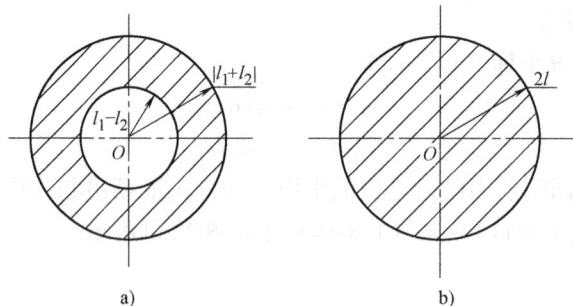

图 1-8-10　平面二构件关节型串联式机器人操作器工作空间

若当设计时取二构件 l_1 与 l_2 等长，即取 $l_1 = l_2 = l$，代入式（1-8-23），则这时工作空间为

$$0 \leqslant \sqrt{x_B^2 + y_B^2} \leqslant 2l \tag{1-8-24}$$

用图形来描述，如图 1-8-10b 所示，该工作空间为一圆面积，这时在圆心点 O 处末端执行器可取任意姿态。可见，这时该机器人操作器的圆面积上除圆心点外的工作空间为可达工作空间，其灵活工作空间为一圆心点。

（2）平面三构件关节型串联式机器人操作器的工作空间分析　如图 1-8-9 所示，三构件机器人操作器比二构件机器人操作器在工作空间的性能方面有很大提高。由于三构件比二构件多了一个腕部构件 l_3，使原来二构件时平面的有限两个姿态，变得可以为平面中任意的姿态，即变为灵活工作空间。下面分三种情况讨论：

1）若 $l_3 \leqslant |l_1 - l_2|$，则其灵活工作空间为一圆环，该圆环的外半径为 $|l_1 + l_2 - l_3|$，内半径为 $|l_1 - l_2| + l_3$，如图 1-8-11a 所示。

2）若 $l_3 > |l_1 - l_2|$，则其灵活工作空间除了上述圆环外，还包含一个半径为 $l_3 - |l_1 - l_2|$ 的圆面积，如图 1-8-11b 所示。

3）若 $l_1 = l_2$，大臂与小臂杆长相等，相当于上述工作空间圆环面积和圆面积合成一体，如图 1-8-11c 所示。

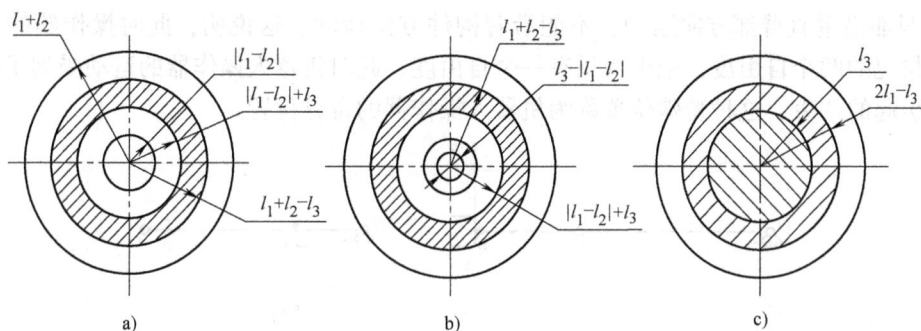

图 1-8-11　平面三构件关节型串联式机器人操作器的工作空间

由上述讨论得出的结论：

对于关节型机器人操作器，如果构件 1、2 长度相等（$l_1 = l_2$），则腕部 l_3 的构件长度应尽量设计得短些，这样机器人的工作空间的尺寸和形状可大为改善。

（二）奇异位置分析

由式（1-8-17）可知，操作器关节速度的求解可通过雅可比矩阵的逆矩阵左乘操作器臂末端在直角坐标系中的速度求解，即

$$\begin{bmatrix} \dot{\theta}_1 \\ \dot{\theta}_2 \end{bmatrix} = J^{-1} \begin{bmatrix} \dot{x}_B \\ \dot{y}_B \end{bmatrix}$$

因此，上式有解的关键问题是要看 J^{-1} 是否存在，即机构是否有奇异位置存在。这些可通过对雅可比矩阵是否可求逆来加以判断。

由式（1-8-9）知

$$J = \begin{bmatrix} \partial x/\partial\theta_1 & \partial x/\partial\theta_2 \\ \partial y/\partial\theta_1 & \partial y/\partial\theta_2 \end{bmatrix} = \begin{bmatrix} -l_1\sin\theta_1 - l_2\sin(\theta_1 + \theta_2) & -l_2\sin(\theta_1 + \theta_2) \\ l_1\cos\theta_1 + l_2\cos(\theta_1 + \theta_2) & l_2\cos(\theta_1 + \theta_2) \end{bmatrix}$$

由线性代数可知，上式矩阵有逆的充要条件，是其行列式的值不为零。

上式雅可比矩阵的行列式值为

$$|\boldsymbol{J}| = \begin{vmatrix} -l_1\sin\theta_1 - l_2\sin(\theta_1+\theta_2) & -l_2\sin(\theta_1+\theta_2) \\ l_1\cos\theta_1 + l_2\cos(\theta_1+\theta_2) & l_2\cos(\theta_1+\theta_2) \end{vmatrix}$$

$$= -l_1 l_2\sin\theta_1\cos(\theta_1+\theta_2) - l_2^2\sin(\theta_1+\theta_2)\cos(\theta_1+\theta_2) + l_1 l_2\cos\theta_1\sin(\theta_1+\theta_2)$$

$$+ l_2^2\sin(\theta_1+\theta_2)\cos(\theta_1+\theta_2)$$

将上式化简可得

$$|\boldsymbol{J}| = l_1 l_2\sin\theta_2 \tag{1-8-25}$$

当 $\theta_2 = 0°$ 或 $\theta_2 = 180°$ 时

$$|\boldsymbol{J}| = 0 \tag{1-8-26}$$

此时 $\boldsymbol{J}$ 的逆矩阵 $\boldsymbol{J}^{-1}$ 不存在。分析此时机器人操作处所处的位置，正好落在该机器人操作器工作空间的边界处。

当 $\theta_2 = 0°$ 时，l_1、l_2 两构件处于伸直共线（图 1-8-12a）。而当 $\theta_2 = 180°$ 时，l_1、l_2 两构件处于重叠共线（图 1-8-12b）。这两种情况下，考察臂末端执行器的运动，如图 1-8-12 所示，v_B 只能沿垂直臂部方向运动，不能沿着构件方向运动。这说明，此时操作器的自由度由一般情况的两个自由度，减少为只有一个自由度。此时机器人操作器的运动受到了因特殊位置而引起的约束，这种特殊位置称为机器人操作器的奇异位置。

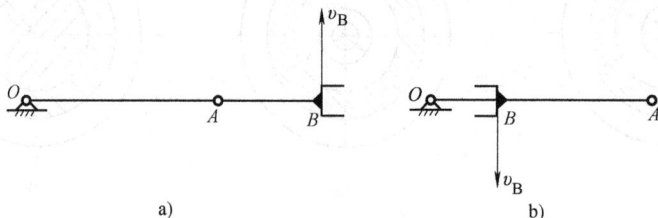

图 1-8-12　奇异位置分析

进一步分析雅可比矩阵的逆矩阵在奇异位置处关节速度与臂末端直角坐标速度之间的关系，还可发现在奇异位置时（$\theta_2 = 0°$ 或 $\theta_2 = 180°$），为使臂末端达到规定的速度，必须要求关节速度达到无穷大，这是根本不可能实现的情况。这可从分析下式得出上述结论。

$$\begin{bmatrix} \dot{\theta}_1 \\ \dot{\theta}_2 \end{bmatrix} = \boldsymbol{J}^{-1}\begin{bmatrix} \dot{x}_B \\ \dot{y}_B \end{bmatrix} = \frac{1}{l_1 l_2\sin\theta_2}\begin{bmatrix} l_2\cos(\theta_1+\theta_2) & l_2\sin(\theta_1+\theta_2) \\ -l_1\cos\theta_1 - l_2\cos(\theta_1+\theta_2) & -l_1\sin\theta_1 - l_2\sin(\theta_1+\theta_2) \end{bmatrix}\begin{bmatrix} \dot{x}_B \\ \dot{y}_B \end{bmatrix}$$

$$\tag{1-8-27}$$

上式表明，当 $\theta_2 = 0°$ 或 $\theta_2 = 180°$ 时，$\dot{\theta}_1$、$\dot{\theta}_2$ 趋于无穷大。即使在接近奇异位置附近，即 θ_2 接近 $0°$ 或 $180°$ 时，为使臂末端达到所要求的速度，这时关节速度也需要相当高的关节角速度 $\dot{\theta}_1$、$\dot{\theta}_2$，其值与 $1/\sin\theta_2$ 成正比，此时将使机器人的控制难以实现。

因此，机器人的工作区域应尽量避开奇异位置及其附近位置。

四、机器人轨迹规划

机器人操作器末端执行器运动轨迹规划是指给定一组工作点，要求规划出一条通过所有指定点，并以一定的速度和加速度运动的连续轨迹。轨迹规划必须遵循两条原则：首先，运动轨迹必须精确地通过所有指定点；其次，运动轨迹必须平滑地通过所有指定点。轨迹规划既可在关节空间中进行，也可在直角坐标空间进行。

（一）多项式插补

给出一组点 $x_i(i=0,1,2,\cdots,n)$，以及经过这些点的速度 $\dot{x}_i(i=1,2,\cdots,n)$，轨迹规划的工作是要规划一条经过这些点的平滑曲线。如图 1-8-13所示，图中横坐标 T 表示时间，纵坐标 x 表示位移，在点 $i-1$ 到 i 点之间，需满足下列 4 个约束条件，即

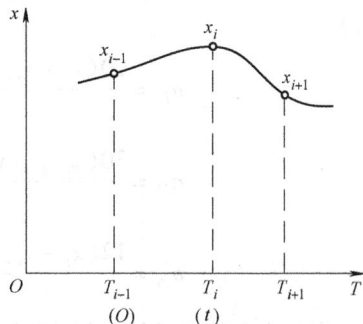

$$\left.\begin{array}{l} x(T_{i-1})=x_{i-1} \\ x(T_i)=x_i \\ \dot{x}(T_{i-1})=\dot{x}_{i-1} \\ \dot{x}(T_i)=\dot{x}_i \end{array}\right\} \tag{1-8-28}$$

图 1-8-13　机器人多项式插补轨迹规划

若用多项式插补，至少需用一个 3 次多项式。因 3 次多项式有 4 个待定系数，可利用式（1-8-28）的 4 个条件建立 4 个方程组，解此方程组可确定 4 个系数。用 $F_{i-1,i}$ 表示从 x_{i-1} 点到 x_i 点之间的插补多项式，有关系

$$F_{i-1,i}=a_{i0}+a_{i1}t+a_{i2}t^2+a_{i3}t^3 \tag{1-8-29}$$

n 个指定点有 $n-1$ 个插补多项式。式中 a_{ij} $(i=1,2,\cdots,n;j=0,1,2,3)$ 是这些多项式的待定系数。t 为点 $i-1$ 至点 i 这段轨迹的相对时间，即在 T_{i-1} 处 $t=0$，在 T_i 处 $t_i=T_i-T_{i-1}$。将式（1-8-28）4 个条件代入式（1-8-29）可得到 4 个方程。式（1-8-29）中 4 个待定系数的解法为：

当 $t=0$ 时

$$\left.\begin{array}{l} a_{i0}=x_{i-1} \\ a_{i1}=\dot{x}_{i-1} \end{array}\right\} \tag{1-8-30}$$

当 $t=t_i$ 时

$$\left.\begin{array}{l} a_{i0}+a_{i1}t_i+a_{i2}t_i^2+a_{i3}t_i^3=x_i \\ a_{i1}+2a_{i2}t_i+3a_{i3}t_i^2=\dot{x}_i \end{array}\right\} \tag{1-8-31}$$

将式（1-8-30）代入式（1-8-31）化简可解得

$$\left.\begin{array}{l} a_{i3}=\dfrac{2(x_{i-1}-x_i)-(\dot{x}_{i-1}+\dot{x}_i)t_i}{t_i^3} \\[3mm] a_{i2}=\dfrac{\dot{x}_i-\dot{x}_{i-1}-3a_{i3}t_i^2}{2t_i} \end{array}\right\} \tag{1-8-32}$$

如给定一组点 x_i、$\dot{x}_i$ 及 $\ddot{x}_i$，则至少需要 5 次多项式，这样所得轨迹规划才能满足位置、速度及加速度要求，且又保证这 3 个量的连续。这时

$$F_{i-1,i}=a_{i0}+a_{i1}t+a_{i2}t^2+a_{i3}t^3+a_{i4}t^4+a_{i5}t^5$$

当 $t=0$ 时

$$\left.\begin{array}{l} a_{i0}=x_{i-1} \\ a_{i1}=\dot{x}_{i-1} \\ a_{i2}=\dfrac{\ddot{x}_{i-1}}{2} \end{array}\right\} \tag{1-8-33}$$

当 $t = t_i$ 时

$$a_{i0} + a_{i1}t_i + a_{i2}t_i^2 + a_{i3}t_i^3 + a_{i4}t_i^4 + a_{i5}t_i^5 = x_i$$

$$a_{i1} + 2a_{i2}t_i + 3a_{i3}t_i^2 + 4a_{i4}t_i^3 + 5a_{i5}t_i^4 = \dot{x}_i$$

$$2a_{i2} + 6a_{i3}t_i + 12a_{i4}t_i^2 + 20a_{i5}t^3 = \ddot{x}_i$$

解得

$$\left. \begin{array}{l} a_{i3} = \dfrac{20(x_i - x_{i-1}) - (8\dot{x}_{i-1} + 12\dot{x}_i)t_i - (3\ddot{x}_{i-1} - \ddot{x}_i)t_i^2}{2t_i^3} \\[3mm] a_{i4} = \dfrac{30(x_{i-1} - x_i) + (14\dot{x}_i + 16\dot{x}_{i-1})t_i + (3\ddot{x}_{i-1} - 2\ddot{x}_i)t_i^2}{2t_i^4} \\[3mm] a_{i5} = \dfrac{12(x_i - x_{i-1}) - (6\dot{x}_i + 6\dot{x}_{i-1})t_i - (\ddot{x}_{i-1} - \ddot{x}_i)t_i^2}{2t_i^5} \end{array} \right\} \tag{1-8-34}$$

按上述方程组成的 n 段多项式轨迹,其速度、加速度是变化的。有时需要规划匀速运动,这时从点 x_{i-1} 到点 x_i 的路径为直线。为保证各段之间的速度连续,在每段路径的开始端和终了端需采用过渡曲线,如图 1-8-14 所示。从 T'_{i-1} 到 T'_i 段是直线轨迹的运动时间,始端过渡曲线段的运动时间是 T_{i-1} 到 T'_{i-1},终端过渡曲线段的运动时间是 T'_i 至 T_i。如规定了初速度 $\dot{x}_{i-1}$,末速度 $\dot{x}_i$ 及直线段轨迹的运动速度 $v_{i-1,i}$,可选用二次多项式对两端过渡曲线进行插补。

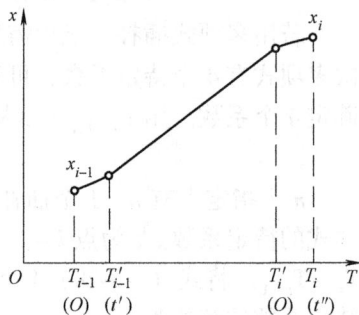

先选定两段过渡时间分别为:$t' = T'_{i-1} - T_{i-1}$;$t'' = T_i - T'_i$。第一段过渡曲线为

图 1-8-14 组合曲线轨迹规划

$$F_{i-1,i} = a_{i0} + a_{i1}t + a_{i2}t^2 \tag{1-8-35}$$

当 $t = 0$ 时

$$\left. \begin{array}{l} a_{i0} = x_{i-1} \\ a_{i1} = \dot{x}_{i-1} \end{array} \right\} \tag{1-8-36}$$

当 $t = t'$ 时

$$a_{i1} + 2a_{i2}t' = v_{i-1,i}$$

由此可得

$$a_{i2} = \frac{v_{i-1,i} - \dot{x}_{i-1}}{2t'} \tag{1-8-37}$$

代入式 (1-8-35) 可得第一段过渡曲线轨迹为

$$\begin{aligned} x(t'_{i-1}) &= a_{i0} + a_{i1}t' + a_{i2}t'^2 \\ &= x_{i-1} + \dot{x}_{i-1}t' + \frac{v_{i-1,i} - \dot{x}_{i-1}}{2}t' \end{aligned} \tag{1-8-38}$$

令第二段过渡曲线为

$$\psi_{i-1,i} = b_{i0} + b_{i1}t + b_{i2}t^2 \tag{1-8-39}$$

$$
\left.\begin{array}{l}
当\ t=0时，b_{i1}=v_{i-1,i} \\
当\ t=t''时，b_{i1}+2b_{i2}t''=\dot{x}_i \\
b_{i0}+b_{i1}t''+b_{i2}t''^2=x_i
\end{array}\right\} \tag{1-8-40}
$$

解上述方程可得

$$
b_{i2}=\frac{\dot{x}_i-v_{i-1,i}}{2t''}
$$

$$
b_{i0}=x_i-v_{i-1,i}t''-\frac{(\dot{x}_i-v_{i-1,i})t''}{2}
$$

由此得
$$
x(T_i')=b_{i0}
$$
$$
x(t_i'')=x_i \tag{1-8-41}
$$

从 $x(T_{i-1}')$ 至 $x(T_i')$ 为直线轨迹

$$
x=v_{i-1,i}t \tag{1-8-42}
$$

（二）关节空间中的轨迹规划

在关节空间中这些要求通过的指定点是以各关节运动参数表示的一系列对应位置，对其进行轨迹规划，仍然要求确定一条通过这些指定点的轨迹。

机器人操作器各关节运动参数是直接用计算机控制的参数，因此在关节空间中进行轨迹规划较简单，并且不会出现奇异失控现象。上一节多项式插补方法可直接用在关节运动轨迹规划中，但需将图中纵坐标 x 换成关节运动参数 θ_1、θ_2 等。以前述平面二构件关节型串联式机器人操作器为例（图1-8-8），有 θ_1、θ_2 两个关节运动参数，如要求运动从位置 $(\theta_1,\theta_2)=(20°，30°)$ 运动到位置 $(\theta_1,\theta_2)=(45°，80°)$，则可分别规划 θ_1 从20°到45°及 θ_2 从30°到80°的两条轨迹。图1-8-15 a、b所示为按匀速运动要求，从过渡曲线→直线→过渡曲线的方式规划的轨迹。

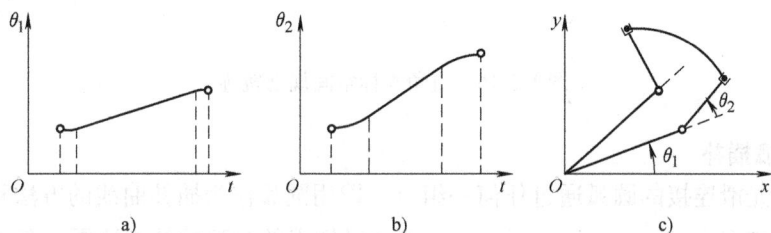

图1-8-15 关节空间轨迹规划

在关节空间中规划比较简单、方便，但缺乏直角坐标空间的直观性。如上例等速运动轨迹在关节空间中为直线，而在直角坐标空间中不是直线轨迹，而是曲线轨迹，如图1-8-15c所示。该曲线轨迹在运动过程中，会不会超出允许的工作空间也不能直观确认。除此之外，用上述二次多项式在关节空间中进行规划，因为没有加速度约束要求，有可能产生加速度超过关节加速度许用值（即加速能力）的情况，这时需增加过渡段时间使加速度减小。

（三）直角坐标空间中的轨迹规划

如上所述，在关节空间中进行轨迹规划，其优点是简单、容易实现，缺点是直观性差。在要求精度高、工作作业情况复杂，如装配、焊接及需要避障的场合，必须在直角坐标空间中进行轨迹规划。轨迹规划就是要求规划出一条能根据作业要求实现预期位置和姿态的工作轨迹。该轨迹在直观形式上不一定要求平滑。

轨迹规划中各坐标分量随时间变化的情况可用 $x(t)$、$y(t)$、$z(t)$ 及 $\phi_x(t)$、$\phi_y(t)$、$\phi_z(t)$ 来表示。值得注意的是，直角坐标空间中的轨迹与对应的各坐标分量对时间的变化规律是不相同的。

图 1-8-16a 所示直角坐标空间规划轨迹为一平面折线 ABC，但其速度变化规律可以用光滑连续的曲线来实现。图 1-8-16b、c 分别表示 $y(t)$、$x(t)$ 曲线。由图可知，$y-t$ 曲线与 $x-t$ 曲线，即 y、x 相对于时间 t 的变化规律是光滑连续的。直角坐标空间规划必须先用反向运动学方法将直角坐标空间的轨迹点转化为对应关节坐标参数值，才能实现控制。还应注意，直角坐标空间轨迹规划时无法事先得知关节转动的最大速度和最大加速度，因此有可能超出关节转动的允许最大速度及最大加速度值，还可能使某些轨迹点进入空洞、空腔或盲区等非工作空间中，这时将无法实现控制，应在设计中加以避免。

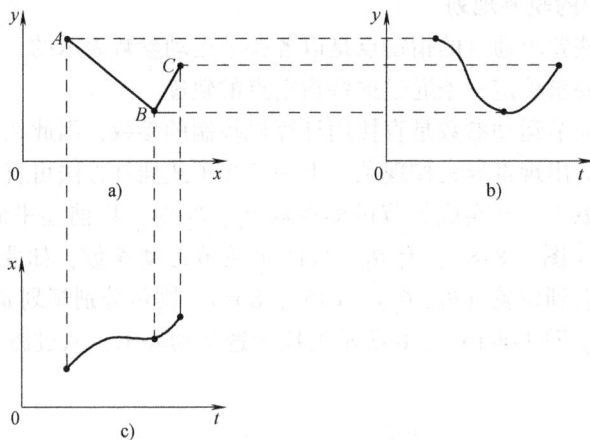

图 1-8-16　直角坐标空间规划轨迹

（四）圆弧插补

用一系列光滑连接的圆弧通过任何一组点，即用圆弧作为插补曲线的方法称为圆弧插补方法。图 1-8-17 所示为 x_1、x_2、x_3、x_4、x_5 五个已知点的圆弧插补方法图。各点的坐标分别为 (t_1, x_1)、(t_2, x_2)、(t_3, x_3)、(t_4, x_4)、(t_5, x_5)。

其中第一段圆弧为由 x_1、x_2、x_3 三点确定，它们可由 x_1x_2 中垂线及 x_2x_3 中垂线相交得圆弧中心 O_1 点，半径为 O_1x_1；以后由 x_3、x_4 两点组成第二段圆弧；x_4、x_5 两点组成第三段圆弧，各段圆弧之间应保证相切，光滑过渡。因此，O_2 点应在 O_1x_3 连线与 x_3x_4 中垂线的交点上；同理，O_3 点应在 O_2x_4 连线与 x_4x_5 中垂线的交点上。用上述思想列出有关方程式，即可得到相应 O_1，O_2，O_3 圆心点坐标及相应的半径 O_1x_1、O_2x_3、O_3x_4，完成圆弧插补。由以上分析可知，用 $n-2$ 段圆弧可插补通过 n 个点。

圆弧也可用作两段直线之间的过渡连接。图 1-8-18 所示为用圆弧作为过渡曲线的情况。用圆弧作过渡曲线时，不同半径将得不同的切点。为此，必须先按需要确定圆弧半径，才能确定插补的圆弧中心坐标。

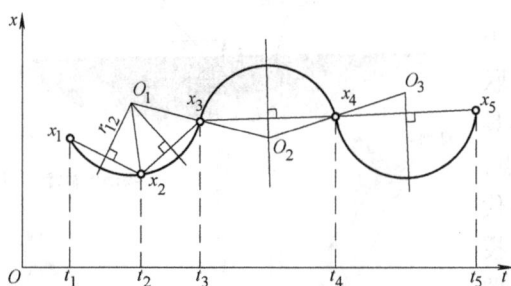

图 1-8-17　两点间圆弧插补

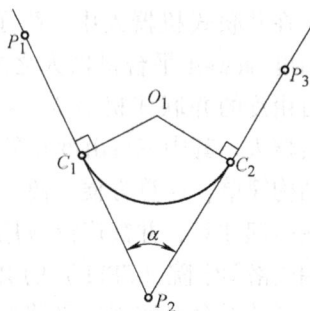

图 1-8-18　直线间圆弧插补

第三节　并联式机器人

　　常见的并联式机器人是由单开链并联形式连接于动、静两个平台之间的一类并联机构所组成。并联机构的理论研究可追溯到 20 世纪 40 年代，1942 年，美国工程师 willard L. G. Pollard Jr. 首次描述了一种基于并联机构的涂装装置。1947 年，英国工程师 Eric gough 发明了具有伸缩腿结构的六足并联机构用于汽车轮胎的测试。1965 年，在英国《机械工程学报》上，德国的 Stewart 提出了一种新型的、用于飞行模拟器的六自由度空间并联机构，称为 Stewart 平台，其机构原理简图如图 1-8-19 所示。

1978 年，澳大利亚机构学家 Hunt. K. H 又将 Stewart 平台机构应用到机器人中，并在 Stewart 平台基础上提出多种形式的并联机构。1986 年，Fichter 在进一步研究并联机构的基础上发表了有关并联式机器人理论及其实际结构和研究结果，并引起了更多学者的关注和研究。目前并联机构已广泛应用于各种运动模拟器、并联运动机床、医用机器人、康复机器人、娱乐运动平台、高精度微动机器人、多维减振平台、多自由度坐标测量机等。并联式机器人由于它的结构原因，使它与串联式机器人形成"对偶"及"互补"关系。串联

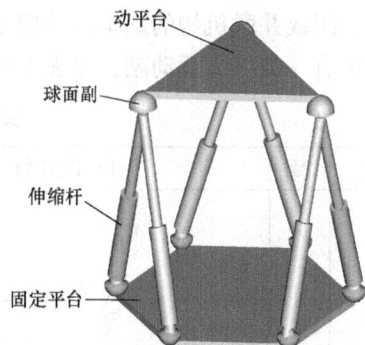

图 1-8-19　Stewart 并联机构原理简图

式机器人由于其串联结构使其底部平台支撑着包括自身在内的所有结构，因此各杆件及运动副误差对末端执行器的位移误差有累积效应，机构结构刚度及稳定性差。但在机器人自身相同体积情况下，串联式机器人工作空间较大，特别是其转角范围较大。

　　并联式机器人在动、静平台之间由几条支链共同支撑，使其动平台的质量由各条支链分担，因此安装于动平台的末端执行器的误差不是简单的累积叠加。动平台运动可由各支链原动件通过软件控制实现虚拟轴转动及移动运动。在一定条件下采取一定措施可提高并联式机器人的结构刚度及其稳定性，从而具有较好的重复精度和可靠性，但其动平台工作空间在机器人相同自身体积条件下，较串联机器人要小。在设计时可将串、并联式机器人按要求各取所长，选择其中某一机型作为机器人可选方案进行设计，也可采用串、并联式机器人组成混联式机器人。

在并联式机器人中，除了上述所提到的六自由度 Stewart 平台机器人之外，还有其他少于六自由度的并联式机器人，称为少自由度并联式机器人。其中三自由度并联式机器人由于其具有结构简单、计算方便、便于实现控制等优点，正在引起注意，并被广泛应用。20 世纪 80 年代由瑞士洛桑学院（EPFL）的 Reymand clavel 教授提出了动平台可实现三平移的 Delta 并联式机器人，如图1-8-20所示。这类机器人已被广泛应用于小件的食品、药品和电子产品的包装作业线上。

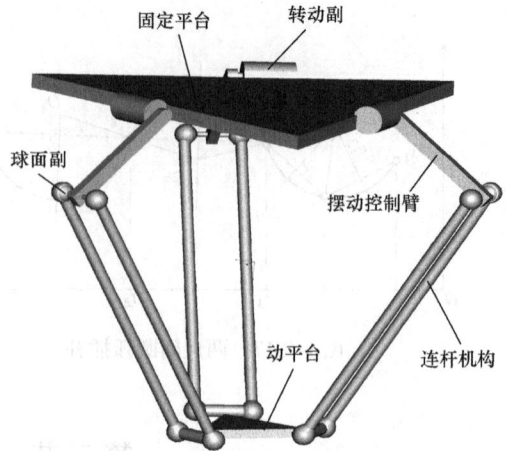

图 1-8-20　Delta 并联式机器人的原理简图

一、并联式机器人机构的结构分析

（一）并联式机器人机构的组成

并联机构是一组由两个或两个以上的支链——通常为单开链，或在单开链基础上演化为包含部分闭式链组成的复合开式链，以并联结构方式连接动、静平台组合而成的机构。各支链有关运动副可同时接受驱动输入，最终以动平台共同输出形式给出输出运动。为减轻运动部件重量，驱动件以放在静平台为宜。并联机构属多回路闭环机构。

（二）组成并联机构的运动副

组成并联机构的基本运动副主要有转动副、移动副、螺旋副、万向铰链和球面副等，此外还有一类广义运动副，见表1-8-1。

表 1-8-1　组成并联机构的运动副

类　型		应 用 实 例	说　　明
组成并联机构的运动副	基本运动副		转动副，通常以字母 R 表示。它具有一个相对自由度
			移动副，通常以字母 P 表示。它具有一个相对自由度
			螺旋副，通常以字母 H 表示。它用于将回转运动转换为直线运动，具有一个相对自由度

（续）

类 型		应用实例	说 明
组成并联机构的运动副	基本运动副	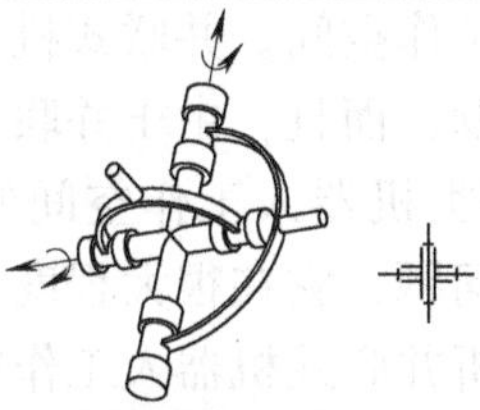	万向铰链，通常以字母 T 表示，也称之为卡丹铰（Cardan）或胡克铰（Hook）。它完全等效于轴线相交的两个转动副，具有两个相对自由度
		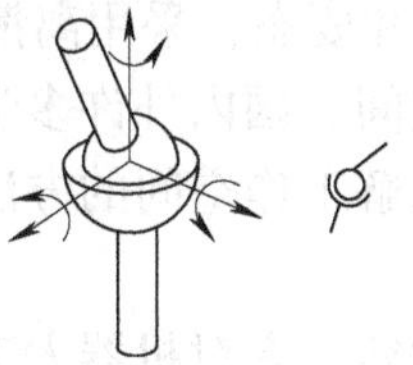	球面副，通常以字母 S 表示。球面副允许两构件之间具有三个独立的、以球心为中心的相对转动，具有三个相对自由度
	广义运动副	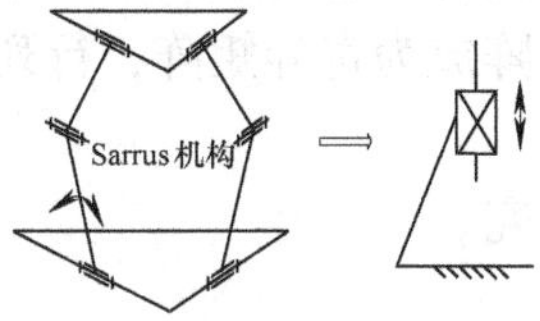 \nSarrus 机构	非期望运动输出为常量，如 Sarrus 机构可作广义移动副
		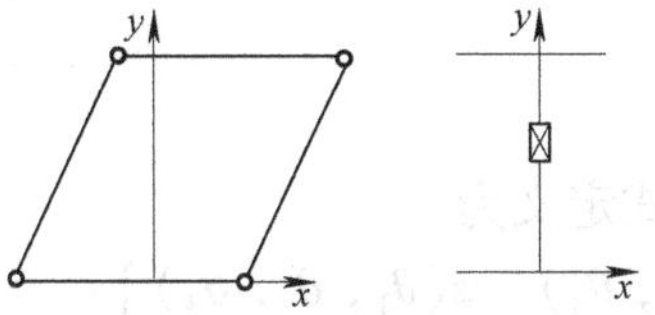	非期望运动输出为非独立变量，平行四边形 $4R$ 机构代替 P 副，沿 x，y 轴的运动输出有一个为非独立变量

二、并联式机器人运动学研究的主要问题

（一）运动分析

机器人的位置分析是指求解机器人的输入与输出构件之间的位置关系，这是机器人运动分析的最基本任务，也是机器人速度、加速度、受力分析、误差分析、工作空间分析、动力分析和机器人综合等的基础。由于并联式机器人结构复杂，因此对并联式机器人进行位置分析要比对串联式机器人的位置分析复杂得多。当已知机器人主动件的位置，求解机器人输出件的位置和姿态时称为位置分析正解。当已知输出件的位置和姿态，求解机器人输入件的位置时称为位置分析反解。在串联式机器人的位置分析中，正解比较容易，而反解比较困难。相反，在并联式机器人的位置分析中，反解比较简单，而正解却十分复杂，这正是并联式机器人的特点。并联式机器人位置正解分析方法主要有数值法和解析法。

数值法的优点是它可以应用于任何结构的并联式机器人，计算方法简单。但此法不能保证获得全部解，得到的可能是局部解，计算时间较长。

解析法主要是通过消元法消去机构约束方程中的未知数，从而使机构的输入输出方程成为只含一个未知数的高次方程。这种方法的优点是可以求解机构的所有可能的解。但上述的消元过程一般是非常繁琐的，求解一元高次方程时对计算精度要求非常高。

并联机构属空间多回路闭环机构，其自由度计算可参见有关空间机构自由度计算公式。

（二）工作空间

并联式机器人的工作空间是机器人操作器的工作区域，它是衡量机器人性能的重要指

标。如何确定机器人的工作空间，以及在可达工作空间内机器人的姿态能力，一直是国内外学者关注的重要课题。Kumar 在 Gupta 等人的研究工作基础上，将机器人工作空间分为三类，即位置可达工作空间、姿态可达工作空间和灵活工作空间。并联式机器人由于其结构的复杂性，工作空间的确定始终是一个具有挑战性的课题，而且，由于并联式机器人的工作空间一般比串联式机器人的工作空间更受限制，所以该类机器人工作空间的确定显得更为重要。并联式机器人工作空间的确定是一个非常复杂的问题，它在很大程度上依赖于机器人位置解的结果，至今没有比较完善的方法。数值法是分析并联式机器人工作空间的一种常用的方法，Clearyl、Fichter 和 Merlet 等通过给定动平台位置和姿态，采用离散关节空间，由位置正解分析逐点求出动平台位置，进而确定相应的位置空间。国内外许多学者在这方面做了大量工作，读者可参考有关论文，以便进一步了解新的求解工作空间的方法。

（三）奇异位形

奇异位形是并联式机器人机构学研究的又一重要内容，它对机器人工作性能有着重要的影响。当机器人处于某些特定的位形时，其雅可比矩阵成为奇异矩阵，行列式为零，这种机构的位形就称为奇异位形或特殊位形。

下面以三平移少自由度并联机构为例进行分析研究。

三、三平移并联机构机型分析

（一）三平移并联机构运动输出特征矩阵

通常并联机构运动输出特征矩阵 M 的一般形式定义为

$$M = \begin{bmatrix} x(\theta_1, \theta_2, \theta_3) & y(\theta_1, \theta_2, \theta_3) & z(\theta_1, \theta_2, \theta_3) \\ \alpha(\theta_1, \theta_2, \theta_3) & \beta(\theta_1, \theta_2, \theta_3) & \gamma(\theta_1, \theta_2, \theta_3) \end{bmatrix} \tag{1-8-43}$$

式中 θ_1、θ_2、θ_3——三个主动输入变量；

$x(\theta_1, \theta_2, \theta_3)$、$y(\theta_1, \theta_2, \theta_3)$、$z(\theta_1, \theta_2, \theta_3)$——动平台沿 x、y、z 三方向移动；

$\alpha(\theta_1, \theta_2, \theta_3)$、$\beta(\theta_1, \theta_2, \theta_3)$、$\gamma(\theta_1, \theta_2, \theta_3)$——分别绕 x、y、z 轴的转动。

其特征矩阵矢量形式为

$$M = \begin{bmatrix} {}^3t \\ {}^3r \end{bmatrix} \tag{1-8-44}$$

式中 ${}^3t$——动平台末端构件有三个独立平移输出；

${}^3r$——动平台末端构件有三个独立转动输出。

对于三平移并联机构运动输出矩阵 M 的一般形式定义为

$$M = \begin{bmatrix} x(\theta_1, \theta_2, \theta_3) & y(\theta_1, \theta_2, \theta_3) & z(\theta_1, \theta_2, \theta_3) \\ \cdot & \cdot & \cdot \end{bmatrix} \tag{1-8-45}$$

式中 $x(\theta_1, \theta_2, \theta_3)$、$y(\theta_1, \theta_2, \theta_3)$、$z(\theta_1, \theta_2, \theta_3)$——动坐标系（附着于支链输出机构或动平台上）原点在静坐标系中的坐标；

$\cdot$——非期望输出为常量。

其矢量形式为

$$M = \begin{bmatrix} {}^3t \\ {}^0r \end{bmatrix}$$

式中 ^3t——动平台末端构件有三个独立平移输出；

^0r——动平台末端构件有零个独立转动输出。

（二）并联机构运动输出方程

以 n 为支路数的并联机构可视为由 n 个支链（单开链或混合单开链）组成。每个支链的机架与并联机构的静平台相连，支链的输出构件与并联机构的动平台相连。因此动平台在 n 个支链的共同约束下运动时，只能实现所有支链运动输出矩阵组成元素的交集部分的运动，其运动输出方程为

$$M_P = \bigcap_{i=1}^{N} M_{si} \qquad (1\text{-}8\text{-}46)$$

式中 M_P——并联机构动平台的运动输出矩阵；

M_{si}——第 i 个支链的运动输出矩阵，它与支链的结构组成（构件及运动副的类型）及其在静平台和动平台中的配置方位有关。

若此处取 n 为三个支链，则

$$M_P = \bigcap_{i=1}^{3} M_{si} \qquad (1\text{-}8\text{-}47)$$

（三）三平移并联机构的机型设计

由式（1-8-45）可列出三平移并联式机器人机构的运动输出矩阵 M_P

$$M_P = \begin{bmatrix} x & y & z \\ \cdot & \cdot & \cdot \end{bmatrix} = \begin{bmatrix} ^3t \\ ^0r \end{bmatrix} \qquad (1\text{-}8\text{-}48)$$

由式（1-8-48）可知，构造支链（单开链）输出构件的运动输出元素可以由各类运动副及构件组成。由于并联机构动平台的运动输出是各支链运动输出矩阵的求交集。因此，三平移并联式机器人的支链可以是由大于或等于三自由度单开链所构成的。只要其交集中最终只有三个平移自由度，即可组成三平移并联式机器人。这类支链的形式很多，较常见的有表1-8-2中所示的几种形式。

表1-8-2　用于组成三平移并联机构的支链部分常用运动链简图

自由度数	三 平 移	三平移一转动	三平移两转动	三平移三转动
单开链（指由运动副与构件串联而成的开式运动链）		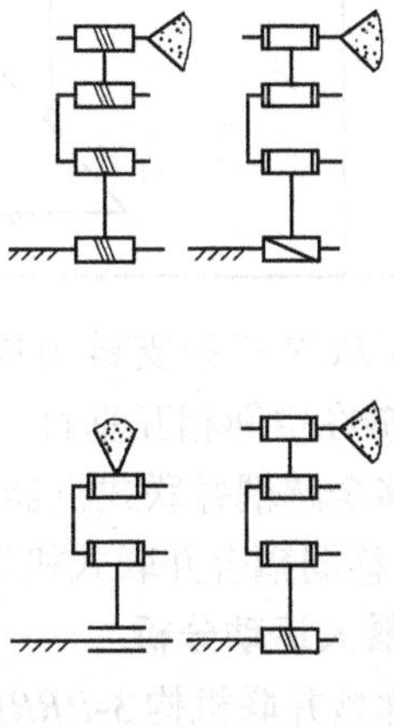	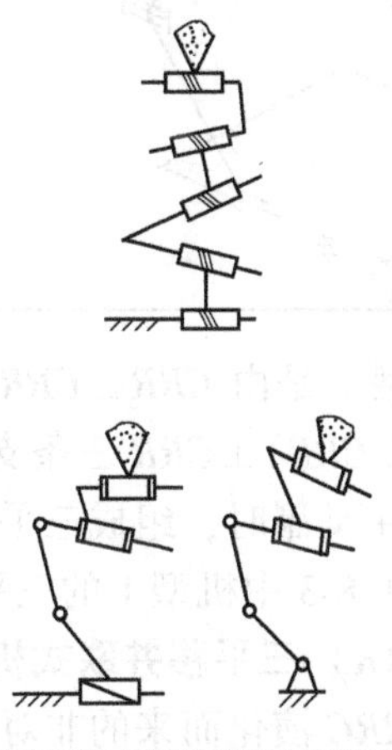	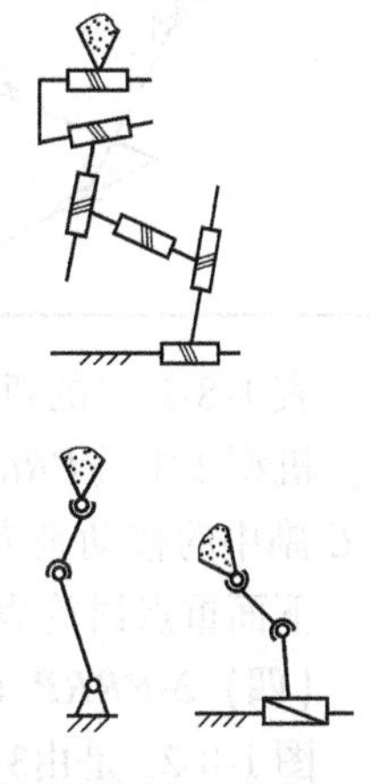

(续)

自由度数	三 平 移	三平移一转动	三平移两转动	三平移三转动
混合单开链(指含有回路的单开链),简称混合链	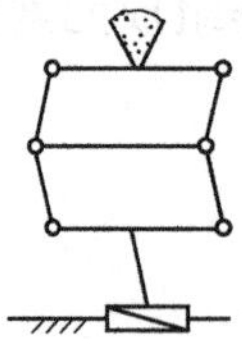	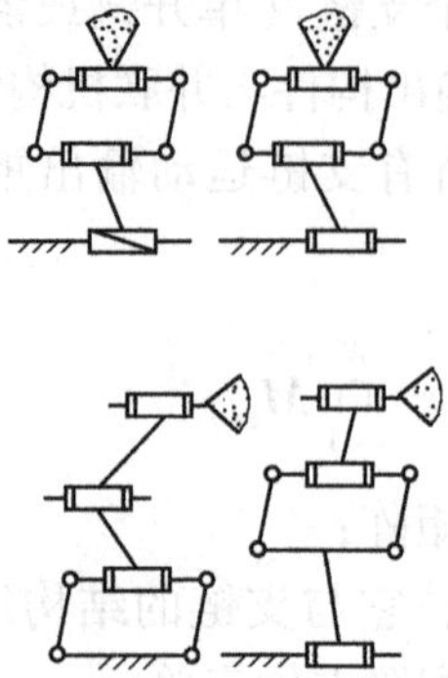	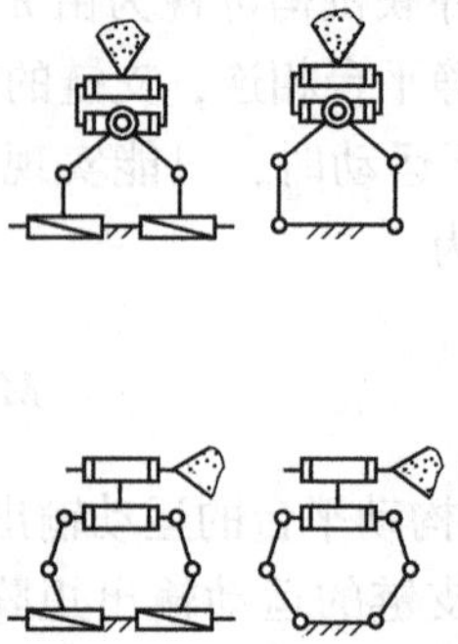	注: 在简图中的符号 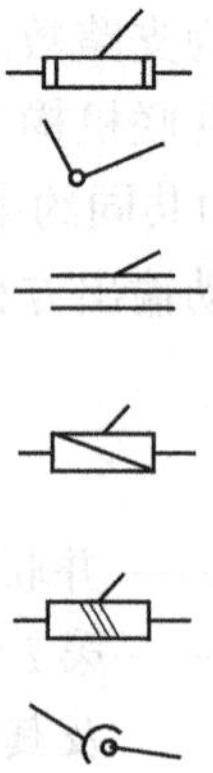 转动副R 圆柱副C 移动副P 螺旋副H 球副S

表1-8-2 仅列出部分支链形式,这些支链组成的三平移并联式机器人的形式很多,只要组合后其交集使动平台构成三平移输出就可构成一种新机型。虽然这类组合形式很多,但只有解耦性好的并联机构才具有实用性,且其控制及误差软件补偿才较容易。为此需要对那些具有部分解耦(弱耦合)性的机型进行分析,而具有全解耦性的机型可由运动分析得出结论,并得到验证。

对于三平移并联机构,若每个输出变量 (x, y, z) 均为所有主动输入变量 $(\theta_1, \theta_2, \theta_3)$ 的函数,称为强耦合。若某些输出变量只是部分输入变量 (θ_1, θ_2) 的函数,则称为输入输出变量之间为部分控制解耦(弱耦合)。当输入输出变量存在一一对应关系时,称为完全控制解耦,简称全解耦。表1-8-3 所列为弱耦合及全解耦并联式机器人的机型。

表1-8-3　三平移弱耦合及全解耦并联式机器人简图

机型1 三平移弱耦合机型 $CRR \perp CRR /\!/ RCR$	机型2 三平移全解耦机型 $(CRR \perp CRR) \perp CRR$
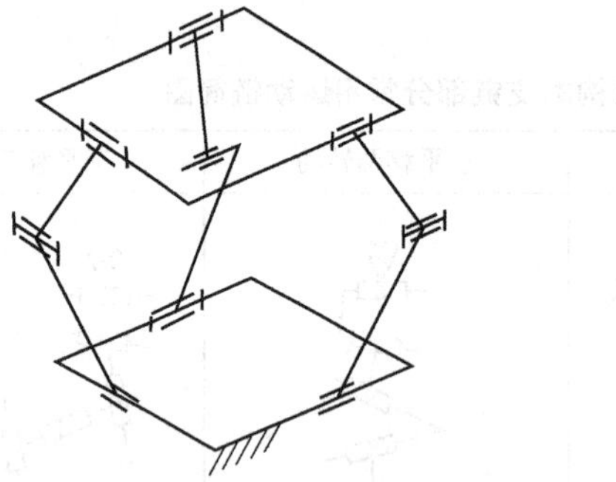	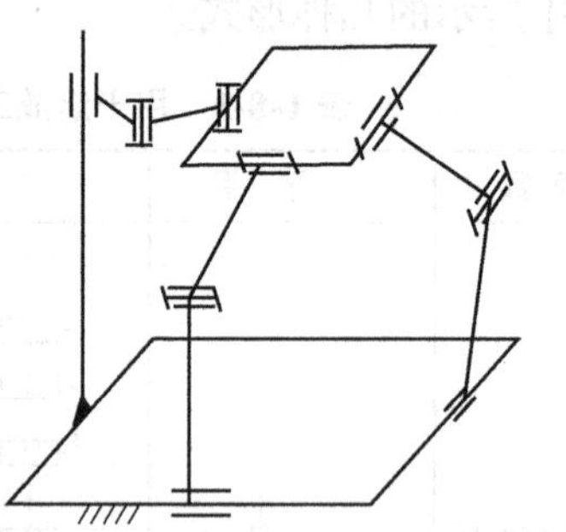

表1-8-3 中的机型 1 是由 $CRR \perp CRR /\!/ RCR$ 三条支链组成的三平移弱耦合并联式机器人。机型 2 中 $(CRR \perp CRR) \perp CRR$ 三条支链在空间相互垂直,每条支链 C 副在固定平台上,当 C 副中的移动副为主动副时,组成三平移全解耦并联式机器人。

下面重点讨论表1-8-3 中机型 1 的三平移弱耦合并联式机器人。

(四) 3-RRRP (4R) 三平移并联式机器人运动分析

图1-8-21 是由3-RRC 演化而来的非对称型并联机构3-RRRP (4R) (图1-8-21)。由图可

知，该机型的布置为 $RRRP$（$4R$）$\perp RRRP$（$4R$）$/\!/ RRP(4R)R$ 机构。该机型具有解耦性好的特点，容易实现控制。

该机型的结构如图 1-8-21 所示，其固定坐标系 $O\text{-}xyz$ 及动坐标系 $P\text{-}x'y'z'$ 中，x 轴平行于 B 支路的三个 R 副，y 轴平行于 A 支路的三个 R 副，z 轴垂直于 xy 平面，并按右手笛卡尔坐标系确定其正向。设 θ_1 为 y 轴与 A 支路上 $4R$ 机构悬挂边 a_2 的夹角，沿 x 轴正向为正；θ_2、θ_3 分别为 x 轴与 B、C 支路上 $4R$ 机构悬挂边 b_2、l_2 的夹角，沿 y 轴负向为正；θ'_1、θ'_2、θ'_3 分别为 z 轴与 A_2A_3、B_2B_3、C_1C_2 的夹角，θ'_1 沿 y 轴负向为正，θ'_2、θ'_3 沿 x 轴正向为正；θ''_1 为 A_2A_3 与 A_3A_4 的夹角，沿 y 轴正向为正，θ''_2 为 B_2B_3 与

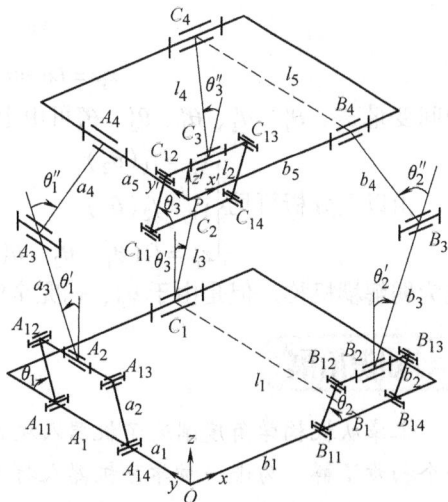

图 1-8-21　3-RRRP（4R）非对称型并联机构

B_3B_4 的夹角，沿 x 轴负向为正；θ''_3 为 C_1C_2 与 C_3C_4 的夹角，沿 x 轴负向为正。a_2、a_3、a_4、b_2、b_3、b_4、l_2、l_3、l_4 分别表示各杆件长度，a_1、b_1、l_1、a_5、b_5、l_5 分别表示点 A_1、B_1、C_1、A_4、B_4、C_4 的相对位置。

经分析可知，动平台与支链连接点在固定坐标系中的坐标值，并由此求得机构的运动正逆解。

（1）机构逆解　机构逆解为已知动平台上 P 点的位置（x_P、y_P、z_P），求输入变量 θ_1、θ_2、θ_3 及中间变量 θ'_1、θ'_2、θ''_1、θ''_2、θ_3、θ''_3。经分析得

$$\theta_1 = \arccos\big[\,(y_P + a_5 - a_1)/a_2\,\big] \qquad \theta_1 \in [0, \pi] \tag{1-8-49}$$

$$\theta_2 = \arccos\big[\,(x_P + b_5 - b_1)/b_2\,\big] \qquad \theta_2 \in [0, \pi] \tag{1-8-50}$$

$$\theta_3 = \arccos(b_2\cos\theta_2/l_2) \qquad \theta_3 \in [0, \pi] \tag{1-8-51}$$

令　　　　　$y = y_P + l_5 - l_1,\ L = l_3 + l_2\sin\theta_3,\ D = (y^2 + z_P^2 + L^2 + l_4^2)/2L$

得　　　　　$$\theta'_3 = 2\arctan\big[\,(y \pm \sqrt{y^2 - D^2 + z_P^2})/(D + z_P)\,\big] \tag{1-8-52}$$

中间变量 θ'_1、θ''_1、θ'_2、θ''_2、θ''_3 为

$$\theta'_1 = 2\arctan\big[\,(x_P \pm \sqrt{x_P^2 - D'^2 + Z'^2})/(D' + Z')\,\big] \tag{1-8-53}$$

$$\theta''_1 = 2\arctan\big[\,(a_4 - Z' + a_3\cos\theta'_1)/(x_P - a_3\sin\theta'_1)\,\big] - \theta'_1 \tag{1-8-54}$$

式中　　　　$Z' = z_P - a_2\sin\theta_1,\ D' = (x_P^2 + Z'^2 + a_3^2 - a_4^2)/2a_3$

$$\theta'_2 = 2\arctan\big[\,(y_P \pm \sqrt{y_P^2 - D''^2 + Z''^2})/(D'' + Z'')\,\big] \tag{1-8-55}$$

$$\theta''_2 = 2\arctan\big[\,(b_4 - Z'' + b_3\cos\theta'_2)/(y_P - b_3\sin\theta'_2)\,\big] - \theta'_2 \tag{1-8-56}$$

式中　　　　$Z'' = z_P - b_2\sin\theta_2,\ D'' = (y_P^2 + Z''^2 + b_3^2 - b_4^2)/2b_3$

$$\theta''_3 = 2\arctan\big[\,(l_4 - z_P + L\cos\theta'_3)/(y - L\sin\theta'_3)\,\big] - \theta'_3 \tag{1-8-57}$$

（2）机构正解　机构正解为已知三个旋转输入参数 θ_1、θ_2、θ'_3，求动平台上 P 点的位置 x_P、y_P、z_P 及中间变量 θ'_1、θ'_2、θ''_1、θ''_2、θ_3、θ''_3。

由上述逆解方程关系可得

$$x_P = b_1 + b_2\cos\theta_2 - b_5 \tag{1-8-58}$$

$$y_P = a_1 + a_2\cos\theta_1 - a_5 \tag{1-8-59}$$

$$z_P = L\cos\theta_3' \pm \sqrt{l_4^2 - (y - L\sin\theta_3')^2} \tag{1-8-60}$$

中间变量 θ_3、θ_1'、θ_2'、θ_1''、θ_2''、θ_3' 可由上述逆解方程求得。

由以上分析可见 $\begin{cases} x_P = f_1(\theta_2) \\ y_P = f_2(\theta_1) \\ z_P = f_3(\theta_1 \quad \theta_2 \quad \theta_3') \end{cases}$ ，机构的 x_P、y_P 属于完全解耦，z_P 属于强解耦，整

机为弱解耦机构。但是由于 x_P、y_P 完全解耦，z_P 实际上近于完全解耦。

知识拓展

本章从机构学角度阐述了机器人机构学的最基本知识。目的是为读者对机器人机构学有一个初步了解，为进一步学习机器人打下基础。机器人的内容十分广泛，包括机构学、机器人运动学和动力学、电子学、控制工程、传感器技术、计算机科学、模式识别、人工智能等领域。而机器人机构部分的运动学和动力学是机器人研究与开发的基础。机器人机构学中运动学与动力学分析的根本目的是为机器人设计和控制提供基础。

要学好机器人运动学和动力学，必须对它的有关数学、力学以及多体动力学内容有一定了解。其内容包括：有关机器人中应用的一些不变量、矢量点积运算、叉积运算、齐次坐标、相似变换、雅可比矩阵、坐标变换矩阵，有时还涉及螺旋理论、四元数、对偶数等复杂的数学问题。与运动学有关的分析方法多数可用共原点和不共原点的坐标变换矩阵，即 D－H 矩阵方法解决。

机器人的机械本体涉及串联机器人、并联机器人。此外还有步行机器人、机器人灵巧手、轮式机器人等的运动学和动力学问题。机器人传感器技术涉及从一维到六维力传感器、视觉传感器及触觉传感器。控制方面涉及运动控制与力学反馈控制。

机器人设计及分析与常用机械一样，需按末端运动构件的输出要求，进行机器人的选型及运动设计、动力设计。

串联机器人是以开式链机构为基础，由于机器人的工作特点使它还具有自身的一系列特殊性。如机器人的自由度、输出构件的自由度（请注意这是两个不同的概念）、机器人运动学正解与反解、解的存在性、雅可比矩阵、多重解、奇异位置、工作空间、机器人轨迹规划等分析计算及机器人编程控制等。

串联机器人的机械系统因其内容十分广泛，学习时可先从初级、中级着手。高级部分还涉及冗余操作手、柔性杆件和关节操作手以及力控制等。

并联机器人是近代发展起来的机器人的又一分支，有著名的六自由度 Stewart 平台并联机器人、三平移 Delta 并联机器人以及大量的少自由度并联机器人、微型并联机器人、柔性并联机器人等。它的构型分析、拓扑结构分析设计、机器人自由度与输出构件自由度分析、机器人运动学正解和反解、雅可比矩阵、奇异位置、工作空间、传感器及编程控制等又有与上述串联式机器人不同的一些分析方法。

文献阅读指南

有关机器人的文献很多，要深入学习研究的内容也很多。在学习本教材的基础上推荐下

列几本专著可进行深入阅读。

1）由加拿大 Jorge Angeles 著，宋伟刚译的《机器人机械系统原理——理论、方法和算法》（北京：机械工业出版社，2004）。该书以机器人的机械本体为对象，研究串联机器人操作手、并联机构机器人、步行机器人、机器人灵巧手、轮式机器人的运动学和动力学问题及轨迹规划等。为便于学习，书中还涉及了数学基础及刚体力学基础等内容。

2）黄真，孔令富，方跃法著《并联机器人机构学理论及控制》（北京：机械工业出版社，1997）。该书讲述了空间并联机构结构分析、位置分析、运动影响系数及运动分析、并联机器人动力分析及工作空间、误差分析、旋量、互易积、反螺旋等应用和轨迹规划与控制。

3）杨廷力著《机器人机构拓扑结构学》（北京：机械工业出版社，2004）。该书从机器人整体功能出发，进行机构拓扑结构设计。活动度为 3～6，且相应于 10 种不同运动输出特征矩阵的并联机构，进行拓扑结构综合，发现了很多新机构。类似的阅读文献还有杨廷力等著的《机器人机构拓扑结构设计》（北京：科学出版社，2012）。

学习指导

一、本章主要内容

1）固定自动化与柔性自动化。

2）闭式链机构、开式链机构、串联式机器人、并联式机器人和混联式机器人各自的特点、结构分析、组成、优缺点及适用场合。

3）串联式机器人操作器的自由度及结构分类。

① 串联式机构的运动学正解、反解、工作空间，解的存在性、多重性。

② 平面二（三）构件关节型串联机器人的正向（反向）运动学位置、速度、加速度问题，工作空间，奇异位置。

③ 机器人轨迹规划，多项式插补，关节空间中的轨迹规划，直角坐标空间中的轨迹规划，圆弧插补。

④ 并联式机器人机构的结构分析，机构组成，机型分析，运动学分析，工作空间。

⑤ 三平移并联机构机型分析，运动输出特征矩阵，运动输出方程，机构位置逆解、正解。

二、本章学习要求

随着科学技术的发展，开式链机构已逐渐得到广泛应用。本章以机器人操作器为例，介绍了开式链组成的串联式机器人及并联式机器人的运动学分析方法及其涉及的各类问题，目的在于开阔读者的思路，以适应科学技术发展的需要。本章学习的重点是了解开式链机构，串联式机器人与并联式机器人的主要特点及适用场合，以及分析串联式机器人与并联式机器人的基本方法。

1）串联式机器人的特点及功能。串联式机器人属于开式链机构，最大特点是具有较多的自由度，因此其末端构件的运动比闭式链机构中任何构件的运动都要复杂得多。利用开式链机构的这一特点，将步进电动机或伺服电动机作为驱动源，结合伺服控制和计算机的使用，使串联机构在各种机器人和机械手中得到广泛应用。机器人和机械手可在任意位置、任意方向和任意环境单独地或协同地工作，组成灵活的、多目的、多用途的自动化系统，实现柔性自动化作业。与传统闭式链机构相比，开式链串联式机器人的适应性要广泛得多，可以按需要改变其工作状况，故称为柔性自动化。相应地由闭式链机构组成的自动化操作器，只能做相同的重复性工作，故称为固定自动化。

2）并联式机器人的特点及功能。并联式机器人是近年来发展较快的一种机器人，它与串联式机器人作为互补，有各自的特点。并联式机器人由动、静平台之间的几条支链并联共同支撑，使其结构刚度及稳定性好，重复精度及可靠性高，但工作空间比串联式机器人小。串联式机器人位置正解容易，反解难。而并联式机器人正好相反，位置反解容易，正解难。这将有利于控制的实现。

3）要了解串联式及并联式机器人的自由度，输出构件的自由度，运动学正解、反解方法，解的存在性，多重解，奇异位置，工作空间等。

4）本章机器人学习主要要了解常用串、并联式机器人的结构，运动学有关参数的分析，运用坐标投影方法进行运动学分析。了解串、并联式机器人的应用场合。学会平面二自由度及三自由度串联式机器人的运动学位置正解、反解，速度、加速度分析方法，工作空间、奇异位置分析方法。了解并联式机器人的特性、运动分析方法及应用场合。并联式机器人有关内容可作为自学或选学内容。

思 考 题

1.8.1　试述开式链机构——串联式机器人的主要特点及主要使用场合。

1.8.2　试述并联式机器人的组成原理、主要特点及主要使用场合。

1.8.3　何谓固定自动化系统、柔性自动化系统？

1.8.4　何谓冗余自由度？设计机器人冗余自由度的目的是什么？

1.8.5　何谓正向运动学问题？何谓反向运动学问题？串、并联式机器人求解有何特点？

1.8.6　何谓雅可比矩阵？它有什么用途？

1.8.7　何谓机器人工作空间及奇异位置？可达工作空间与灵活工作空间有何区别与联系？

习 题

1.8.1　图 1-8-22 所示为一极坐标型平面二自由度串联式 R-P 型机器人操作器，套筒 2 可绕关节 O 与机座 1 组成转动副 R，手臂 3 与套筒 2 组成移动副 P，可沿径向移动，末端执行器 4 与手臂 3 固连。设系统的笛卡尔直角坐标系为 Oxy 系，关节坐标用极坐标 ρ 和 θ 表示，其中 $\rho = OA$，θ 为套筒 2 相对于 Ox 轴的转角。试对该机器人操作器进行运动分析，找出正向运动学 A 点位置的求解方法，A 点的速度及加速度，求出该操作器的反向运动学位置及速度方程，并分析解的存在性，求出该操作器的工作空间。

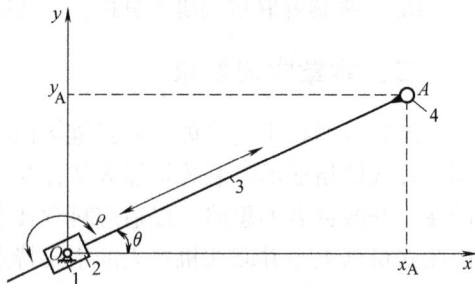

图 1-8-22　习题 1.8.1 图

1.8.2　试述三平移并联式机器人的机构组成原理。试举一例。

习题参考答案

1.8.1　略。

1.8.2　略。

第九章

机械的摩擦与自锁

机械在运动过程中，其运动副中的摩擦力是一种有害阻力，它不仅会造成动力的浪费，降低机械效率，而且会使运动副元素受到磨损，削弱零件的强度，降低运动精度和工作可靠性，缩短机械的寿命。研究机械中的摩擦及其自锁现象，通过合理设计改善机械运转性能和提高机械效率，是摆在设计工作者面前的重要任务。

第一节　机械中的摩擦

一、运动副中的摩擦

（一）平面摩擦

图 1-9-1 所示为滑块 1 与水平平面 2 构成的运动副。驱动力和滑块自重的合力 F 作用于滑块 1 上，使滑块向右移动，β 为力 F 与滑块 1 和平面 2 的法线 nn 之间的夹角。平面 2 对滑块 1 产生的反力 N_{21} 和摩擦力 F_{21} 的合力称为总反力，以 R_{21} 表示。

总反力 R_{21} 与法向反力 N_{21} 之间的夹角 φ 为摩擦角，若从空间看，形成一摩擦锥。由图 1-9-1 可知

$$\tan\varphi = \frac{F_{21}}{N_{21}} = \frac{fN_{21}}{N_{21}} = f \qquad (1-9-1)$$

故　　　　　　　　　　$\varphi = \arctan f$

图中 R_{21} 与 v_{12} 间的夹角总是一个钝角，故在分析移动副中的摩擦时，可利用这一规律来确定总反力的方向，即滑块 1 所受的总反力 R_{21} 与其对平面 2 的相对速度 v_{12} 间的夹角总是钝角（$90° + \varphi$）。

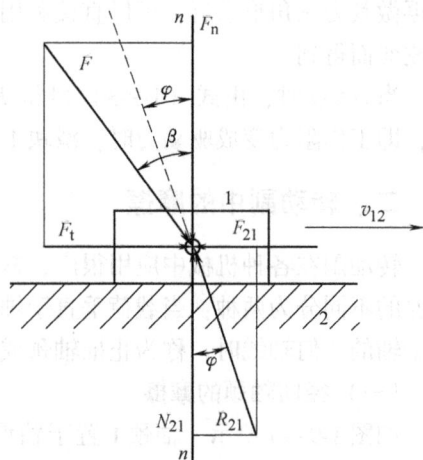

图 1-9-1　平面摩擦受力分析

（二）斜面摩擦

如图 1-9-2a 所示，设将滑块 1 置于倾角为 α 的斜面 2 上，Q 为作用在滑块 1 上的铅垂载荷（包括滑块自重）。下面分析使滑块 1 沿斜面 2 等速运动时所需的水平力。

（1）滑块等速上升　当滑块 1 在水平力 F 作用下以等速沿斜面上升时，斜面 2 作用于

滑块1的总反力 R_{21} 如图1-9-2a所示，根据力的平衡条件可知

$$F + Q + R_{21} = 0$$

由于此式中只有 F、Q 的大小，而 R_{21} 的大小未知，故可做力矢量三角形（多边形），如图9-1-2b所示。由此可得水平驱动力 F 的大小为

$$F = Q\tan(\alpha + \varphi) \tag{1-9-2}$$

（2）滑块等速下降 若滑块1沿斜面2等速下滑，如图1-9-3a所示。此时 Q 为驱动力，F' 为阻力，即阻止滑块1沿斜面加速下滑的力。此时总反力 R'_{21} 的方向如图1-9-3a所示。根据力的平衡条件可得

$$F' + Q + R'_{21} = 0$$

由力矢量三角形（图1-9-3b）所示得

$$F' = Q\tan(\alpha - \varphi) \tag{1-9-3}$$

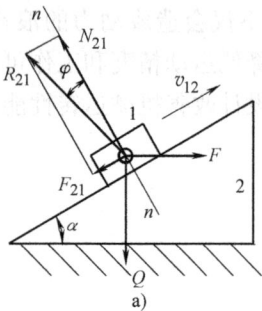

图1-9-2　斜面摩擦正行程受力分析　　　　图1-9-3　斜面摩擦反行程受力分析

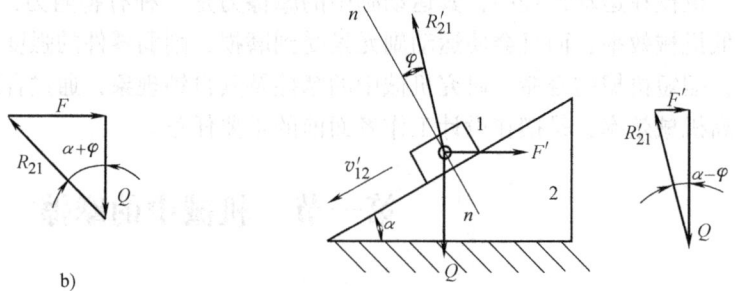

如果把力 F 为驱动力的行程称为正行程，把力 F' 为工作阻力时的行程称为反行程，则由以上分析可知，当已经列出了正行程的力关系式（1-9-2）后，反行程的力关系式可以不必再做其力三角形求解，可以直接利用正行程的关系式（1-9-2），把摩擦角 φ 前面的符号加以改变而得到。

当 $\alpha \leqslant \varphi$ 时，由式（1-9-3）可得 $F' \leqslant 0$。这表明只有当原工作阻力反向作用在滑块1上，即工作阻力变成驱动力时，滑块1才能运动。

二、转动副中的摩擦

转动副在各种机械中应用很广，常见的有轴和轴承以及各种铰链。转动副可按载荷作用情况的不同分为两种：当载荷垂直于轴的几何轴线时，称为径向轴颈或径向轴承；当载荷平行于轴的几何轴线时，称为止推轴颈或止推轴承。

（一）径向轴颈的摩擦

如图1-9-4a所示，轴颈1置于轴承2中，设受到径向载荷 Q（包括自重在内）作用的轴颈在驱动力矩 M_d 的作用下作等速回转。由于转动副间存在法向反力 N_{21}，则轴承2对轴颈1的摩擦力 $F_{21} = fN_{21} = f_e Q$。式中 f_e 为当量摩擦因数。f_e 的大小可在一定条件下用实验测得，也可以在一定条件下经理论推导计算得出。对于非磨合的径向轴颈，$f_e = \dfrac{\pi}{2}f$；而对于磨合的径向轴颈，$f_e = \dfrac{4}{\pi}f$。摩擦力 F_{21} 对轴颈形成的摩擦力矩 M_f 为

$$M_f = F_{21}r = f_e Qr \qquad (1-9-4)$$

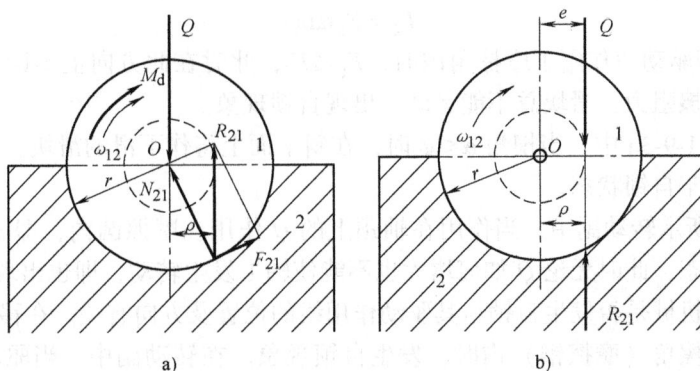

图1-9-4 径向轴颈的摩擦分析

若将接触面上的法向反力 N_{21} 与摩擦力 F_{21} 的合力用总反力 R_{21} 表示，则根据力平衡条件得

$$R_{21} = -Q$$

由于法向反力 N_{21} 对轴颈之矩为零，故

$$M_f = f_e Qr = f_e R_{21} r = R_{21} \rho$$

由上式可得

$$\rho = f_e r$$

上式表明，ρ 的大小与轴颈半径 r 和当量摩擦因数 f_e 有关。对于一个具体轴颈，ρ 为定值。以轴颈中心 O 为圆心，ρ 为半径作圆，此圆称为摩擦圆，ρ 称为摩擦半径。

综合上述分析可知，轴承对轴颈的总反力 R_{21} 将始终切于摩擦圆，且其大小与载荷 Q 相等，总反力 R_{21} 对轴颈轴心 O 的力矩方向必与轴颈 1 相对于轴承 2 的角速度 ω_{12} 的方向相反。

如图1-9-4b 所示，若用对轴 1 中心有偏距 e 的单一载荷 Q 来代替图1-9-4a 中的 Q 和驱动力矩 M_d，则此时有

$$M_d = Qe$$

显然，当 $e > \rho$ 时，单一载荷 Q 作用在摩擦圆之外，轴颈将加速转动；当 $e = \rho$ 时，单一载荷 Q 作用切于摩擦圆，轴颈将匀速转动；当 $e < \rho$ 时，单一载荷 Q 作用在摩擦圆之内，轴颈将减速转动，若原来轴颈为静止的，则仍保持原来的状态。

（二）止推轴颈的摩擦

轴用以承受轴向载荷的部分称为轴端。当轴在承受轴向外载运转时，也要产生摩擦磨损。具体的分析过程请参考相关资料。

第二节 机械中的自锁

在实际机械中，由于摩擦的存在以及驱动力作用方向的问题，有时会出现无论驱动力如何增大，机械都无法运转的现象，这种现象称为自锁。

如图1-9-1 所示，使滑块产生运动的有效分力为

$$F_t = F\sin\beta = F_n\tan\beta$$

此时滑块 1 产生的摩擦力为

$$F_f = F_n \tan\varphi$$

若 $\beta \leqslant \alpha$，即驱动力作用于摩擦角内时，$F_t \leqslant F_f$，此时在此方向上不论 F 变得多大，驱动力始终小于摩擦阻力，滑块总不能运动，出现自锁现象。

同理，在图 1-9-3a 中，当楔角 $\alpha \leqslant \varphi$ 时，在斜平面上将作下滑的滑块，无论 F' 多大，也始终静止，即处于自锁状态。

在图 1-9-4 所示转动副中，当作用在轴颈上的 Q 作用在摩擦圆内，即 $e \leqslant \rho$ 时，若轴颈原来处于静止状态，此时无论 Q 如何增大也不能使轴 1 发生转动，即也出现自锁现象。

综上所述，机械是否发生自锁与其驱动作用线的位置及方向有关。在移动副中，当驱动力的作用线在摩擦角（摩擦锥）内时，发生自锁现象。在转动副中，当驱动力的作用线在摩擦圆内时，也将产生自锁。因此，机械的自锁与机构相关摩擦特性有关，可通过分析以上的环节来予以判断。机械的自锁在大多数机械中都存在。自锁的危害很大。但一些特殊机械则利用了这一特性进行工作，如螺旋千斤顶、各种机械夹具、螺栓联接、压榨机等。

知识拓展

自锁现象在力学中应用极其广泛，在生活、生产中也随处可见。例如，经常可以看到电力维修工人需要爬上电线杆，而登高对人来说是很困难的，所以他们脚上都会穿上特制的设备，这种设备就是根据自锁现象制造的"登高脚扣"（图 1-9-5）。一般脚扣是用机械强度较大的金属材料制作，用于承受人体重量。脚扣弯成略大于半圆形的弯扣，以确保扣住电线杆，保证足够的接触面。内侧面附有摩擦因数较大的材料，扣的一端安装脚踏板。使用时，弯扣卡住电线杆，当一侧着力向下踩时，形成两侧向里的挤压，接触面产生向上的摩擦力，且向下踩的力越大，压力也越大，满足自锁条件，因而不会沿杆滑下，维修工人只需两脚交替上抬就可爬上电线杆。

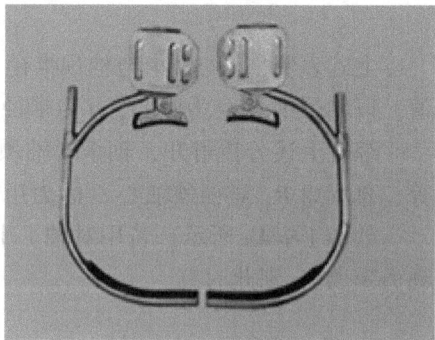

图 1-9-5　登高脚扣

文献阅读指南

机械中的摩擦是机械运转中固有的现象，摩擦力的存在有可能造成机械的自锁。如何比较详细地计算机械中的摩擦，特别是如何利用摩擦圆来分析、考虑摩擦时的机构力平衡问题，如何了解机械自锁的实质，以及如何利用摩擦的方法来避免自锁或利用自锁，在华大年主编的《机械原理》（第 2 版）（北京：高等教育出版社，2007）一书中有比较详细的叙述，相关内容的学习可参阅此书或相关书籍。

学习指导

一、本章主要内容

1）机械中的摩擦。

2）机械中的自锁。

二、本章学习要求

1）能够熟练掌握平面移动副、斜面移动副的摩擦问题的分析与计算。

2）了解转动副摩擦问题的分析与计算。

3）初步了解机械自锁的概念与自锁形成的条件及其应用。

思 考 题

1.9.1 摩擦角的含义是什么？

1.9.2 移动副中的总反力的方向如何确定？

1.9.3 何谓当量摩擦角与当量摩擦因数？引入它们的意义是什么？

1.9.4 何谓摩擦圆？径向转动副中总反力的方向如何确定？

1.9.5 什么是自锁现象？其存在的条件是什么？

1.9.6 试举出几个工程实际中摩擦的有益与有害的实例。

第十章

机械动力学与机械平衡

第一节　机械动力学

机械系统通常由原动机、传动机构和执行机构等组成。前面部分章节中，在对机构进行分析时，总是认为原动件的运动是已知的，且一般假设它作等速运动。实际上，原动件的运动是作用在机械上的外力、各构件的质量、转动惯量以及原动件位置等的函数。研究机械系统的真实运动规律，对于设计机械，特别是高速、重载、高精度，以及高自动化的机械，具有十分重要的意义。

机械运转过程中，外力变化所引起的速度波动，会导致运动副中产生附加的动压力，并导致机械振动，从而降低机械的寿命、效率和工作可靠性。研究速度波动产生的原因，掌握通过合理设计来减少速度波动的方法，是工程设计者应具备的能力。

一、机械的运转过程

当忽略机械中各构件的重力以及运动副中的摩擦力时，作用在机械上的力可分为工作阻力和驱动力两大类。力（或力矩）与运动参数（位移、速度、时间等）之间的关系通常称为机械特性。

工作阻力是指机械工作时需要克服的工作负荷。有些机械的工作阻力近似为常数（如车床），有些机械的工作阻力是与时间、速度、位置等相关的变化的函数（如曲柄压力机等）。驱动力是指驱使原动件运动的力，其变化规律决定于原动机的机械特性。有些机械的驱动力近似为常数，大部分机械的驱动力是一变化的函数。

机械系统的运转从开始到停止的全过程可以分为以下三个阶段（图 1-10-1）：

（一）起动阶段

起动阶段是原动件的速度从零逐渐上升到开始稳定的过程。该阶段的特点为机械的驱动功 W_d 大于输出功 W_r 和损耗功 W_f 之和，出现盈功，机械的动能增加，机械处于加速运动时期，即

$$E = W_d - W_r - W_f > 0$$

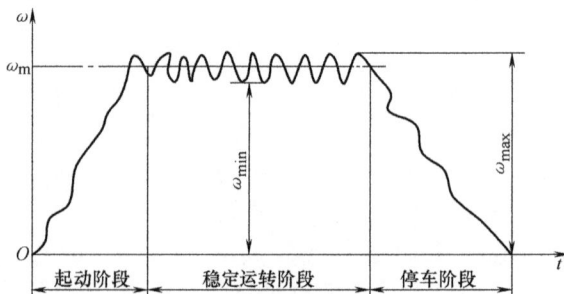

图 1-10-1　机械系统运转的三个阶段

（二）稳定运转阶段

起动阶段结束，机械转入稳定运转阶段，进行正常工作。在该阶段的任一个运动循环周期内，驱动力所做的功 W_d 等于输出功 W_r 和损耗功 W_f 之和。机械的动能不变，即

$$E = W_d - W_r - W_f = 0$$

此时，机械中的原动件将围绕某一平均角速度 ω_m 作周期性波动，故又称变速稳定运转时期。只有特殊情况下，原动件才作等角速度运动。

（三）停车阶段

当切断动力源后，驱动力撤去，机械便进入停车阶段。该阶段内，仅阻力和有害力做功，机械动能减小，直至动能为零，此时机械转速为零，机械停止运转，即

$$E = W_d - W_r - W_f = 0 - W_r - W_f < 0$$

可设制动器来缩短停车的时间。

二、速度不均匀系数

机械稳定运转阶段，原动件角速度变化呈周期性波动，其波动程度通常以速度不均匀系数表示。如图 1-10-1 所示，设原动件角速度的最大值、最小值与平均值分别以 ω_{max}、ω_{min} 与 ω_m 表示，则机械速度不均匀系数可定义为

$$\delta = \frac{\omega_{max} - \omega_{min}}{\omega_m} \tag{1-10-1}$$

其中，ω_m 可由 ω_{min} 与 ω_{max} 的算术平均值近似确定为

$$\omega_m = \frac{\omega_{max} + \omega_{min}}{2} \tag{1-10-2}$$

在各种原动机或工作机铭牌上所表明的即为平均角速度（平均转速）值。由以上两式得

$$\omega_{max}^2 - \omega_{min}^2 = 2\omega_m^2 \delta \tag{1-10-3}$$

机械速度不均匀系数 δ 的许用值因工作性质不同而有不同要求，如果超过了许用值，必将影响机器正常工作。但是过分要求减少不均匀系数值也是不必要的。不同机械（机器）的不均匀系数许用值可在相关工程设计手册上查到。

三、机械系统的等效动力学模型

为了得到机械系统在外力作用下的真实运动规律，必须首先建立描述系统运动规律的运动参数随外力变化的关系式，这种关系式称为机械系统的运动方程式。

（一）机械系统运动方程的一般表达式

按机械系统的动能定理，在任一时间间隔内，作用于机械上的所有驱动力所做的功与克服阻力所需功之差，等于其动能的变化量，即

$$W = W_d - W_r - W_f = E - E_0$$

$$= \frac{1}{2}\sum_{i=1}^{n}\left(m_i v_{si}^2 + J_{si}\omega_i^2\right) - \frac{1}{2}\sum_{i=1}^{n}\left(m_i v_{si0}^2 + J_{si}\omega_{i0}^2\right) \tag{1-10-4}$$

式中　W_d——在给定时间间隔内驱动力所做的功；

　　　W_r——在给定时间间隔内克服工作阻力所做的功；

W_f——在给定时间间隔内克服有害阻力所做的功;

W——盈亏功,即多余或不足的功;

E、E_0——在给定时间内结束时和开始时动能;

m_i、J_{si}——第 i 个构件的质量与其对质心轴的转动惯量;

v_{si0}、v_{si}——在给定时间间隔开始时和结束时第 i 个构件质心的速度;

ω_{i0}、ω_i——在给定时间间隔开始时和结束时第 i 个构件的角速度;

n——机械中所有运动构件的数目。

(二) 等效质量及等效转动惯量、等效力及等效力矩

当研究机械运动系统的运动与外力之间关系时,必须计算作用在每个构件上的外力所做的功以及每个构件的动能,这样很不方便。由于机械系统各构件的运动规律决定于原动件的运动,所以对于单自由度的机械系统,其运动问题可转化为原动件(或其他连架杆)的运动问题来研究。为了保证这种转化能反映原机械系统的运动情况,引入等效质量、等效转动惯量以及等效力、等效力矩的概念,进而建立单自由度机械系统的等效动力学模型。

(1) 等效质量及等效转动惯量 在单自由度的机械系统中,取机器上某连架杆为等效构件,用集中在该构件上某选定点的一个假想质量和假想转动惯量来代替整个机器所有运动构件的质量和转动惯量,代替条件是必须使机器的运动不因这种代替而改变。为此,令该等效构件假想质量的动能等于整个机械系统的动能,此假想质量称为等效质量。同理,如等效构件为绕定轴转动构件,令该等效构件假想转动惯量的动能等于整个机械系统的动能,此假想转动惯量称为等效转动惯量。按等效质量和等效转动惯量的定义有

$$\frac{1}{2}mv^2 = \frac{1}{2}\sum_{i=1}^{n} m_i v_{si}^2 + \frac{1}{2}\sum_{i=1}^{n} J_{si}\omega_i^2 \qquad (1\text{-}10\text{-}5)$$

$$\frac{1}{2}J\omega^2 = \frac{1}{2}\sum_{i=1}^{n} m_i v_{si}^2 + \frac{1}{2}\sum_{i=1}^{n} J_{si}\omega_i^2 \qquad (1\text{-}10\text{-}6)$$

则

$$m = \sum_{i=1}^{n} m_i \left(\frac{v_{si}}{v}\right)^2 + \sum_{i=1}^{n} J_{si}\left(\frac{\omega_i}{v}\right)^2 \qquad (1\text{-}10\text{-}7)$$

$$J = \sum_{i=1}^{n} m_i \left(\frac{v_{si}}{\omega}\right)^2 + \sum_{i=1}^{n} J_{si}\left(\frac{\omega_i}{\omega}\right)^2 \qquad (1\text{-}10\text{-}8)$$

式中 m、v——等效质量及该质量集中点的速度;

J、ω——等效转动惯量及等效构件的角速度;

m_i、J_{si}——第 i 个构件质量及其对质心轴的转动惯量;

ω_i、v_{si}——第 i 个构件的角速度及其质心的速度。

对于连杆机构、凸轮机构及其组合机构等,上式中速比 $\dfrac{v_{si}}{v}$、$\dfrac{\omega_i}{v}$、$\dfrac{v_{si}}{\omega}$ 及 $\dfrac{\omega_i}{\omega}$ 与机构等效构件真实的速度 v 或角速度 ω 无关,仅随等效构件的位置作周期性变化,故等效质量和等效转动惯量也仅随等效构件的位置作相应的变化。对于定传动比的机构,如齿轮、轮系等机构的速比为常数,故其等效质量和等效转动惯量为常数。由以上分析知,可在不知道机器真实运动的情况下求其等效质量和等效转动惯量。

(2) 等效力与等效力矩 假想在等效构件上作用力或力矩,令假想力或力矩所产生的功率等于作用在机械上所有力或力矩所产生的功率,则此假想力或力矩分别称为等效力或等

效力矩。按等效力和等效力矩的定义有

$$Fv = \sum_{i=1}^{n} F_i v_i \cos\theta_i + \sum_{i=1}^{n} M_i \omega_i$$

$$M\omega = \sum_{i=1}^{n} F_i v_i \cos\theta_i + \sum_{i=1}^{n} M_i \omega_i$$

则

$$F = \sum_{i=1}^{n} F_i \left(\frac{v_i}{v}\right) \cos\theta_i + \sum_{i=1}^{n} M_i \left(\frac{\omega_i}{v}\right) \qquad (1\text{-}10\text{-}9)$$

$$M = \sum_{i=1}^{n} F_i \left(\frac{v_i}{\omega}\right) \cos\theta_i + \sum_{i=1}^{n} M_i \left(\frac{\omega_i}{\omega}\right) \qquad (1\text{-}10\text{-}10)$$

式中　F、v——等效力及等效构件上等效力作用点处与其同方向的速度;

　　M、ω——等效力矩及等效构件的角速度;

　　F_i、v_i——作用在第 i 个构件上的外力及其作用点速度;

　　M_i、ω_i——作用在第 i 个构件上的外力矩及该构件的角速度;

　　θ_i——力 F_i 与速度 v_i 之间夹角。

从以上两式知,影响等效力和等效力矩的因素较多,除了等效构件的位置以外,尚有外力 F_i 和外力矩 M_i,它们在机械系统中可能是等效构件的运动参数 φ、ω 及时间 t 的函数,$F = F(\varphi, \omega, t)$,$M = M(\varphi, \omega, t)$。以下仅讨论力或力矩是机构位置的函数,即 $F = F(\varphi)$,$M = M(\varphi)$ 的情况。

(3) 机械系统等效动力学模型　在机械系统动力学研究中,引入了等效质量、等效转动惯量、等效力与等效力矩等概念后,原系统动力学问题可简化为等效构件的动力学问题。这样,就可应用理论力学中刚体动力学理论和方法来处理机械系统动力学问题。机械系统等效动力学模型通常有下列两种表达形式。

1) 能量形式的运动方程式,分析如下:

当等效构件绕定轴转动时,可将式 (1-10-4) 改写为微分形式

$$d\left[\frac{1}{2} J(\varphi) \omega^2\right] = M(\varphi) d\varphi \qquad (1\text{-}10\text{-}11)$$

此为能量微分形式的等效构件运动方程式。设给定初始条件:当 $\varphi = \varphi_0$ 时,$\omega = \omega_0$,$J = J_0$,则对上式积分得

$$\frac{1}{2} J(\varphi) \omega^2 - \frac{1}{2} J_0 \omega_0^2 = \int_{\varphi_0}^{\varphi} M(\varphi) d\varphi \qquad (1\text{-}10\text{-}12)$$

此为能量积分形式的等效构件运动方程式。

2) 力矩形式的运动方程式,分析如下:

当等效构件绕定轴转动时,力矩形式的运动方程式可由式 (1-10-11) 变换得

$$J(\varphi) \omega \frac{d\omega}{d\varphi} + \frac{\omega^2}{2} \frac{dJ(\varphi)}{d\varphi} = M(\varphi) \qquad (1\text{-}10\text{-}13)$$

同理,可写出等效构件作平动时的相应各式,读者不难自行列出。

四、在已知力作用下机械的真实运动

对于单自由度的机械系统,当求得等效构件的运动后,即可按第二章所述方法确定该机

械中任一构件的运动参数。本节以绕定轴转动的等效构件为研究对象，仅讨论等效力矩为等效构件位置函数的情况。

（一） 等效构件角速度的确定

按等效力矩 $M(\varphi)$ 求等效构件角位移自 φ_0 至 φ 的盈亏功 W，其值为

$$W = \int_{\varphi_0}^{\varphi} M(\varphi)\,\mathrm{d}\varphi \tag{1-10-14}$$

等效构件角速度 ω 由式（1-10-12）求得

$$\omega = \sqrt{\frac{J_0\omega_0^2}{J(\varphi)} + \frac{2W}{J(\varphi)}} \tag{1-10-15}$$

如从机械起动时算起，$\varphi_0 = 0$，$\omega_0 = 0$，则式（1-10-15）可简化为

$$\omega = \sqrt{\frac{2W}{J(\varphi)}} \tag{1-10-16}$$

（二） 等效构件角加速度的确定

等效构件角加速度 α 为

$$\alpha = \frac{\mathrm{d}\omega}{\mathrm{d}t} = \frac{\mathrm{d}\omega\,\mathrm{d}\varphi}{\mathrm{d}\varphi\,\mathrm{d}t} = \omega\frac{\mathrm{d}\omega}{\mathrm{d}\varphi} \tag{1-10-17}$$

式中，$\dfrac{\mathrm{d}\omega}{\mathrm{d}\varphi}$ 可由式（1-10-15）对 φ 求导确定。

（三） 机械运动时间的确定

由 $\omega = \mathrm{d}\varphi/\mathrm{d}t$ 得 $\int_0^t \mathrm{d}t = \int_{\varphi_0}^{\varphi}\dfrac{1}{\omega(\varphi)}\mathrm{d}\varphi$，则

$$t = t_0 + \int_{\varphi_0}^{\varphi}\frac{1}{\omega(\varphi)}\mathrm{d}\varphi \tag{1-10-18}$$

如从机械起动时算起，$t_0 = 0$，则

$$t = \int_{\varphi_0}^{\varphi}\frac{1}{\omega(\varphi)}\mathrm{d}\varphi \tag{1-10-19}$$

例 1-10-1 曲柄滑块机构如图 1-10-2a 所示，已知各构件长度及质心 S_1、S_2、S_3 位置，各构件质量 m_1、m_2、m_3，各构件对质心转动惯量 J_{s1}、J_{s2}，作用于曲柄 1 上的驱动力矩 M_d 和滑块 3 上的阻力 F_3。设取曲柄 1 为等效构件，求等效转动惯量 J 和等效力矩 M。

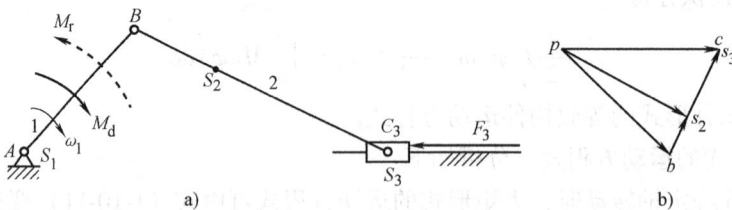

图 1-10-2 矢量图解法求得 v_{s2}、v_{s3}

解 （1）作机构速度图 作机构速度图，如图 1-10-2b）所示。按机构运动分析章节内容，以矢量图解法求得 v_{s2}、v_{s3} 和 ω_2。

（2）求等效转动惯量 J 按式（1-10-8）得

$$J = \frac{m_2 v_{s2}^2 + m_3 v_{s3}^2 + J_{s2} \omega_2^2}{\omega_1^2} + J_{s1}$$

（3）求等效力矩 M 按式（1-10-10）得

$$M = M_d - \frac{F_3 v_{s3}}{\omega_1}$$

五、机械速度波动的调节

从机械系统动能方程式（1-10-4）知，在给定的时间间隔内，由于存在盈功或亏功，使机械的动能不断变化，从而引起原动件的速度（角速度）波动。机械中如有滑块、连杆等变速运动的构件，其速度（角速度）随原动件运动有规律地变化，即发生动能变化，也将促使原动件速度的波动。

如前所述，机械速度波动分两类：

（1）非周期性速度波动 机械受无规律因素（如汽车上坡或下坡所受工作阻力的变化）的影响而引起的速度波动。

（2）周期性速度波动 机械在稳定运转时期有规律的速度波动；或者虽在一个波动周期内无盈亏功，但在其一个间隔内存在盈功或亏功。

上述两类速度波动的调节方法不同，相互不能替代。

（一）非周期性速度波动的调节

非周期性速度波动发生的原因是在原稳定运动循环中驱动力或阻力发生突变，使驱动力所做的功在稳定运动的一个循环内大于或小于阻力所做的功，而不是两者平均值相等，故破坏了原来的稳定运动循环，若不加以调节，将会导致飞车或停车的严重后果。对这种速度波动可用调速器调节。调速器是一种自动调节装置，有机械式、电子式等多种形式。下面仅介绍机械式调速器的工作原理。

图 1-10-3 所示为离心式调速器，由 ACE 和 BDF 两个对称的摆杆滑块机构组成，套筒 N 相当于滑块，它与中心轴 M 组成移动副。两个重块 K_1 和 K_2 分别装在摆杆 AC 和 BD 的延长线上。拉簧 L 联接 AC 和 BD，对 K_1 和 K_2 有收紧作用。中心轴 M 与发动机 1 的主轴相连，以角速度 ω_1 转动，该发动机又与工作机 2 相连。当工作机载荷减小，发动机主轴角速度 ω_1 增高，使重块 K_1 和 K_2 在离心力作用下张得更开，此时套筒 N 向左移动，通过摇杆 GOH

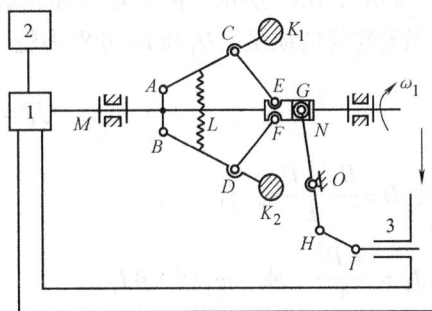

图 1-10-3 离心式调速器工作原理图
1—发动机 2—工作机 3—节流阀

和连杆 HI 推动节流阀 3 向右移动，以减少进入发动机的工作介质。这样，导致发动机驱动力减小到与阻力相匹配，使机器的平均角速度 ω_m' 在略高于原平均角速度 ω_m 下重新达到稳定运动状态。当工作机载荷增加，发动机角速度下降时，调速器又将会自动使节流阀向左移动，使流入的工作介质增加，驱动力上升与阻力相匹配。

（二）周期性速度波动的调节

机械运转周期性速度波动的调节，其目的为减小速度波动的范围，控制速度不均匀系数

不超过许用值 $[\delta]$。调节的方法是在机器中安装一个具有很大转动惯量的回转件，这种回转件通常称为飞轮。因飞轮的转动惯量很大，故其动能为机械动能的主要部分。为简化计算，设忽略机械中除飞轮以外的其他构件的动能，则按式（1-10-4）有

$$[W] = E - E_0 = \frac{1}{2}J_F(\omega_{max}^2 - \omega_{min}^2)$$

将式（1-10-3）代入上式得

$$\delta = \frac{[W]}{\omega_m^2 J_F} \leqslant [\delta] \tag{1-10-20}$$

或

$$J_F \geqslant \frac{[W]}{[\delta]\omega_m^2} = \frac{900[W]}{\pi^2[\delta]n_m^2} \tag{1-10-21}$$

式中　J_F——飞轮的转动惯量；

　　$[\delta]$——速度不均匀系数的许用值；

　　n_m——飞轮轴的平均转速（r/min）；

　　$[W]$——机械系统在最大角速度与最小角速度位置之间的盈亏功，即最大盈亏功。

由式（1-10-21）知，J_F 与 ω_m^2 成反比，这表明飞轮宜安装在角速度较高的轴上，这样可减少飞轮转动惯量，缩小体积，减小质量，但应注意该回转件的平衡问题。

飞轮可比作一个储存能量的仓库，其转动惯量越大，仓库储存多余的能量或供给不足的能量的能力就越大，因此在适应同样盈功或亏功的条件下，可使机械速度波动的程度减小。飞轮可以专门设计，也可以利用机械中大带轮、手轮、齿轮等构件，它们均可视为飞轮的一部分，仅作用大小不同而已。

（三）飞轮尺寸的确定

飞轮按构造可分为轮形和盘形两种。工程用得较多的轮形飞轮具有轮缘、轮辐和轮毂三部分，如图1-10-4所示。由于轮辐和轮毂的转动惯量比轮缘小得多，故通常不予考虑。设 m_1 为飞轮轮缘的质量，D_1 和 D_2 分别为轮缘的外径和内径，则飞轮的转动惯量近似为

$$J_F = \frac{m_1}{2}\left(\frac{D_1^2 + D_2^2}{4}\right)$$

令 $D = \frac{D_1 + D_2}{2}$，有

$$J_F = \frac{m_1 D^2}{4} \quad 或 \quad m_1 D^2 = 4J_F$$

$$\tag{1-10-22}$$

式中　$m_1 D^2$——飞轮矩或飞轮特性（$kg \cdot m^2$）。

对不同构造的飞轮，其飞轮矩可从机械设计手册中查到。如选定飞轮轮缘的平均直径 D 后，即可求得飞轮轮缘的质量 m_1。平均直径 D 的选择，一方面应考虑飞轮在机器中的容许安

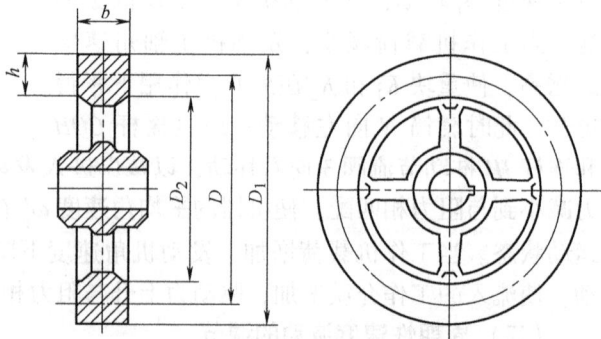

图1-10-4　常用轮辐式飞轮结构示意图

装位置，另一方面必须限制其圆周速度小于工程上规定的安全值，以免飞轮因圆周速度过大而破裂。

设轮缘的宽度和厚度分别为 b 和 h，其材料单位体积的质量为 ρ（kg/m³），则

$$m_1 = \pi Dhb\rho$$

或

$$hb = \frac{m_1}{\pi D\rho} \qquad (1\text{-}10\text{-}23)$$

当飞轮材料和比值 h/b 选定后，飞轮轮缘横截面尺寸即可由上式求得。对于较小的飞轮，通常取 $h/b \approx 2$；对于较大的飞轮，取 $h/b \approx 1.5$。

盘形飞轮为一带轴的实心圆盘。设 m、D 和 b 分别为其质量、外径和宽度，则该飞轮的转动惯量为

$$J_F = \frac{m}{2}\left(\frac{D}{2}\right)^2 = \frac{mD^2}{8}$$

则

$$mD^2 = 8J_F \qquad (1\text{-}10\text{-}24)$$

当选定 D 和算出 m 后，便可按飞轮材料计算宽度 b。

例 1-10-2 某机械系统稳定运转时期的一个周期对应其等效构件转一圈，其平均转速 $n_m = 100\text{r/min}$，等效阻力矩 $M_r = M_r(\varphi)$（图 1-10-5），等效驱动力矩 M_d 为常数，不均匀系数许用值 $[\delta] = 3\%$。求：

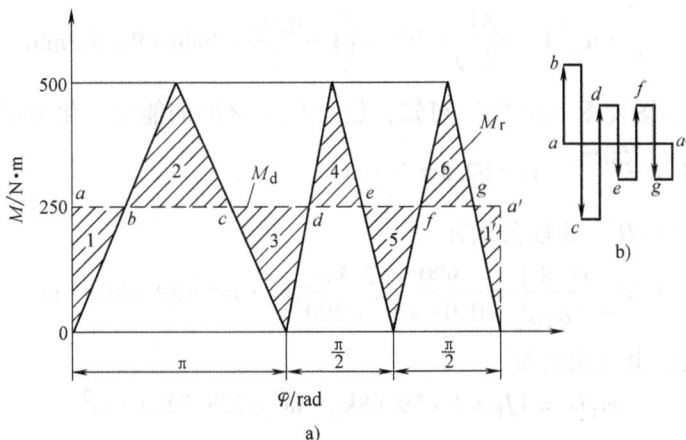

图 1-10-5 机械系统等效阻力矩变化曲线及能量指示图

1）等效驱动力矩 M_d。

2）等效构件转速最大值 n_{max} 和最小值 n_{min} 位置及其大小。

3）最大盈亏功 $[W]$。

4）飞轮转动惯量 J_F 及飞轮矩 m_1D^2。

解 1）机械系统在一个稳定运转周期内，驱动力矩所做功等于克服阻力所做功之和，即 $W_d = W_r$，其中 $W_d = M_d \times 2\pi$，$W_r = 0.5 \times (500\pi + 500 \times 0.5\pi + 500 \times 0.5\pi)$ N·m。

因而有

$$M_d = \frac{0.5 \times (500\pi + 500 \times 0.5\pi + 500 \times 0.5\pi)}{2\pi} \text{N·m} = 250\text{N·m}$$

因为 $M_d(\varphi)$ 为常数，所以它在 M-φ 线图中为一水平线。将驱动力矩线补入图 1-10-5a 中，如图中虚线 aa' 所示。

2）一个周期中，aa'线与M_r曲线形成的交点有b、c、d、e、f、g，两者围成阴影面积1、2、3、4、5、6、$1'$，其中（$1+1'$）、3、5为盈功，2、4、6为亏功，分别用ΔE_1、ΔE_2、$\cdots$、$\Delta E_{1'}$表示，它们的大小分别为

$$\Delta E_1 = +\frac{1}{2} \times \frac{\pi}{4} \times 250\mathrm{N} \cdot \mathrm{m} = +\frac{250\pi}{8}\mathrm{N} \cdot \mathrm{m}$$

$$\Delta E_2 = -\frac{1}{2} \times \frac{\pi}{2} \times 250\mathrm{N} \cdot \mathrm{m} = -\frac{250\pi}{4}\mathrm{N} \cdot \mathrm{m}$$

$$\Delta E_3 = +\frac{1}{2} \times \frac{3\pi}{8} \times 250\mathrm{N} \cdot \mathrm{m} = +\frac{375\pi}{8}\mathrm{N} \cdot \mathrm{m}$$

$$\Delta E_4 = -\Delta E_5 = \Delta E_6 = -\frac{1}{2} \times \frac{\pi}{4} \times 250\mathrm{N} \cdot \mathrm{m} = -\frac{250\pi}{8}\mathrm{N} \cdot \mathrm{m}$$

$$\Delta E_{1'} = +\frac{1}{2} \times \frac{\pi}{8} \times 250\mathrm{N} \cdot \mathrm{m} = +\frac{125\pi}{8}\mathrm{N} \cdot \mathrm{m}$$

借助能量指示图（图1-10-5b）判断，b、d、f为转速局部极大值点，c、e、g为转速局部极小值点且b、c点分别代表转速最大值$n_{\max}$和最小值$n_{\min}$位置。其中

$$n_{\max} = n_{\mathrm{m}}\left(1 + \frac{[\delta]}{2}\right) = 100 \times \left(1 + \frac{0.03}{2}\right)\mathrm{r/min} = 101.5\mathrm{r/min}$$

$$n_{\min} = n_{\mathrm{m}}\left(1 - \frac{[\delta]}{2}\right) = 100 \times \left(1 - \frac{0.03}{2}\right)\mathrm{r/min} = 98.5\mathrm{r/min}$$

3）由能量指示图（图1-10-5b）可知，位置b、c之间的能量变化为最大盈亏功，其值为 $[W] = |\Delta E_2| = \frac{250\pi}{4}\mathrm{N} \cdot \mathrm{m} = 62.5\pi\ \mathrm{N} \cdot \mathrm{m}$。

4）确定J_{F}和$m_1 D^2$，由前公式有

$$J_{\mathrm{F}} \geqslant \frac{900[W]}{\pi^2[\delta]n_{\mathrm{m}}^2} = \frac{900 \times 62.5\pi}{0.03 \times \pi^2 \times 100^2}\mathrm{kg} \cdot \mathrm{m}^2 = 59.68\mathrm{kg} \cdot \mathrm{m}^2$$

设为轮形飞轮，其飞轮矩为

$$m_1 D^2 = 4J_{\mathrm{F}} = 4 \times 59.68\mathrm{kg} \cdot \mathrm{m}^2 = 238.72\mathrm{kg} \cdot \mathrm{m}^2$$

第二节 机 械 平 衡

在机械的运转过程中，构件所产生的不平衡惯性力将会在运动副中产生附加动压力，从而使运动副中的磨损加剧、机械效率降低，影响构件的强度。随着机械运转速度的提高，惯性力与其引起的附加动压力将急剧增加，带来的危害也就越大。特别注意的是，惯性力随机械的运转作周期性变化，故会使机械及其基础产生强迫振动。这种周期性的振动使得机械系统的工作精度及可靠性下降并引起零件材料的疲劳损坏和产生噪声。如果该振动频率接近机械系统的固有频率，将会引起共振，从而有可能使机械遭到破坏，甚至危及人员及厂房的安全。这一问题在高速、重型及精密机械中尤其突出。因此，研究机械中惯性力的变化规律，采用更合理的设计，尽可能减小或消除惯性力的有害影响，是减轻机械振动、改善机械工作性能、提高机械工作质量、延长机械使用寿命、减轻噪声污染的重要措施之一。

一、机械平衡的分类

机械的平衡分为以下两类：

（一）转子的平衡

绕固定轴转动的构件又称为转子，其惯性力及惯性力矩的平衡问题称为转子的平衡。根据转子的工作转速的不同，转子的平衡又分为以下两类：

（1）刚性转子的平衡 工作转速低于一阶临界转速、其旋转轴的轴线挠曲变形可以忽略不计的转子称为刚性转子。刚性转子的平衡可以通过重新调整转子上质量的分布，用理论力学中力系平衡的原理来处理。

（2）挠性转子的平衡 工作转速高于一阶临界转速、其旋转轴的轴线挠曲变形不可以忽略不计的转子称为挠性转子。挠性转子的平衡问题比较复杂，必须考虑变形（动挠度）对平衡的影响。

（二）机构的平衡

对于存在往复运动或平面复合运动构件的机构，其惯性力和惯性力矩不可能在构件内部消除，但所有构件上的惯性力和惯性力矩可合成为一个通过机构质心并作用于机架上的总惯性力和总惯性力矩。因此，机构的平衡问题必须就整个机构加以考虑，应设法使其总惯性力与总惯性力矩在机架上得到完全或部分平衡。所以这类平衡又称为机构在机架上的平衡。

二、刚性转子的平衡

根据转子的轴向尺寸与径向尺寸的比值的大小，刚性转子的平衡可分为静平衡和动平衡两种。

（一）刚性转子的静平衡

对于一些轴向尺寸 b 与径向尺寸 D 的比值较小的盘形转子（$b/D < 0.2$），如齿轮、砂轮、链轮、盘形凸轮等，可以近似认为转子所有质量均分布在同一回转平面内。在这种情况下，若转子的质心不在回转轴线上，当其转动时，其偏心质量就会产生离心惯性力，从而在运动副中引起附加动压力。这种不平衡现象称为静不平衡。为了消除惯性力的不利影响，设计时需要首先根据转子结构定出偏心质量的大小和方位，然后计算出为平衡偏心质量需添加的平衡质量的大小及方位，最后在转子设计图上加上该平衡质量，以使设计出来的转子在理论上达到静平衡。这一过程称为转子的静平衡设计。下面介绍静平衡设计的方法。

如图 1-10-6a 所示，一盘形转子，已知分布于同一回转平面的偏心质量（不平衡质量）m_1、m_2、m_3，从回转中心到各不平衡质量中心的向径为 r_1、r_2、r_3。当转子以等角速度 ω 旋转时，各不平衡质量所产生的离心惯性力分别为：F_1、F_2、F_3。

为了平衡惯性力 F_1、F_2、F_3，就必须在此回转平面内增

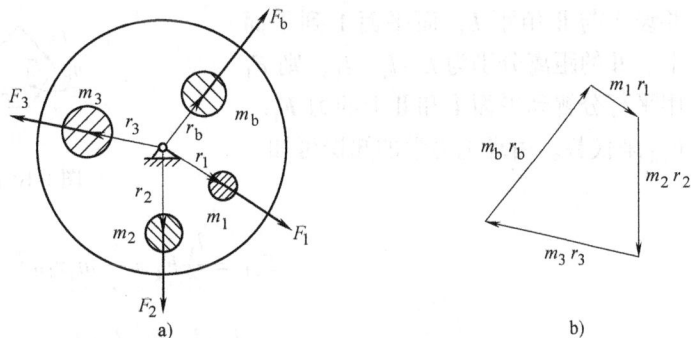

图 1-10-6 盘形刚性转子的静平衡

加一个质量为 m_b，回转向径为 $\boldsymbol{r}_b$ 的平衡质量，使其产生的平衡惯性力 $\boldsymbol{F}_b$ 与其余不平衡惯性力 $\boldsymbol{F}_1$、$\boldsymbol{F}_2$、$\boldsymbol{F}_3$ 的合力 $\boldsymbol{F}$ 为零，即

$$\boldsymbol{F} = \boldsymbol{F}_1 + \boldsymbol{F}_2 + \boldsymbol{F}_3 + \boldsymbol{F}_b = 0 \tag{1-10-25}$$

$$m\omega^2 \boldsymbol{e} = m_1\omega^2\boldsymbol{r}_1 + m_2\omega^2\boldsymbol{r}_2 + m_3\omega^2\boldsymbol{r}_3 + m_b\omega^2\boldsymbol{r}_b = 0$$

消去 ω^2 后可得

$$m\boldsymbol{e} = m_1\boldsymbol{r}_1 + m_2\boldsymbol{r}_2 + m_3\boldsymbol{r}_3 + m_b\boldsymbol{r}_b = 0 \tag{1-10-26}$$

由理论力学知识可知，矢量力的合力为零，即各分力形成一封闭的矢量图框，也即公式中的各质径积 $m_i r_i$ 形成一封闭的矢量图框。按比例绘制，即可得到图 1-10-6b 所示的矢量图。那么要增加的平衡质量即为 m_b，其向径 $\boldsymbol{r}_b$ 的大小与方向如图 1-10-6b 所示。当然也可以反方向的 $-\boldsymbol{r}_b$ 处减去 m_b 的平衡质量。

由以上所述可以得出如下结论：

静平衡的条件是：不平衡质量产生的惯性力与平衡质量产生的惯性力的矢量和为零。

静平衡的问题也可根据理论力学的解析法求得。

（二）刚性转子的动平衡

对于一些轴向尺寸 b 与径向尺寸 D 的比值较大的盘形转子（$b/D \geqslant 0.2$），如多缸发动机的曲柄、汽轮机转子等，由于其轴向宽度较大，其质量分布在几个不同的回转平面内。这时，即使转子的质心在回转轴线上，但由于各偏心质量所产生的离心惯性力不在同一回转平面内，所形成的惯性力偶矩仍使转子处于不平衡状态。由于这种不平衡只有在转子运动的情况下才能显示出来，故称其为动不平衡。为了消除动不平衡现象，在设计时需要首先根据转子结构确定出各个不同回转平面内偏心质量的大小和位置，然后计算出为使转子得到动平衡所需增加的平衡质量的数目、大小及方位，并在转子设计图上加上这些平衡质量，以使设计出来的转子在理论上达到动平衡。这一过程称为转子的动平衡设计。下面介绍动平衡的设计方法。

在图 1-10-7a 中，设转子上的偏心质量 m_1、m_2 和 m_3 分别分布在三个不同的回转平面 1、2、3 内，其质心的向径分别为 $\boldsymbol{r}_1$、$\boldsymbol{r}_2$、$\boldsymbol{r}_3$。当转子以等角速度 ω 转动时，平面 1 内的偏心质量 m_1 所产生的离心惯性力的大小为 $F_1 = m_1\omega^2 r_1$。如果在转子的两端选定两个垂直于转子轴线的平面 I、II，并设 I 与 II 相距 L，而平面 1 到平面 I、II 的距离分别为 $L - l_1$、l_1，则 F_1 用平行分解到平面 I 和 II 上的力 F_{1I}、F_{1II} 来代替。由理论力学的知识可知

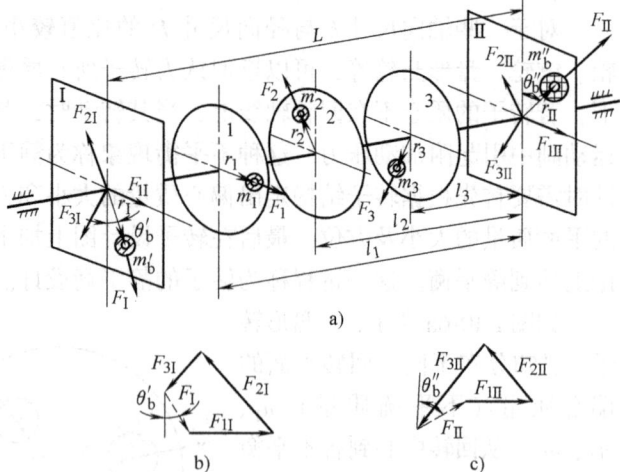

图 1-10-7 机械刚性转子的动平衡

$$F_{1I} = \frac{l_1}{L}F_1 = \frac{l_1}{L}m_1 r_1 \omega^2$$

$$F_{1II} = \frac{L - l_1}{L}F_1 = \frac{L - l_1}{L}m_1 r_1 \omega^2 \tag{1-10-27}$$

若将偏心质量 m_1 平行分解到平面 I 和 II 上，且向径大小不变，则有

$$m_1' = \frac{l_1}{L}m_1, \; m_1'' = \frac{L-l_1}{L}m_1$$

$$m_2' = \frac{l_2}{L}m_2, \; m_2'' = \frac{L-l_2}{L}m_2 \tag{1-10-28}$$

$$m_3' = \frac{l_3}{L}m_3, \; m_3'' = \frac{L-l_3}{L}m_3$$

由以上分析可以发现，位于不同回转平面 1、2、3 内的不同不平衡质量 m_1、m_2 和 m_3，可以在向径 r_1、r_2、r_3 不变的情况下用平面 I、II 内的 m_1'、m_1''、m_2'、m_2''、m_3'、m_3'' 代替，它们的作用效果是一样的。经过如此处理后，位于三个回转平面内的动平衡问题可以转化为平面 I、II 内的静平衡问题进行求解。

在平面 I 内，由式（1-10-26）可得

$$m_1'\boldsymbol{r}_1 + m_2'\boldsymbol{r}_2 + m_3'\boldsymbol{r}_3 + m_b'\boldsymbol{r}_\mathrm{I} = 0$$

用矢量图解法或解析法均可求得平面 I 内 $m_b'\boldsymbol{r}_\mathrm{I}$ 的大小与方位，如图 1-10-7b 所示。

同理，在平面 II 内，有

$$m_1''\boldsymbol{r}_1 + m_2''\boldsymbol{r}_2 + m_3''\boldsymbol{r}_3 + m_b''\boldsymbol{r}_\mathrm{II} = 0$$

用矢量图解法或解析法也可求得 $m_b''\boldsymbol{r}_\mathrm{II}$ 的大小与方位，如图 1-10-7c 所示。

综上所述可以得出如下结论：

动平衡的条件是：当转子转动时，转子上分布在不同平面内的各个质量所产生的空间离心惯性力系的合力及合力矩均为零。

对于动不平衡的转子，无论它有多少个偏心质量，只需在任选的两个平衡平面内各增加或减少一个合适的平衡质量即可使转子获得动平衡。在工程实际中，选择动平衡的两位置及方位时，要具体结构具体考虑。

三、刚性转子的平衡试验

（一）刚性转子的静平衡试验

当刚性转子的宽径比 $b/D < 0.2$ 时，通常只需对转子进行静平衡试验。

静平衡试验所用的设备称为静平衡架，如图 1-10-8 所示。图 1-10-8a 所示为导轨式静平衡架，用它平衡转子时，首先应将两导轨调整为水平且互相平行，然后将需要平衡的转子放在导轨上让其轻轻地自由滚动。如果转子上有偏心质量存在，其质心必偏离转子的旋转轴线，在重力的作用下，待转子停止滚动时，其质心 S 必在轴心的正下方，这时在轴心的正上方任意向径处加一平衡质量（一般用橡皮泥）。

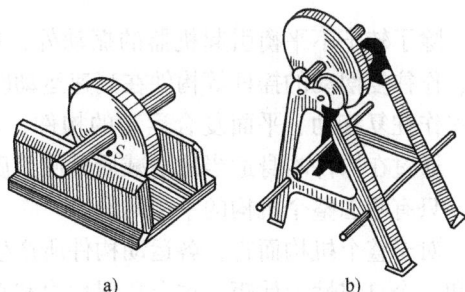

图 1-10-8　两种静平衡架

反复试验，加减平衡质量，直至转子能在任何位置保持静止为止。最后根据所加橡皮泥的质量和位置，得到其质径积。再根据转子的结构，在合适的位置上增加或减少相应的平衡质

量，使转子最终达到平衡。导轨式静平衡架虽然结构简单，平衡精度较高，但是当转子两端支承轴的尺寸不同时，便不能用其进行平衡。这时就需要使用图 1-10-8b 所示的圆盘式静平衡架。其平衡方法与上述相同。它的主要优点是使用方便，可以平衡两端尺寸不同的转子。但由于其摩擦阻力较大，所以其平衡精度不如前者高。

（二）刚性转子的动平衡试验

经过动平衡设计，理论上已平衡的宽径比 $b/D \geqslant 0.2$ 的刚性转子，在制成后还需要进行动平衡试验。

动平衡试验一般需要在专用的动平衡机上进行。生产中使用的动平衡机种类很多，虽然其构造及工作原理不尽相同，但其作用都是用来确定需加于两个平衡平面中的平衡质量的大小及方位。目前使用较多的动平衡机是根据振动原理设计的，它利用测振传感器将转子转动时产生的惯性力所引起的振动信号变为电信号，然后通过电子线路加以处理和放大，最后通过解算求出被测转子的不平衡质量的质径积的大小和方位。图 1-10-9 所示为一种带计算机系统的硬支承动平衡试验机的工作原理示意图。该动平衡试验机由机械部分、振动信号预处理电路和计算机三部分组成。它利用平衡机主轴箱端部的小发电机信号作为转速信号和相位基准信号，由发电机拾取的信号经处理后成为方波或脉冲信号，利用方波的上升沿或正脉冲通过计算机的 PIO 触发中断，使计算机开始和终止计数，以此达到测量转子旋转周期的目的。由传感器拾取的振动信号，在输入发电机 A/D 转换器之前需要进行预处理。这项工作是由信号预处理电路来完成的，其主要工作是滤波和放大，并把振动信号调整到 A/D 转换器所要求的输入量的范围内。振动信号经过预处理电路处理后，即可输入计算机，进行数据采集和解算，最后由计算机给出两平衡基面上需加平衡质量的大小和相位。而这些工作是由软件来完成的。

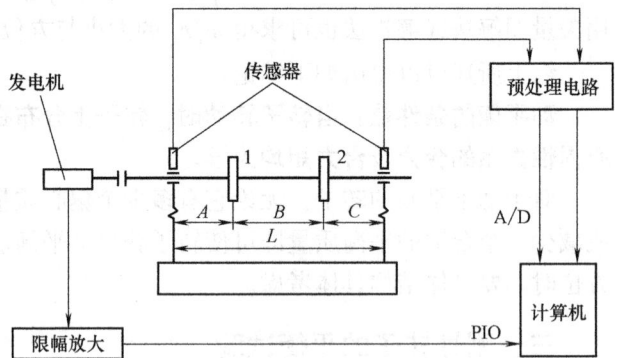

图 1-10-9　动平衡试验机原理图

四、平面机构的平衡简介

除了转子不平衡引起机器的振动外，机构中作往复移动的滑块、作平面复合运动的连杆、作往复摆动的摇杆等构件在高速运动时也会产生很大的惯性力，引起机器的强烈振动。这些作往复移动、平面复合运动的构件，其质心往往是在运动的，故不能像转子的平衡那样，通过在构件本身适当地增减质量使其质心在任何时间都处于静止状态而达到惯性力的平衡，只有考虑整个机构的平衡问题。

对于整个机构而言，各运动构件所产生的惯性力可以合成为一个通过机构质心的总惯性力和一个总惯性力偶矩，这个总惯性力和总惯性力偶矩是要由基座来承受的。为了消除机器在基座上的动压力，必须设法平衡这个总惯性力和总惯性力偶矩。总惯性力偶矩的平衡比较复杂，这里只讨论总惯性力的平衡问题。

机构总惯性力的平衡条件为总惯性力 $F = -ma$，式中 m 为机构质量，它不可能为零，欲使该式成立，机构质心加速度 a 应为零，即机构质心位置固定或作等速直线运动。由于机构作周期性运动，其质心不可能作等速直线运动，因此只能适当增加平衡质量，使机构质心位置固定不动。

下面简要介绍机构惯性力平衡的两种处理方法。

（1）利用附加质量的平衡法　图 1-10-10 所示为曲柄滑块机构的平衡，设曲柄 1、连杆 2 及滑块 3 的质量分别为 m_1、m_2 和 m_3，其质心分别为 S_1、S_2 及 S_3。先在连杆上加配重 Q'，使其质量 m' 与 m_2、m_3 的总质心位于 B 点，由此可得 $m_B = m' + m_2 + m_3$，且

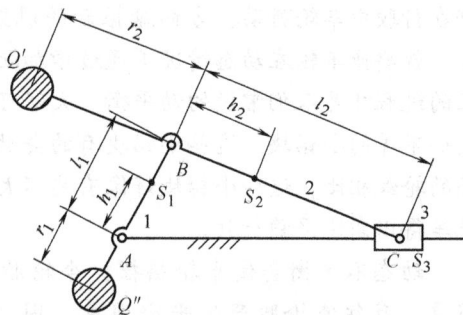

图 1-10-10　曲柄滑块机构的平衡

$$m' = \frac{m_2 h_2 + m_3 l_2}{r_2}$$

然后在曲柄上加配重 Q''，使其质量 m'' 与 m_B、m_1 的总质心位于 A 点，故有

$$m_A = m'' + m_1 + m_B$$

且

$$m'' = \frac{m_1 h_1 + m_B l_1}{r_1}$$

至此，该机构上增设两个配重 Q' 和 Q'' 后，使各运动构件的总质心即机构质心位置移至固定点 A，不随机构运动而改变位置，达到机构总惯性力完全平衡的目的。实际上，由于在连杆上安装配重对结构不利，往往只在曲柄上加一合适的配重，以部分地平衡机构的总惯性力。

（2）利用附加机构的平衡法　常用方法有：

1）利用对称机构平衡。图 1-10-11 所示为对称机构的平衡，由于其构件的布置、尺寸和质量对称，所以机构在运动中的惯性力可得到完全平衡。利用对称机构可得到很好的平衡效果，但将使机构的体积大为增加。

2）利用非完全对称机构平衡。图 1-10-12 所示为非完全对称机构的平衡。在图示的机构中，当曲柄 AB 转动时，两连杆 BC 与 $B'C'$，两摇杆 CD 与 $C'D$ 的角速度方向正好相反，故其惯性力可相互平衡。但由于机构不是完全对称布置，所以也只能部分平衡惯性力。

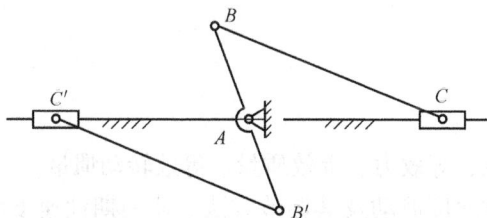

图 1-10-11　对称机构的平衡

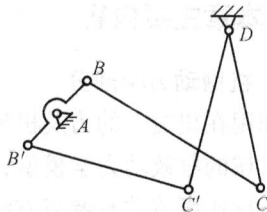

图 1-10-12　非完全对称机构的平衡

不完全对称机构虽然只能部分平衡惯性力，但由于结构较为紧凑，工程上也常采用。

知识拓展

在车辆出厂装配时，车轮都会做动平衡测试，就是为了让车轮高速行驶更加平稳。

汽车的车轮是由轮胎、轮毂组成的一个整体。但由于制造上的原因，使这个整体各部分的质量分布不可能非常均匀。当汽车车轮高速旋转起来后，就会形成动不平衡状态，造成车辆在行驶中车轮抖动、方向盘振动的现象。为了避免这种现象或是消除已经发生的这种现象，就要使车轮在动态情况下通过增加配重的方法，使车轮校正各边缘部分的平衡。这个校正的过程就是人们常说的动平衡。大家可以发现在汽车车轮的轮毂边缘上，贴有一块或多块大小不等的小铅块。这些小铅块有的会贴在轮毂内侧，有的会卡在轮毂外侧。与各式各样漂亮的轮毂相比，这些小铅块好像有些不太相衬，但正是这些小小的铅块对车轮的平衡，才使汽车得以高速平稳行驶。

动态不平衡会使车轮摇摆，令轮胎产生波浪形磨损；静态不平衡会产生颠簸和跳动现象，往往使轮胎产生平斑现象。因此，定期检测平衡不但能延长轮胎寿命，还能提高汽车行驶时的稳定性，避免在高速行驶时因轮胎摆动、跳动，失去控制而造成交通事故。

📚 文献阅读指南

为适应机械的高速化、轻量化、精密化和自动化，机械动力学在过去二三十年间得到了迅速的发展，不仅有大量的研究成果问世，而且早已成为发达国家机械工程专业本科生和研究生的重要课程。近十年来，我国许多大学也都将该课程列为机械工程类各专业研究生和本科生的重要选修课。为了加深学生对该方面内容的学习，张策编著的《机械动力学》（北京：高等教育出版社，2008）一书对机械刚体动力学、机械振动学基础和机械弹性动力学三个核心内容进行了详细讲述。机械刚体动力学篇介绍了动态静力分析方法、动力分析方法和以这两种分析方法为基础的综合方法。机械弹性动力学篇介绍了各种机构和机械系统的弹性动力分析方法和综合方法。机械振动学基础既作为学习机械弹性动力学的基础知识，也有着独立的、重要的工程应用价值。此外该书还详细介绍了机构的平衡知识。需要进一步学习机械动力学或机构平衡设计的同学可参阅此书或相关教材或专著。

✏️ 学习指导

一、本章主要内容

（一）机械动力学部分
1）作用在机械上的力及机械的运转过程。
2）机械的等效动力学模型，包括等效力矩、等效力、等效质量、等效转动惯量。
3）机械速度波动及调节方法，包括周期性速度波动及其调节方法、非周期性速度波动及其调节方法。
4）飞轮设计，包括飞轮设计的基本原理、飞轮主要尺寸的确定。

（二）机械的平衡部分
1）机械平衡的分类，包括转子的平衡、机构的平衡。
2）刚性转子的平衡设计，包括静平衡设计、动平衡设计。
3）平面机构平衡设计简介。

二、本章学习要求

（一）机械动力学部分

1）掌握机械运转过程的三个阶段中机械系统的功、能量和原动件运动速度的特点。了解作用在机械中的外力与某些运动参数之间的函数关系。

2）掌握建立单自由度机械系统等效动力学模型的基本思路及建立运动方程式的方法。

3）能求解等效力矩和等效转动惯量均是机构位置函数时机械的运动方程式。

4）掌握飞轮调速原理及飞轮设计的基本方法，能求解等效力矩是机构位置函数时飞轮的转动惯量。

5）了解机械非周期性速度波动调节的基本概念和方法。

（二）机械的平衡部分

1）了解机械平衡的目的及其分类，掌握机械平衡的方法。

2）熟练掌握刚性转子的平衡设计方法，了解平衡试验的原理及方法。

3）了解平面机构惯性力的平衡方法。

思 考 题

1.10.1 一般机械的运转过程包括哪三个阶段？在这三个阶段中，输入功、总耗功、动能和速度之间存在何种关系？

1.10.2 为什么要建立机器的等效动力学模型？建立时应遵循的原则是什么？

1.10.3 何谓机械运转的"平均速度"和"不均匀系数"？

1.10.4 机械运转的波动调节的原因是什么？

1.10.5 飞轮调节的原理是什么？其设计的基本原则是什么？

1.10.6 离心式调速器工作的原理是什么？

1.10.7 机械平衡的目的是什么？造成机械不平衡的原因可能有哪些？

1.10.8 机械平衡有几类？

1.10.9 机械的平衡包括哪两种方式？它们的平衡目的是什么？

1.10.10 刚性转子的平衡设计有几种？各自需要满足何种条件？

1.10.11 什么是平面机构的完全平衡？

1.10.12 什么是平面机构的部分平衡？

习 题

1.10.1 在图 1-10-13 所示的平面六杆机构中，已知：$\varphi_1 = \varphi_2 = \varphi_3 = 90°$，$F_5 = 1kN$，$l_{AB} = l_{BS_2} = l_{S_2C} = l_{CE} = l_{ED} = l_{ES_4} = l_{S_4G} = 100mm$，$m_2 = m_4 = m_5 = 10kg$，$J_{S1} = 0.05kg \cdot m^2$，$J_{S2} = J_{S4} = 0.01kg \cdot m^2$，$J_D = 0.04kg \cdot m^2$。设取曲柄 1 为等效构件，求等效转动惯量 J 及工作阻力 F_5 引起的等效阻力矩 M_r。

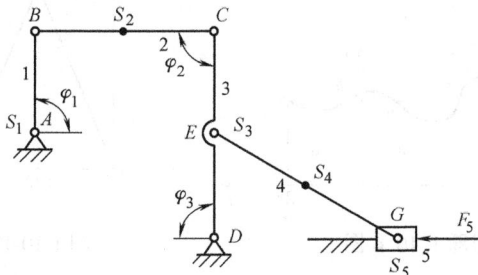

图 1-10-13 习题 1.10.1 图

1.10.2 在图 1-10-14 所示的导杆机构中，已知各构件长度：$l_{AB}=150mm$，$l_{AC}=300mm$，$l_{CD}=550mm$，各构件质量：$m_1=5kg$，$m_2=3kg$，$m_3=10kg$（质心 S_3 为 CD 中点），各构件转动惯量：$J_{S1}=0.05kg\cdot m^2$，$J_{S2}=0.002kg\cdot m^2$，$J_{S3}=0.2kg\cdot m^2$，驱动力矩 $M_1=1000N\cdot m$。求：

1）各构件质量和转动惯量换算到轴 C 上的等效转动惯量。

2）M_1 换算到导杆 3 上的等效力矩。

3）M_1 换算到导杆 3 上 D 点的等效圆周力。

1.10.3 在某机械系统中，取其主轴为等效构件，平均转速 $n_m=1000r/min$，等效阻力矩 $M_r(\varphi)$ 如图 1-10-15 所示。设等效驱动力矩 M_d 为常数，且除飞轮以外其他构件的转动惯量均可略去不计，求保证速度不均匀系数 δ 不超过 0.04 时，安装在主轴上的飞轮转动惯量 J_F。设该机械由电动机驱动，所需平均功率为多大？

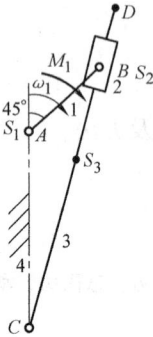

图 1-10-14 习题 1.10.2 图

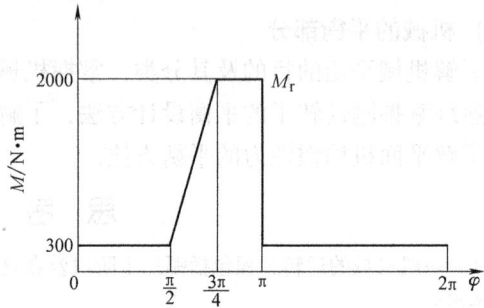

图 1-10-15 习题 1.10.3 图

1.10.4 图 1-10-16 所示为多缸发动机曲柄（等效构件）上的等效驱动力矩变化曲线，而等效阻力矩为常数。曲柄平均转速 $n_m=3000r/min$。设除飞轮以外其他构件的转动惯量不计，试求保证速度不均匀系数 δ 不超过 0.02 时，安装在主轴上的飞轮转动惯量 J_F 及飞轮矩 m_1D^2。图中盈功 W_1、W_3、W_5、W_7，亏功 W_2、W_4、W_6、W_8 见表 1-10-1。

表 1-10-1 盈亏功表

盈　亏　功	W_1	W_2	W_3	W_4	W_5	W_6	W_7	W_8
$\times 10^3 N\cdot m$	1 000	1 600	1 800	2 000	1 200	600	400	200

1.10.5 某机械换算到主轴上的等效阻力矩 $M_r(\varphi)$ 在一个工作循环中的变化规律如图 1-10-17 所示。设等效驱动力矩 M_d 为常数，主轴平均转速 $n_m=300r/min$，速度不均匀系数许用值 $[\delta]=0.05$，设机械中其他构件的转动惯量均略去不计。求安装在主轴上的飞轮转动惯量 J_F 及飞轮矩 m_1D^2。

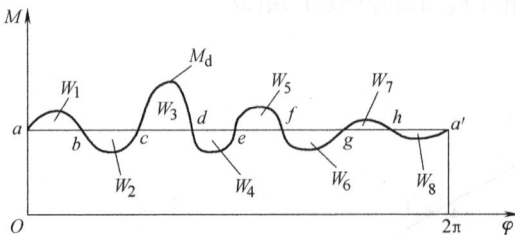

图 1-10-16 习题 1.10.4 图

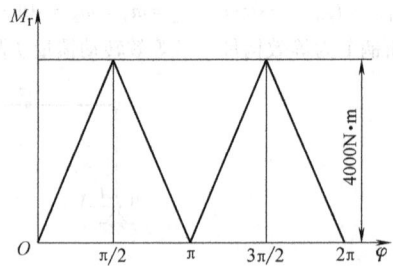

图 1-10-17 习题 1.10.5 图

1.10.6 图 1-10-18 所示半径为 100mm, 偏心距为 10mm 的均质偏心轮, 其轴孔直径为 40mm, 要求在该偏心轮上开三个圆孔以达到静平衡。已知: $r_1 = 70mm$, $r_1' = 32mm$, $r_2 = r_3 = 80mm$, 求: $r_2' = r_3' = ?$

1.10.7 图 1-10-19 所示的凸轮轴系由三个相互错开 120° 的偏心轮组成, 每一个偏心轮的质量为 0.4kg, 其偏心距为 12mm, 设在校正平面 I 与 II 内各装一个平衡质量 m_I' 和 m_{II}' 使之平衡, 其回转半径 $r_I' = r_{II}' = 10mm$, 求 m_I' 和 m_{II}' 的大小和位置。

1.10.8 图1-10-20 所示三质量为 $m_1 = m_2 = 2m_3 = 2kg$, 绕 z 轴回转, 其回转半径为 $1.2r_1 = r_2 = r_3 = 120mm$。如置于 I 与 II 两个校正平面中的平衡质量 m_I' 和 m_{II}' 的回转半径 $r_I' = r_{II}' = 100mm$, 试求 m_I' 和 m_{II}' 的大小和方位。

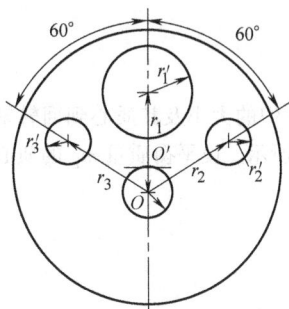

图 1-10-18 习题 1.10.6 图

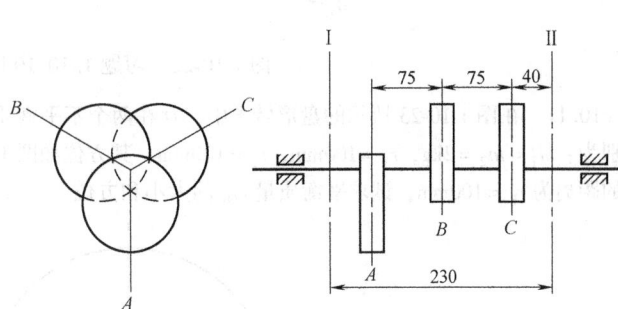

图 1-10-19 习题 1.10.7 图

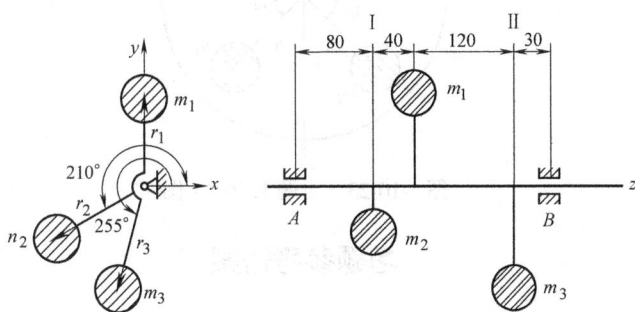

图 1-10-20 习题 1.10.8 图

1.10.9 一轴上有四个相同的曲柄, 其中两曲柄之间夹角为 0°, 另两曲柄与前两者之间夹角为 180°, 相邻两曲柄之间轴向距离相等, 设计时各曲柄相对位置的安排如图 1-10-21a、b、c 所示三种可能性, 如不另加平衡质量, 问哪一种安排能达到平衡? 为什么?

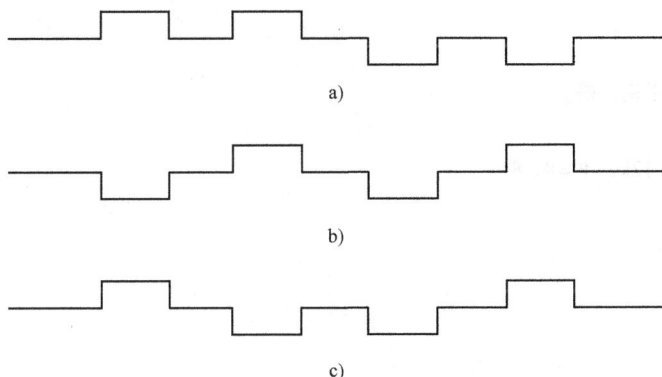

a)

b)

c)

图 1-10-21 习题 1.10.9 图

1.10.10 机构如图 1-10-22 所示，$AB = AB' = l_1$，$BC = B'C' = l_2$，B、A、B' 在一直线上，问该机构各构件的惯性力能否得到全部平衡？为什么？

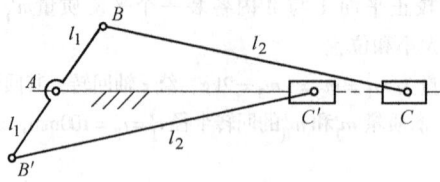

图 1-10-22 习题 1.10.10 图

1.10.11 在图 1-10-23 所示的盘形转子中，存在两个不平衡质量。它们的大小及其质心到回转轴的距离分别为：$m_1 = m_2 = 2\text{kg}$，$r_1 = 100\text{mm}$，$r_2 = 120\text{mm}$，其方位如图 1-10-23 所示。设平衡质量 m_b 的质心至回转轴的距离为 $r_b = 100\text{mm}$，试求平衡质量 m_b 的大小和方位。

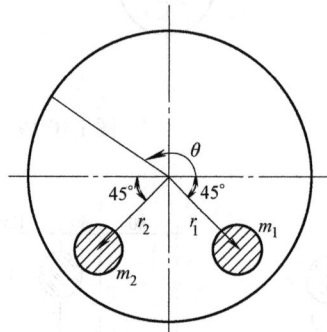

图 1-10-23 习题 1.10.11 图

习题参考答案

1.10.1 略。

1.10.2 略。

1.10.3 $J_F \geqslant 3.48\text{kg} \cdot \text{m}^2$，$P = 203.44\text{kW}$。

1.10.4 $J_F \geqslant 1014.24\text{kg} \cdot \text{m}^2$，$m_1 D^2 \geqslant 4056.96\text{kg} \cdot \text{m}^2$。

1.10.5 $J_F \geqslant 31.85\text{kg} \cdot \text{m}^2$，$m_1 D^2 \geqslant 127.4\text{kg} \cdot \text{m}^2$。

1.10.6 $r'_2 = r'_3 = 17.44\text{mm}$。

1.10.7 略。

1.10.8 略。

1.10.9 c 图能平衡；略。

1.10.10 略。

1.10.11 $m_b = 3.12\text{kg}$，$\theta = 84.8°$。

附录　重要名词术语中英文对照表

中文	英文
A	
阿基米德蜗杆	archimedes worm
安全系数	safety factor，factor of safety
安全载荷	safe load
B	
扳手	wrench
板簧	flat leaf spring
半圆键	woodruff key
变形	deformation
摆杆	oscillating bar
摆动从动件	oscillating follower
摆动从动件凸轮机构	cam with oscillating follower
摆动导杆机构	oscillating guide-bar mechanism
摆线运动规律	cycloidal motion
摆线针轮	cycloidal-pin wheel
包角	angle of contact
保持架	cage
背对背安装	back-to-back arrangement
背锥	back cone
背锥角	back angle
背锥距	back cone distance
比例尺	scale
闭式链	closed kinematic chain
闭链机构	closed chain mechanism
臂部	arm
变频器	frequency converters
变频调速	frequency control of motor speed
变速	speed change
变位齿轮	modified gear
变位系数	modification coefficient
标准齿轮	standard gear
标准直齿轮	standard spur gear
表面质量系数	superficial mass factor

表面传热系数	surface coefficient of heat transfer
表面粗糙度	surface roughness
并联式组合	combination in parallel
并联机构	parallel mechanism
并联组合机构	parallel combined mechanism
并行工程	concurrent engineering
并行设计	concurred design
不平衡相位	phase angle of unbalance
不平衡	imbalance（or unbalance）
不完全齿轮机构	intermittent gearing
波发生器	wave generator
波数	number of waves
补偿	compensation

C

参数化设计	parameterization design
残余应力	residual stress
操纵及控制装置	operation control device
槽轮	geneva wheel
槽轮机构	geneva mechanism，maltese cross
槽数	geneva number
槽凸轮	groove cam
侧隙	backlash
差动轮系	differential gear train
差动螺旋机构	differential screw mechanism
差速器	differential
常用机构	conventional mechanism，mechanism in common use
承载能力	bearing capacity
成对安装	paired mounting
尺寸系列	dimension series
齿槽	tooth space
齿槽宽	spacewidth
齿侧间隙	backlash
齿顶高	addendum
齿顶圆	addendum circle
齿根高	dedendum
齿根圆	dedendum circle
齿厚	tooth thickness
齿距	circular pitch
齿宽	face width

齿廓	tooth profile
齿廓曲线	tooth curve
齿轮	gear
齿轮变速箱	speed-changing gear boxes
齿轮齿条机构	pinion and rack
齿轮插刀	pinion cutter, pinion-shaped shaper cutter
齿轮滚刀	hob, hobbing cutter
齿轮机构	gear mechanism
齿轮轮坯	blank
齿轮联轴器	gear coupling
齿条传动	rack gear
齿数	tooth number
齿数比	gear ratio
齿条	rack
齿条插刀	rack cutter, rack-shaped shaper cutter
齿形链、无声链	silent chain
齿形系数	form factor
齿式棘轮机构	tooth ratchet mechanism
插齿机	gear shaper
重合度	contact ratio
传动比	transmission ratio, speed ratio
传动装置	gearing, transmission gear
传动系统	driven system
传动角	transmission angle
传动轴	transmission shaft
串联式组合	combination in series
串联式组合机构	series combined mechanism
创新	innovation, creation
创新设计	creation design
垂直载荷、法向载荷	normal load
唇形橡胶密封	lip rubber seal
磁流体轴承	magnetic fluid bearing
从动带轮	driven pulley
从动件	driven link, follower
从动件平底宽度	width of flat-face
从动件运动规律	follower motion
从动轮	driven gear
粗线	bold line
粗牙螺纹	coarse threads

D

大齿轮	gear wheel
打滑	slipping
带传动	belt driving
带轮	belt pulley
带式制动器	band brake
单列轴承	single row bearing
单向推力轴承	single-direction thrust bearing
单万向联轴器	single universal joint
单位矢量	unit vector
当量齿轮	equivalent spur gear, virtual gear
当量齿数	equivalent tooth number, virtual number of teeth
当量摩擦因数	equivalent coefficient of friction
当量载荷	equivalent load
导数	derivative
倒角	chamfer
导热性	conduction of heat
导程	lead
导程角	lead angle
等加等减速运动规律	parabolic motion
等速运动规律	constant velocity motion
等径凸轮	conjugate yoke radial cam
等宽凸轮	constant-breadth cam
等效构件	equivalent link
等效力	equivalent force
等效力矩	equivalent moment of force
等效质量	equivalent mass
等效转动惯量	equivalent moment of inertia
等效动力学模型	dynamically equivalent model
底座	chassis
低副	lower pair
点画线	chain dotted line
（疲劳）点蚀	pitting
垫圈	gasket
垫片密封	gasket seal
碟形弹簧	belleville spring
顶隙	bottom clearance
定轴轮系	ordinary gear train, gear train with fixed axes
动力学	dynamics

动密封	kinematical seal
动能	dynamic energy
动力粘度	dynamic viscosity
动力润滑	dynamic lubrication
动平衡	dynamic balance
动平衡机	dynamic balancing machine
动态特性	dynamic characteristics
动态分析设计	dynamic analysis design
动压力	dynamic reaction
动载荷	dynamic load
端面	transverse plane
端面参数	transverse parameters
端面齿距	transverse circular pitch
端面齿廓	transverse tooth profile
端面重合度	transverse contact ratio
端面模数	transverse module
端面压力角	transverse pressure angle
对称循环应力	symmetry circulating stress
对心滚子从动件	radial (or in-line) roller follower
对心直动从动件	radial (or in-line) translating follower
对心移动从动件	radial reciprocating follower
对心曲柄滑块机构	in-line slider-crank (or crank-slider) mechanism
多列轴承	multi-row bearing
多楔带	poly v-belt
多项式运动规律	polynomial motion
惰轮	idle gear

E

额定寿命	rated life
额定载荷	tated load
Ⅱ级杆组	dyad

F

发生线	generating line
发生面	generating plane
法平面	normal plane
法向参数	normal parameters
法向齿距	normal circular pitch
法向模数	normal module
法向压力角	normal pressure angle
法向齿距	normal pitch

法向齿廓	normal tooth profile
法向直廓蜗杆	straight sided normal worm
法向力	normal force
反馈式组合	feedback combining
反向运动学	inverse（or backward）kinematics
反转法	kinematic inversion
展成法（范成法）	generating cutting
成形法（仿形法）	form cutting
方案设计、概念设计	concept design
防振装置	shockproof device
飞轮	flywheel
飞轮矩	moment of flywheel
非标准齿轮	nonstandard gear
非接触式密封	non-contact seal
非周期性速度波动	aperiodic speed fluctuation
非圆齿轮	non-circular gear
粉末冶金	powder metallurgy
分度线	reference line，standard pitch line
分度圆	reference circle，standard（cutting）pitch circle
分度圆柱导程角	ead angle at reference cylinder
分度圆柱螺旋角	helix angle at reference cylinder
分度圆锥	reference cone，standard pitch cone
复合铰链	compound hinge
复合式组合	compound combining
复合轮系	compound（or combined）gear train
复合应力	combined stress
复式螺旋机构	compound screw mechanism

G

杆组	assur group
刚度系数	stiffness coefficient
刚轮	rigid circular spline
钢丝软轴	wire soft shaft
刚体导引机构	body guidance mechanism
刚性冲击	rigid impulse（shock）
刚性转子	rigid rotor
刚性轴承	rigid bearing
刚性联轴器	rigid coupling
高度系列	height series
高速带	high speed belt

高副	higher pair
根切	undercutting
公称直径	nominal diameter
高度系列	height series
功	work
工况系数	application factor
工艺设计	technological design
工作循环图	working cycle diagram
工作载荷	external loads
工作空间	working space
工作应力	working stress
工作阻力	effective resistance
工作阻力矩	effective resistance moment
公法线	common normal line
公共约束	general constraint
功率	power
共轭齿廓	conjugate profiles
共轭凸轮	conjugate cam
构件	link
固定构件	fixed link, frame
固体润滑剂	solid lubricant
关节型操作器	jointed manipulator
惯性力	inertia force
惯性力矩	moment of inertia, shaking moment
惯性力平衡	balance of shaking force
惯性力完全平衡	full balance of shaking force
惯性力部分平衡	partial balance of shaking force
惯性主矩	resultant moment of inertia
惯性主失	resultant vector of inertia
广义机构	generation mechanism
广义坐标	generalized coordinate
轨迹生成	path generation
轨迹发生器	path generator
滚刀	hob
滚道	raceway
滚动体	rolling element
滚动轴承	rolling bearing
滚动轴承代号	rolling bearing identification code
滚针	needle roller

滚针轴承	needle roller bearing
滚子	roller
滚子轴承	roller bearing
滚子半径	radius of roller
滚子从动件	roller follower
滚子链	roller chain
滚子链联轴器	double roller chain coupling
滚珠丝杠	ball screw
滚柱式单向超越离合器	roller clutch

H

函数发生器	function generator
函数生成	function generation
含油轴承	oil bearing
耗油量	oil consumption
耗油量系数	oil consumption factor
赫兹公式	H. Hertz equation
合成弯矩	resultant bending moment
合力	resultant force
合力矩	resultant moment of force
横坐标	abscissa
花键	spline
滑键、导键	feather key
滑动轴承	sliding bearing
滑动率	sliding ratio
滑块	slider
滑块联轴器	slider coupling, oldham coupling
环面蜗杆	toroid helicoids worm
环形弹簧	annular spring
缓冲装置	shocks, shock-absorber
回程	return
回转体平衡	balance of rotors
混合轮系	compound gear train

J

机电一体化系统设计	mechanical-electrical integration system design
机构	mechanism
机构分析	analysis of mechanism
机构平衡	balance of mechanism
机构学	mechanism
机构运动设计	kinematic design of mechanism

机构运动简图	kinematic sketch of mechanism
机构综合	synthesis of mechanism
机构组成	constitution of mechanism
机架	frame, fixed link
机架变换	kinematic inversion
机器	machine
机器人	robot
机器人操作器	manipulator
机器人学	robotics
技术系统	technique system
机械	machinery
机械创新设计	mechanical creation design
机械系统设计	mechanical system design
机械动力分析	dynamic analysis of machinery
机械动力设计	dynamic design of machinery
机械动力学	dynamics of machinery
机械系统	mechanical system
机械平衡	balance of machinery
机械手	manipulator
机械设计	machine design, mechanical design
机械特性	mechanical behavior
机械调速	mechanical speed governors
机械效率	mechanical efficiency
机械原理	theory of machines and mechanisms
机械运转不均匀系数	coefficient of speed fluctuation
机械无级变速	mechanical stepless speed changes
基本额定寿命	basic rated life
基圆	base circle
基圆半径	radius of base circle
基圆齿距	base pitch
基圆压力角	pressure angle of base circle
基圆柱	base cylinder
基圆锥	base cone
急回机构	quick-return mechanism
急回特性	quick-return characteristics
急回运动	quick-return motion
棘轮	ratchet
棘轮机构	ratchet mechanism
棘爪	pawl

极限位置	extreme（or limiting）position
极位夹角	crank angle between extreme（or limiting）positions
计算机辅助设计	computer aided design
计算机辅助制造	computer aided manufacturing
计算机集成制造系统	computer integrated manufacturing system
计算力矩	factored moment，calculated moment
计算弯矩	calculated bending moment
加权系数	weighting efficient
加速度	acceleration
加速度分析	acceleration analysis
加速度曲线	acceleration diagram
尖底从动件	knife-edge follower
间隙	backlash
间歇运动机构	intermittent motion mechanism
减速比	reduction ratio
减速齿轮、减速装置	reduction gear
减速器	speed reducer
减摩性	anti-friction quality
渐开螺旋面	involute helicoid
渐开线	involute
渐开线齿廓	involute profile
渐开线齿轮	involute gear
渐开线发生线	generating line of involute
渐开线方程	involute equation
渐开线函数	involute function
渐开线蜗杆	involute worm
渐开线压力角	pressure angle of involute
渐开线花键	involute spline
简谐运动	simple harmonic motion
键	key
键槽	keyway
交变应力	repeated stress
交变载荷	repeated fluctuating load
交叉带传动	cross-belt drive
交错轴斜齿轮	crossed helical gears
胶合	scoring
角加速度	angular acceleration
角速度	angular velocity
角速比	angular velocity ratio

角接触球轴承	angular contact ball bearing
角接触推力轴承	angular contact thrust bearing
角接触向心轴承	angular contact radial bearing
角接触轴承	angular contact bearing
铰链、枢纽	hinge
接触应力	contact stress
接触式密封	contact seal
阶梯轴	multi-diameter shaft
结构	structure
结构设计	structural design
节点	pitch point
节距	circular pitch, pitch of teeth
节线	pitch line
节圆	pitch circle
节圆齿厚	thickness on pitch circle
节圆直径	pitch diameter
节圆锥	pitch cone
节圆锥角	pitch cone angle
紧边	tight-side
紧固件	fastener
径向	radial direction
径向当量动载荷	dynamic equivalent radial load
径向当量静载荷	static equivalent radial load
径向基本额定动载荷	basic dynamic radial load rating
径向基本额定静载荷	basic static radial load rating
径向接触轴承	radial contact bearing
径向平面	radial plane
径向游隙	radial internal clearance
径向载荷	radial load
径向载荷系数	radial load factor
径向间隙	radial clearance
静力	static force
静平衡	static load
局部自由度	passive degree of freedom
矩阵	matrix
矩形螺纹	square thread form
锯齿形螺纹	buttress thread form
矩形牙嵌离合器	square-jaw positive-contact clutch
绝对运动	absolute motion

绝对速度	absolute velocity
均衡装置	load balancing mechanism

K

抗压强度	compression strength
开式链	open kinematic chain
开链机构	open chain mechanism
可靠度	degree of reliability
可靠性	reliability
可靠性设计	reliability design
空气弹簧	air spring
空间机构	spatial mechanism
空间连杆机构	spatial linkage
空间凸轮机构	spatial cam
空间运动副	spatial kinematic pair
空间运动链	spatial kinematic chain
宽度系列	width series
框图	block diagram

L

雷诺方程	Reynolds's equation
离心力	centrifugal force
离心应力	centrifugal stress
离合器	clutch
离心密封	centrifugal seal
理论廓线	pitch curve
理论啮合线	theoretical line of action
力多边形	force polygon
力封闭型凸轮机构	force-drive（or force-closed）cam mechanism
力矩	moment
力平衡	equilibrium
力偶	couple
力偶矩	moment of couple
连杆	connecting rod，coupler
连杆机构	linkage
连杆曲线	coupler-curve
连心线	line of centers
链	chain
链传动装置	chain gearing
链轮	sprocket wheel，chain wheel
联组 V 带	tight-up V belt

联轴器	couplings, shaft coupling
临界转速	critical speed
轮坯	blank
轮系	gear train
螺杆	screw
螺距	thread pitch
螺母	screw nut
螺钉	screws
螺栓	bolts
螺纹导程	lead
螺纹效率	screw efficiency
螺旋传动	power screw
螺旋密封	spiral seal
螺纹	thread (of a screw)
螺旋副	helical pair
螺旋机构	screw mechanism
螺旋角	helix angle
螺旋线	helix, helical line
绿色设计	green design for environment

M

脉动无级变速	pulsating stepless speed changes
脉动循环应力	fluctuating circulating stress
脉动载荷	fluctuating load
铆钉	rivet
迷宫密封	labyrinth seal
密封	seal
密封带	seal belt
密封胶	seal gum
密封元件	potted component
密封装置	sealing arrangement
面对面安装	face-to-face arrangement
面向产品生命周期设计	design for product's life cycle
名义应力、公称应力	nominal stress
模块化设计	modular design
模糊评价	fuzzy evaluation
模数	module
摩擦	friction
摩擦角	friction angle
摩擦力	friction force

摩擦学设计	tribology design
摩擦阻力	frictional resistance
摩擦力矩	friction moment
摩擦因数	coefficient of friction
摩擦圆	friction circle
磨损	abrasion wear, scratching
末端执行器	end-effector
目标函数	objective function

N

耐腐蚀性	corrosion resistance
耐磨性	wear resistance
挠性机构	mechanism with flexible elements
挠性转子	flexible rotor
内齿轮	internal gear
内齿圈	internal ring gear
内力	internal force
内圈	inner ring
能量	energy
逆时针	counterclockwise（or anticlockwise）
啮出	engaging-out
啮合	engagement, mesh, gearing
啮合点	contact points
啮合角	working pressure angle
啮合线	line of action
啮合线长度	length of line of action
啮入	engaging-in
牛头刨床	shaper
扭转应力	torsion stress
扭矩	moment of torque
扭簧	torsion spring
诺谟图	Nomogram

O

O 形密封圈密封	O ring seal

P

盘形凸轮	disk cam
盘形转子	disk-like rotor
抛物线运动	parabolic motion
疲劳极限	fatigue limit
疲劳强度	fatigue strength

偏置式	offset
偏（心）距	offset distance
偏心率	eccentricity ratio
偏心质量	eccentric mass
偏距圆	offset circle
偏心盘	eccentric
偏置滚子从动件	offset roller follower
偏置尖底从动件	offset knife-edge follower
偏置曲柄滑块机构	offset slider-crank mechanism
拼接	matching
评价与决策	evaluation and decision
频率	frequency
平带	flat belt
平带传动	flat belt driving
平底从动件	flat-face follower
平底宽度	face width
平均应力	average stress
平均中径	mean screw diameter
平均速度	average velocity
平衡	balance
平衡机	balancing machine
平衡品质	balancing quality
平衡平面	correcting plane
平衡质量	balancing mass
平衡重	counterweight
平衡转速	balancing speed
平面副	planar pair, flat pair
平面机构	planar mechanism
平面运动副	planar kinematic pair
平面连杆机构	planar linkage
平面凸轮	planar cam
平面凸轮机构	planar cam mechanism
平行轴斜齿轮	parallel helical gears
普通平键	parallel key
Q	
其他常用机构	other mechanism in common use
起动阶段	starting period
起动力矩	starting torque
气动机构	pneumatic mechanism

奇异位置	singular position
起始啮合点	initial contact，beginning of contact
气体轴承	gas bearing
千斤顶	jack
强迫振动	forced vibration
切齿深度	depth of cut
曲柄	crank
曲柄存在条件(格拉霍夫定理)	Grashoff's law
曲柄导杆机构	crank shaper（guide-bar）mechanism
曲柄滑块机构	slider-crank（or crank-slider）mechanism
曲柄摇杆机构	crank-rocker mechanism
曲线齿锥齿轮(螺旋齿锥齿轮)	spiral bevel gear
曲率	curvature
曲率半径	radius of curvature
曲面从动件	curved-shoe follower
曲线拼接	curve matching
曲线运动	curvilinear motion
曲轴	crank shaft
驱动力	driving force
驱动力矩	driving moment（torque）
全齿高	whole depth
权重集	weight sets
球	ball
球面滚子	convex roller
球轴承	ball bearing
球面副	spheric pair
球面渐开线	spherical involute
球面运动	spherical motion
球销副	sphere-pin pair
球坐标操作器	polar coordinate manipulator

R

热平衡	heat balance，thermal equilibrium
人字齿轮	herringbone gear
冗余自由度	redundant degree of freedom
柔轮	flexspline
柔性冲击	flexible impulse，soft shock
柔性制造系统	flexible manufacturing system，FMS
柔性自动化	flexible automation
润滑油膜	lubricant film

润滑装置	lubrication device
润滑	lubrication
润滑剂	lubricant

S

三角形花键	serration spline
三角形螺纹	V thread screw
三心定理	Kennedy's theorem
砂轮越程槽	grinding wheel groove
少齿差行星传动	planetary drive with small teeth difference
设计方法学	design methodology
设计变量	design variable
设计约束	design constraints
深沟球轴承	deep groove ball bearing
升程	rise
实际廓线	cam profile
矢量	vector
输出功	output work
输出构件	output link
输出机构	output mechanism
输出力矩	output torque
输出轴	output shaft
输入构件	input link
数学模型	mathematic model
实际啮合线	actual line of action
双滑块机构	double-slider mechanism，ellipsograph
双曲柄机构	double crank mechanism
双曲面齿轮	hyperboloid gear
双头螺柱	studs
双万向联轴器	constant-velocity（or double）universal joint
双摇杆机构	double rocker mechanism
双转块机构	Oldham coupling
双列轴承	double row bearing
双向推力轴承	double-direction thrust bearing
松边	slack-side
顺时针	clockwise
瞬心	instantaneous center
死点	dead point
四杆机构	four-bar linkage
速度	velocity

速度不均匀（波动）系数	coefficient of speed fluctuation
速度波动	speed fluctuation
速度曲线	velocity diagram
速度瞬心	instantaneous center of velocity

T

踏板	pedal
台虎钳	vice
太阳轮	sun gear
弹性滑动	elasticity sliding motion
弹性联轴器	elastic coupling，flexible coupling
弹性套柱销联轴器	rubber-cushioned sleeve bearing coupling
套筒	sleeve
梯形螺纹	acme thread form
特殊运动链	special kinematic chain
特性	characteristics
替代机构	equivalent mechanism
调心滚子轴承	self-aligning roller bearing
调心球轴承	self-aligning ball bearing
调心轴承	self-aligning bearing
调速	speed governing
调速器	regulator，governor
铁磁流体密封	ferrofluid seal
停车阶段	stopping phase
停歇	dwell
同步带	synchronous belt
同步带传动	synchronous belt drive
凸轮	cam
凸轮机构	cam mechanism
凸轮廓线	cam profile
凸轮廓线绘制	layout of cam profile
凸轮理论廓线	pitch curve
凸缘联轴器	flange coupling
图解法	graphical method
推程	rise
推力球轴承	thrust ball bearing
推力轴承	thrust bearing
退刀槽	tool withdrawal groove
退火	anneal
陀螺仪	gyroscope

V

V 带	V belt

W

外力	external force
外圈	outer ring
外形尺寸	boundary dimension
万向联轴器	hooks coupling, universal coupling
外齿轮	external gear
弯曲应力	beading stress
弯矩	bending moment
腕部	wrist
往复移动	reciprocating motion
微动螺旋机构	differential screw mechanism
位移	displacement
位移曲线	displacement diagram
位姿	pose, position and orientation
稳定运转阶段	steady motion period
稳健设计	robust design
蜗杆	worm
蜗杆传动机构	worm gearing
蜗杆头数	number of threads
蜗杆直径系数	diametral quotient
蜗杆蜗轮机构	worm and worm gear
蜗杆形凸轮步进机构	worm cam interval mechanism
蜗杆旋向	hands of worm
蜗轮	worm gear
涡圈形盘簧	power spring
无级变速装置	stepless speed changes devices

X

系杆	crank arm, planet carrier
现场平衡	field balancing
向心轴承	radial bearing
向心力	centrifugal force
相对速度	relative velocity
相对运动	relative motion
相对间隙	relative gap
细牙螺纹	fine threads
销	pin
消耗	consumption

摇杆	rocker
液力传动	hydrodynamic drive
液力耦合器	hydraulic couplers
液体弹簧	liquid spring
液压无级变速	hydraulic stepless speed changes
液压机构	hydraulic mechanism
一般化运动链	generalized kinematic chain
移动从动件	reciprocating follower
移动副	prismatic pair, sliding pair
移动关节	prismatic joint
移动凸轮	wedge cam
盈亏功	increment or decrement work
应力幅	stress amplitude
应力集中	stress concentration
应力集中系数	factor of stress concentration
应力图	stress diagram
应力-应变图	stress-strain diagram
优化设计	optimal design
油杯	oil bottle
油壶	oil can
油沟密封	oily ditch seal
有害阻力	useless resistance, detrimental resistance
有益阻力	useful resistance
有效拉力	effective tension
有效圆周力	effective circle force
余弦加速度运动	cosine acceleration (or simple harmonic) motion
预紧力	preload
原动机	primermover
圆带	round belt
圆带传动	round belt drive
圆弧齿厚	circular thickness
圆弧圆柱蜗杆	hollow flank worm
圆角半径	fillet radius
圆盘摩擦离合器	disc friction clutch
圆盘制动器	disc brake
原始机构	original mechanism
圆形齿轮	circular gear
圆柱滚子	cylindrical roller
圆柱滚子轴承	cylindrical roller bearing

圆柱副	cylindric pair
圆柱凸轮间歇运动机构	cylindrical cam mechanism with intermittent motion
圆柱螺旋拉伸弹簧	cylindroid helical-coil extension spring
圆柱螺旋扭转弹簧	cylindroid helical-coil torsion spring
圆柱螺旋压缩弹簧	cylindroid helical-coil compression spring
圆柱凸轮	cylindrical cam
圆柱蜗杆	cylindrical worm
圆柱坐标操作器	cylindrical coordinate manipulator
圆锥螺旋扭转弹簧	conoid helical-coil compression spring
圆锥滚子	tapered roller
圆锥滚子轴承	tapered roller bearing
锥齿轮机构	bevel gears
圆锥角	cone angle
原动件	driving link
约束	constraint
约束条件	constraint condition
约束反力	constraining force
运动倒置	kinematic inversion
运动方案设计	kinematic precept design
运动分析	kinematic analysis
运动副	kinematic pair
运动简图	kinematic sketch
运动链	kinematic chain
运动失真	undercutting
运动设计	kinematic design
运动周期	cycle of motion
运动综合	kinematic synthesis
运转不均匀系数	coefficient of velocity fluctuation
运动粘度	kinematic viscosity

Z

载荷	load
载荷-变形曲线	load-deformation curve
载荷-变形图	load-deformation diagram
窄 V 带	narrow V belt
毡圈密封	felt ring seal
张紧力	tension
张紧轮	tension pulley
振动	vibration
振动力矩	shaking couple

振动频率	frequency of vibration
振幅	amplitude of vibration
正切机构	tangent mechanism
正向运动学	direct（forward）kinematics
正弦机构	sine generator，scotch yoke
正应力、法向应力	normal stress
制动器	brake
直齿圆柱齿轮	spur gear
直齿锥齿轮	straight bevel gear
直角坐标操作器	Cartesian coordinate manipulator
直径系数	diametral quotient
直径系列	diameter series
直廓环面蜗杆	hindley worm
直线运动	linear motion
直轴	straight shaft
质量	mass
质心	center of mass
执行构件	executive link；working link
质径积	mass-radius product
智能化设计	intelligent design
中间平面	mid-plane
中心距	center distance
中心距变动	center distance change
中径	mean diameter
终止啮合点	final contact，end of contact
齿距	pitch
周期性速度波动	periodic speed fluctuation
周转轮系	epicyclic gear train
轴	shaft
轴承盖	bearing cup
轴承合金	bearing alloy
轴承座	bearing block
轴承高度	bearing height
轴承宽度	bearing width
轴承内径	bearing bore diameter
轴承寿命	bearing life
轴承套圈	bearing ring
轴承外径	bearing outside diameter
轴颈	journal

轴瓦、轴承衬	bearing bush
轴端挡圈	shaft end ring
轴环	shaft collar
轴肩	shaft shoulder
轴角	shaft angle
轴向	axial direction
轴向齿廓	axial tooth profile
轴向当量动载荷	dynamic equivalent axial load
轴向当量静载荷	static equivalent axial load
轴向基本额定动载荷	basic dynamic axial load rating
轴向基本额定静载荷	basic static axial load rating
轴向接触轴承	axial contact bearing
轴向游隙	axial internal clearance
轴向载荷	axial load
轴向载荷系数	axial load factor
轴向分力	axial thrust load
主动件	driving link
主动齿轮	driving gear
主动带轮	driving pulley
转动导杆机构	rotating guide bar mechanism
转动副	revolute（turning）pair
转动关节	revolute joint
转轴	revolving shaft
转子	rotor
转子平衡	balance of rotor
装配条件	assembly condition
锥齿轮	bevel gear
锥顶	common apex of cone
锥距	cone distance
锥齿轮的当量直齿轮	equivalent spur gear of the bevel gear
锥面包络圆柱蜗杆	milled helicoids worm
准双曲面齿轮	hypoid gear
自锁	self-locking
自锁条件	condition of self-locking
自由度	degree of freedom
总重合度	total contact ratio
总反力	resultant force
总效率	combined efficiency
组成原理	theory of constitution

组合安装	stack mounting
组合机构	combined mechanism
阻抗力	resistance
最大盈亏功	maximum difference work between plus and minus work
纵向重合度	overlap contact ratio
纵坐标	ordinate
组合机构	combined mechanism
最少齿数	minimum teeth number
最小向径	minimum radius
作用力	applied force
坐标系	coordinate frame

参 考 文 献

[1] 申永胜. 机械原理教程 [M]. 2 版. 北京：清华大学出版社，2005.

[2] 张策. 机械原理与机械设计（上、下）[M]. 2 版. 北京：机械工业出版社，2010.

[3] 杨廷力. 机器人机构拓扑结构学 [M]. 北京：机械工业出版社，2004.

[4] 马履中. 机械设计基础 [M]. 北京：北京理工大学出版社，2000.

[5] 黄茂林，等. 机械原理 [M]. 2 版. 北京：机械工业出版社，2010.

[6] 华大年. 机械原理 [M]. 2 版. 北京：高等教育出版社，2007.

[7] 邹慧君. 机械原理教程 [M]. 北京：机械工业出版社，2001.

[8] 马履中，周建忠. 机器人与柔性制造系统 [M]. 北京：化学工业出版社，2007.

[9] 安子军. 机械原理 [M]. 北京：国防工业出版社，2009.

[10] 沈世德，徐学忠. 机械原理 [M]. 北京：机械工业出版社，2009.

[11] 李杞仪，赵韩. 机械原理 [M]. 武汉：武汉理工大学出版社，2001.

[12] 陈明. 机械原理 [M]. 哈尔滨：哈尔滨工业大学出版社，1998.

[13] 王春燕，陆凤仪. 机械原理 [M]. 北京：机械工业出版社，2011.

[14] 黄锡恺，郑文纬. 机械原理 [M]. 6 版. 北京：高等教育出版社，1989.

[15] 曹龙华. 机械原理 [M]. 北京：高等教育出版社，1986.

[16] 祝毓琥. 机械原理 [M]. 北京：高等教育出版社，1986.

[17] 傅祥志. 机械原理 [M]. 武汉：华中科技大学出版社，2000.

[18] 孙桓，陈作棋. 机械原理 [M]. 7 版. 北京：高等教育出版社，2006.

[19] 谢泗淮. 机械原理 [M]. 北京：中国铁道出版社，2001.

[20] 李特文. 齿轮啮合原理 [M]. 卢贤占，等译. 上海：上海科学技术出版社，1984.

[21] 濮良贵，纪名刚. 机械设计 [M]. 8 版. 北京：高等教育出版社，2006

[22] 邱宣怀，等. 机械设计 [M]. 4 版. 北京：高等教育出版社，2007.

[23] 刘莹，吴宗泽. 机械设计教程 [M]. 2 版. 北京：机械工业出版社，2008.

[24] 吴克坚，等. 机械设计 [M]. 北京：高等教育出版社，2003.

[25] 余俊，全永昕，等. 机械设计 [M]. 北京：高等教育出版社，1986.

[26] 唐金松. 机械设计 [M]. 上海：上海科学技术出版社，1994.

[27] 李天声，侯金水，胡承愚. 机械设计基础 [M]. 合肥：中国科学技术大学出版社，1996.

[28] 傅继盈，蒋秀珍. 机械学基础 [M]. 哈尔滨：哈尔滨工业大学出版社，2003.

[29] 钱寿铨，白春林. 机械设计基础 [M]. 北京：机械工业出版社，1996.

[30] 杨可桢，程光蕴，李仲生. 机械设计基础 [M]. 5 版. 北京：高等教育出版社，2006.

[31] 王三民，褚文俊. 机械原理与设计 [M]. 北京：机械工业出版社，2004.

[32] 张伟社. 机械原理教程 [M]. 西安：西北工业大学出版社，2001.

[33] 卜炎. 螺纹联接设计与计算 [M]. 北京：高等教育出版社，1995.

[34] 俞明，高志民. 国外新型通用机械零件 [M]. 北京：中国纺织出版社，1998.

[35] 王步瀛. 机械零件强度计算的理论和方法 [M]. 北京：高等教育出版社，1986.

[36] 蒋生发，鲍庆惠. 弹流理论及其应用 [M]. 北京：机械工业出版社，1992.

[37] 牛鸣岐，王保民，王振甫. 机械原理课程设计手册 [M]. 重庆：重庆大学出版社，2001.

[38] 王之烁，王大康. 机械设计综合课程设计 [M]. 2 版. 北京：机械工业出版社，2007.

[39] 王三民. 机械原理与设计课程设计 [M]. 北京：机械工业出版社，2004.

[40] 温诗铸，黎明. 机械学发展战略研究 [M]. 北京：清华大学出版社，2003.

[41] 机械设计手册编委会. 机械设计手册第 3 卷（新版）[M]. 北京：机械工业出版社，2004.

[42] 罗庆生，韩宝玲. 我国微型机械的发展方向和创新途径 [J]. 机械，2000，27（4）：46-48.